（2015年版）

国家电网公司输变电工程
通用设计

电气化铁路供电工程杆塔分册

国家电网公司　颁布

中国电力出版社
CHINA ELECTRIC POWER PRESS

内容提要

输变电工程通用设计是国家电网公司加快科学发展，建设资源节约型、环境友好型社会，大力提高集成创新能力的重要体现；是实施标准化管理、统一工程建设标准、规范建设管理、合理控制造价的重要手段。

本书为《国家电网公司输变电工程通用设计　电气化铁路供电工程杆塔分册（2015年版）》，共有2篇，分别为总论、电气化铁路供电工程杆塔通用设计。全书共计5个模块17个子模块，191种塔型，各个子模块均包括主要技术条件表，各子模块说明及杆塔一览图以及单线图。可根据工程的实际情况查找相应的子模块进行选型，可通过扫描书中嵌入的二维码，登录国家电网通用设计专题网站进行查找选型。

本书可供电力系统各设计单位，以及从事电力建设工程规划、管理、施工、设备制造、安装、生产运行等专业人员使用。

图书在版编目（CIP）数据

国家电网公司输变电工程通用设计：2015年版．电气化铁路供电工程杆塔分册／国家电网公司颁布．—北京：中国电力出版社，2016.5
ISBN 978-7-5123-8454-5

Ⅰ.①国…　Ⅱ.①国…　Ⅲ.①输电-电力工程-工程设计-中国②电气化铁道-供电系统-线路杆塔-工程设计-中国　Ⅳ.①TM7②U223.2

中国版本图书馆CIP数据核字（2015）第247030号

国家电网公司输变电工程通用设计　电气化铁路供电工程杆塔分册（2015年版）

中国电力出版社出版、发行
（北京市东城区北京站西街19号　100005　http://www.cepp.sgcc.com.cn）
北京丰源印刷厂印刷
各地新华书店经售

2016年5月第一版　2016年5月北京第一次印刷
880毫米×1230毫米　横16开本　18印张　632千字　印数0001-3000册　定价**240.00**元

《国家电网公司输变电工程通用设计》编委会

《国家电网公司输变电工程通用设计　电气化铁路供电工程杆塔分册（2015年版）》工作组

牵头单位　国家电网公司基建部

成员单位　国家电网公司发展策划部
国家电网公司安全监察质量部
国家电网公司运维检修部
国网北京经济技术研究院
中国电力科学研究院

《国家电网公司输变电工程通用设计　电气化铁路供电工程杆塔分册（2015年版）》编制人员

第一篇　总论

编写人员　丁广鑫　葛兆军　蔡敬东　李锡成　张　强　文卫兵　李　正　郭艳霞　胡劲松　张子引
田　雷　丁士君　侯中伟　房正刚　黄　彭　刘　泉　陈大斌　刘学军　宁昭晔　张小力
吴晓锋　刘志强　廖公毅　梅宇佳　佟继春　冯　竹　赵　枫　冯国巍

第二篇　电气化铁路供电工程杆塔通用设计

编制单位　中国能源建设集团陕西省电力设计院有限公司
中国电力工程顾问集团西北电力设计院有限公司
河北省电力勘测设计研究院
中国能源建设集团山西省电力勘测设计院有限公司
江西省电力设计院
中国能源建设集团浙江省电力设计院有限公司
四川电力设计咨询有限责任公司
四川南充电力设计有限公司
中国能源建设集团天津电力设计院有限公司

编写人员　（见附录A）

序

电网是关系国计民生的重要基础设施。实现党的十八大提出的“两个一百年”奋斗目标，电力需求将保持较快增长。国家电网公司认真贯彻党中央、国务院决策部署，加快建设坚强智能电网，为经济社会发展提供安全、高效、清洁、可持续的电力供应。

随着新能源技术、智能技术、信息技术、网络技术的创新突破，第三次工业革命正在孕育发展，坚强智能电网向全球广泛互联方向加快发展，全球能源互联网逐步形成。同时为加快解决能源发展所面临的资源紧张、环境污染、气候变化三大难题，必须走清洁发展道路，在能源开发上实施清洁替代，在能源消费上实施电能替代。电气化铁路改造和建设正是实施电能替代的一种重要体现形式，其供电工程是连接电力与铁路两个重要基础设施网络的关键部分，关系到电网和铁路网安全、质量和效益。大力推广电气化铁路供电工程通用设计、通用设备、通用造价和标准工艺，是以标准化提升电网发展质量的重要途径；是发挥规模效应，提高电网安全水平和经济效益的有效措施；是大力实施集成创新，促进资源节约型、环境友好型社会建设的具体行动。为此，国家电网公司组织有关研究机构、设计单位，在充分调研、精心比选、反复论证的基础上，历时12个月，编制完成了《国家电网公司输变电工程通用设计　电气化铁路供电工程杆塔分册（2015年版）》。

该书凝聚了我国电力系统广大专家学者和工程技术人员的心血和汗水，是国家电网公司推行标准化建设的又一重要成果。希望本书的出版和应用，能够提高我国电气化铁路供电工程建设水平，促进电网又好又快发展，为建设坚强智能电网、推动全球能源互联网构建、服务经济社会发展作出积极贡献。

刘振亚

2016年1月，北京

前　言

《国家电网公司输变电工程通用设计》是国家电网公司标准化建设成果的有机组成部分。2014 年底，国家电网公司基建部会同总部有关部门，组织国网北京经济技术研究院、中国电力科学研究院以及 9 家设计单位，对电气化铁路供电工程杆塔通用设计进行编制。经过充分调研、专家论证、专题研究，形成加工图深度通用设计成果。

《国家电网公司输变电工程通用设计　电气化铁路供电工程杆塔分册（2015 年版）》是对《国家电网公司输变电工程通用设计　110（66）kV 输电线路分册（2011 年版）》、《国家电网公司输变电工程通用设计　220kV 输电线路分册（2011 年版）》、《国家电网公司输变电工程通用设计　500（330）kV 输电线路分册（2011 年版）》中模块的扩展，形成 5 个模块 17 个子模块，191 种塔型。覆盖了电气化铁路供电工程常规设计条件（风速 23.5~29m/s，覆冰 10mm）和主要的地形条件，基本满足电气化铁路供电工程建设的需要。充分考虑电气化铁路供电工程的重要性、安全可靠性等方面，进行差异化设计，从设计源头提高线路运行的安全可靠性。

由于编者水平有限，书中难免有疏漏和不足之处，恳请读者批评指正。

编　者

2016 年 1 月

目　　录

第一篇　总　论

第二篇 电气化铁路供电工程杆塔通用设计

第一篇

总　论

第1章　概　述

2005年，国家电网公司（简称公司）组织完成了500kV及以下各电压等级的输电线路通用设计，2006~2014年又陆续增补了紧凑型、高海拔、大风区、同塔多回等模块。通用设计的推广在公司系统树立了标准化设计理念，缩短了设计建设周期，提高了工作效率和工程质量，取得了良好的经济效益和社会效益。

随着国家持续大规模进行电气化铁路改造与建设，电气化铁路供电工程配套建设需同时跟进，为解决设计标准不统一、设计技术参差不齐等问题，国家电网公司对电气化铁路供电工程杆塔通用设计的需求越加紧迫，2014年，国网基建部组织开展了电气化铁路供电工程杆塔通用设计调研，在借鉴《国家电网公司输变电工程通用设计　110（66）kV输电线路分册（2011年版）》、《国家电网公司输变电工程通用设计　220kV输电线路分册（2011年版）》、《国家电网公司输变电工程通用设计　500（330）kV输电线路分册（2011年版）》（简称2011年版通用设计）的基础上，于2014年10月开展国家电网公司电气化铁路供电工程杆塔通用设计工作。

1.1　目的和意义

电气化铁路供电工程杆塔通用设计作为公司标准化建设重点工作之一，是深入贯彻国家电网公司集约化管理的基础工作，是实施集约化管理的重要手段；是宣传“国家电网”品牌，树立良好企业形象的有效途径。通用设计为电网规划、成本控制、资金管理、集中规模招标等工作的开展奠定坚实的基础。

开展《国家电网公司输变电工程通用设计　电气化铁路供电工程杆塔分册（2015年版）》（简称电气化铁路供电工程杆塔通用设计），有利于满足国家大规模电气化铁路工程建设需求，规范电气化铁路供电工程设计、建设，提高建设效率和工程质量；统一设计标准及要求，方便集中规模招标，方便运行维护；控制造价，降低输电线路建设和运行成本。

1.2　总体原则

电气化铁路供电工程杆塔通用设计的总体原则是：安全可靠、节约环保；技术先进、标准统一；提高效率、控制造价；努力做到可靠性、先进性、经济性、适用性、统一性和灵活性的协调统一。

（1）可靠性：针对电气化铁路供电工程的重要性和安全可靠性，采用差异化设计，确保各设计模块安全可靠，确保材料的可靠性，确保工程投运后电网的安全稳定运行。

（2）先进性：提高原始创新、集成创新和引进消化吸收再创新能力，坚持技术进步，推广应用新技术，代表国内外先进设计水平和电网技术发展趋势。建立滚动修订的机制，不断完善设计成果。

（3）经济性：按照全寿命周期设计理念和方法，在保证高可靠性的前提下，进行技术经济综合分析，实现工程全寿命周期内功能匹配、寿命协调、费用平衡。

（4）适用性：综合考虑各地区的实际情况，使得通用设计在国家电网公司系统中具备广泛的适用性，在一定的时间内对不同外部条件的工程均能基本适用。

（5）统一性：统一建设标准，统一基建和生产运行的标准，要体现国家电网公司的企业文化特征。

（6）灵活性：通用设计方案和模块划分合理，增减方便，组合型式多样，可灵活应用于各电压等级的输电线路工程。

通用设计要坚持“集成创新”、“以人为本”和“可持续发展”的理念，具体设计要综合考虑“设计内容的合理性、杆塔规划的合理性和杆塔优化的合理性”。

第2章 编 制 过 程

按照“统一组织、统筹规划、把握关键、系统全面、重在应用”的原则，发挥各省公司的积极性，充分借鉴通用设计已有成果，采用模块化设计手段，开展电气化铁路供电工程杆塔通用设计编制工作。

本次编制工作由国网基建部牵头，国网北京经济技术研究院、中国电力科学研究院、相关省公司、设计单位参加，成立国家电网公司电气化铁路供电工程杆塔通用设计协调组、专家组、工作组。

2014 年 10 月，公司启动电气化铁路供电工程杆塔通用设计策划工作，开展电气化铁路供电工程基本情况调研工作；12 月，召开通用设计讨论会，确定电气化铁路供电工程杆塔通用设计技术原则、技术要求、杆塔模块规划，明确设计分工及进度。2015 年 1~3 月，召开通用设计杆塔模块司令图评审会议，完成通用设计杆塔模块司令图；3~7 月，召开通用设计杆塔模块加工图评审会议，完成通用设计杆塔模块加工图；8 月，进行通用设计成果统稿；11 月，公司组织完成设计成果审查。

2.1 合理确定杆塔规划

2014 年底，根据工程需要，在充分调研和专家研讨的基础上，确定了电气化铁路供电工程杆塔通用设计模块划分方式及编号原则，形成电气化铁路供电工程杆塔通用设计 5 个模块 17 个子模块、191 种塔型的规划。

为了方便电气化铁路供电工程杆塔通用设计模块推广应用，电气化铁路供电工程杆塔通用设计模块延续《国家电网公司标准化建设成果（通用设计、通用设备）应用目录（2015 年版）》模块的编号，330kV 电气化铁路供电工程杆塔通用设计模块编号从 3A7 开始，包括 3A7、3A8、3A9 共 3 个子模块；220kV 电气化铁路供电工程杆塔通用设计模块编号从 2M1 开始，包括 2M1~2M4、2N1~2N4 共 8 个子模块；110kV 电气化铁路供电工程杆塔通用设计模块编号从 1A12 开始，包括 1A12~1A14、1B9~1B11 共 6 个子模块。

2.2 统一技术标准

本次电气化铁路供电工程杆塔通用设计遵照 GB 50545—2010《110kV~750kV 架空输电线路设计规范》等国家、行业、公司企业设计标准开展。

2.3 规范技术要求

按照新版国家、行业、公司企业设计标准，公司组织制定《电气化铁路供电工程杆塔通用设计杆塔技术要求及模块规划》，统一气象条件、导地线、绝缘配合等主要技术要求，规范设计成果内容格式，保证设计质量和成品质量。

2.4 统筹协调推进

公司统一组织、网省公司具体负责实施，依托工程完成加工图深度通用设计编制工作，以满足公司系统大部分电气化铁路供电工程建设的需要。国网基建部重点抓好设计成果评审环节，组织专家组把好设计成果评审关，并及时发布。

2.5 及时发布推广

电气化铁路供电工程杆塔通用设计成果及时纳入《国家电网公司标准化建设成果（通用设计、通用设备）应用目录》，并组织培训，提高线路工程通用设计应用率。成果应用情况将纳入基建标准化建设综合评价。

第3章 设计依据

3.1 主要规程规范

GB/T 700—2006《碳素结构钢》

GB/T 1179—2008《圆线同心绞架空导线》

GB/T 1591—2008《低合金高强度结构钢》

GB/T 3098.1—2010《紧固件机械性能　螺栓、螺钉和螺柱》

GB/T 3098.2—2000《紧固件机械性能　螺母　粗牙螺纹》

GB/T 3098.4—2000《紧固件机械性能　螺母　细牙螺纹》

GB/T 26218.1—2010《污秽条件下使用的高压绝缘子的选择和尺寸确定 第1部分：定义、信息和一般原则》

GB/T 26218.2—2010《污秽条件下使用的高压绝缘子的选择和尺寸确定 第2部分：交流系统用瓷和玻璃绝缘子》

GB/T 26218.3—2011《污秽条件下使用的高压绝缘子的选择和尺寸确定 第3部分：交流系统复合绝缘子》

GB 50009—2012《建筑结构荷载规范》

GB 50017—2003《钢结构设计规范》

GB 50064—2014《交流电气装置的过电压保护和绝缘配合设计规范》

GB 50545—2010《110kV～750kV 架空输电线路设计规范》

DL/T 562—1995《高海拔污秽地区悬式绝缘子片数选用导则》

DL/T 5154—2012《架空输电线路杆塔结构设计技术规定》

DL/T 5442—2010《输电线路铁塔制图和构造规定》

YB/T 124—1997《铝包钢绞线》

Q/GDW 1799.2—2013《国家电网公司电力安全工作规程　线路部分》

3.2 国家电网公司有关规定

国家电网生〔2012〕352号《关于印发〈国家电网公司十八项电网重大反事故措施〉（修订版）的通知》

基建质量〔2010〕19号《关于印发〈国家电网公司输变电工程质量通病防治工作要求及技术措施〉的通知》

国家电网基建〔2014〕1131号《国家电网公司关于明确输变电工程“两型三新一化”建设技术要求的通知》

办基建〔2014〕1号《协调统一基建类和生产类标准差异条款（输电线路部分）》

第4章 模块划分

4.1 划分原则

根据调研结果和以往通用设计经验，并结合公司电网发展的需要，按照电压等级、回路数、杆塔重要性系数、导线截面、气象条件、地形条件、海拔高度和杆塔型式等划分电气化铁路杆塔通用设计模块。

电气化铁路牵引站应由两路电源供电，两路电源线路不宜同塔架设；其中一回电源线路列为重要负荷供电线路，另一回电源线路可按常规线路设计，在运行检修特别困难的局部线路段也应作为重要线路考虑。由此规定以下原则。

4.1.1 电压等级

对于重载、客运专线，供电原则上采用220kV电压等级，西北地区可采用330kV电压等级；个别不具备条件或负荷较小的一般铁路，采用110kV电压等级。

4.1.2 回路数

本次电气化铁路供电工程杆塔通用设计按照单回路设计。

4.1.3 杆塔结构重要性系数

对于本次电气化铁路供电工程杆塔，除3A7、3A8模块的杆塔结构重要性系数取1.0、安装工况取0.9外，其他模块的杆塔结构重要性系数取1.1、安装工况取1.0。

4.1.4 导线截面

（1）330kV输电线路：2×300mm^2、2×400mm^{2}截面导线。

（2）220kV输电线路：240mm^2、300mm^2、400mm^2、2×240mm^{2}截面导线。

（3）110kV输电线路：300mm²、400mm²、2×240mm²截面导线。

4.1.5 气象条件

对铁塔设计影响最大的是基本风速和设计冰厚，在实际工程中，一般都采用合理归并。根据调研结果，经过分析和研究，对电气化铁路通用设计的基本风速和设计冰厚组合归并如下。

（1）330kV 输电线路：基本风速取 23.5、27m/s；覆冰厚度取 10mm。

（2）220kV 输电线路：基本风速取 23.5、25、27、29m/s；覆冰厚度取 10mm。

（3）110kV 输电线路：基本风速取 25、27m/s；覆冰厚度取 10mm。

4.1.6 地形条件

按照输电线路工程标准地形条件划分，可分为平地、河网泥沼、丘陵、山地和高地大岭五类，但从对杆塔设计的影响来看，则可归纳为平地（含河网泥沼）和山区（含丘陵、山地和高山大岭）两大类，两者主要差异在于杆塔规划和塔腿设计不同。本次电气化铁路供电工程杆塔通用设计充分考虑地形对杆塔设计影响程度、环保性及钢材耗量，子模块地形条件分别选择山区和平地。

4.1.7 海拔高度

海拔高度在以往通用设计成果基础上，根据各地区和各电压等级的工程实际情况，本次通用设计进一步细化增加了 1000m 以上高海拔模块，以 500m 为最小级差，具体为：

（1）330kV 输电线路：≤1000m、1000~1500m、3000~3500m。

（2）220kV 输电线路：≤1000m。

（3）110kV 输电线路：≤1000m、1000~2500m。

4.1.8 杆塔型式

为提高单回供电线路两端相序对应调整的灵活性，本次电气化铁路供电工程杆塔通用设计创新地增加了换相塔的塔型规划，编制所涉及的塔型按不同电压等级包括猫头型、干字型、单柱型（换相）、鸟骨型（换相）；长短腿、平腿。

4.2 划分及编号

根据划分原则，本次通用设计包括 5 个模块，17 个子模块，191 种塔型。

330kV 线路包括 3A7、3A8、3A9，共计 1 个模块 3 个子模块，33 种塔型。

220kV 线路包括 2M1~2M4、2N1~2N4，共计 2 个模块 8 个子模块，116 种塔型。

110kV 线路包括 1A12~1A14、1B9~1B11，共计 2 个模块 6 个子模块，42 种塔型。

电气化铁路供电工程杆塔通用设计模块划分见表 4-2-1。

表 4-2-1 电气化铁路供电工程杆塔通用设计模块主要技术条件

序号	模块编号	子模块编号	回路数	导线	地线	基本风速（m/s）	覆冰厚度（mm）	塔型	地形	海拔高度（m）
1	3A	3A7	单回路	2×JL/G1A-300/40	JLB20A-120	23.5	10	猫头	平地	≤1000
2		3A8		2×JL/G1A-300/40	JLB20A-120	27	10	猫头/干字（兼 3A7）	平地/山区	1000~1500
3		3A9		2×JL/G1A-400/35	JLB20A-120	27	10	猫头/干字	平地/山区	3000~3500
4	2M	2M1	单回路	JL/G1A-300/40（兼 JL/G1A-240/30）	JLB20A-150	23.5	10	猫头	平地/山区	≤1000
5		2M2		JL/G1A-300/40（兼 JL/G1A-240/30）	JLB20A-150	25	10	猫头/干字（兼 2M1）/单柱	平地/山区	≤1000
6		2M3		JL/G1A-300/40（兼 JL/G1A-240/30）	JLB20A-150	27	10	猫头	平地/山区	≤1000
7		2M4		JL/G1A-300/40（兼 JL/G1A-240/30）	JLB20A-150	29	10	猫头/干字（兼 2M3）/单柱	平地/山区	≤1000

续表 4-2-1

序号	模块编号	子模块编号	回路数	导线	地线	基本风速（m/s）	覆冰厚度（mm）	塔型	地形	海拔高度（m）
8	2N	2N1	单回路	2×JL/G1A-240/30（兼 JL/G1A-400/35）	JLB20A-150	23.5	10	猫头	平地/山区	≤1000
9		2N2		2×JL/G1A-240/30（兼 JL/G1A-400/35）	JLB20A-150	25	10	猫头/干字（兼 2N1）/单柱	平地/山区	≤1000
10		2N3		2×JL/G1A-240/30（兼 JL/G1A-400/35）	JLB20A-150	27	10	猫头	平地/山区	≤1000
11		2N4		2×JL/G1A-240/30（兼 JL/G1A-400/35）	JLB20A-150	29	10	猫头/干字（兼 2N3）/单柱	平地/山区	≤1000
12	1A	1A12	单回路	JL/G1A-300/40	JLB20A-100	25	10	猫头	平地/山区	≤1000
13		1A13		JL/G1A-300/40	JLB20A-100	27	10	猫头/干字（兼 1A12）	平地/山区	≤1000
14		1A14		JL/G1A-300/40	JLB20A-100	27	10	猫头/干字/鸟骨	平地/山区	1000~2500
15	1B	1B9		2×JL/G1A-240/30（兼 1×JL/G1A-400/35）	JLB20A-100	25	10	猫头	平地/山区	≤1000
16		1B10		2×JL/G1A-240/30（兼 1×JL/G1A-400/35）	JLB20A-100	27	10	猫头/干字（兼 1B9）	平地/山区	≤1000
17		1B11		2×JL/G1A-240/30（兼 1×JL/G1A-400/35）	JLB20A-100	27	10	猫头/干字/鸟骨	平地/山区	1000~2500

第 5 章　主要设计原则和方法

5.1　设计气象条件

本次通用设计各子模块的冰风组合条件已在表 4-2-1 中确定。具体各子模块中的其他气象要素组合，应根据各子模块的基本风速和覆冰厚度，结合 GB 50545—2010《110kV~750kV 架空输电线路设计规范》中的典型气象区参数进行适当归并、制订，为保证模块的通用性，应慎重确定最高气温、最低气温、年平均气温等气象要素，2011 年版通用设计中有相近设计条件的模块，可参考 2011 年版通用设计的气象条件表。

各子模块年平均气温应采用典型气象区中条件。最低温度值可根据各模块具体情况在-10、-20、-30、-40℃等中选取。操作过电压和雷电过电压的风速按 GB 50545—2010 中的详细规定进行取值，其他工况的风速不必按导线高度进行折算，按 GB 50545—2010 中规定取值即可。跨越塔的雷电过电压风速与相应Ⅰ~Ⅳ型直线塔的雷电过电压风速取一致。

根据电气化铁路供电工程通用设计基本风速和设计覆冰值的组合条件及目前国内输电线路设计取值情况，结合规范中的典型气象区并考虑适当的兼顾性，推荐各电压等级线路的设计气象条件选择几种组合，详见表 5-1-1~表 5-1-3。

表 5-1-1　330kV 电气化铁路供电工程线路通用设计气象条件

冰风组合条件		Ⅰ	Ⅱ
大气温度（℃）	最　高	40	
	最　低	-30	
	覆　冰	-5	
	基本风速	-5	
	安　装	-15	
	雷电过电压	15	
	操作过电压、年平均气温	5	
风速（m/s）	基本风速	23.5	27
	覆　冰	10	
	安　装	10	
	雷电过电压	10	
	操作过电压	15	
覆冰厚度（mm）		10	
冰的密度（g/cm³）		0.9	

表 5-1-2　220kV 电气化铁路供电工程线路通用设计气象条件

冰风组合条件		Ⅰ	Ⅱ	Ⅲ	Ⅳ
大气温度（℃）	最　高	40			
	最　低	-20	-40	-40	-40
	覆　冰	-5			
	基本风速	-5	-5	-5	-5
	安　装	-10	-15	-10	-15
	雷电过电压	15			
	操作过电压、年平均气温	10	5	10	5

续表 5-1-2

冰风组合条件		Ⅰ	Ⅱ	Ⅲ	Ⅳ
风速（m/s）	基本风速	23.5	25	27	29
	覆　冰	10			
	安　装	10			
	雷电过电压	10			
	操作过电压	15			
覆冰厚度（mm）		10			
冰的密度（g/cm³）		0.9			

表 5-1-3　110kV 电气化铁路供电工程线路通用设计气象条件

冰风组合条件		Ⅰ	Ⅱ	Ⅲ	Ⅳ
大气温度（℃）	最　高	40			
	最　低	-20	-20	-40	-20
	覆　冰	-5			
	基本风速	-5			
	安　装	-10	-10	-15	-10
	雷电过电压	15			
	操作过电压、年平均气温	5	15	-5	10
风速（m/s）	基本风速	25	25	27	27
	覆　冰	10			
	安　装	10			
	雷电过电压	10			
	操作过电压	15			
覆冰厚度（mm）		10			
冰的密度（g/cm³）		0.9			

5.2 导线和地线

目前我国导线标准采用2008年颁布的GB/T 1179—2008《圆线同心绞架空导线》，该标准基本是参照IEC相关的架空线路导线标准编制的，在导线设计、制造和检验方面基本与国际接轨。导地线具体参数可参考表5-2-1、表5-2-2。

电气化铁路供电工程导线安全系数取2.5，年平均运行张力25%。

计算地线荷载时，按导电率为20选取地线参数；计算地线支架高度、校核导地线间隙时，按导电率为40选取地线参数。各电压等级地线安全系数、年平均运行张力百分数的选择应根据不同的电压等级、不同的覆冰厚度、导地线配合、荷载计算等具体条件确定，但地线安全系数应大于导线安全系数。

仅在覆冰工况计算地线支架强度时，考虑地线覆冰较导线增加5mm覆冰设计，断线工况不考虑增加5mm覆冰。地线按安全系数法计算荷载，JLB20A-150安全系数取4.5、JLB20A-120安全系数取4.0、JLB20A-100安全系数取4.0。

表5-2-1　导线技术参数及机械特性

导线名称	钢芯铝绞线		
导线型号（GB/T 1179—2008）	JL/G1A-240/30	JL/G1A-300/40	JL/G1A-400/35
总截面（mm^2）	275.96	338.99	425.24
直径（mm）	21.6	23.9	26.8
单位长度重量（kg/km）	920.7	1131	1347.5
计算拉断力（N）	75190	92360	103670
最大破坏张力（N）	71431	87742	98487
综合弹性系数（MPa）	73000	73000	65000
综合膨胀系数（$\times10^{-6}$/℃）	19.6	19.6	20.5

表5-2-2　地线技术参数及机械特性

地线名称	铝包钢绞线		
地线型号	JLB20A-100	JLB20A-120	JLB20A-150
总截面（mm^2）	100.88	121.21	148.07
直径（mm）	13.00	14.25	15.75
单位长度重量（kg/km）	674.1	810.0	989.4
计算拉断力（kN）	121660	146180	178570
最大破坏张力（N）	115577	138871	169652
综合弹性系数（MPa）	147200	147200	147200
综合膨胀系数（$\times10^{-6}$/℃）	13.0	13.0	13.0

5.3 绝缘配合及防雷保护

5.3.1 绝缘配合原则

依照GB 50064—2014《交流电气装置的过电压保护和绝缘配合设计规范》和GB 50545—2010《110kV～750kV架空输电线路设计规范》进行绝缘设计，使输电线路能在工频电压、操作过电压和雷电过电压等各种情况下安全可靠接地。

在一般输电线路的绝缘设计上，以防污设计为主。根据以往工程的设计经验，大量的线路处于d级污秽区，因此按d级污秽区进行绝缘配合设计，对于电气化铁路供电工程杆塔通用设计按d级上限考虑，统一爬电比距≥50.4mm/kV。若在具体工程的设计中，输电线路经过较严重的污秽地区时，可以通过采用防污型绝缘子，同时也可采用防污性能较优的复合绝缘子的方式来满足要求。1000m以上高海拔模块可根据不同的海拔高度对爬电比距进行相应的修正。

5.3.2 绝缘子片数

经统计和计算表明，操作过电压对绝缘子片数不起控制作用，依照GB 50064—2014按工频电压的爬距距离要求来确定绝缘子片数，可由下式计算

$$n \geqslant \frac{dU_e}{KL_o} \tag{5-3-1}$$

式中 n——直线杆塔绝缘子串的绝缘子片数；

U_e——输电线路额定电压，kV；

d——单位爬电比距，mm/kV；

L_o——绝缘子几何爬电距离，mm；

K——有效系数，一般取 1.0。

各电压等级绝缘子片数计算时采用的绝缘子模型，建议采用表 5-3-1 和表 5-3-2 中所列绝缘子的参数进行计算。

表 5-3-1　　绝缘子模型参数表

电压等级（kV）	330	220	110
绝缘子强度（kN）	100	100	70
结构高度（mm）	146	146	146
盘径（mm）	280	280	280
爬电距离（mm）	450	450	450
型式	双伞	双伞	双伞
质量（kg）	8.1	8.1	7.5
材质	瓷	瓷	瓷
型号	XWP2-100	XWP2-100	XWP3-70

各电压等级绝缘子片数计算结果可参考表 5-3-2 中数值。最终各模块具体绝缘子片数配置情况以模块审查会上确定的值为准。

表 5-3-2　　绝缘子片数选择一览表

电压等级（kV）	回路	海拔高度（m）	片数（片）	结构高度（mm）	统一爬电比距（mm/kV）
330	单	≤1500	25	3650	53.7
		1500~2000	26	3796	55.8
		2000~2500	27	3942	58.0
		2500~3000	28	4088	60.1
		3000~3500	29	4234	62.3
220	单	≤1000	15	2190	48.3
			16	2336	51.5

续表 5-3-2

电压等级（kV）	回路	海拔高度（m）	片数（片）	结构高度（mm）	统一爬电比距（mm/kV）
110	单	≤1000	9	1314	57.9
		1000~2500	10	1460	64.4

注　统一爬电比距为按照瓷绝缘子能达到的最大数值。

耐张绝缘子串受力比悬垂绝缘子串大，容易产生零值绝缘子，因而通常使用耐张绝缘子片数比同级悬垂串绝缘子片数增加 1~2 片。根据 GB 50064—2014，并考虑到耐张绝缘子串悬挂方式不同于悬垂串，自清洗能力较强，因此，按污秽条件选择并已达到规范所规定的片数时，不再考虑另行增加片数。

5.3.3　绝缘子串强度

（1）330kV 部分。330kV 输电线路绝缘子强度级别选择可参考表 5-3-3。

表 5-3-3　　330kV 绝缘子强度级别选择

组装方式		使用塔型	使用地点
Ⅰ串	120kN 单联、160kN 单联	直线塔	一般地区
	120kN 双联、160kN 双联	直线塔	重要的交叉跨越及大负荷地区
跳线串	单联 70、120kN	耐张塔	
耐张串	双联 120、160、210kN	耐张塔	

（2）220kV 部分。220kV 输电线路绝缘子强度级别选择可参考表 5-3-4。

表 5-3-4　　220kV 绝缘子强度级别选择

组装方式		使用塔型	使用地点
Ⅰ串	70kN 单联、120kN 单联	直线塔	一般地区
	70kN 双联、120kN 双联	直线塔	重要的交叉跨越及大负荷地区
跳线串	单联 70、120kN	耐线塔	
耐张串	双联 70、120、160kN	耐张塔	

（3）110kV 部分。110kV 输电线路绝缘子强度级别选择可参考表 5-3-5。

表 5-3-5　　110kV 绝缘子强度级别选择

组装方式		使用塔型	使用地点
I 串	70kN 单联、120kN 单联	直线塔	一般地区
	70kN 双联、120kN 双联	直线塔	重要的交叉跨越及大负荷地区
跳线串	单联 70、120kN	耐线塔	
耐张串	双联 70、120、160kN	耐张塔	

5.3.4　空气间隙

本通用设计的空气间隙完全按照 GB 50064—2014 的相关规定选择，采用平衡高绝缘时，空气间隙按照配合系数相应修正，推荐采用的空气间隙值见表 5-3-6。

表 5-3-6　　空气间隙推荐采用数值

电压等级（kV）	回路	海拔高度（m）	空气间隙（m）			
			工频	操作	雷电	带电作业
330	单回路	≤1000	0.90	1.95	2.30	2.20
		1000~2000	1.00	2.15	2.55	2.45
		2000~2500	1.05	2.25	2.65	2.55
		2500~3000	1.10	2.35	2.80	2.65
		3000~3500	1.15	2.45	2.90	2.75
220	单回路	≤1000	0.55	1.45	1.90	1.80
110	单回路	≤1000	0.25	0.70	1.00	1.00
		1000~2000	0.30	0.90	1.25	1.20
		2000~2500	0.35	0.95	1.30	1.25

注　带电作业还需考虑人体活动范围 0.5m。

5.3.5　间隙圆图

（1）风偏角计算。计算直线塔悬垂串风偏角时，除跨越塔外，各塔型均以下导线为基准高度（建议下导线平均高度取 15m，跨越塔的下导线基准高度取 40m），由此分别推算下、中、上导线高空风压系数。

计算悬垂绝缘子串风偏角时，采用复合绝缘子计算。风压不均匀系数 α 取值：当基本风速≥27m/s 时，取 0.61，当 20m/s≤基本风速<27m/s 时，取 0.75，当基本风速<20m/s 时，取 1.0。在具体工程校验杆塔电气间隙时风压不均匀系数 α 随水平档距变化取值。

计算跳线串风偏角时，按挂满重锤片后重量计算（推荐 12 片），风压不均匀系数取 1.2。

参照以上原则分别计算出上、中、下相在最大风速、操作过电压、雷电过电压、带电作业等工况下的风偏角（单回路水平排列则不区分上、中、下相）。

（2）串型设计。山区直线塔分别按单联、双联 I 串规划塔头。平地直线塔按照单联 I 串规划塔头，同时满足工程应用中挂两个独立单联做为 I 串双联，绘制杆塔加工图时须明确双联串间距。跨越塔按照单联、双联 I 串规划塔头。

I 串串长可参照 5.3.4 中的规定合理确定。

（3）塔头厚度影响。绘制杆塔间隙圆图时，应考虑塔头宽度的影响，在子导线的下导线处增加垂直下偏量（即 Δf）和水平偏移量，然后在此基础上绘制间隙圆。各塔型的垂直下偏量和水平偏移量应根据各塔型的具体规划条件经计算合理确定。

考虑塔身厚度影响的小弧垂 Δf 长度建议取值如下：

1）330kV 电压采取平地 Ⅰ 型、Ⅱ 型直线塔取 300mm，Ⅲ 型直线塔取 400mm；山区 Ⅰ 型、Ⅱ 型直线塔取 400mm，Ⅲ 型直线塔取 600mm，Ⅳ 型直线塔取 800mm。

2）220kV 电压采取平地 Ⅰ 型、Ⅱ 型直线塔 200mm，Ⅲ 型直线塔取 300mm；山区 Ⅰ 型、Ⅱ 型直线塔取 300mm，Ⅲ 型直线塔取 500mm，Ⅳ 型直线塔取 600mm。

3）110kV 电压采取平地直线塔取 200mm，山区直线塔取 300mm。

（4）裕度选取。220~330kV 杆塔在外形布置时，结构裕度对应于角钢准线选取，塔身部为 300mm，其余部位 200mm；110kV 杆塔结构裕度取 150mm。

（5）间隙圆模板。单回路直线塔间隙圆图模板如图 5-3-1 所示。

5.3.6　带电作业

本通用设计中的所有杆塔均依照 GB 50545—2010 进行带电检修间隙的设计，同时满足 Q/GDW 1799.2—2013 中的相关规定，与 2011 年版通用设计的杆塔一致，故本通用设计的所有杆塔均能满足带电检修作业的要求。

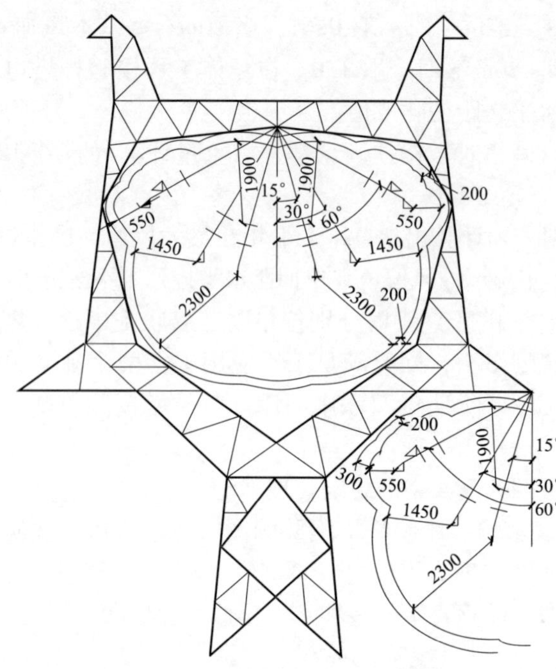

图 5-3-1　单回路直线塔间隙圆图模板

5.3.7　防雷保护

所有杆塔均按照双地线设计。地线和导线以及地线和地线间的距离要满足规范要求。

地线对导线的保护角：杆塔上地线对边导线的保护角，对于单回路，330kV 及以下线路不大于 15°。

5.4　塔头布置

5.4.1　总的原则

导地线布置要求参照以下原则执行。

（1）110~330kV 杆塔相邻导、地线间和垂直排列的上下导线之间的水平偏移应满足表 5-4-1 的要求。

表 5-4-1　　水平偏移取值　　(m)

电压等级（kV）	110	220	330
10mm 设计冰厚	0.50	1.00	1.50

（2）设计塔头时，双分裂子导线应兼顾水平排列和垂直排列两种方式。

110、220kV 双分裂导线子导线间距最小为 400mm。

（3）导线垂直排列时，相邻导线间最小垂直线间距离不小于水平线间距离计算值的 75%。

其他直线塔型应按间隙圆控制层高，但需验算极限档距，如出现极限档距控制层高，需在模块说明部分提出反算的单侧极限档距值。

220kV 10mm 及以下冰区各子模块的山区Ⅳ型塔，单侧极限档距不宜超过 1000m。

（4）110~330kV 转角塔内、外侧跳线串安装按跳线间隙计算确定，原则推荐按表 5-4-2 设计。

表 5-4-2　　跳线串安装原则表

转角度数（°）	转角外侧	转角内侧
0~20	单串	单串
20~40	单串	—
40~60	双串	—
60~90	双串	—

5.4.2　330kV 部分

塔头布置同样考虑水平和三角排列两种，三角排列采用猫头型，猫头塔均按照Ⅰ串设计，耐张塔采用常用的干字型塔。

计算公式如下

$$E_0 = 30.3m\delta^x[1 + 0.3/(r_0\delta)^{0.5}] \tag{5-4-1}$$

式中　E_0——导线表面起晕场强，kV（峰值）/cm；

m——导线表面粗糙系数；

δ——空气密度；

r_0——导线半径，cm；

x——修正系数，0.5。

5.4.3　220kV 及以下部分

单回路直线塔，平地、山区采用猫头型。本通用设计的猫头型塔在原“宽脸猫”的基础之上继续扩大边、中导线垂直距离的差值，达到更进一步减小水平线间距离的目的。单回路耐张塔以常用的干字型塔为本通用设计的塔型。

5.5 联塔金具

直线塔的导线挂线点当采用Ⅰ串时，分别按照单挂点和双挂点进行设计，制图时分别绘制两套挂点详图。直线塔采用单挂点或双挂点。耐张塔采用单挂点，地线采用单挂点。金具强度要与绝缘子强度相匹配。

导线Ⅰ型悬垂串联塔金具采用 UB 或 EB 挂板，直线塔Ⅰ串联塔金具挂板螺栓长轴垂直于线路方向设置，如图 5-5-1 所示。

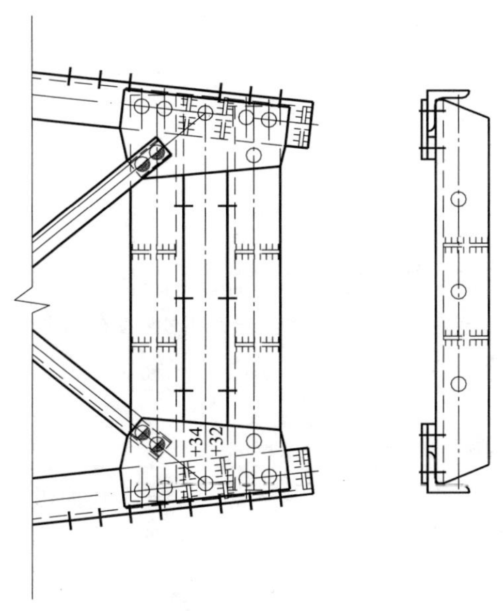

图 5-5-1　直线塔横担端部金具挂孔详图

导线耐张串联塔金具采用 U 型挂环，跳线串采用 UB 挂板。

地线悬垂串的第一金具采用 UB 挂板，耐张串的第一金具采用 U 型挂环。

5.6 杆塔规划

杆塔规划是否合理、经济，对通用设计的经济性影响很大，要合理规划各子模块杆塔的水平档距和垂直档距，以使其在具体工程中的杆塔利用系数尽量接近 1.0。

电气化铁路杆塔通用设计的编制是在同等气象和导地线条件下，对山区和平地分别进行杆塔规划，山区杆塔按照全方位长短腿设计，平地杆塔按照平腿设计。

根据上述原则和已有通用设计的成果，电气化铁路供电工程杆塔通用设计模块杆塔系列按以下原则划分。

（1）塔型。

1）直线塔：平地直线塔采用“三塔+跨越塔”即“3+1”系列，采用平腿型式；山区塔采用“四塔+跨越塔”即“4+1”系列，采用全方位长短腿型式。

2）跨越塔：按相应模块的Ⅱ型塔的设计条件规划，呼高应与Ⅱ型塔呼高衔接，避免漏档和重复。

3）耐张塔：耐张塔划分为 0°~20°、20°~40°、40°~60°和 60°~90°四个角度系列，并单独设计终端塔，即“4+1”系列。平地耐张塔采用平腿型式；山区耐张塔采用全方位长短腿型式。

4）终端塔：终端塔应确定为 0°~90°的角度范围，终端塔横担设计时，按照 0°~40°、40°~90°分别设计两套横担，公用塔身。

5）换相塔：换相塔应确定为 0°~90°的角度范围，用于相序调整。110、220kV 换相塔仅用于终端换相。

（2）呼高。所有杆塔呼高统一为 3 的倍数，级差按 3m 考虑。

1）330kV 直线塔最小呼高为 18m，耐张塔最小呼高为 15m；330kV Ⅰ型直线塔计算呼高取 30m，Ⅱ~Ⅳ型直线塔计算呼高取 36m，耐张塔计算呼高取 30m。

2）220kV 直线塔最小呼高为 18m，耐张塔最小呼高为 15m；220~330kV 的跨越塔呼高范围一般为 39~54m，计算呼高 51m。

3）110kV 直线塔和耐张塔最小呼高均为 15m；110kV 的跨越塔呼高范围一般取 39~51m，计算呼高 51m。

（3）档距、K_v 值。原则上同一模块内的各子模块的规划使用条件相同。

5.7 杆塔设计一般规定

（1）为了增加杆塔顺线路的刚度，所有杆塔采用方形断面。

（2）为了确保杆塔的抗扭刚度，隔面设置按不大于 5 倍平均宽和 4 个主材节间分段。

（3）塔腿主材与斜材的夹角不宜小于18°。杆塔全高与根开之比宜取4~6，塔头身部高宽比不宜大于10。

（4）电气化铁路供电工程杆塔通用设计山区杆塔按照全方位长短腿设计，级差为1.0m，长短腿最大高差为3.0~6.0m。

（5）关于防舞动措施问题。根据Q/GDW 1829—2012《架空输电线路防舞设计规范》，公司系统新建110（66）kV及以上输电线路必须全面按照新建线路防舞设计要求，在舞动区段内开展防舞设计工作。在舞动区应用本通用设计时，应按照防舞要求结合工程实际，对杆塔进行防舞校核。

5.8 杆塔荷载

5.8.1 气象条件的重现期

电气化铁路供电工程输电线路重现期取30年。

5.8.2 基本风速离地高度

基本风速离地高度为10m。

5.8.3 杆塔荷载组合及特殊的考虑

本通用设计中所有杆塔荷载和组合条件均满足GB 50545—2010、DL/T 5154—2012中所规定的杆塔正常、事故、安装的强度要求。

结合本通用设计的特点，对杆塔荷载计算中有些情况作了特殊规定，增加的要求说明如下：

（1）330kV电压等级直线塔按代表档距400m计算各工况张力；耐张塔按照代表档距250/500m计算各工况张力。

110~220kV电压等级直线塔按代表档距250~450m计算各工况张力；耐张塔按照代表档距200/450m计算各工况张力。

（2）导线张力及弧垂计算时，下导线平均高度取15m。

直线塔导线风荷载计算时，下导线平均高度按下式计算

下导线平均高度=计算呼高-串长-2/3大风弧垂（按规划水平档距计算）

当算得的下导线平均高度低于上述数值时，下导线平均高度取15m。

地线平均高度由下导线平均高度累加层高而得。

（3）山区耐张塔前后挂点垂直荷载按照2∶8分配，且应考虑一侧上拔一侧下压时，垂直上拔荷载按照设计垂直档距的50%考虑，垂直下压荷载按设计垂直档距的80%考虑；平地耐张塔前后挂点垂直荷载按照3∶7分配，不考虑上拔情况。

直线塔建议对不同系列采用不同的分配系数：直线塔Ⅰ、Ⅱ系列和平地直线塔Ⅲ、Ⅳ及K系列风荷载及垂直荷载前后侧按5∶5分配；山区直线塔Ⅲ、Ⅳ及K系列风荷载前后侧按5∶5分配，垂直荷载前后侧按4∶6分配。

（4）对于220~330kV电压等级所有直线塔均应考虑锚线工况；110kV由于直线塔荷载条件较小，考虑锚线后重量增加较多，仅在每个子模块中规定最大一种塔型的直线塔考虑锚线工况。

（5）综合考虑导地线安装时初伸长、过牵引、施工误差等因素，导线张力增加15%，地线张力增加10%。

（6）关于验算覆冰工况，如有需要，设计单位可结合工程实际情况自行考虑增加覆冰厚度进行验算，在加工图阶段进行局部加强。

（7）耐张塔水平地线支架纵向张力按上平面传力、下平面不传力考虑。耐张塔增加反向的临时拉线用孔。

5.9 杆塔结构设计方法

杆塔结构设计采用以概率理论为基础的极限状态设计方法，结构的极限状态是指结构或构件在规定的各种荷载组合作用下或在各种变形或裂缝的限值条件下，满足线路安全的临界状态。极限状态分为承载力极限状态和正常使用极限状态。

5.9.1 承载力极限状态

结构或构件的强度、稳定和连接强度，应按承载力极限状态的要求，按荷载效应的基本组合进行荷载组合，并应采用下列设计表达式进行设计

$$\gamma_0(\gamma_G S_{GK} + \psi \sum \gamma_{Qi} S_{QiK}) \leq R \tag{5-9-1}$$

式中 γ_0——杆塔结构重要性系数，重要线路不应小于1.1，临时线路取0.9，其他线路取1.0；

γ_G——永久荷载分项系数，对结构受力有利时，取1.0，不利时取1.2；

γ_{Qi}——第i项可变荷载的分项系数，应取1.4；

S_{GK}——永久荷载标准值的效应；

S_{QiK}——第i项可变荷载标准值的效应；

ψ——可变荷载组合系数，正常运行情况取1.0，断线情况、安装情况和不均匀覆冰情况取0.9，验算情况取0.75；

R——结构构件抗力的设计值。

5.9.2 正常使用极限状态

结构或构件的变形或裂缝，应按正常使用极限状态的要求，采用荷载的标准组合

$$S_{GK} + \psi \sum S_{QiK} \leqslant C \qquad (5-9-2)$$

式中 C——构件或构件裂缝宽度或变形的规定限制值，mm。

5.9.3 杆塔材料

钢材材质为 GB/T 700—2006《碳素结构钢》中规定的 Q235 系列、GB/T 1591—2008《低合金高强度结构钢》中规定的 Q345、Q420 系列。按实际使用条件确定钢材级别。钢材强度设计值详见表 5-9-1。

表 5-9-1 钢材的强度设计值

钢材		抗拉、抗压和抗弯 (N/mm^2)	抗剪 (N/mm^2)
牌号	厚度或直径（mm）		
Q235 钢	≤16	215	125
	>16~40	205	120
	>40~60	200	115
	>60~100	190	110
Q345 钢	≤16	310	180
	>16~35	295	170
	>35~50	265	155
	>50~100	250	145
Q420 钢	≤16	380	220
	>16~35	360	210
	>35~50	340	195
	>50~100	325	185

螺栓和螺母的材质及其特性应分别符合 GB/T 3098.1—2010、GB/T 3098.2—2000、GB/T 3098.4—2000 的规定。螺栓的强度设计值详见表 5-9-2。

表 5-9-2 螺栓的强度设计值 (N/mm^2)

项目	等级	抗拉	抗剪
镀锌粗制螺栓	6.8	300	240
	8.8	400	300
锚栓	Q235	160	
	35 号优质碳素钢	190	
	45 号优质碳素钢	215	

本通用设计采用的角钢型号见表 5-9-3。

表 5-9-3 通用设计角钢规格推荐表

序号	规格（mm）（肢宽×肢厚）	毛截面面积 (cm^2)	回转半径（cm）		根部圆弧半径（mm）	材质
			最小轴	平行轴		
1	∠40×3	2.360	0.790	1.230	5.000	1
2	∠40×4	3.090	0.790	1.220	5.000	1
3	∠45×3	2.659	0.900	1.400	5.000	1
4	∠45×4	3.490	0.890	1.380	5.000	1
5	∠45×5	4.290	0.880	1.370	5.000	1
6	∠50×4	3.900	0.990	1.540	5.500	1
7	∠50×5	4.800	0.980	1.530	5.500	1
8	∠50×6	5.690	0.980	1.510	5.500	1
9	∠56×4	4.390	1.110	1.730	6.000	1
10	∠56×5	5.420	1.100	1.720	6.000	1
11	∠63×4	4.978	1.260	1.960	7.000	1
12	∠63×5	6.140	1.250	1.940	7.000	1/2
13	∠63×6	7.290	1.240	1.930	7.000	1/2
14	∠70×5	6.880	1.390	2.160	8.000	1/2
15	∠70×6	8.160	1.380	2.150	8.000	1/2
16	∠70×7	9.420	1.380	2.140	8.000	1/2
17	∠75×5	7.410	1.500	2.320	9.000	1/2

续表 5-9-3

序号	规格（mm）（肢宽×肢厚）	毛截面面积（cm^2）	回转半径（cm）		根部圆弧半径（mm）	材质
			最小轴	平行轴		
18	∠75×6	8.800	1.490	2.310	9.000	1/2
19	∠75×7	10.160	1.480	2.300	9.000	1/2
20	∠75×8	11.500	1.470	2.280	9.000	1/2
21	∠80×6	9.400	1.590	2.470	9.000	1/2
22	∠80×7	10.860	1.580	2.460	9.000	1/2
23	∠90×6	10.640	1.800	2.790	10.000	1/2
24	∠90×7	12.300	1.780	2.780	10.000	1/2
25	∠90×8	13.940	1.780	2.760	10.000	1/2
26	∠100×7	13.800	1.990	3.090	12.000	1/2
27	∠100×8	15.640	1.980	3.080	12.000	1/2
28	∠100×10	19.260	1.960	3.050	12.000	1/2
29	∠110×7	15.196	2.200	3.410	12.000	1/2
30	∠110×8	17.240	2.190	3.400	12.000	1/2
31	∠110×10	21.260	2.170	3.380	12.000	1/2
32	∠110×12	25.200	2.150	3.350	12.000	1/2
33	∠125×8	19.750	2.500	3.880	14.000	1/2
34	∠125×10	24.370	2.480	3.850	14.000	1/2/3
35	∠125×12	28.970	2.460	3.830	14.000	1/2/3
36	∠140×10	27.370	2.780	4.340	14.000	1/2/3
37	∠140×12	32.510	2.770	4.310	14.000	1/2/3
38	∠140×14	37.570	2.750	4.280	14.000	1/2/3
39	∠140×16	42.540	2.740	4.260	14.000	1/2/3
40	∠160×10	31.500	3.200	4.970	16.000	1/2/3
41	∠160×12	37.440	3.180	4.950	16.000	1/2/3
42	∠160×14	43.300	3.160	4.920	16.000	1/2/3
43	∠160×16	49.070	3.140	4.890	16.000	1/2/3

续表 5-9-3

序号	规格（mm）（肢宽×肢厚）	毛截面面积（cm^2）	回转半径（cm）		根部圆弧半径（mm）	材质
			最小轴	平行轴		
44	∠180×12	42.240	3.580	5.590	16.000	1/2/3
45	∠180×14	48.900	3.570	5.570	16.000	1/2/3
46	∠180×16	55.470	3.550	5.540	16.000	1/2/3
47	∠180×18	61.950	3.530	5.510	16.000	1/2/3
48	∠200×14	54.640	3.980	6.200	18.000	1/2/3
49	∠200×16	62.010	3.960	6.180	18.000	1/2/3
50	∠200×18	69.300	3.940	6.150	18.000	1/2/3
51	∠200×20	76.500	3.930	6.120	18.000	1/2/3
52	∠200×40	90.660	3.900	6.070	18.000	1/2/3

注 1. 表中规格仅为推荐系列，设计人员可根据需要自行选择。
2. 表中材质栏中，1 代表 Q235；2 代表 Q345；3 代表 Q420。

5.9.4 角钢塔应用原则及范围

（1）对钢管塔应用范围以外的杆塔，其构件一般应采用 Q235 及以上强度的热轧角钢。角钢型号的最小厚度为∠40×3、∠45×3、∠50×4、∠56×4、∠63×4、∠70×5、∠75×5、∠80×6、∠90×6、∠100×7、∠110×7、∠125×8、∠140×10、∠160×10、∠180×12、∠200×14。∠63×5 及以上角钢规格可以采用 Q345 材质。

（2）Q420 及以上高强角钢，经技术经济比较具有优势时应优先采用。一般情况下，杆塔构件规格不小于∠125×10（肢宽×厚度），可采用高强角钢。

330kV 单回输电线路优先采用 Q420 高强角钢。

5.9.5 构件连接方式

杆塔构件采用螺栓连接，塔脚及局部结构采用焊接，螺栓有 M16、M20（6.8 级）、M24 及以上规格（8.8 级）。110kV 及以上电压等级角钢塔横担上平面和下平面主材连接处的螺栓不少于 3 个。

5.9.6 铁塔与基础的连接方式

220kV 及以上电气化铁路供电工程线路杆塔与基础的连接采用插入角钢和地脚螺栓两种方式。110kV 电气化铁路供电工程线路杆塔与基础的连接采用地脚螺栓的方式。

接地孔为两个 ϕ17.5 孔，竖排，间距取 50mm，四个塔腿均设置，位置在面向塔身的右侧主材正面上，位于包角钢（斜插式）或靴板（座板式）上方 300mm 左右，且离基础主柱顶面高度不宜大于 1500mm。

5.10 加工图设计注意事项

（1）加工图总图中接腿表示方法在各子模块的范围内应予以统一。

（2）加工图中尽量避免过多使用焊接。

（3）标识牌、相位牌、警示牌等的安装位置及防盗螺栓的安装高度不作统一规定，也无需在加工图中表示，可按照国家电网公司相关规定，根据各地工程实际需要处理。

（4）脚钉统一按 450mm 步长配置。

（5）加工图中所有螺栓必须带垫圈，垫圈厚度按 DL/T 5442—2010《输电线路铁塔制图和构造规定》选取，塔重统计时需考虑垫圈的重量。材料明细表中螺栓规格按长度为 10mm 一级统一。

（6）在统计杆塔重量时，板件重量应按实际外形尺寸计算重量。

（7）耐张塔不等长横担的图名按内、外角侧区分。

（8）相邻子模块设计单位应加强沟通，做好杆塔荷载条件、塔头尺寸、塔身坡度、塔腿根开及杆塔重量等指标的横向比较，避免塔重倒挂。子模块内各塔型的荷载条件、塔头尺寸、塔身坡度、塔腿根开及杆塔重量应相互协调。

第 6 章 杆塔结构优化

6.1 结构优化的主要原则

在保证铁塔的强度、可靠度、稳定性和必要的刚度、满足变形要求的前提下，通过杆塔结构优化设计，力求满足以下要求：

（1）结构型式简洁，杆件受力明确，结构传力路线清晰。

（2）结构构造简单，节点处理合理，利于加工安装和运行安全。

（3）结构布置紧凑，尽量减少线路走廊宽度，节约有限的土地资源。

（4）结构节间划分和构件布置合理，充分发挥构件的承载能力。

（5）结构选材合理，降低杆塔钢材耗量，使杆塔造价经济。

6.2 头部尺寸优化

塔头部分的优化，主要是在满足电气间隙要求的前提下，尽量减小线路走廊宽度和铁塔受力，猫头塔通过抬高中相导线，采用“窄脸猫”塔型减小线间距离 1~2m。

6.3 塔身坡度优化

铁塔塔身的坡度是整塔重量的最重要的影响因素之一，它直接影响主材和斜材的长度及规格。杆塔根开对整塔重量和基础的经济指标起着较大的控制作用。根据工程杆塔统计，杆塔全高与根开之比一般小于 10，大都在 4~6 之间；单回路直线塔塔身坡度一般为 7%~14%；单回路转角塔塔身坡度一般为 9%~16%。根开增大，可使主材受力降低，材料规格减小，塔身斜材受力也变小；但当根开过大时，由于斜材与辅助材几何尺寸增大，材料构造布置也变得复杂，又使塔重相应增加。基础作用力随根开增大而减小，可使基础造价降低。因此在确定最终方案时，应综合考虑塔重及全线塔总重、基础造价等因素，对塔身坡度和根开进行方案比较。

在本通用设计中，每种塔型均在给定的荷载条件下，对塔身坡度和根开进行多方案组合优化，通过对计算重量的比较，在保证铁塔具有足够的强度和刚度的条件下，优化出杆塔的最佳坡度。

6.4 塔身断面型式

输电线路工程直线塔塔身断面型式一般有矩形（扁塔）、正方形（方塔）两种。就这两种塔身断面来看，扁塔的塔重较轻，但抗纵向荷载能力较差且长短腿使用不灵活，而方塔抗纵向荷载能力强且长短腿使用灵活，但塔重较重。

对于矩形断面与方形断面塔头的重量差别不明显的情况，一般宜选方形断面。方形断面塔头在顺线路方向上的刚度较强，可提高耐断线冲击和防串级倒塔的能力。

6.5 塔身隔面设置优化

根据杆塔结构设计技术规定的要求：在杆塔塔身变坡的断面处、直接受扭力的断面处和塔顶及腿部断面处应设置横隔面。在同一塔身坡度范围内，横隔面设置的间距，一般不大于平均宽度的5倍，也不宜大于4个主材分段。合理设置横隔面可加强杆塔整体刚度，对向下传递结构上部因外荷载产生的扭力、减小塔重、均衡塔身构件内力具有明显的作用。横隔面的布置应注意以下两点：

（1）在满足DL/T 5154—2012要求的前提下，尽量少布置横隔面，减轻塔重；

（2）横隔面的设置应不影响杆塔的正常传力路线，避免塔身交叉材同时受压的发生。

横隔面的几何形状也对杆塔重量有较大影响，当塔身断面尺寸较小时，可采用简单的十字交叉型式；塔腿顶面处的横隔面尺寸较大，在布置时尽量减小构件的计算长度，减小构件规格，以达到降低横隔面的重量，对两种不同的塔腿顶面横隔面的布置形式进行比选的结果见图6-5-1及表6-5-1。

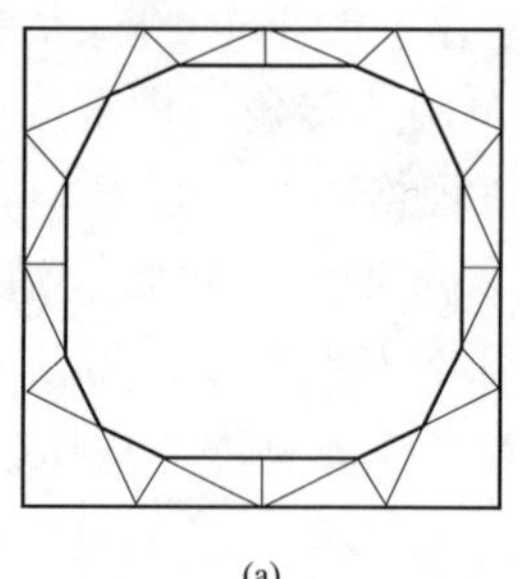
(a)

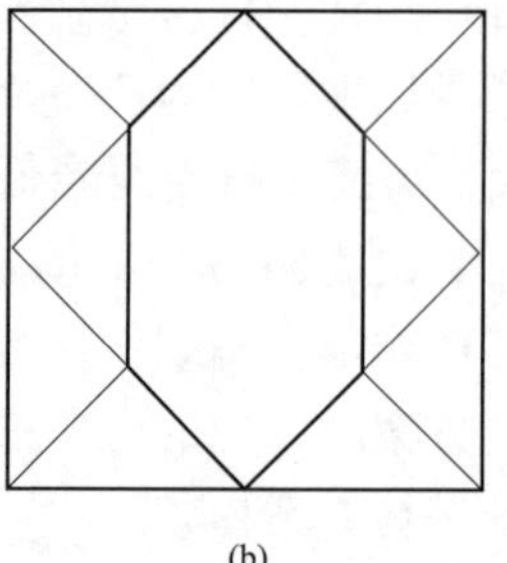
(b)

图6-5-1　两种不同塔腿顶面横隔面的布置形式

（a）方案一；（b）方案二

表6-5-1　横隔面方案对比表

隔面方案	方案一	方案二	方案一/方案二
隔面质量（kg）	237.7	312.3	0.76

由于方案一构件的计算长度短，所选构件规格就小，整个隔面的质量比方案二轻了74.6kg，质量减少24%。

6.6 传力线路优化

优化力的传递路线，不但对降低塔重有重要意义，而且对保证杆塔结构稳定也有特别重要意义。本通用设计通过对力的传递路线分析，经过优化布置，优化了传力线路，提高了杆塔结构的可靠性。

斜材同时受压是影响塔重的另一重要因素，本通用设计通过对力的传递路线分析，在塔身上部布置K型结构斜材，避免出现下部塔身斜材同时受压。

6.7 主材布置及节间优化

杆塔的规划高度、塔头尺寸、塔身坡度确定后，杆塔主材节间的布置与塔身斜材的布置二者是相互关联、相互影响的。为使主材受力均匀，降低主材的规格，主要从以下两个方面进行调整：

（1）调整主材的计算长度。杆塔构件的承载能力与构件的长度、截面面积及材料屈服点有关。当构件的规格由强度控制时，构件需要选取的截面面积（规格）与其所承担的内力成正比。当构件的规格由稳定控制时，构件规格的选取则不仅仅与其所承担的内力有关，还与构件本身的长度有关。内力不变时，构件的长度越长，所需规格越大；而长度不变时，内力越大，所需规格也越大。因此，当外荷载一定时，构件计算长度确定合适与否会严重影响其截面的选择，直接影响塔重。

（2）通过对塔身交叉斜材的调整，使得塔身交叉材不出现或少出现同时受压控制，以减小斜材的规格。塔身斜材常用的布置型式有交叉式、正K型、倒K型等布置，以往单一的交叉布置型式容易使斜材产生同时受压，几种方式组合布置可以避免同时受压的发生，使斜材受力成为拉压系统，可减小斜材规格，降低塔重。根据以往500kV工程的经验，常用的塔身斜材布置方式有单分式（如图6-7-1的型式一）和再分式（型式二~型式四），有时为了充分利用主材的计算长度，同时尽可能利用塔身斜材的承载力，因此其交叉斜材的布置方式可采用图6-7-1中的型式五、型式六。

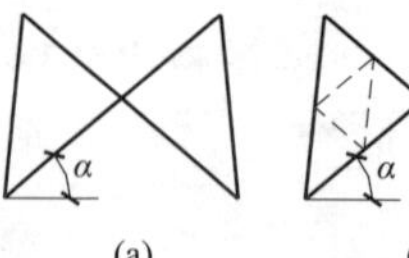
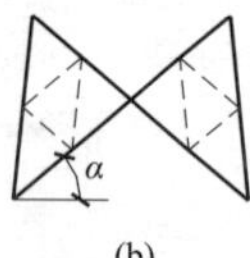
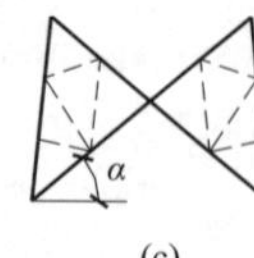
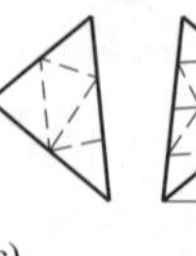
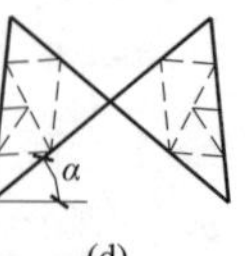
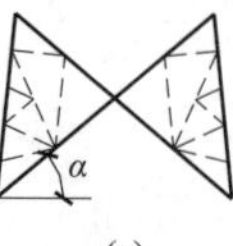
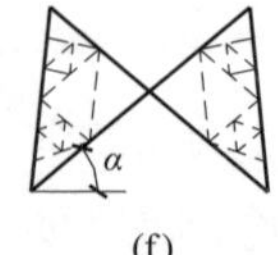

(a)　(b)　(c)　(d)　(e)　(f)

图6-7-1　塔身斜材布置型式

（a）型式一；（b）型式二；（c）型式三；（d）型式四；（e）型式五；（f）型式六

无论采取哪种斜材布置方式，最主要的问题就是斜材与水平面的夹角 α 的大小，α 的大小直接决定了斜材的受力大小。根据 500kV 输电线路铁塔斜材布置的经验可知，当斜材与水平面的夹角 α 控制在 35°~45°之间时，塔重最轻。

6.8 全方位长短腿优化

为保护环境，减少土石方开挖，防止水土流失，本通用设计在山区塔系列中采用了全方位长短腿。

6.9 节点连接优化

节点构造是杆塔结构设计的一个重要环节，直接关系到构件承载力设计值与实际承受力是否相符，对杆塔的安全可靠运行十分重要，同时也影响杆塔重量。在通用设计杆塔结构设计中遵循以下优化原则：

（1）避免相互连接杆件夹角过小，减小杆件的负端距。

（2）节点连接要紧凑、刚度大，节点板面积小。

（3）尽量减小杆件偏心连接，减小偏心弯矩对杆件承载力的不利影响。

（4）两面连接的杆件避免对孔布置，减小杆件断面损失。

（5）合理确定杆件长度，减少包铁连接数量，为进一步降低塔材耗量创造了条件。

第 7 章 主要技术特点

在通过对设计、施工、生产等相关单位进行多方面、深层次的调研工作后，根据调研结果经专家会研讨，确定电气化铁路供电工程杆塔通用设计各模块设计技术条件，充分采纳各方的意见和建议。设计中对杆塔规划进行了专题研究，对塔型设计进行了全面优化，使得通用设计在技术上具有如下特点。

7.1 安全可靠性高

电气化铁路供电工程杆塔通用设计的设计方案具有较高的安全可靠性。这主要表现在塔头规划上充分吸取了近几年来在防污闪、防风闪、防雷击等方面的经验和措施；在荷载条件上，各电压等级也选取了较为严格的荷载配置，从设计源头上切实提高了线路运行的安全可靠性。具体措施如下：

（1）根据目前雷害事故较多的情况，适当增加通用设计的耐雷水平。

（2）绝缘配置设计上充分考虑了目前污秽发展较快的实际情况，按照 d 级污区设计，统一爬电比距≥50.4mm/kV。

（3）为满足重要交叉跨越的要求，直线塔悬垂串均设计有独立双挂点。

（4）针对近年来跳线风偏闪络事故发生较多的情况，通用设计中转角塔转角在 20°以内考虑内外侧均可挂跳串、40°以上外侧挂双跳串，60°以上增加跳线支架，较《国家电网公司十八项电网重大反事故措施》的要求进一步提高。

（5）电气化铁路供电线路的电源线路按差异化进行设计，其中一回电源线路为重要负荷供电线路，该回线路的杆塔结构重要性系数取 1.1。

7.2 模块适应性好

电气化铁路供电工程杆塔通用设计共设计 5 个模块 17 个子模块，191 种塔型。覆盖了电气化铁路供电工程常规设计气象条件（风速 23.5~29m/s，覆冰厚度 10mm）和主要的地形条件（海拔 0~3500m），数量比较适中，基本满足了当前及今后一段时间内公司系统内电气化铁路供电工程输电线路工程建设的需要，具有较好的适应性。

7.3 杆塔系列齐全和使用条件合理

根据不同的地形情况，采用大量终勘定位成果和无约束条件排位的资料数据，利用概率、回归分析等数理统计理论对多个杆塔规划方案进行技术经济比较，提出了杆塔设计档距、计算呼高、K_v 值及塔高系列等合理的方案，同时考虑交叉跨越的需要，单独设计一个跨越塔型。转角塔由原来的三塔改为四塔系列，其中将 60°以内转角按每 20°一档细分，使得杆塔设计条件更科学、经济、合理。

由于杆塔系列齐全，杆塔规划合理，在具体工程中，山区塔型和平地塔型也可灵活地使用，可有效提高杆塔利用系数，对降低工程造价有着特别意义。

7.4 推广应用新技术、新材料

电气化铁路供电工程杆塔通用设计在设计过程中推广采用了近年来成熟适

用的新技术成果，防雷击、防舞动、防坠落等提高运行可靠性技术，杆塔全方位长短腿、“窄脸猫”环境保护技术等；采用高强钢杆塔材料等。

7.5 合理优化杆塔结构

电气化铁路供电工程杆塔通用设计中对各级电压等级的杆塔结构进行了全面的优化，主要从塔头间隙、塔头结构型式、塔身坡度、斜材的布置方式以及主材的节间分割等进行了优化。对每一种塔型都进行了反复的优化计算，采用优化后的塔头结构型式和塔身坡度，然后再对斜材的布置方式及主材的节间分割进行优化，使得通用设计的铁塔结构受力合理，具有更好的安全可靠性和经济性。

7.6 充分重视环境保护

本通用设计充分重视了环境保护的要求，主要表现在：铁塔采用全方位长短腿；各级电压的塔头规划均进行了缩小走廊宽度的计算对比研究及优化措施；单独设计的跨越塔特别适用于跨树、跨林区等。所有这些措施的采用，均在较大程度上减少了对植被的破坏，压缩了线路走廊宽度，有效减少了拆迁和对林木的砍伐，从而充分体现了通用设计的经济效益、社会效益和环保效益。

7.7 设计成果集约化、信息化

电气化铁路供电工程杆塔通用设计由中国电力科学研究院设计研发数据库软件，对电气化铁路供电工程杆塔通用设计全部子模块设计成品实行计算机管理，内容涵盖模块说明书、杆塔一览图、单线图、司令图及结构加工图。数据库软件具有杆塔查询、信息预览、图型输出、数据库管理等功能，能够支持CAD图纸的查询、浏览和打印。开通专门的通用设计网站，极大地方便通用设计成品的资源共享和工程应用。

7.8 设计质量和效率提高

本通用设计的编制和应用，将为我国电气化铁路供电工程的建设和运行提供高质量、高水平的服务，主要表现在：

（1）统一了杆塔设计图纸，因而可加快设计、加工及施工进度，切实有效的缩短建设周期，提高了工作效率。

（2）统一了建设标准，统一了材料规范，方便了塔材等材料的招标，有效缩短了加工周期，提高了快速抢修能力。

（3）工程中采用通用设计成果可大幅缩短设计周期，避免了以往一些工程中出现的边设计、边加工、边施工的局面，同时也有效地保证了设计图纸的质量。

综上所述可以看出，电气化铁路供电工程通用设计达到了预期的目的和要求，是构成公司标准化建设成果的重要组成部分，是贯彻公司集约化管理的基础性工作，为电网规划、成本控制、资金管理、集中规模招标等工作奠定了坚实基础。

第8章 总体使用说明

8.1 通用设计文件

电气化铁路供电工程通用设计成品的载体形式，主要包括三种：纸质出版物、通用设计专题网站（http://tysj.sgcc.com.cn）和通用设计数据库系统及应用软件。

《国家电网公司输变电工程通用设计 电气化铁路供电工程杆塔分册（2015年版）》包括的成果内容主要有各电压等级模块主要技术条件表、各子模块说明、杆塔一览图及单线图。

通用设计数据库系统包括了本次通用设计的全部成果，内容包括各电压等级模块主要技术条件表、各子模块说明、杆塔一览图、杆塔使用条件、杆塔主要荷载、根开尺寸、基础作用力、杆塔单线图、杆塔司令图及结构加工图等。本通用设计增补成果以软件更新文件包的形式在通用设计专题网站中发布，供应用单位下载安装。

以上输电线路通用设计文件可用于实际工程可行性研究、初步设计、施工图阶段。在具体的工程设计中，可根据实际需要，有选择地调用、选择经济合理的杆塔系列。

8.2 杆塔名称编号说明

本着“唯一性、相容性、方便性和扩展性”的原则，电气化铁路供电工程杆塔通用设计延续 2011 年版通用设计的模块编号规则，相同电压等级、回路数、导线型式的模块划分为一个模块，每个模块根据风速、覆冰厚度、海拔高度不同又划分若干子模块。

8.3 杆塔应用原则

电气化铁路供电工程杆塔通用设计成果一经发布，公司系统新建电气化铁路供电工程符合通用设计技术条件的，即应全面应用通用设计成果。应用时应遵守以下三条基本原则：

（1）国家电网公司系统投资的输电线路工程，其技术原则、杆塔方案原则上必须应用通用设计成果。对于特殊情况，工程未应用通用设计时，需由项目单位向上级单位有关职能部门专题报告，并经公司基建部批准后方可采用。

（2）国家电网公司系统投资的输电线路工程，工程设计单位原则上可申请获得通用设计成果。未经允许，设计单位不得擅自在公司投资以外输电线路工程使用通用设计成果。

（3）对于两路电气化铁路供电电源线路，其中的重要负荷供电线路的杆塔，其结构重要性系数取 1.1，采用本通用设计成果（3A7、3A8 除外）；另一回供电线路可按常规线路设计，在运行检修特别困难的局部线路段也作为重要线路考虑，常规线路杆塔结构重要性系数取 1.0，采用《国家电网公司标准化建设成果（通用设计、通用设备）应用目录（2015 年版）》中相应模块的塔型。

8.4 杆塔应用方法

设计单位要按照电气化铁路供电工程杆塔通用设计成果的要求，结合工程实际情况合理选用。

应用通用设计塔型时，第一步可登录国家电网通用设计专题网站（http://tysj.sgcc.com.cn），或查询《国家电网公司输变电工程通用设计　电气化铁路供电工程杆塔分册（2015 年版）》，根据工程的电压等级、回路数、导线规格、气象条件（风速、覆冰厚度）、地形和海拔高度等查找到相应的子模块。设计人员也可直接开启“国网通用设计数据库系统”数据库软件，点击“杆塔查询”按钮，逐级查询。在满足条件下，一个工程可以在不同的模块中选择塔型。

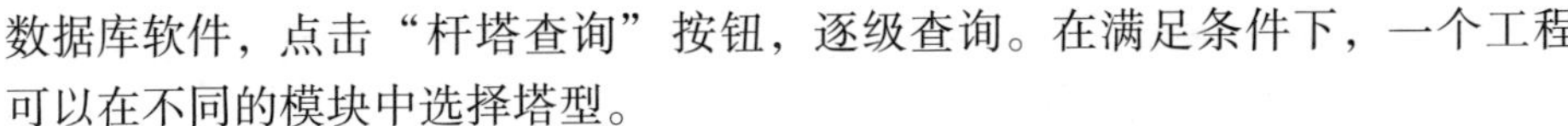

第二步，在初步确定了塔型后，再根据相应子模块的设计说明详细核对水平档距、垂直档距、*K*v 值、转角度数、绝缘配置及串长、塔头间隙等设计参数，掌握通用设计杆塔的相关设计技术条件，在工程初步设计文件中形成通用设计塔型应用专题报告。

最后在施工图阶段，从“国网通用设计数据库系统”数据库软件中调用选定子模块的杆塔加工图设计图纸，开展设计校验，验算铁塔荷载，核对挂线金具型式、挂孔匹配、施工架线方式等加工环节，确保工程可靠应用。

8.5 应用注意事项

（1）要结合工程具体情况，选择经济、合理的通用设计模块。避免“以大代小”的使用情况。

（2）具体工程设计中，可以在不同的模块中，选择满足使用条件的各种塔型。

（3）当通用设计中没有相同使用条件的模块时，可选用适合的模块经过校验代用，或重新设计并提供专题论证报告，经评审通过后使用。如果重新设计的塔型和使用数量较大，应申报新模块修订通用设计。

（4）严禁未经验算而超条件使用通用设计杆塔。

8.6 完善机制

公司将组织开展电气化铁路供电工程杆塔通用设计应用情况调研，主要针对各省公司已开工建设和拟建的电气化铁路供电工程的应用情况开展调研，通过调研分析增加应用率较高子模块。国网基建部将重点抓住杆塔规划和评审应用环节。省公司负责提出输电线路通用设计修订和新增模块建议。国网基建部组织专家组对修订或新增模块杆塔规划和设计成果进行评审，及时纳入成果数据库，建立通用设计滚动修订机制，随着技术发展和进步，不断更新、补充和深化输变电工程通用设计，不断提高通用设计的应用率，更好地满足电网发展和工程建设的需要。

第二篇

电气化铁路供电工程杆塔通用设计

第 9 章　3A　模　块

9.1　3A7 子模块

9.1.1　3A7 子模块说明

（1）该子模块电压等级 330kV，海拔 1000m 以内、设计风速 23.5m/s（离地 10m）、覆冰厚度 10mm，导线 2×JL/G1A-300/40 的单回路杆塔。地线采用 JLB20A-120。该子模块按平地设计，耐张塔由 3A8 子模块兼。悬垂串按Ⅰ型布置。该子模块共计 4 种塔型。

（2）使用条件。3A7 子模块的气象条件、杆塔设计条件、杆塔塔重及基础作用力分别见表 9-1-1～表 9-1-3。

表 9-1-1　　3A7 子模块的气象条件

项目	气温（℃）	风速（m/s）	覆冰厚度（mm）
最高气温	40	0	0
最低气温	-30	0	0
覆冰	-5	10	10
基本风速	-5	23.5	0
安装情况	-15	10	0
年平均气温	5	0	0
雷电过电压	15	10	0
操作过电压	5	15	0

表 9-1-2　　3A7 子模块的杆塔设计条件

塔型名称	呼高范围（m）	计算呼高（m）	水平档距（m）	垂直档距（m）	允许转角（°）
ZM1	21～42	36	380	500	—
ZM2	21～42	36	450	600	—
ZM3	21～42	36	650	850	—
ZMK	45～54	54	450	600	—

表 9-1-3　　3A7 子模块的杆塔塔重及基础作用力

塔型名称	塔重范围（kg）	基础作用力范围（kN）					
		T_{max}	T_x	T_y	N_{max}	N_x	N_y
ZM1	7444.4～12048.3	163～241	17～24	16～24	217～317	21～29	20～28
ZM2	7813.7～12678.9	167～242	20～26	16～25	223～321	24～32	19～31
ZM3	8319.1～13939.1	179～251	23～29	17～28	247～349	29～36	23～35
ZMK	15452.7～18660.4	295～330	32～37	32～36	390～444	40～45	39～44

9.1.2 3A7 子模块杆塔一览图

3A7 子模块杆塔一览图见图 9-1-1。

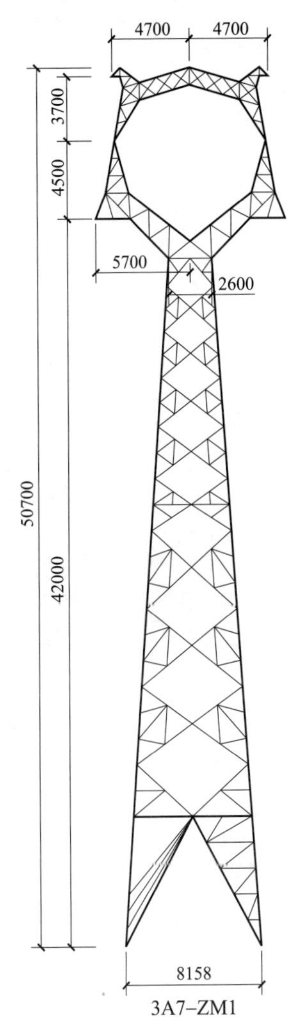

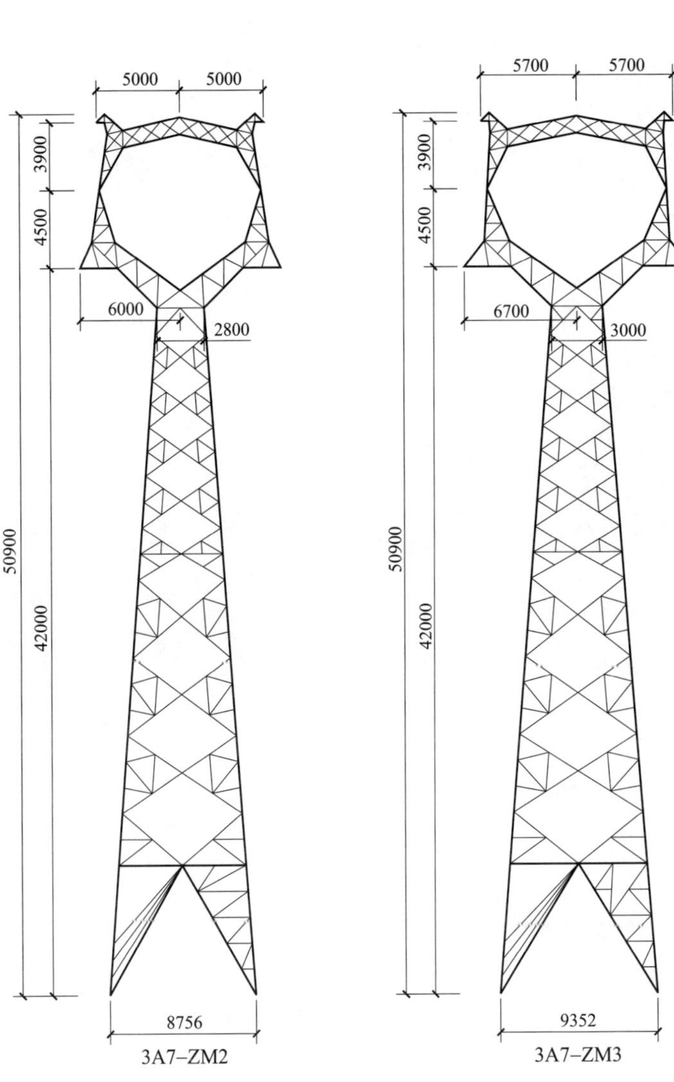

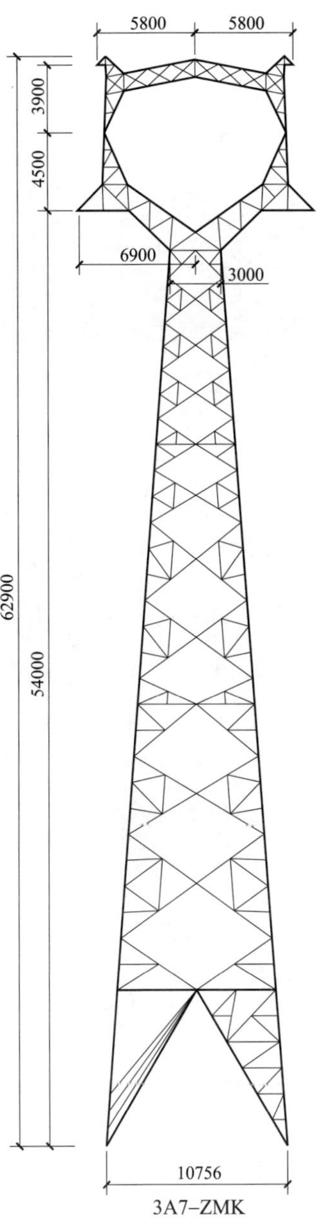

图 9-1-1 3A7 子模块杆塔一览图

9.1.3 3A7-ZM1 杆塔单线图

3A7-ZM1 杆塔单线图见图 9-1-2。

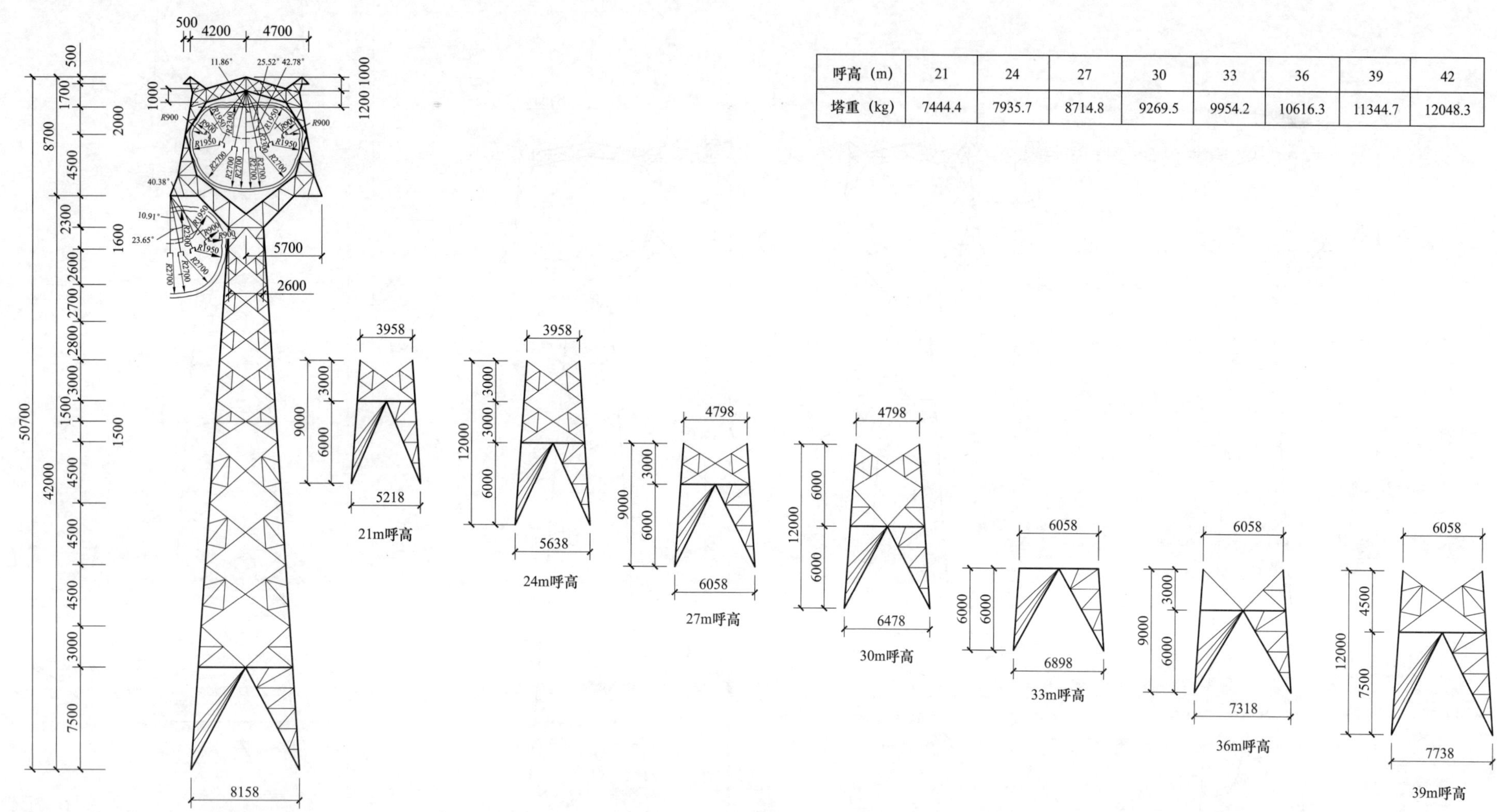

呼高（m）	21	24	27	30	33	36	39	42
塔重（kg）	7444.4	7935.7	8714.8	9269.5	9954.2	10616.3	11344.7	12048.3

图 9-1-2　3A7-ZM1 杆塔单线图

9.1.4 3A7-ZM2 杆塔单线图

3A7-ZM2 杆塔单线图见图 9-1-3。

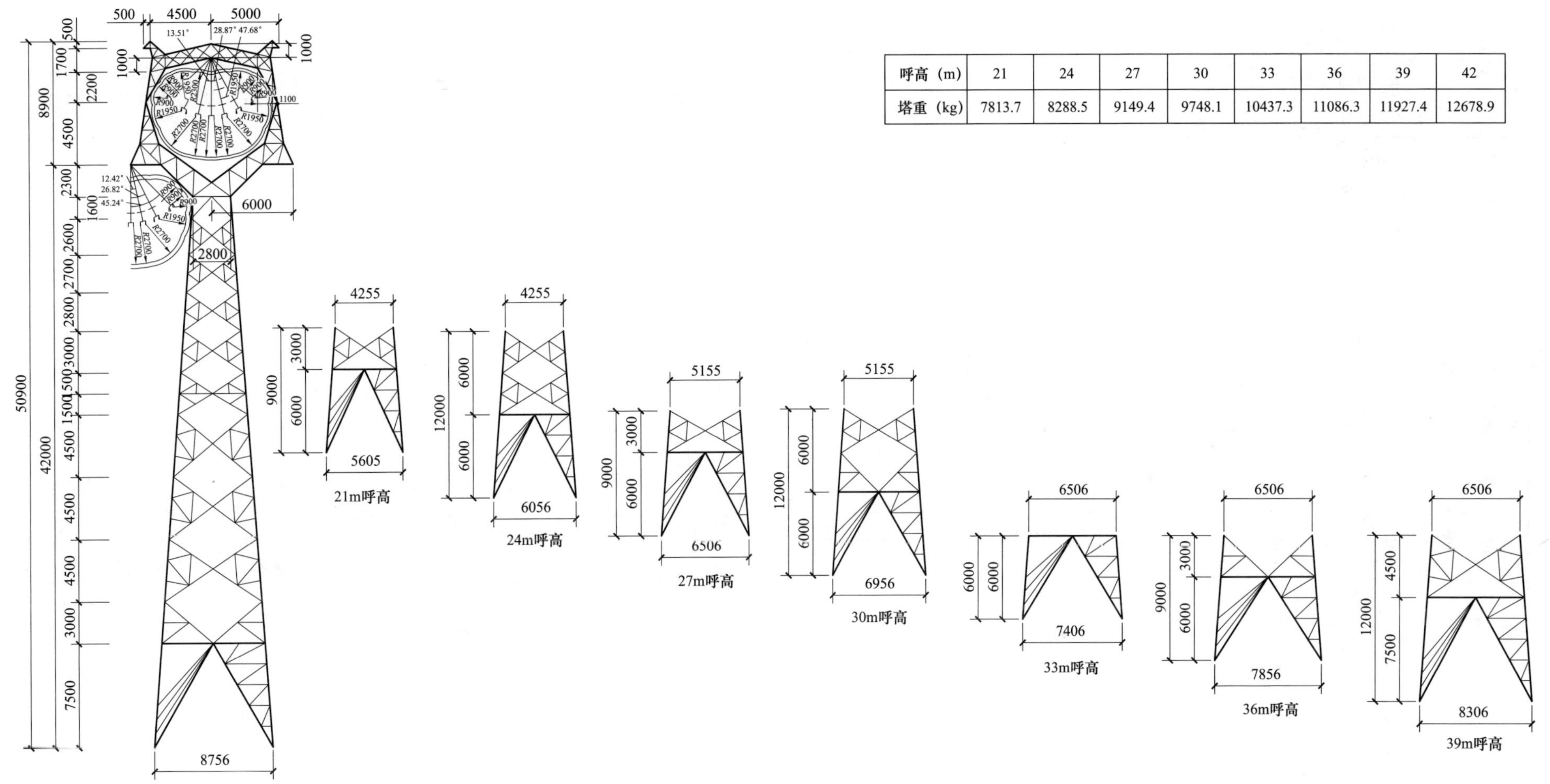

呼高（m）	21	24	27	30	33	36	39	42
塔重（kg）	7813.7	8288.5	9149.4	9748.1	10437.3	11086.3	11927.4	12678.9

图 9-1-3 3A7-ZM2 杆塔单线图

9.1.5 3A7-ZM3 杆塔单线图

3A7-ZM3 杆塔单线图见图 9-1-4。

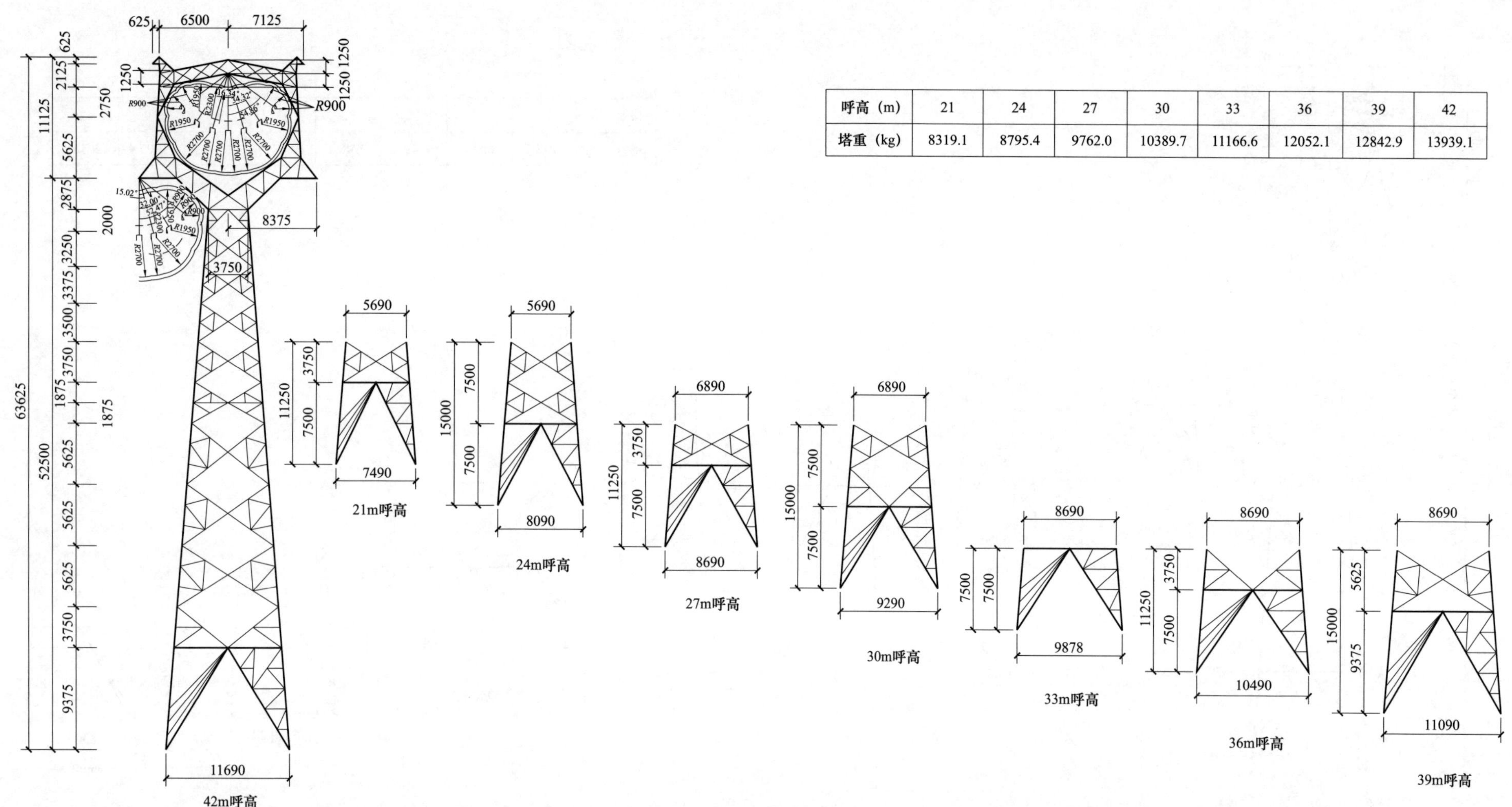

呼高 (m)	21	24	27	30	33	36	39	42
塔重 (kg)	8319.1	8795.4	9762.0	10389.7	11166.6	12052.1	12842.9	13939.1

图 9-1-4 3A7-ZM3 杆塔单线图

9.1.6 3A7-ZMK 杆塔单线图

3A7-ZMK 杆塔单线图见图 9-1-5。

呼高（m）	45	48	51	54
塔重（kg）	15452.7	16572.0	17638.0	18660.4

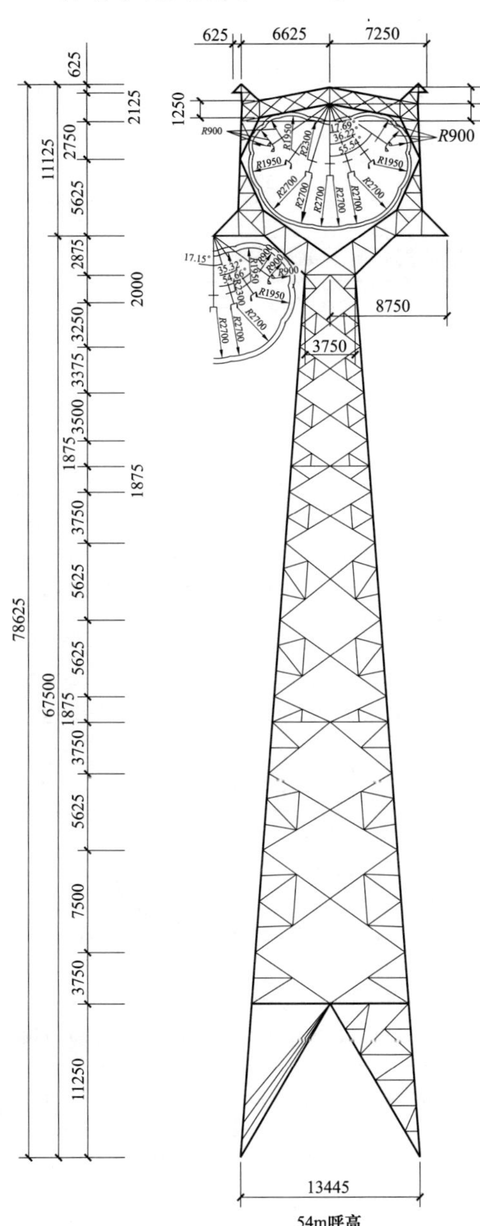

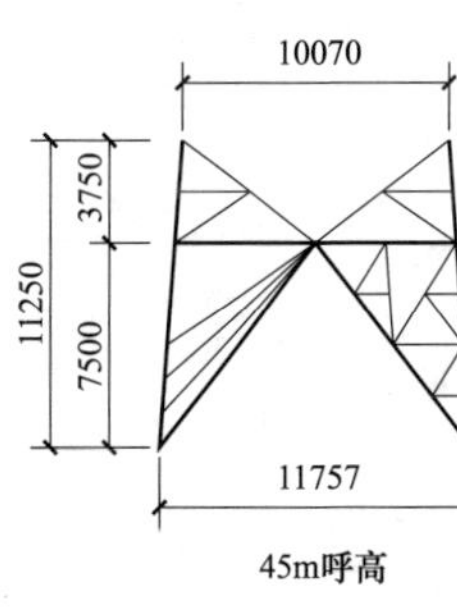

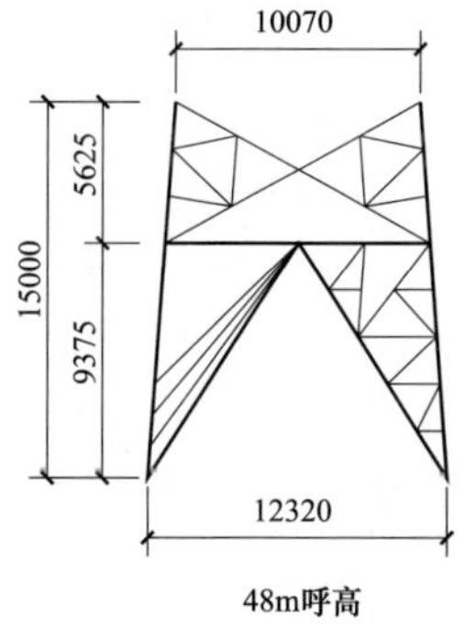

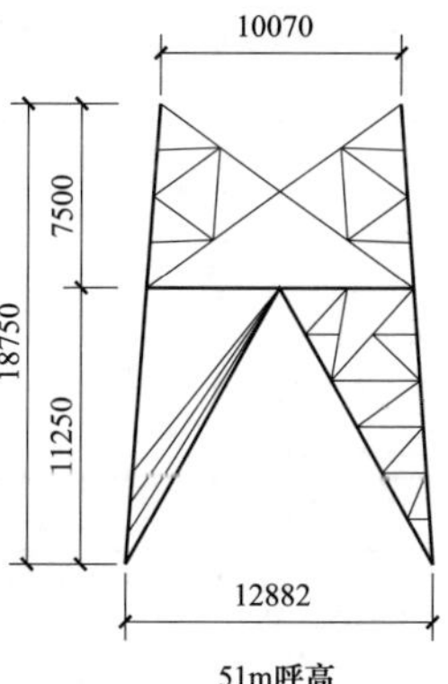

图 9-1-5 3A7-ZMK 杆塔单线图

9.2 3A8 子模块

9.2.1 3A8 子模块说明

(1) 该子模块电压等级 330kV，海拔 1500m 以内、设计风速 27m/s（离地 10m）、覆冰厚度 10mm，导线 2×JL/G1A-300/40 的单回路杆塔。地线采用 JLB20A-120。该子模块直线塔按平地、山区各一套设计，耐张塔按平地和山区合并设计。悬垂串按 I 型布置。该子模块共计 14 种塔型。

(2) 使用条件。3A8 子模块的气象条件、杆塔设计条件、杆塔塔重及基础作用力分别见表 9-2-1～表 9-2-3。

表 9-2-1　　3A8 子模块的气象条件

项目	气温（℃）	风速（m/s）	覆冰厚度（mm）
最高气温	40	0	0
最低气温	-30	0	0
覆冰	-5	10	10
基本风速	-5	27	0
安装情况	-15	10	0
年平均气温	5	0	0
雷电过电压	15	10	0
操作过电压	5	15	0

表 9-2-2　　3A8 子模块的杆塔设计条件

塔型名称	呼高范围（m）	计算呼高（m）	水平档距（m）	垂直档距（m）	允许转角（°）
ZM1	21～42	36	380	500	—
ZM2	21～42	36	450	600	—
ZM3	21～42	36	650	850	—
ZMK	45～54	54	450	600	—
ZMC1	21～42	36	400	500	—
ZMC2	21～42	36	550	800	—
ZMC3	21～42	36	750	1150	—
ZMC4	21～42	36	1100	1800	—
ZMCK	45～54	54	550	800	—
JC1	15～33	30	600	900	0～20

续表 9-2-2

塔型名称	呼高范围（m）	计算呼高（m）	水平档距（m）	垂直档距（m）	允许转角（°）
JC2	15～33	30	600	900	20～40
JC3	15～33	30	600	900	40～60
JC4	15～33	30	600	900	60～90
DJC	15～33	30	350	500	0～90

表 9-2-3　　3A8 子模块的杆塔塔重及基础作用力

塔型名称	塔重范围（kg）	基础作用力范围（kN）					
		T_{max}	T_x	T_y	N_{max}	N_x	N_y
ZM1	7876.5～13103.6	220～320	25～34	20～33	274～402	30～40	24～39
ZM2	8134.9～13782.2	221～318	27～36	21～35	280～405	32～43	26～41
ZM3	8688.2～14838.0	248～345	32～41	25～40	316～445	38～49	31～48
ZMK	17174.0～20941.7	400～447	46～52	45～51	502～571	55～61	53～60
ZMC1	7425.5～12738.6	235～344	40～45	32～39	290～412	45～50	36～43
ZMC2	8185.3～14149.6	265～380	47～52	37～45	333～463	54～59	42～51
ZMC3	9536.1～16004.3	296～416	51～59	43～52	380～516	63～68	50～59
ZMC4	11741.4～19009.4	353～477	67～70	44～61	466～609	81～83	52～85
ZMCK	17253.2～21663.8	426～466	76～82	64～68	547～610	89～92	74～90
JC1	10226.9～15862.8	567～636	88～93	67～71	687～807	100～110	80～88
JC2	10582.9～16864.4	732～801	116～119	93～96	852～977	130～138	106～115
JC3	12479.5～19653.8	831～903	140～143	114～118	994～1098	157～153	131～137
JC4	13644.0～21642.3	985～1041	175～164	142～144	1213～1338	205～201	172～180
DJC	12812.2～20288.8	876～937	116～125	172～156	1059～1177	199～189	135～149

9.2.2 3A8 子模块杆塔一览图

3A8 子模块杆塔一览图见图 9-2-1～图 9-2-3。

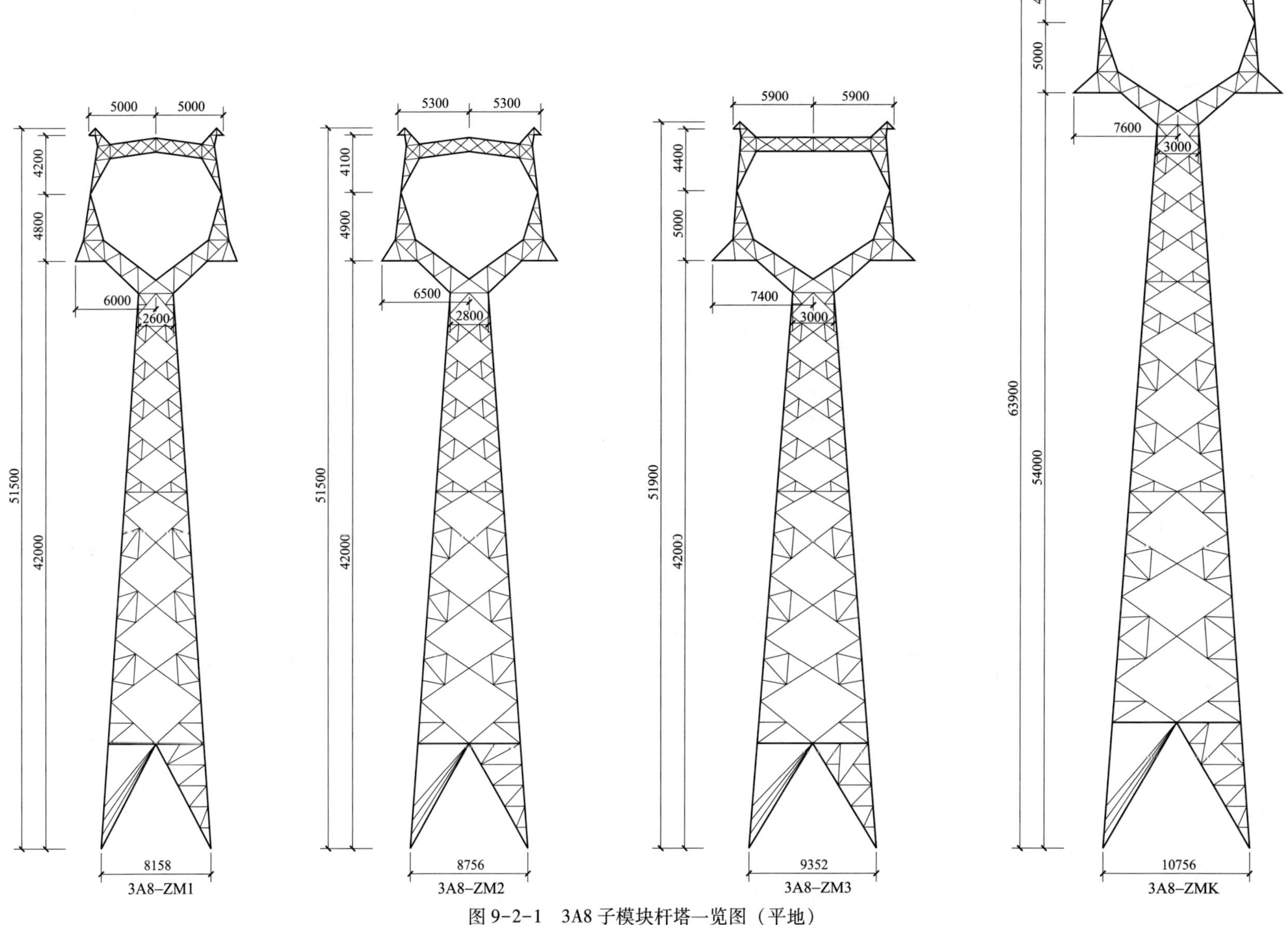

图 9-2-1 3A8 子模块杆塔一览图（平地）

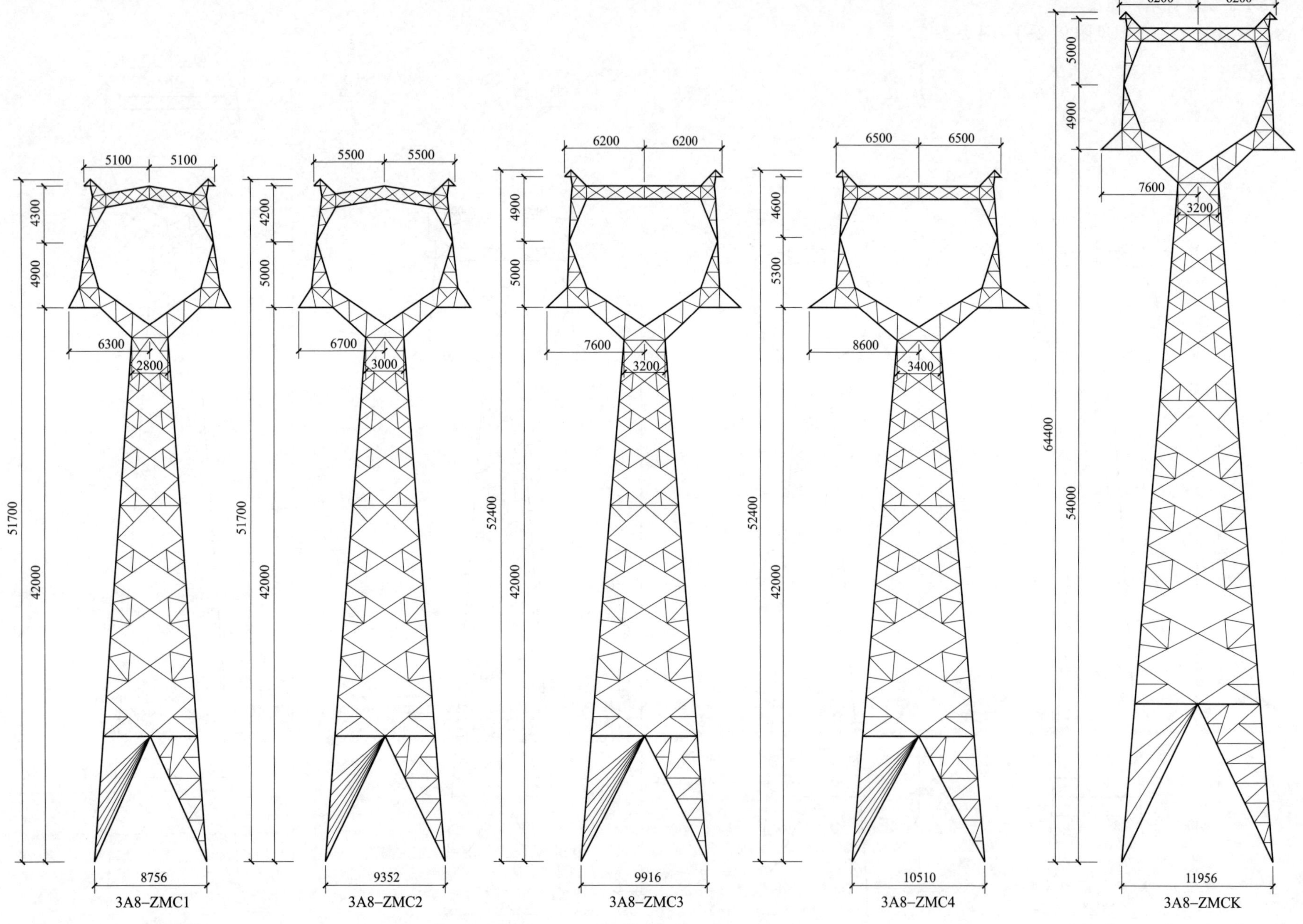

图 9-2-2　3A8 子模块杆塔一览图（山区一）

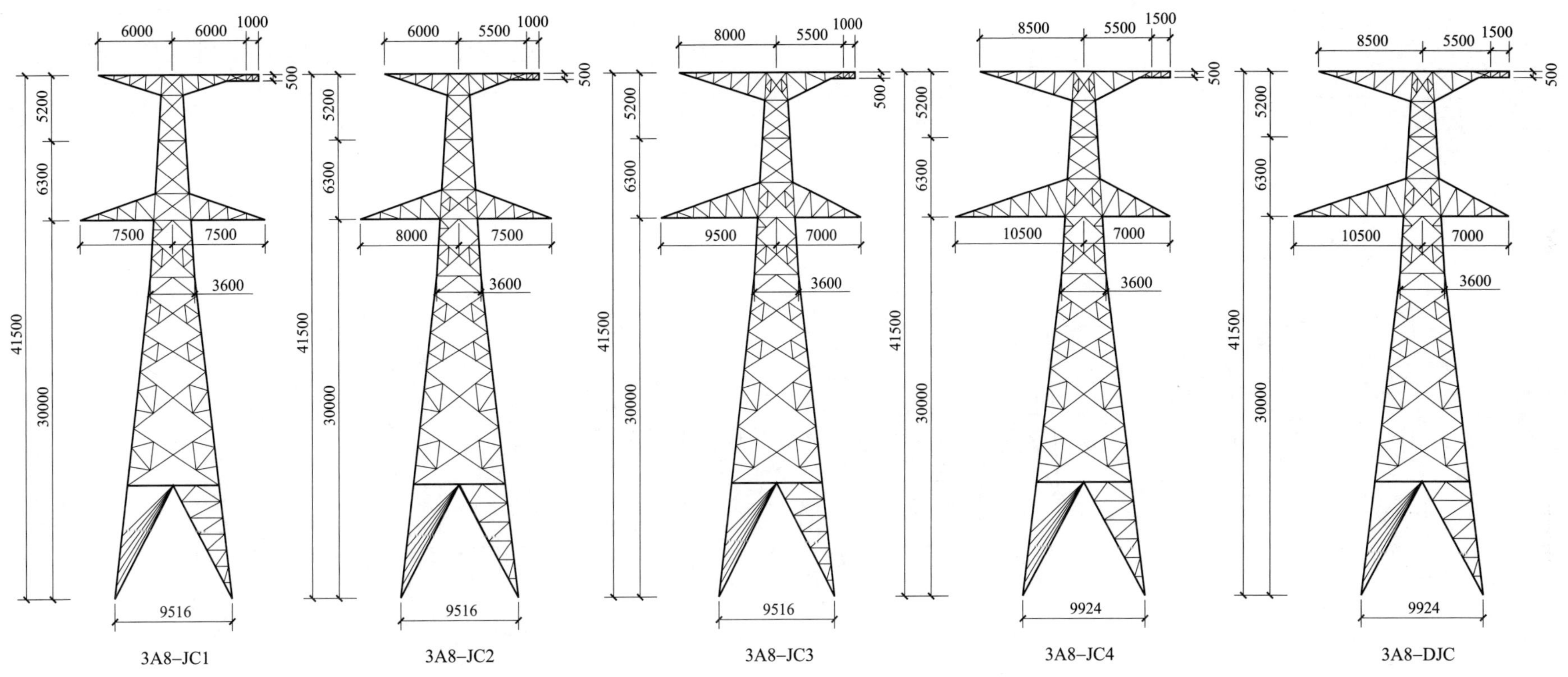

图 9-2-3　3A8 子模块杆塔一览图（山区二）

9.2.3 3A8-ZM1 杆塔单线图

3A8-ZM1 杆塔单线图见图 9-2-4。

呼高（m）	21	24	27	30	33	36	39	42
塔重（kg）	7876.5	8373.7	9184.2	9836.8	10578.0	11367.5	12258.3	13103.6

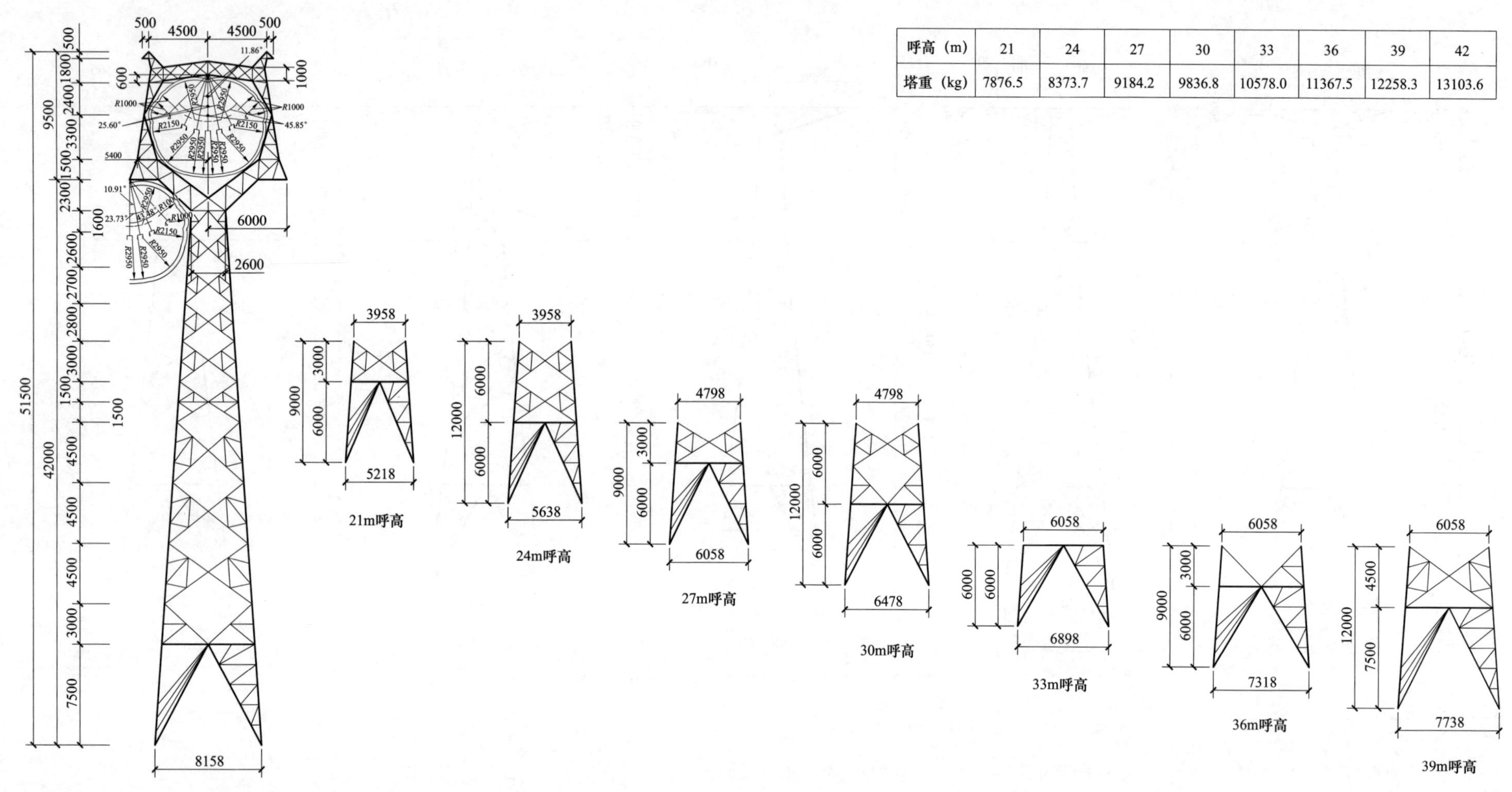

图 9-2-4 3A8-ZM1 杆塔单线图

9.2.4 3A8-ZM2 杆塔单线图

3A8-ZM2 杆塔单线图见图 9-2-5。

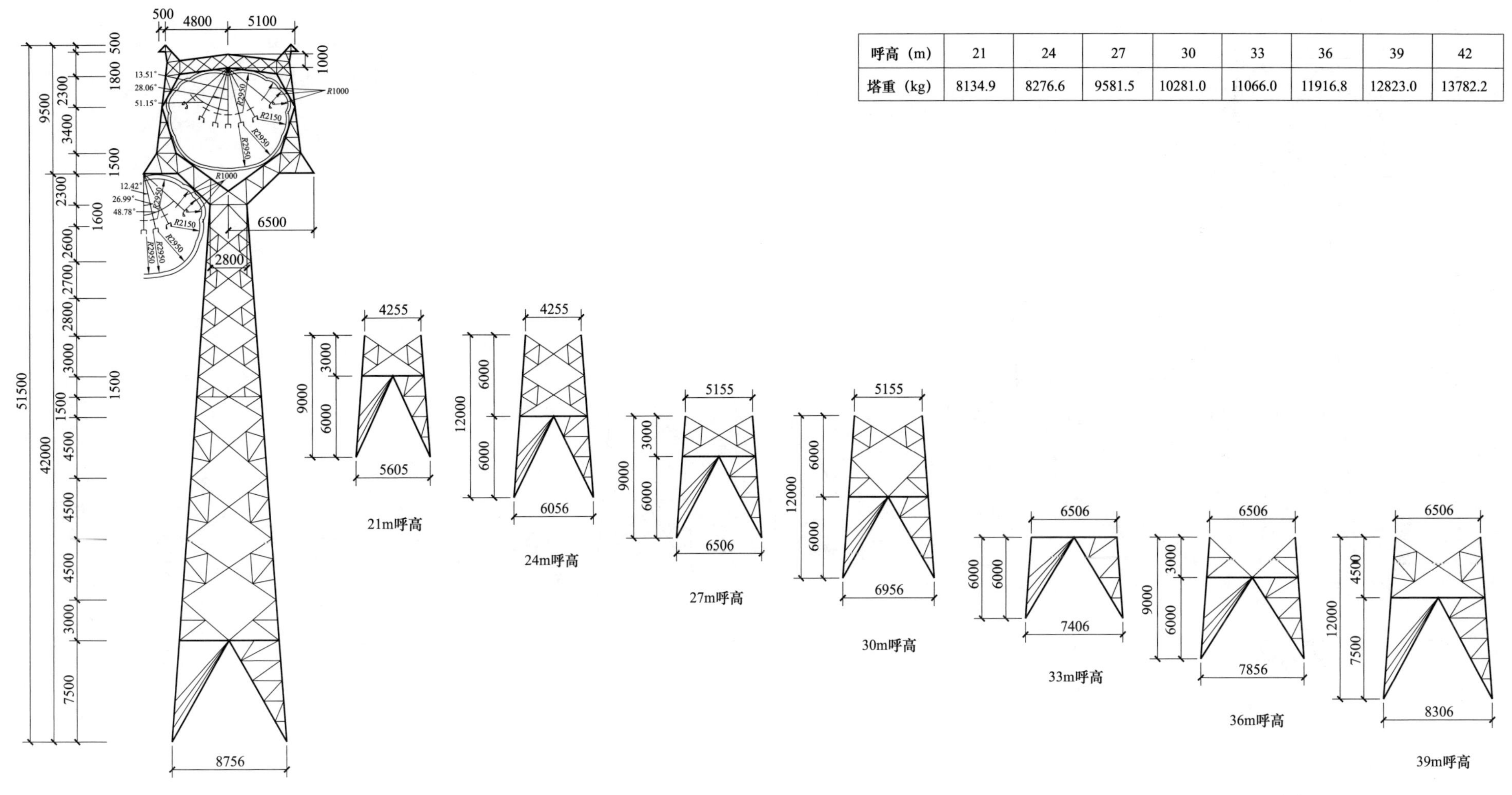

呼高（m）	21	24	27	30	33	36	39	42
塔重（kg）	8134.9	8276.6	9581.5	10281.0	11066.0	11916.8	12823.0	13782.2

图 9-2-5 3A8-ZM2 杆塔单线图

9.2.5 3A8-ZM3 杆塔单线图

3A8-ZM3 杆塔单线图见图 9-2-6。

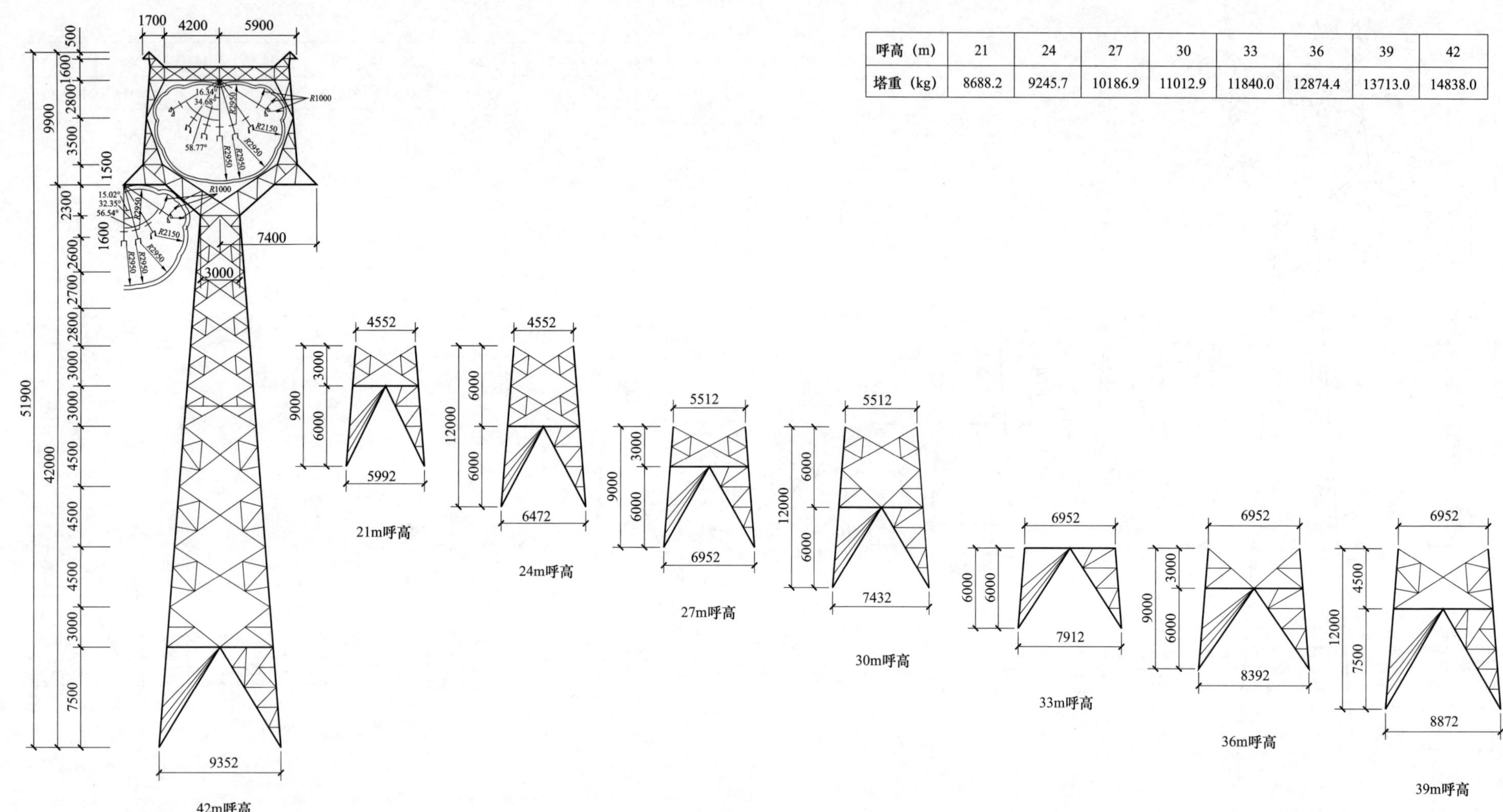

呼高（m）	21	24	27	30	33	36	39	42
塔重（kg）	8688.2	9245.7	10186.9	11012.9	11840.0	12874.4	13713.0	14838.0

图 9-2-6 3A8-ZM3 杆塔单线图

9.2.6 3A8-ZMK 杆塔单线图

3A8-ZMK 杆塔单线图见图 9-2-7。

呼高（m）	45	48	51	54
塔重（kg）	17174.0	17981.4	19431.2	20941.7

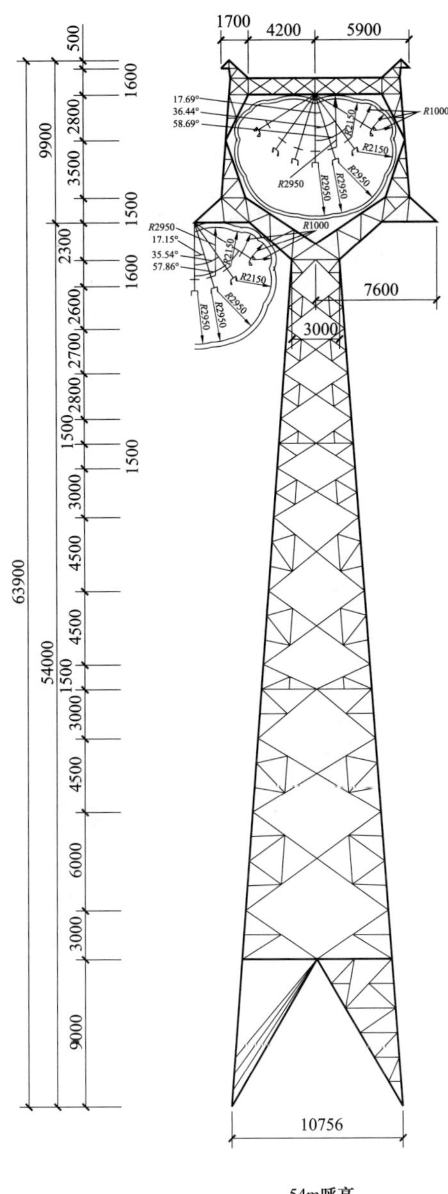

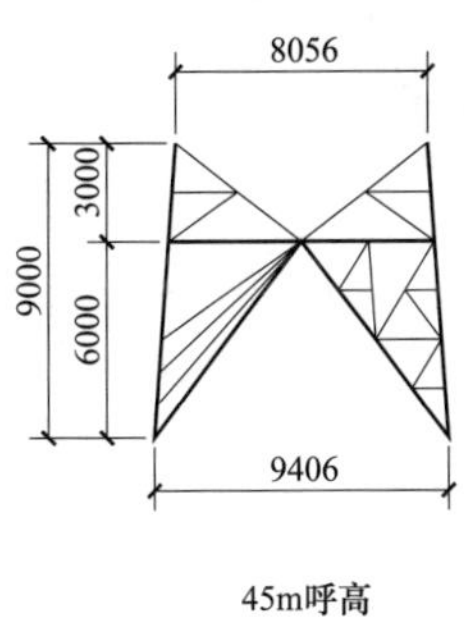

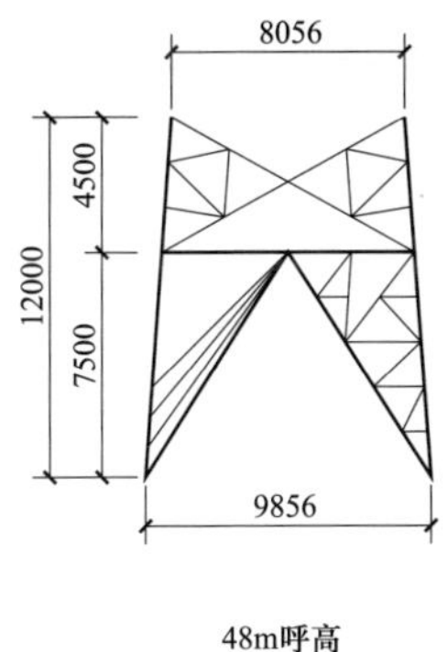

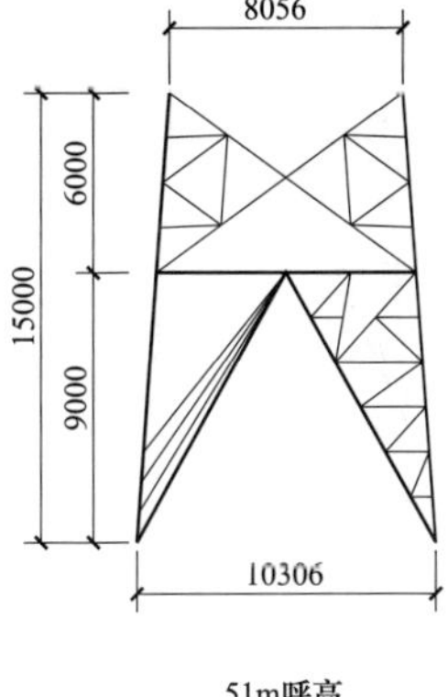

图 9-2-7 3A8-ZMK 杆塔单线图

9.2.7 3A8-ZMC1 杆塔单线图

3A8-ZMC1 杆塔单线图见图 9-2-8。

呼高（m）	21	24	27	30	33	36	39	42
塔重（kg）	7425.5	8047.8	8907.0	9716.5	10726.7	11150.5	11782.2	12738.6

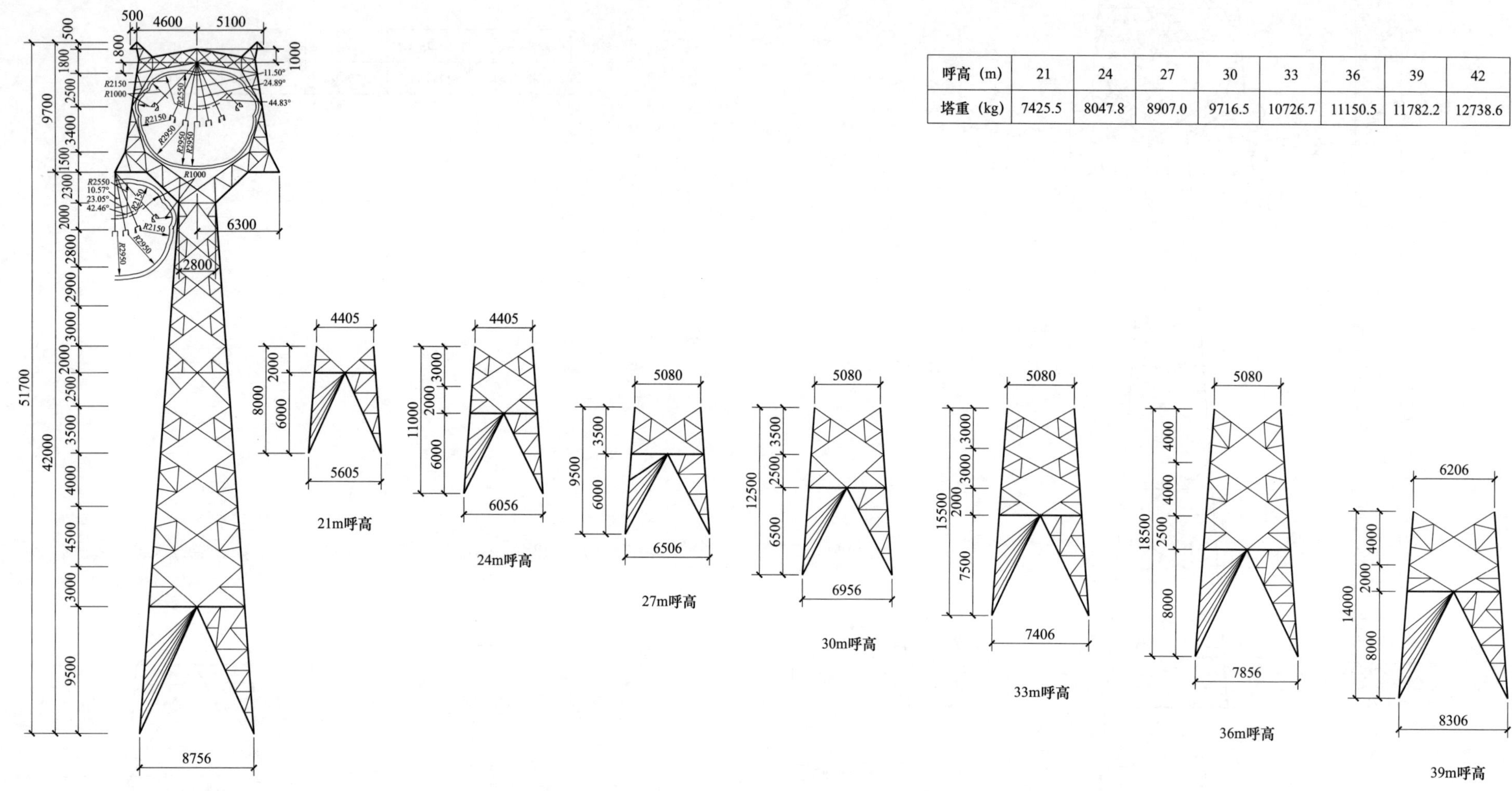

图 9-2-8 3A8-ZMC1 杆塔单线图

9.2.8 3A8-ZMC2 杆塔单线图

3A8-ZMC2 杆塔单线图见图 9-2-9。

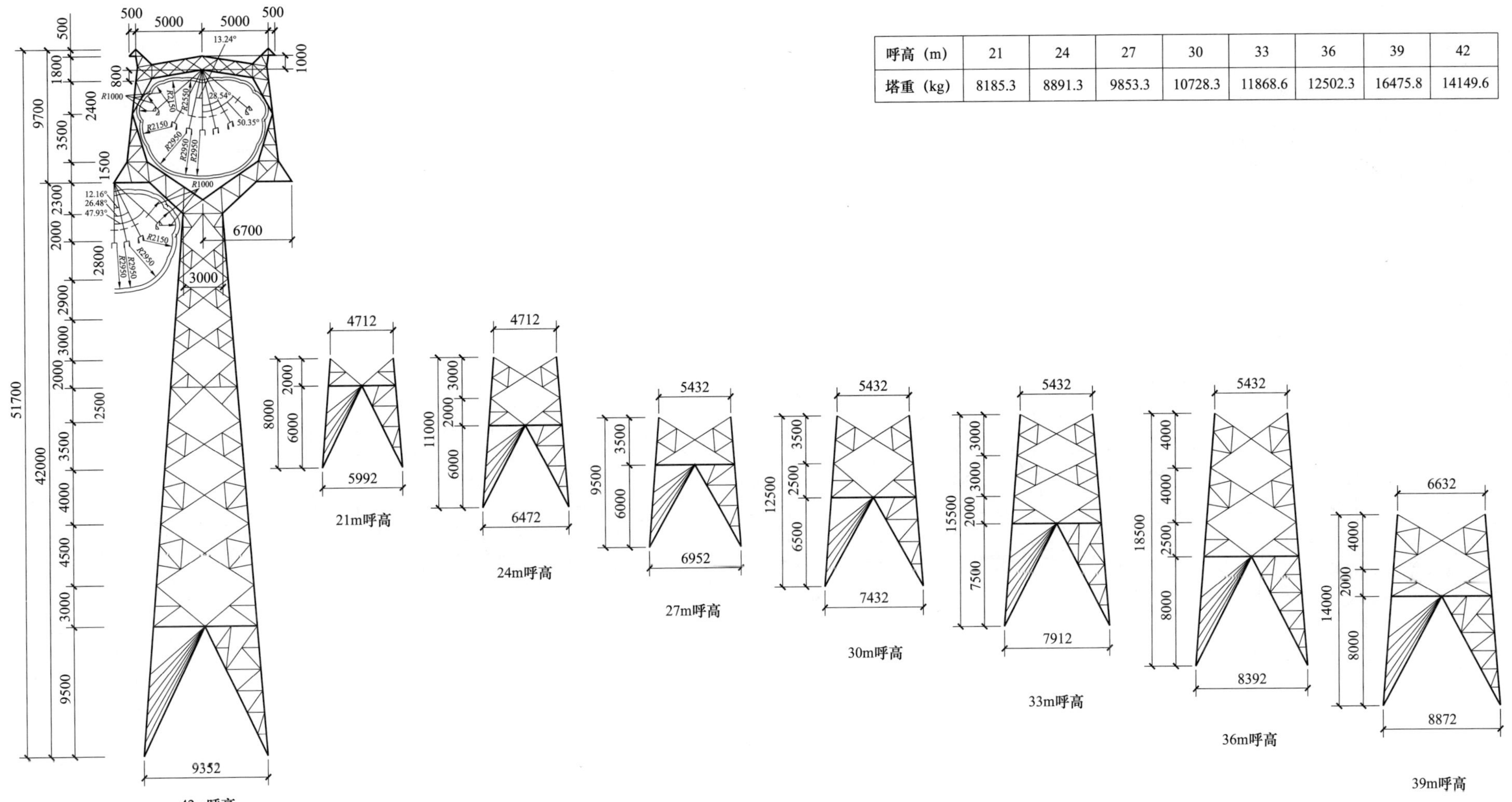

呼高（m）	21	24	27	30	33	36	39	42
塔重（kg）	8185.3	8891.3	9853.3	10728.3	11868.6	12502.3	16475.8	14149.6

图 9-2-9 3A8-ZMC2 杆塔单线图

9.2.9 3A8-ZMC3 杆塔单线图

3A8-ZMC3 杆塔单线图见图 9-2-10。

呼高（m）	21	24	27	30	33	36	39	42
塔重（kg）	9536.1	10393.4	11483.7	12376.4	13336.9	14157.3	15156.2	16004.3

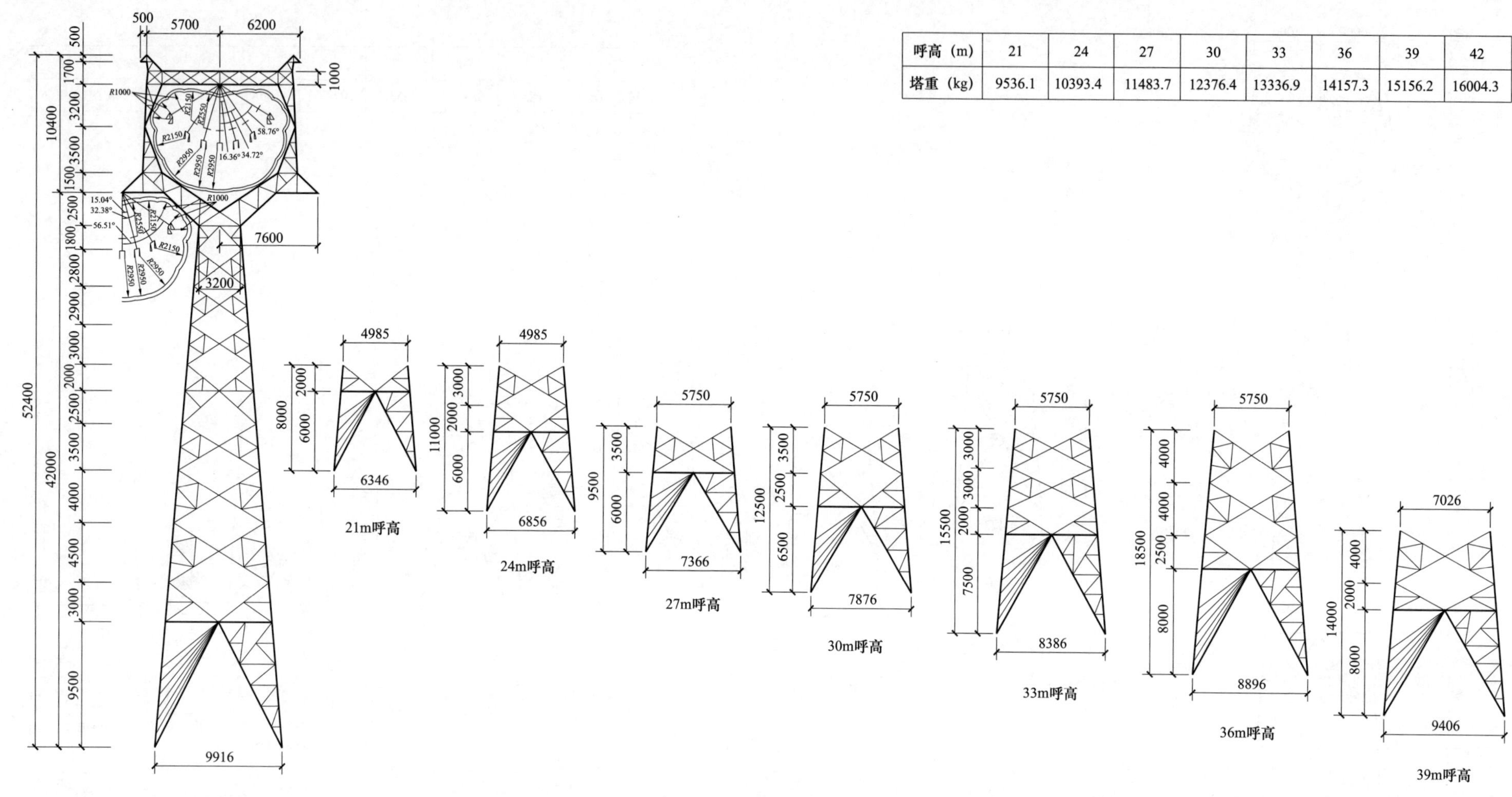

图 9-2-10 3A8-ZMC3 杆塔单线图

9.2.10 3A8-ZMC4 杆塔单线图

3A8-ZMC4 杆塔单线图见图 9-2-11。

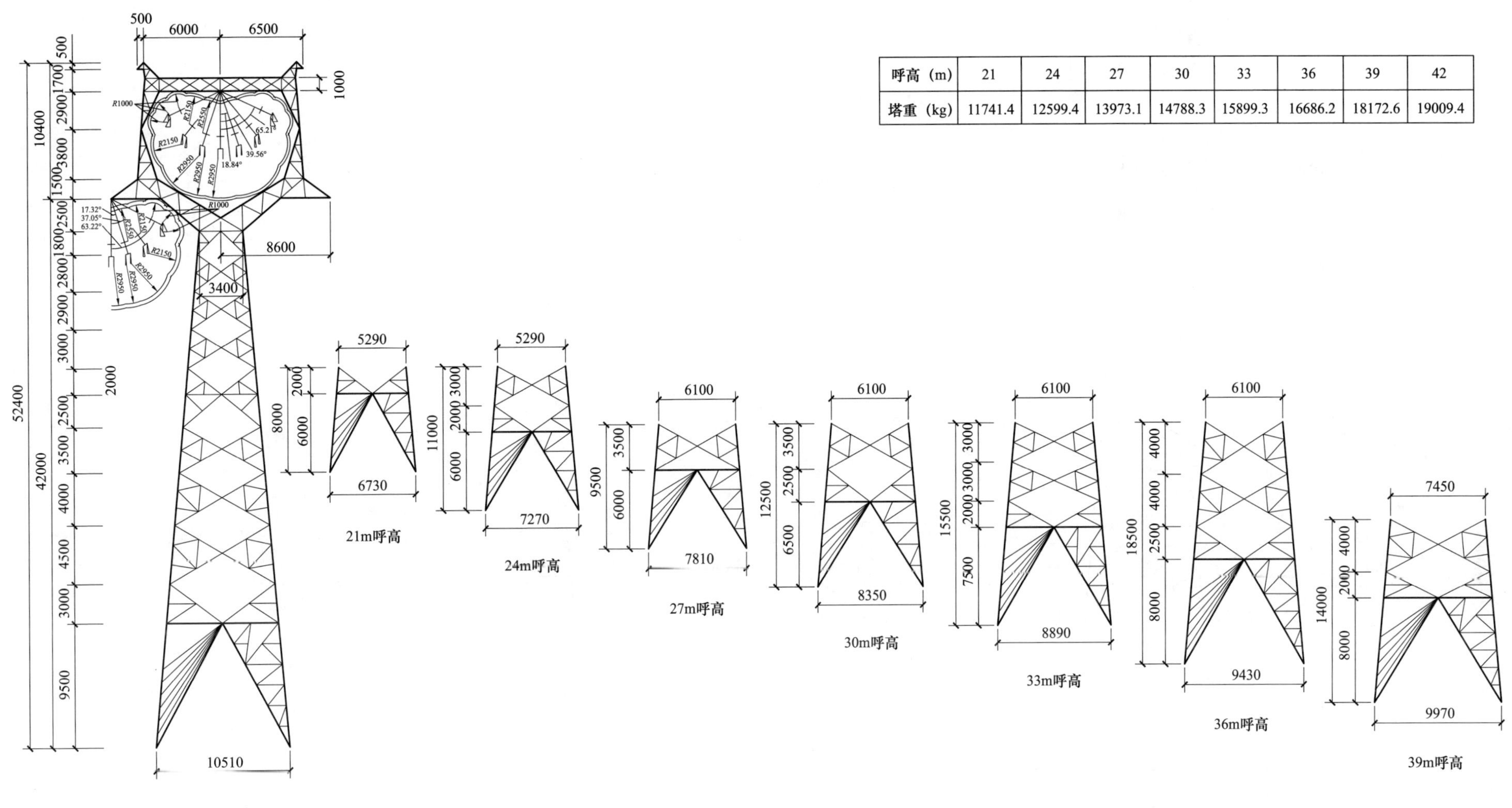

呼高（m）	21	24	27	30	33	36	39	42
塔重（kg）	11741.4	12599.4	13973.1	14788.3	15899.3	16686.2	18172.6	19009.4

图 9-2-11 3A8-ZMC4 杆塔单线图

9.2.11 3A8-ZMCK 杆塔单线图

3A8-ZMCK 杆塔单线图见图 9-2-12。

呼高（m）	45	48	51	54
塔重（kg）	17253.2	18379.9	19857.4	21663.8

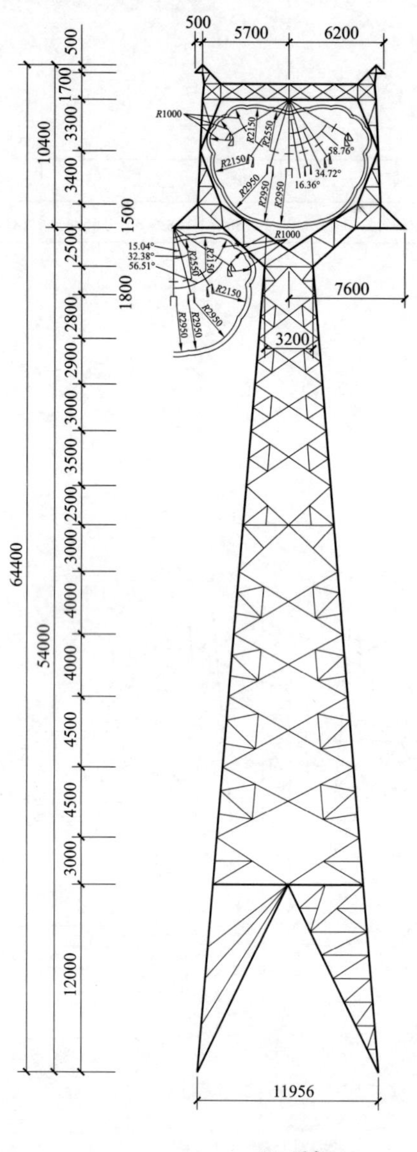

54m呼高

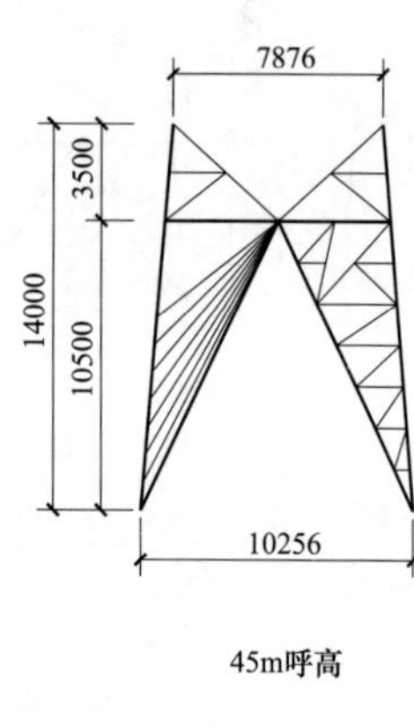

45m呼高

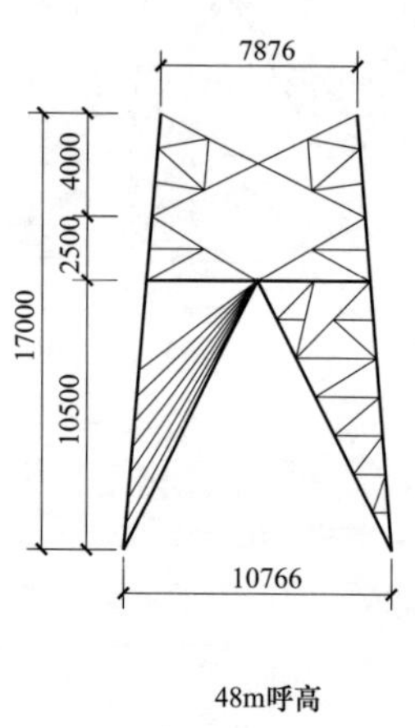

48m呼高

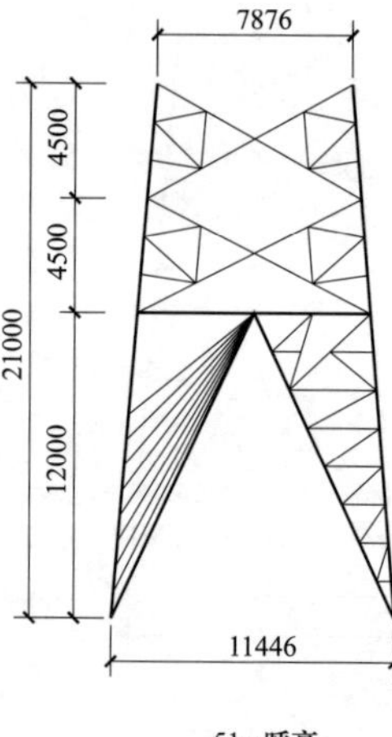

51m呼高

图 9-2-12 3A8-ZMCK 杆塔单线图

9.2.12 3A8-JC1 杆塔单线图

3A8-JC1 杆塔单线图见图 9-2-13。

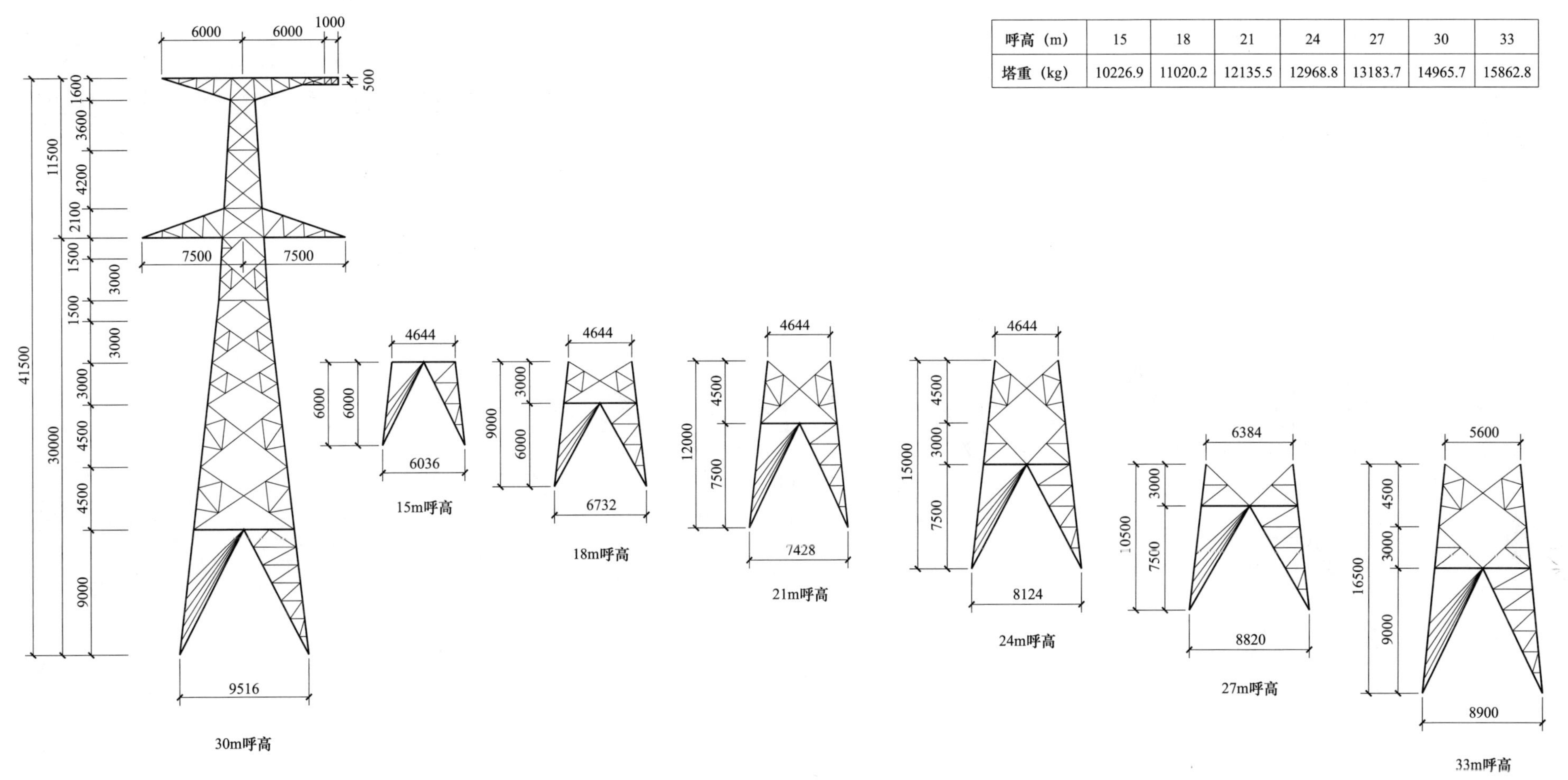

呼高（m）	15	18	21	24	27	30	33
塔重（kg）	10226.9	11020.2	12135.5	12968.8	13183.7	14965.7	15862.8

图 9-2-13 3A8-JC1 杆塔单线图

9.2.13 3A8-JC2 杆塔单线图

3A8-JC2 杆塔单线图见图 9-2-14。

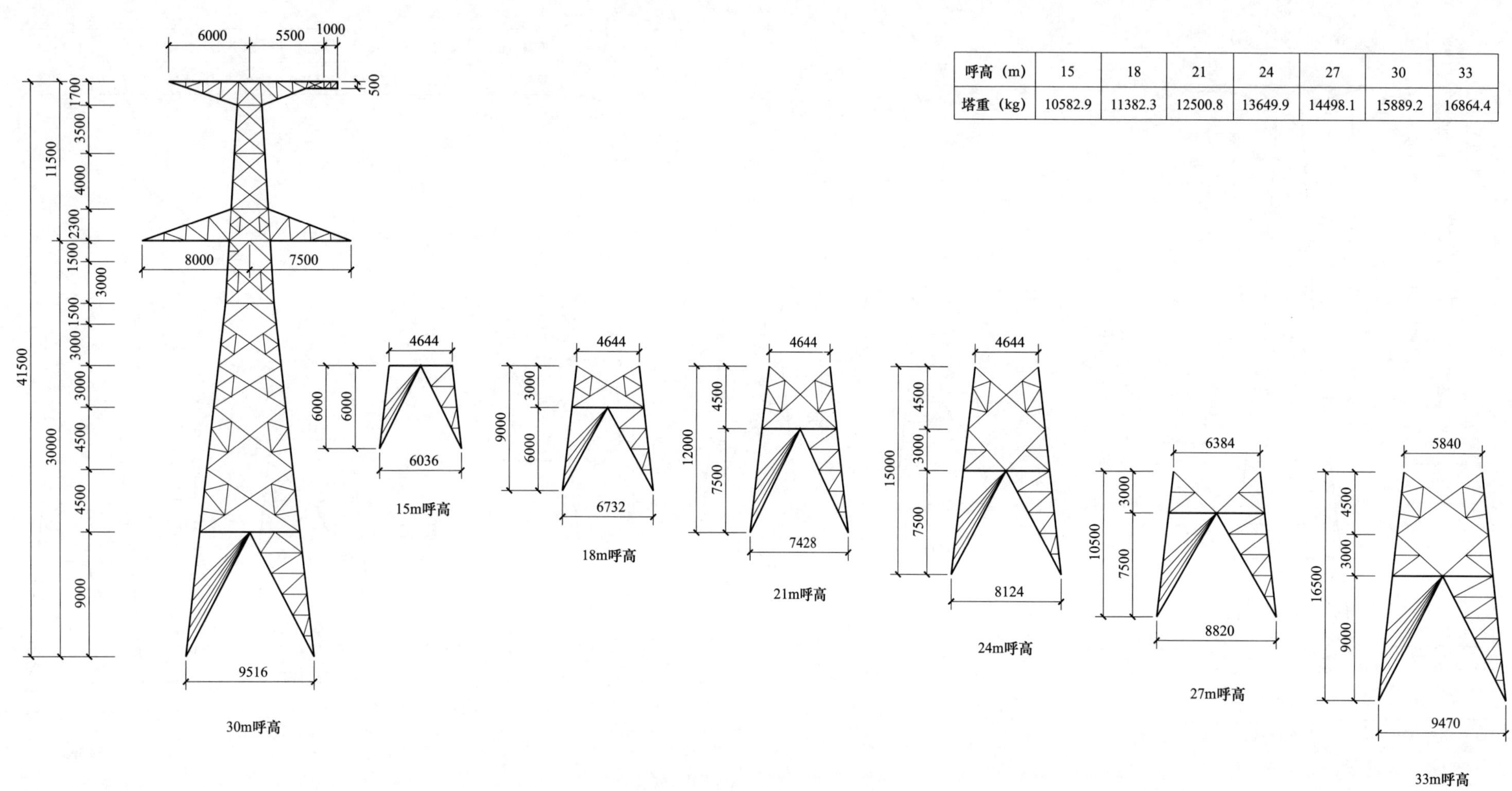

呼高（m）	15	18	21	24	27	30	33
塔重（kg）	10582.9	11382.3	12500.8	13649.9	14498.1	15889.2	16864.4

图 9-2-14 3A8-JC2 杆塔单线图

9.2.14 3A8-JC3 杆塔单线图

3A8-JC3 杆塔单线图见图 9-2-15。

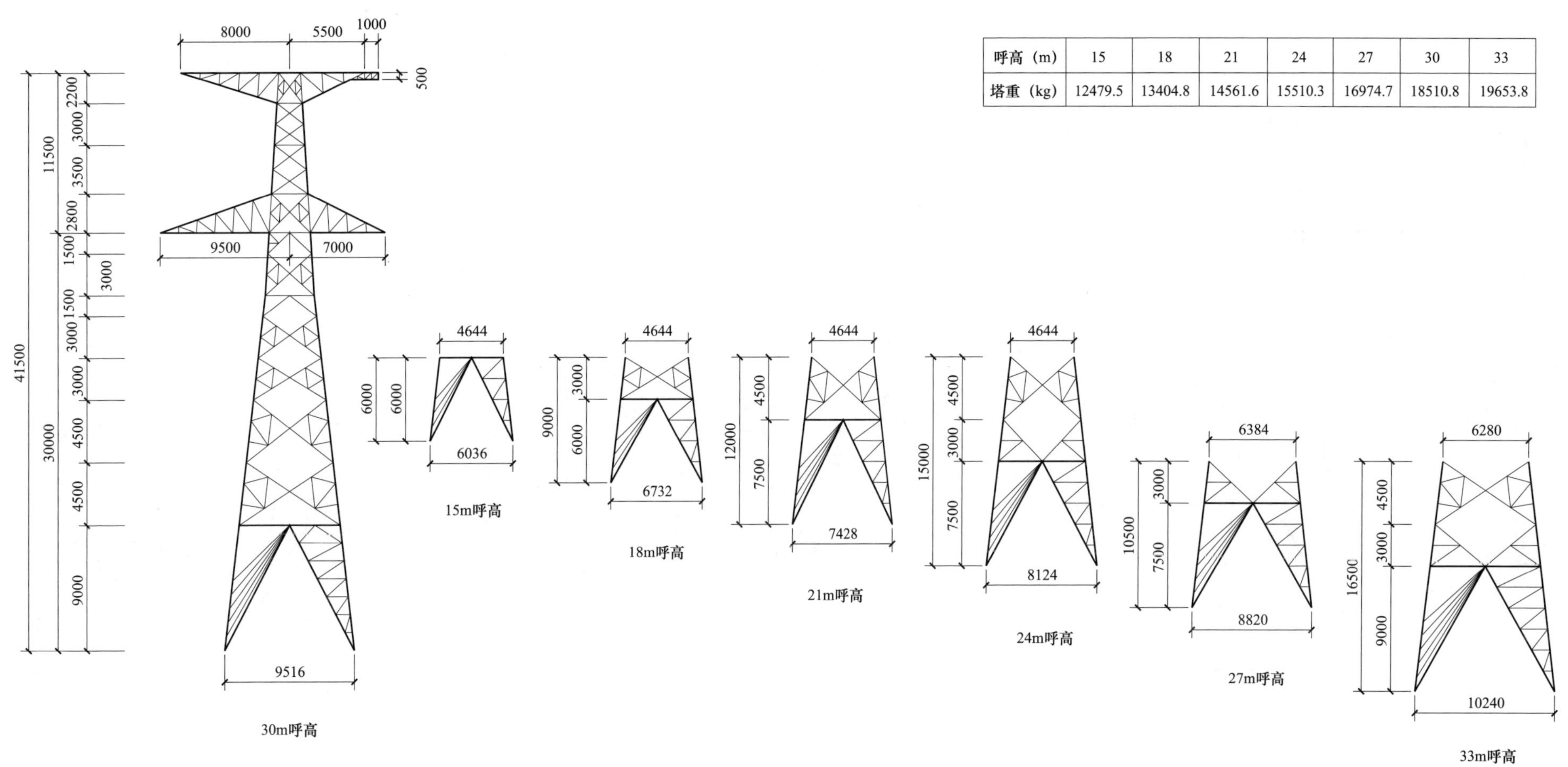

呼高（m）	15	18	21	24	27	30	33
塔重（kg）	12479.5	13404.8	14561.6	15510.3	16974.7	18510.8	19653.8

图 9-2-15 3A8-JC3 杆塔单线图

9.2.15 3A8-JC4 杆塔单线图

3A8-JC4 杆塔单线图见图 9-2-16。

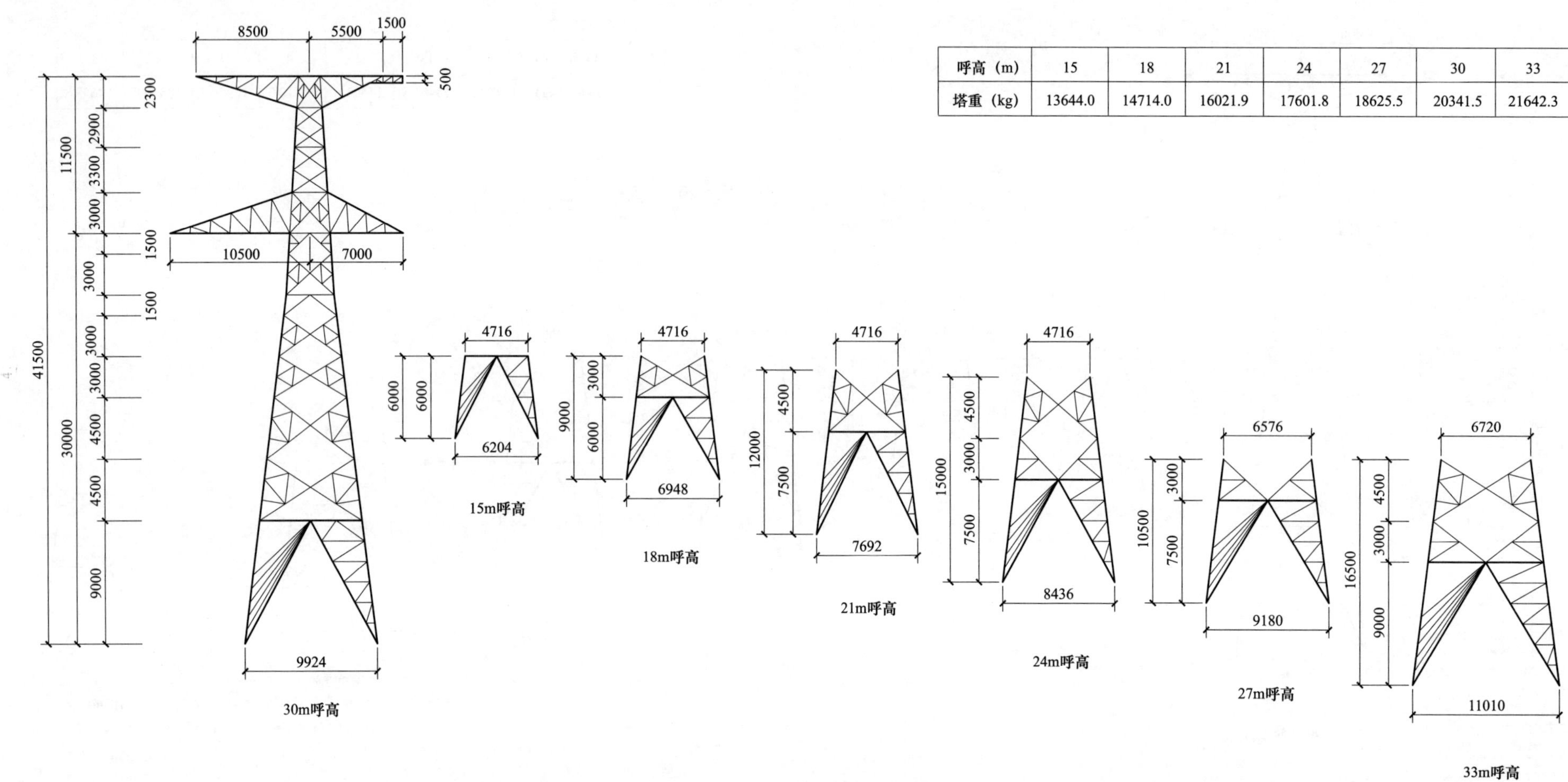

呼高（m）	15	18	21	24	27	30	33
塔重（kg）	13644.0	14714.0	16021.9	17601.8	18625.5	20341.5	21642.3

图 9-2-16 3A8-JC4 杆塔单线图

9.2.16 3A8-DJC 杆塔单线图

3A8-DJC 杆塔单线图见图 9-2-17。

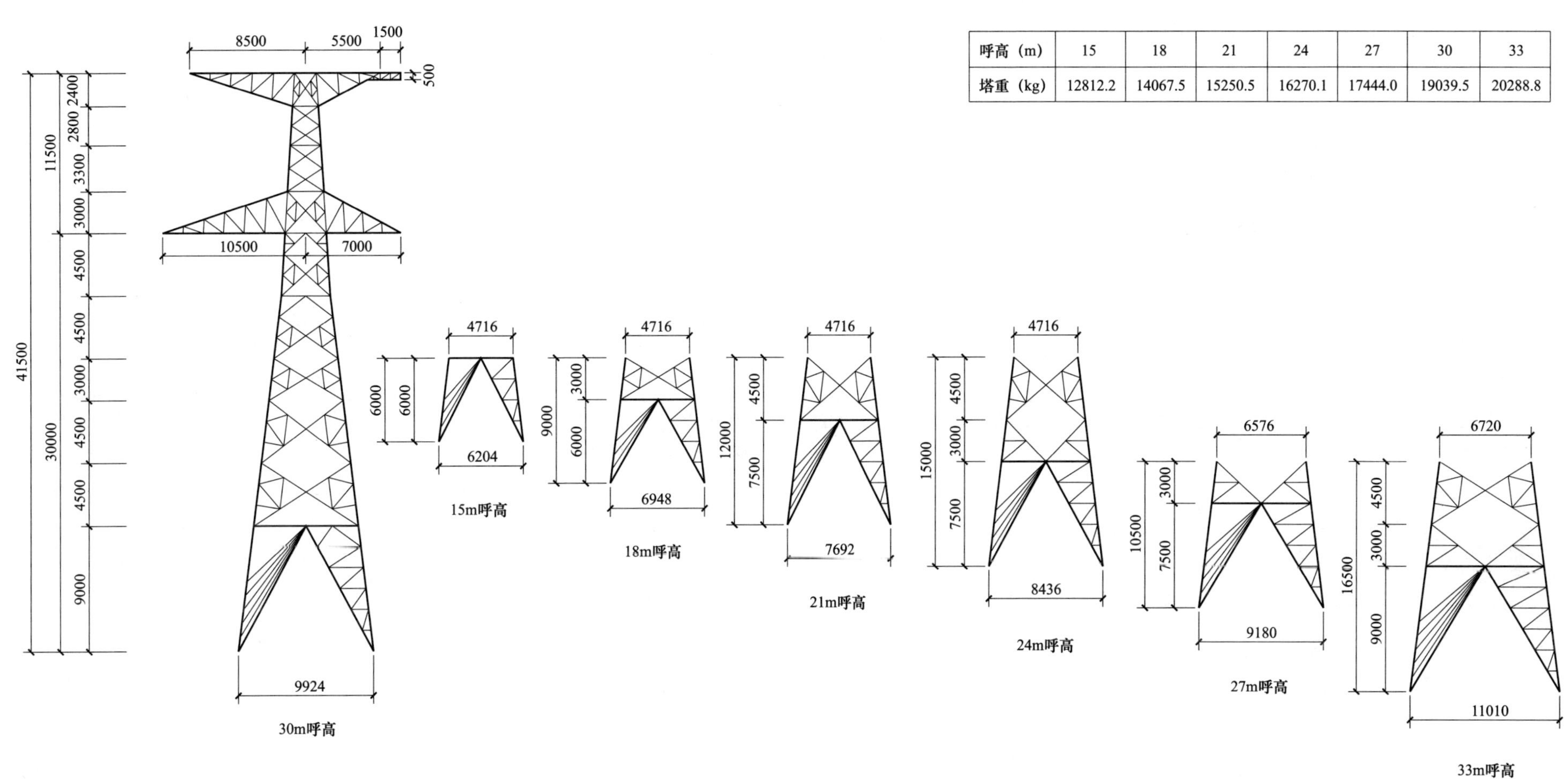

呼高（m）	15	18	21	24	27	30	33
塔重（kg）	12812.2	14067.5	15250.5	16270.1	17444.0	19039.5	20288.8

图 9-2-17　3A8-DJC 杆塔单线图

9.3 3A9 子模块

9.3.1 3A9 子模块说明

（1）该子模块电压等级 330kV，海拔 3000~3500m、设计风速 27m/s（离地 10m）、覆冰厚度 10mm，导线 2×JL/G1A-400/35 的单回路杆塔。地线采用 JLB20A-120。该子模块直线塔按平地、山区各一套设计，耐张塔按平地和山区合并设计，并规划 1 种换位塔。悬垂串按 I 型布置。该子模块共计 15 种塔型。

（2）使用条件。3A9 子模块的气象条件、杆塔设计条件、杆塔塔重及基础作用力分别见表 9-3-1~表 9-3-3。

表 9-3-1　　3A9 子模块的气象条件

项目	气温（℃）	风速（m/s）	覆冰厚度（mm）
最高气温	40	0	0
最低气温	-30	0	0
覆冰	-5	10	10
基本风速	-5	27	0
安装情况	-15	10	0
年平均气温	5	0	0
雷电过电压	15	10	0
操作过电压	5	15	0
带电作业	15	10	0

表 9-3-2　　3A9 子模块的杆塔设计条件

塔型名称	呼高范围（m）	计算呼高（m）	水平档距（m）	垂直档距（m）	允许转角（°）
ZM1	18~42	30	380	500	—
ZM2	18~42	36	450	600	—
ZM3	18~42	36	650	850	—
ZMK	42~54	54	450	600	—
ZMC1	18~42	30	400	600	—
ZMC2	18~42	36	550	800	—

续表 9-3-2

塔型名称	呼高范围（m）	计算呼高（m）	水平档距（m）	垂直档距（m）	允许转角（°）
ZMC3	18~42	36	750	1150	—
ZMC4	18~42	36	1100	1800	—
ZMCK	42~54	54	550	800	—
JC1	15~33	30	600	900	0~20
JC2	15~33	30	600	900	20~40
JC3	15~33	30	600	900	40~60
JC4	15~33	30	600	900	60~90
DJC	15~33	30	300	500	0~90
HDJC	15~33	30	600	900	0~20

表 9-3-3　　3A9 子模块的杆塔塔重及基础作用力

塔型名称	塔重范围（kg）	基础作用力范围（kN）					
		T_{max}	T_x	T_y	N_{max}	N_x	N_y
ZM1	8994.0~15954.0	214~371	28~45	22~38	292~473	36~54	28~45
ZM2	9216.0~16298.0	252~412	32~48	25~41	334~518	39~57	31~49
ZM3	10345.0~17567.0	278~437	38~57	31~48	378~562	48~69	39~59
ZMK	18341.0~23847.0	560~664	79~91	65~77	669~797	89~104	75~88
ZMC1	9052.0~15976.0	256~395	38~57	32~49	339~503	47~68	37~57
ZMC2	9961.0~17139.0	314~451	44~62	37~54	409~573	54~74	42~62
ZMC3	12558.0~20122.0	345~491	52~72	37~65	465~637	66~90	44~76
ZMC4	12506.0~20909.0	474~594	70~84	53~65	628~776	90~106	61~78
ZMCK	19860.0~25432.0	623~731	107~121	91~102	759~886	122~138	102~115
JC1	11468.0~18103.0	604~709	96~103	67~90	756~848	82~113	102~108
JC2	12135.0~19373.0	854~986	134~141	96~108	972~1124	136~154	111~124
JC3	12770.0~21093.0	997~1143	167~174	122~136	1157~1298	181~190	137~150
JC4	14257.0~24153.0	1306~1512	220~231	159~179	1529~1729	242~253	181~199
DJC	15057.0~24368.0	1425~1574	201~212	223~237	1589~1763	236~245	228~237
HDJC	12316.0~18959.0	634~745	99~106	73~96	763~894	113~121	85~110

9.3.2 3A9 子模块杆塔一览图

3A9 子模块杆塔一览图见图 9-3-1～图 9-3-4。

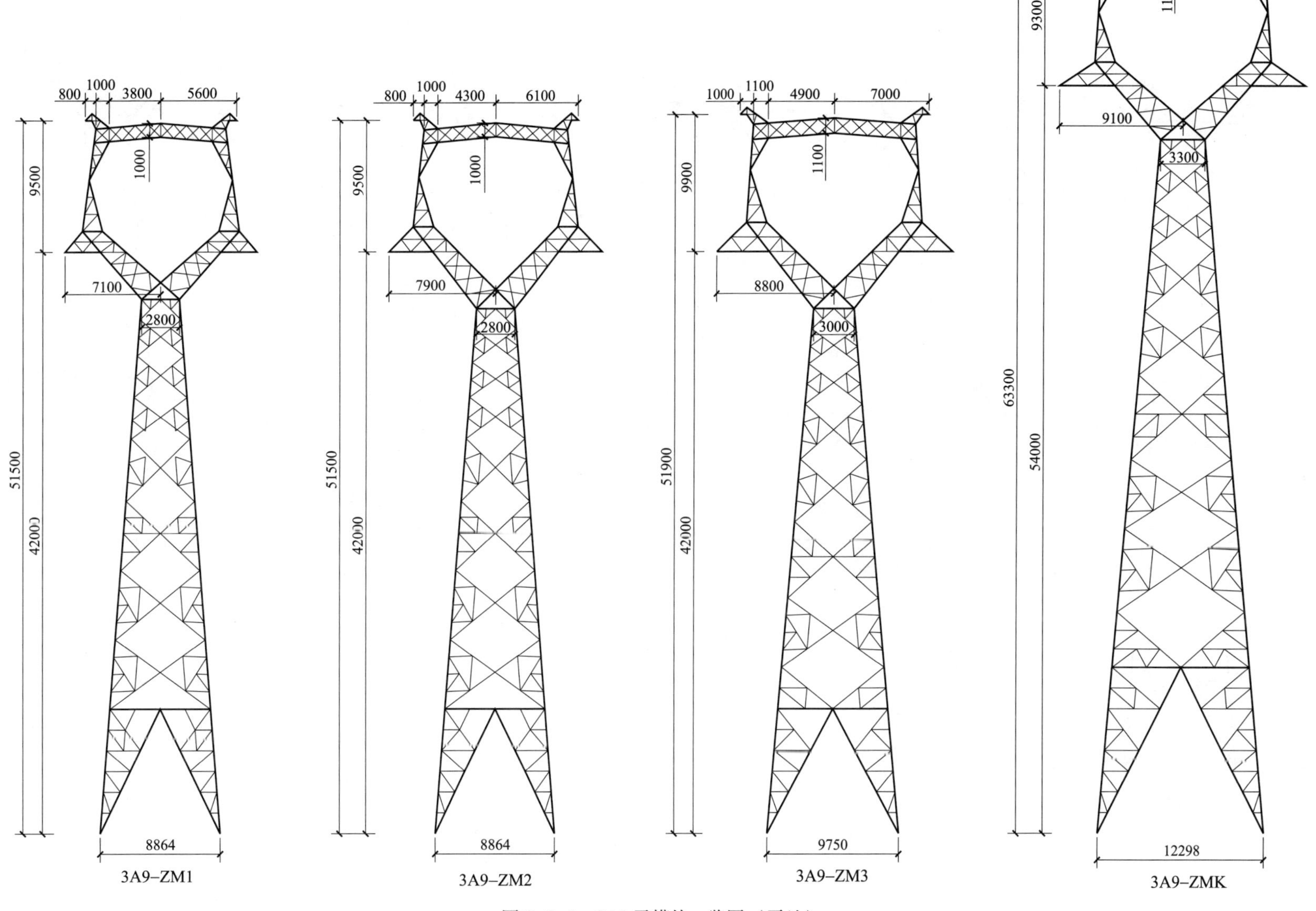

图 9-3-1　3A9 子模块一览图（平地）

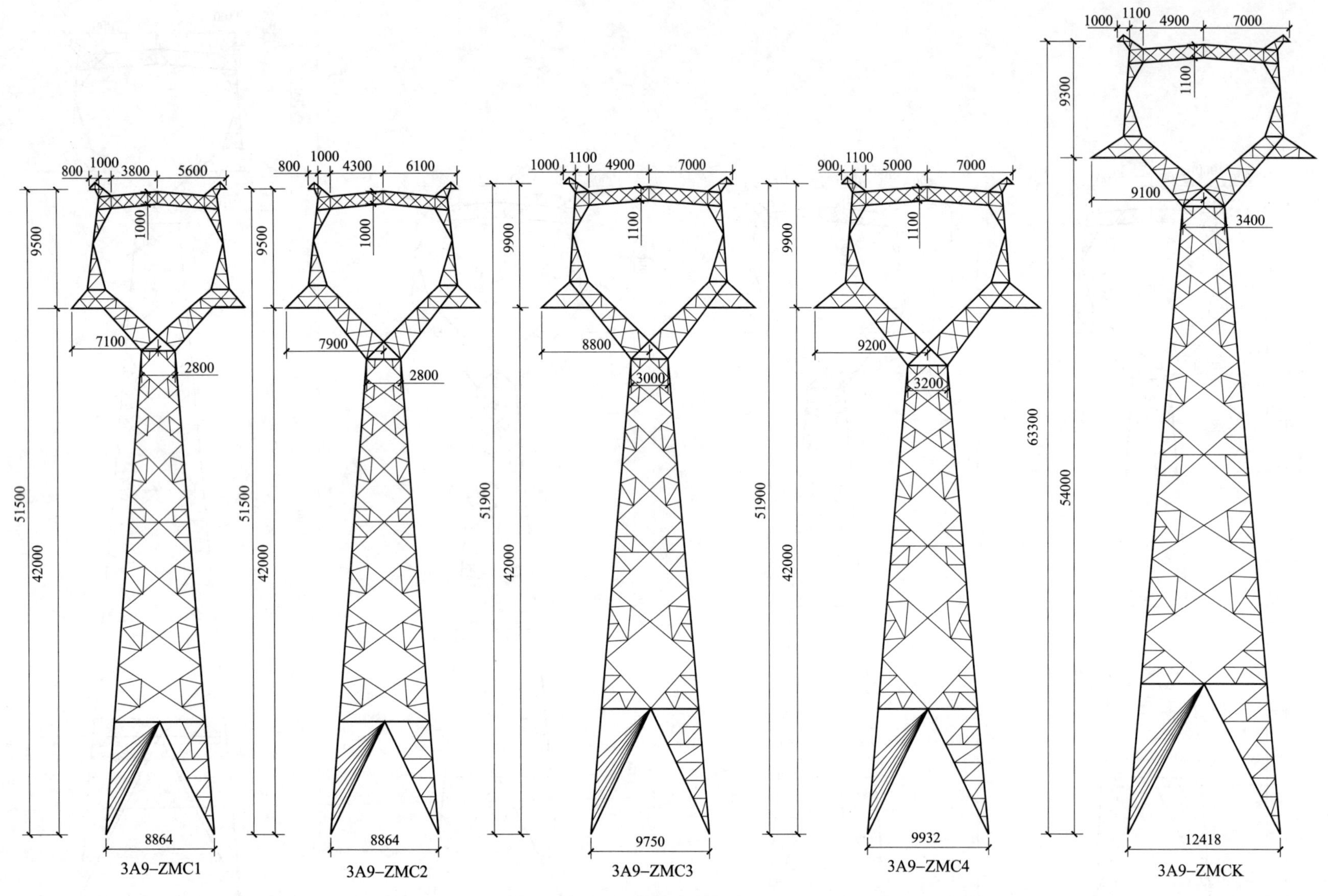

图 9-3-2　3A9 子模块一览图（山区一）

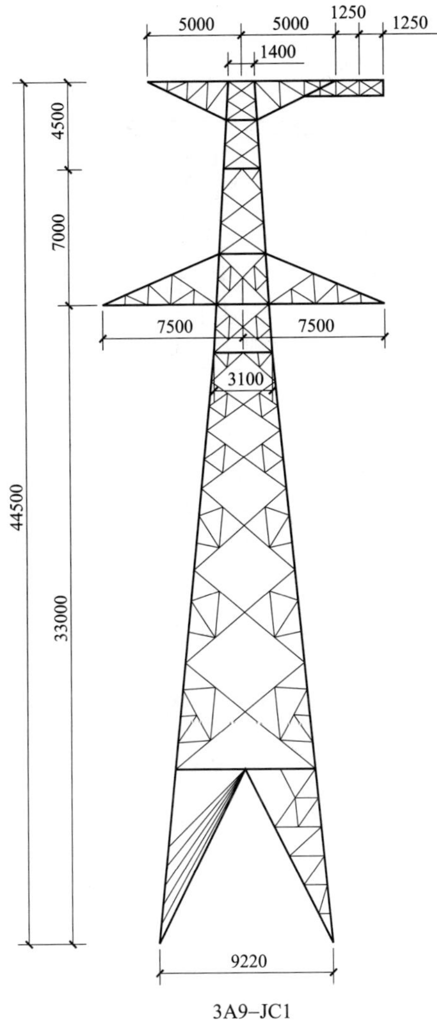

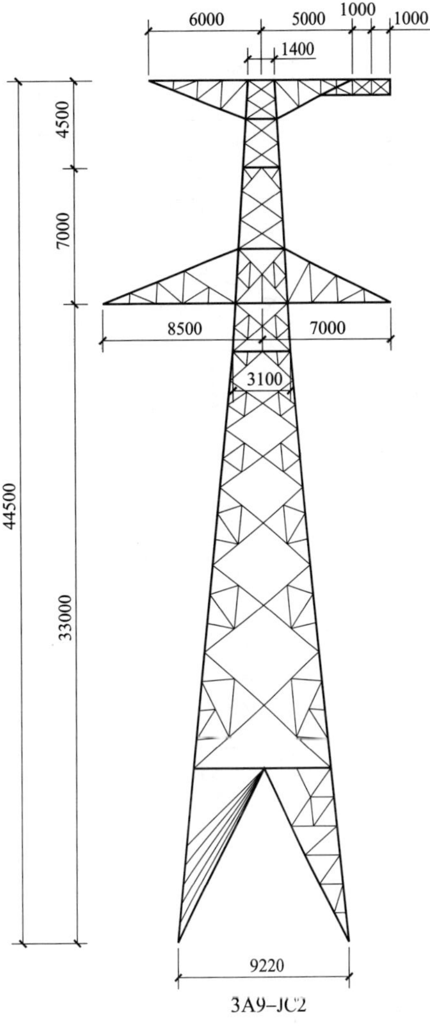

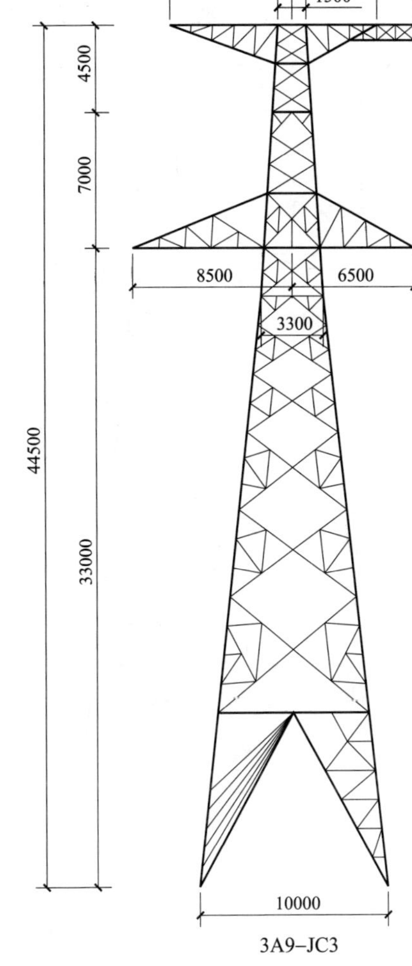

图 9-3-3　3A9 子模块一览图（山区二）

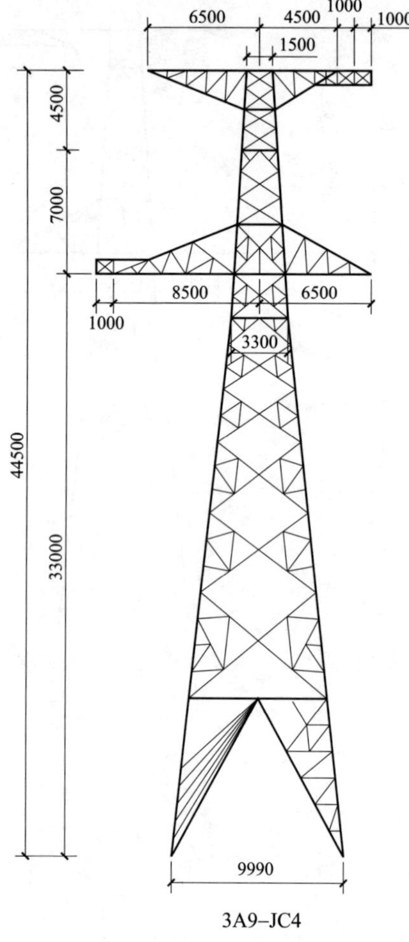

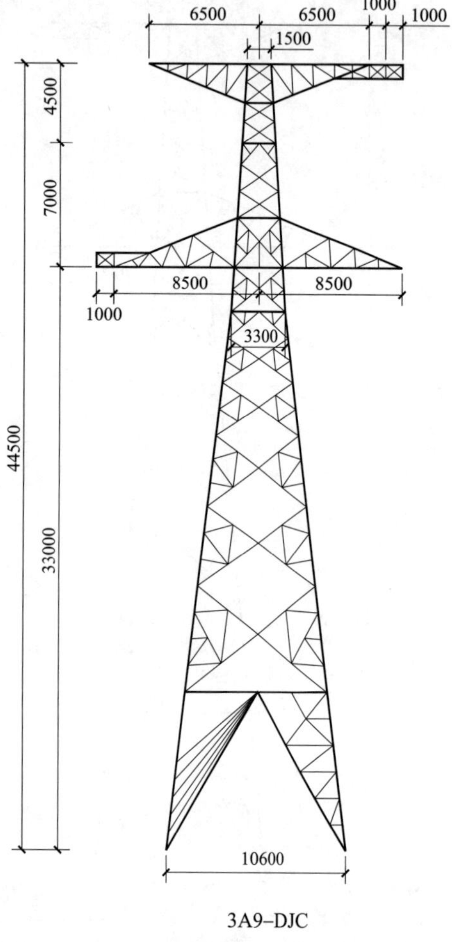

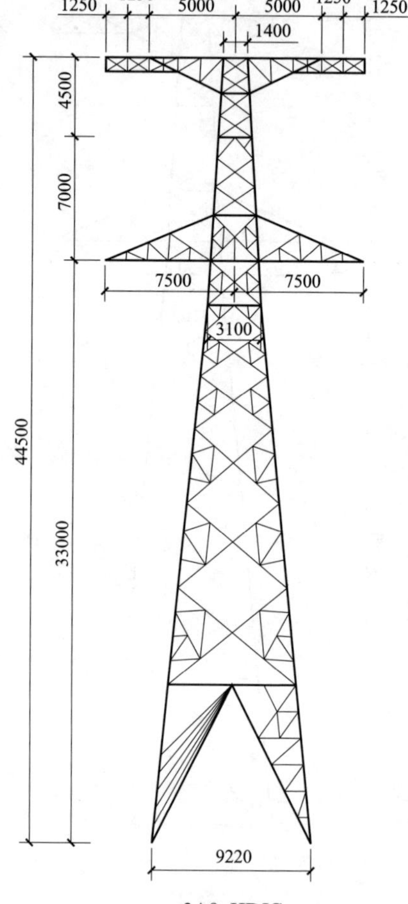

图 9-3-4　3A9 子模块一览图（山区三）

9.3.3 3A9-ZM1 杆塔单线图

3A9-ZM1 杆塔单线图见图 9-3-5。

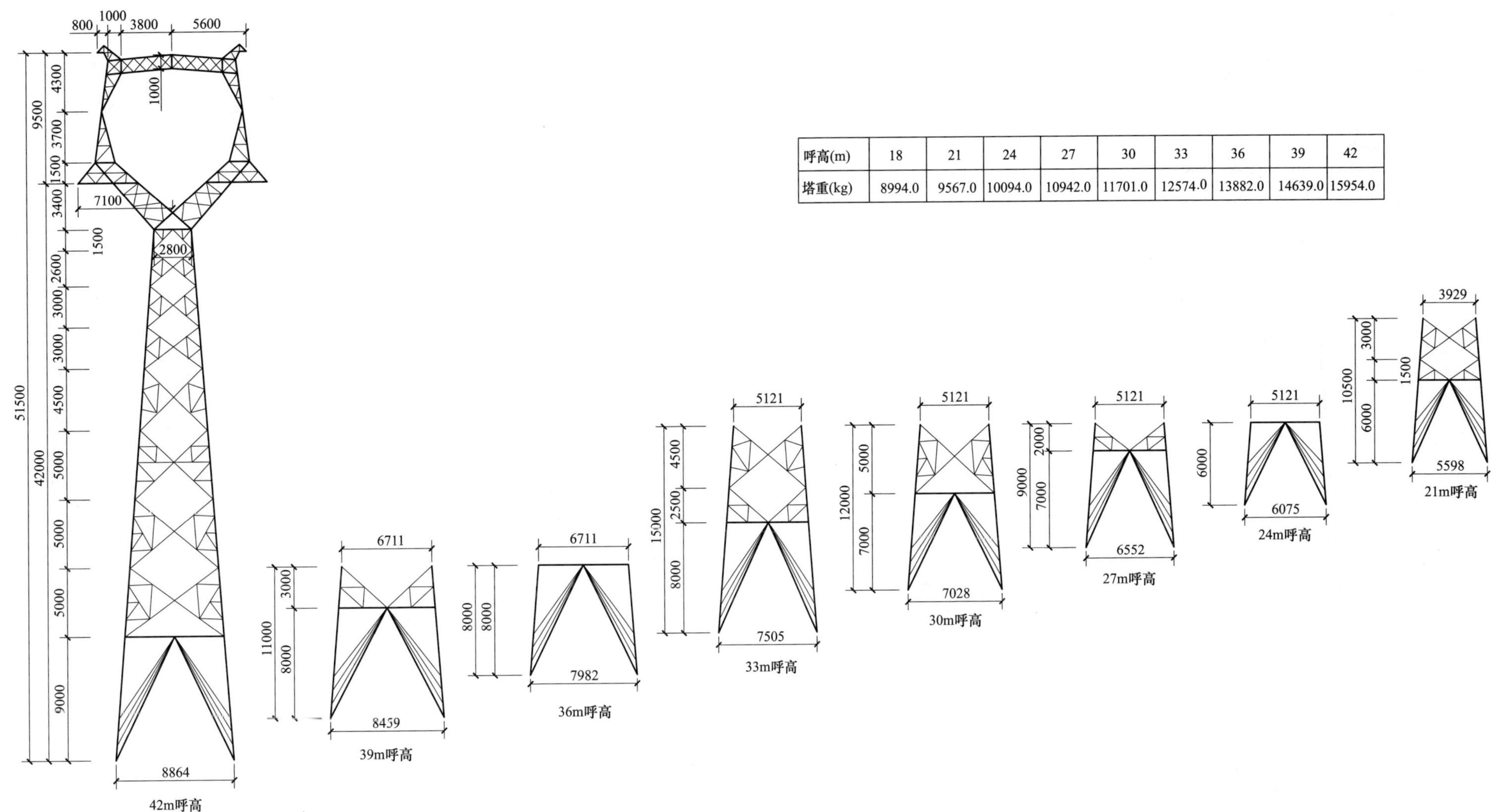

呼高(m)	18	21	24	27	30	33	36	39	42
塔重(kg)	8994.0	9567.0	10094.0	10942.0	11701.0	12574.0	13882.0	14639.0	15954.0

图 9-3-5 3A9-ZM1 杆塔单线图

9.3.4 3A9-ZM2 杆塔单线图

3A9-ZM2 杆塔单线图见图 9-3-6。

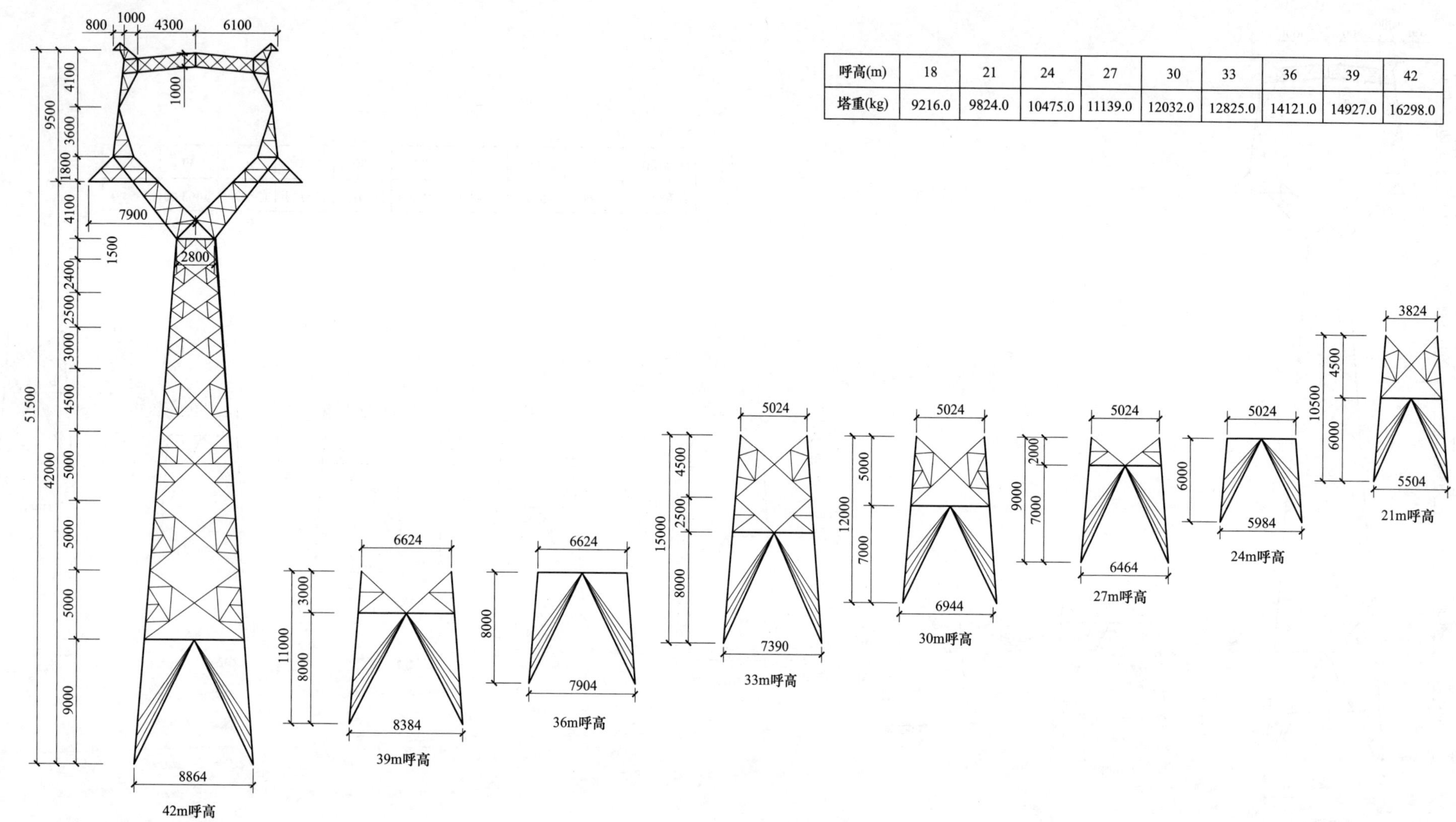

呼高(m)	18	21	24	27	30	33	36	39	42
塔重(kg)	9216.0	9824.0	10475.0	11139.0	12032.0	12825.0	14121.0	14927.0	16298.0

图 9-3-6 3A9-ZM2 杆塔单线图

9.3.5 3A9-ZM3 杆塔单线图

3A9-ZM3 杆塔单线图见图 9-3-7。

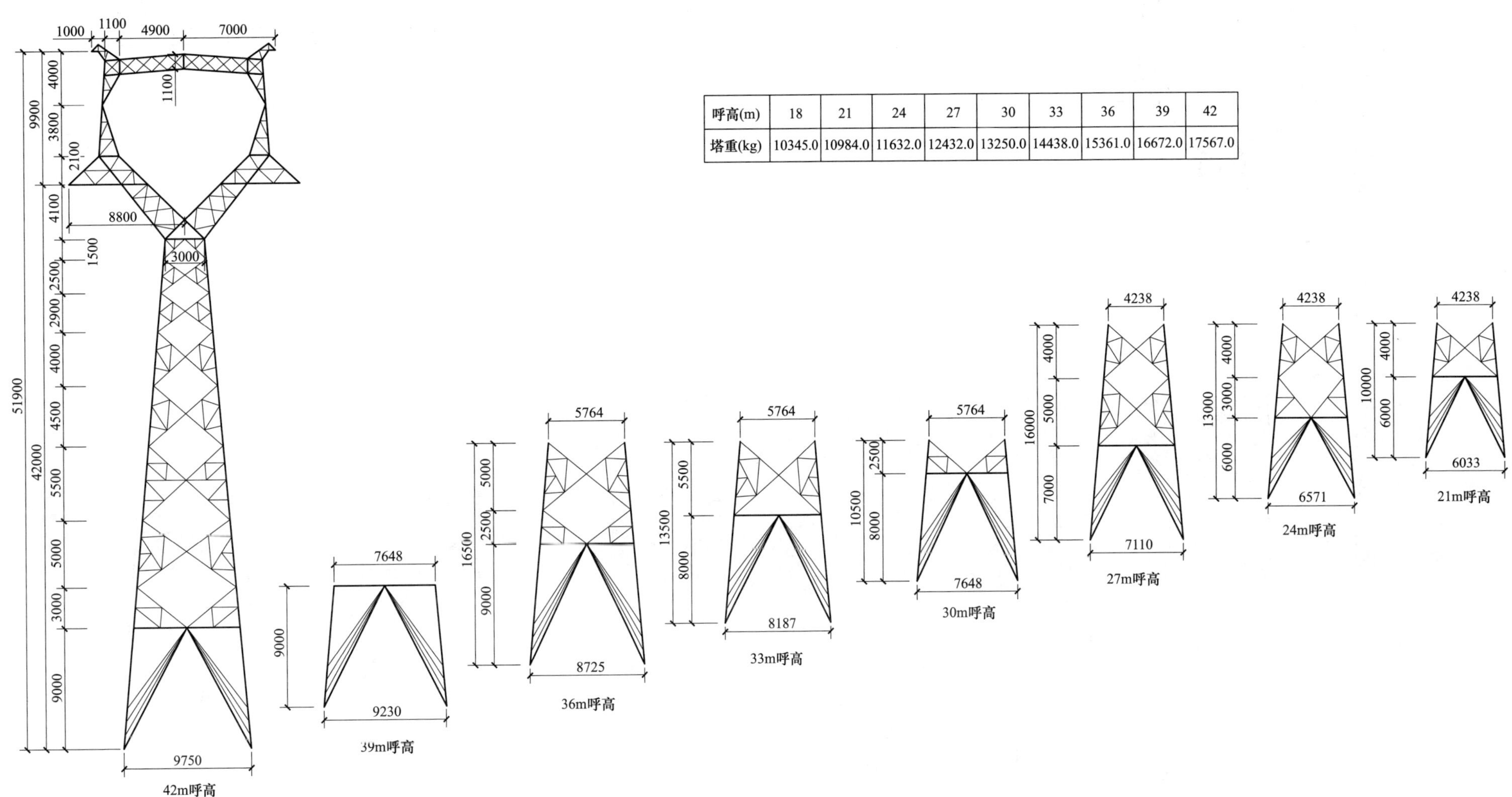

呼高(m)	18	21	24	27	30	33	36	39	42
塔重(kg)	10345.0	10984.0	11632.0	12432.0	13250.0	14438.0	15361.0	16672.0	17567.0

图 9-3-7 3A9-ZM3 杆塔单线图

9.3.6 3A9-ZMK 杆塔单线图

3A9-ZMK 杆塔单线图见图 9-3-8。

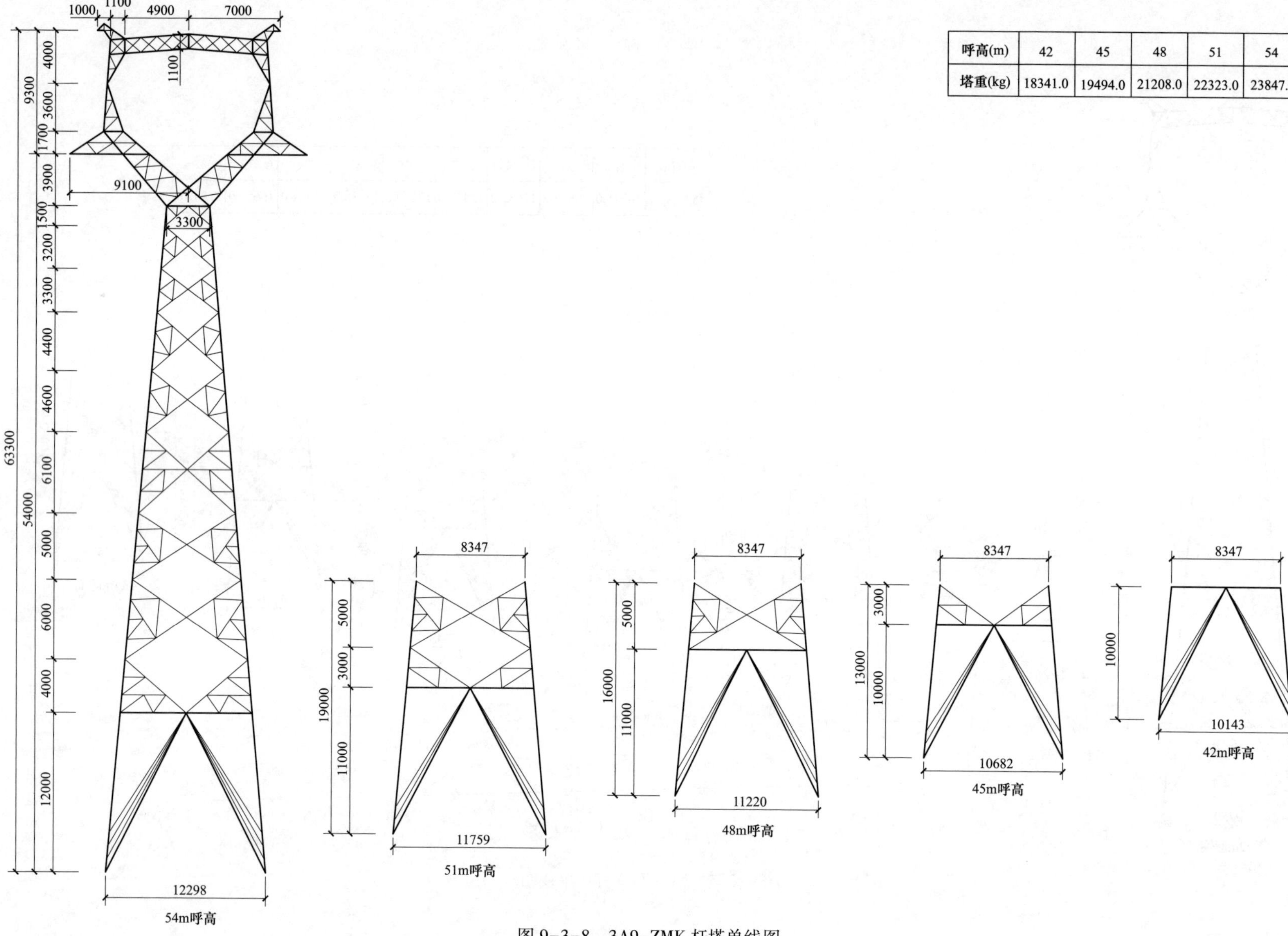

呼高(m)	42	45	48	51	54
塔重(kg)	18341.0	19494.0	21208.0	22323.0	23847.0

图 9-3-8 3A9-ZMK 杆塔单线图

9.3.7 3A9-ZMC1 杆塔单线图

3A9-ZMC1 杆塔单线图见图 9-3-9。

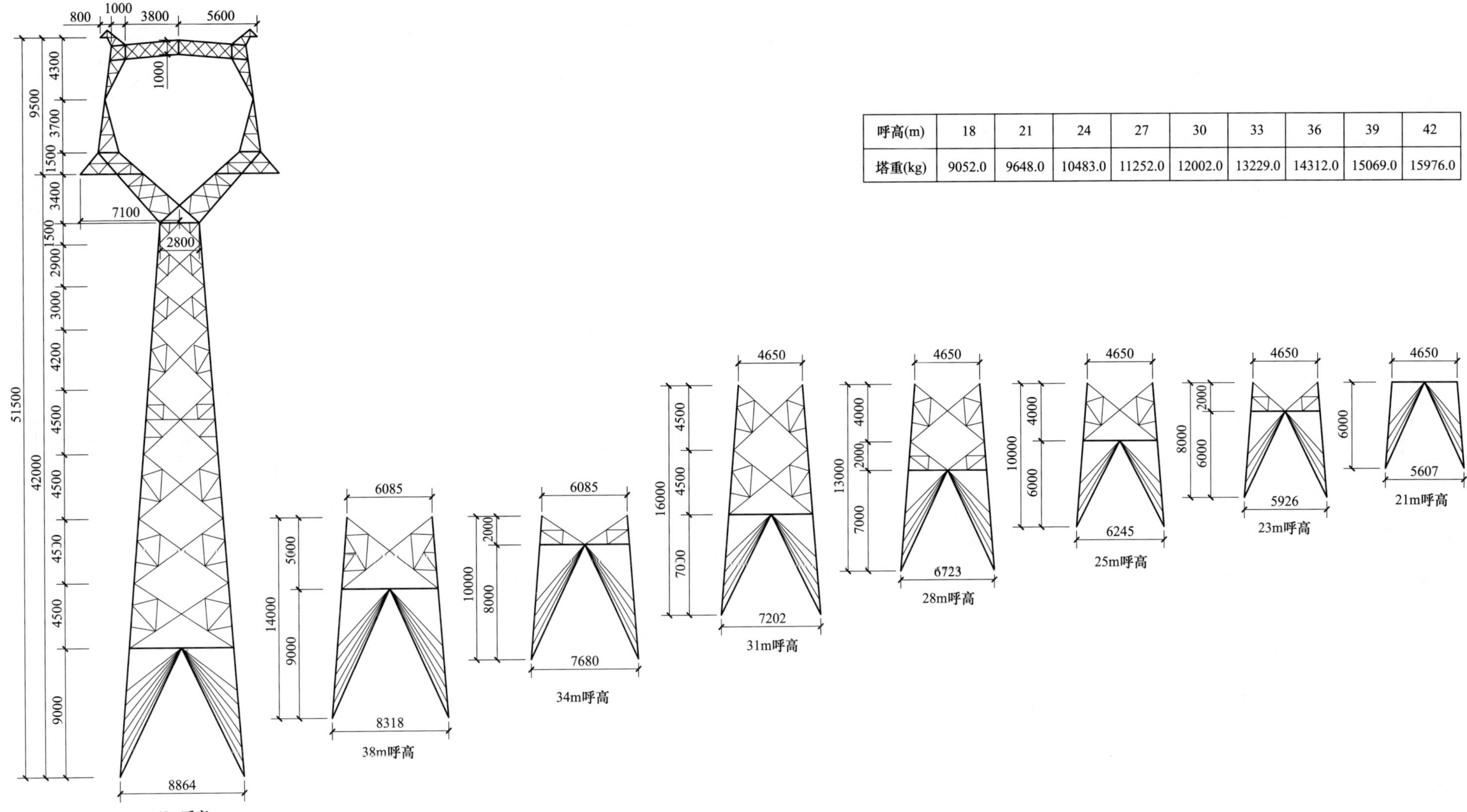

呼高(m)	18	21	24	27	30	33	36	39	42
塔重(kg)	9052.0	9648.0	10483.0	11252.0	12002.0	13229.0	14312.0	15069.0	15976.0

图 9-3-9 3A9-ZMC1 杆塔单线图

9.3.8 3A9-ZMC2 杆塔单线图

3A9-ZMC2 杆塔单线图见图 9-3-10。

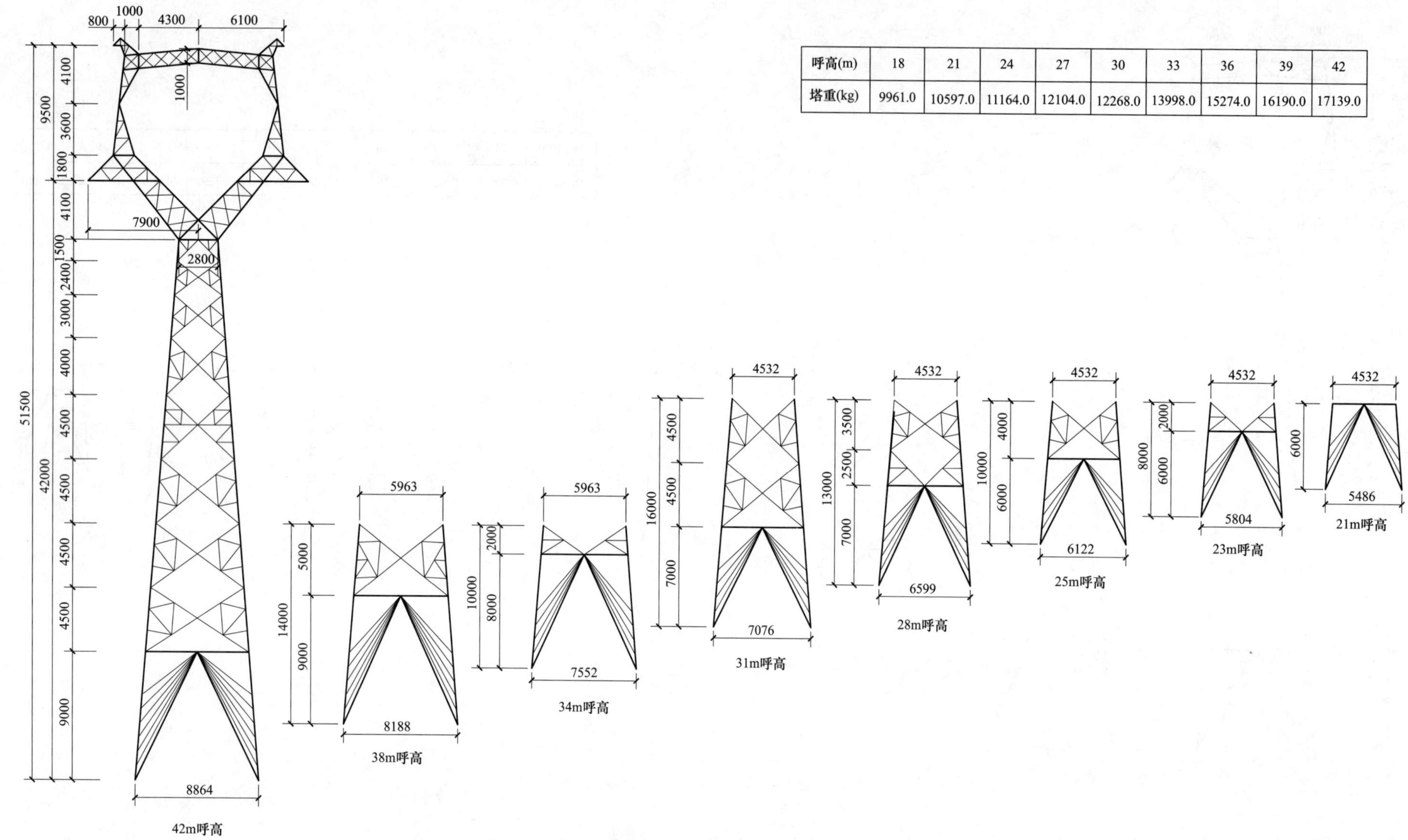

呼高(m)	18	21	24	27	30	33	36	39	42
塔重(kg)	9961.0	10597.0	11164.0	12104.0	12268.0	13998.0	15274.0	16190.0	17139.0

图 9-3-10 3A9-ZMC2 杆塔单线图

9.3.9 3A9-ZMC3 杆塔单线图

3A9-ZMC3 杆塔单线图见图 9-3-11。

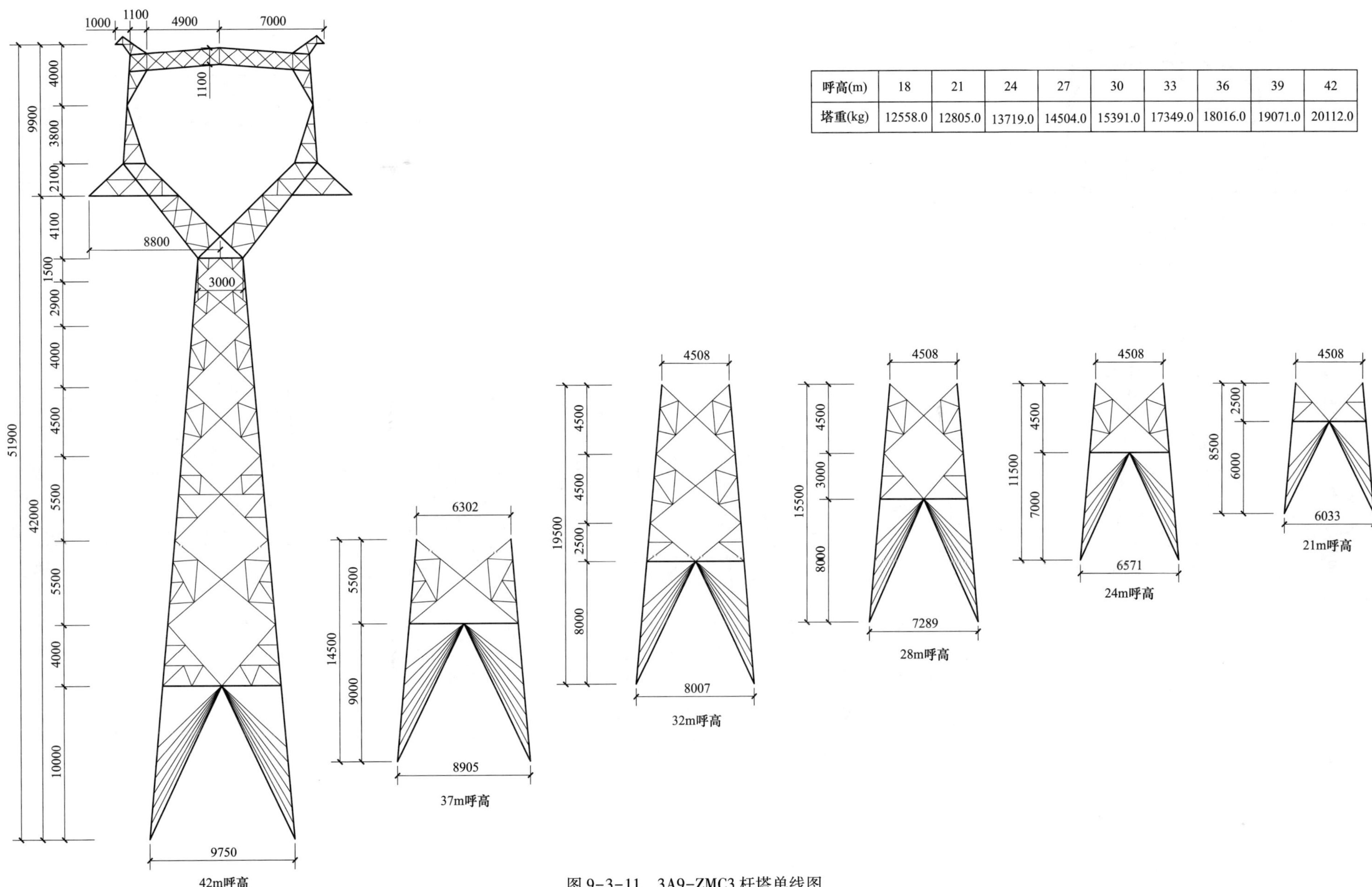

呼高(m)	18	21	24	27	30	33	36	39	42
塔重(kg)	12558.0	12805.0	13719.0	14504.0	15391.0	17349.0	18016.0	19071.0	20112.0

图 9-3-11 3A9-ZMC3 杆塔单线图

9.3.10 3A9-ZMC4 杆塔单线图

3A9-ZMC4 杆塔单线图见图 9-3-12。

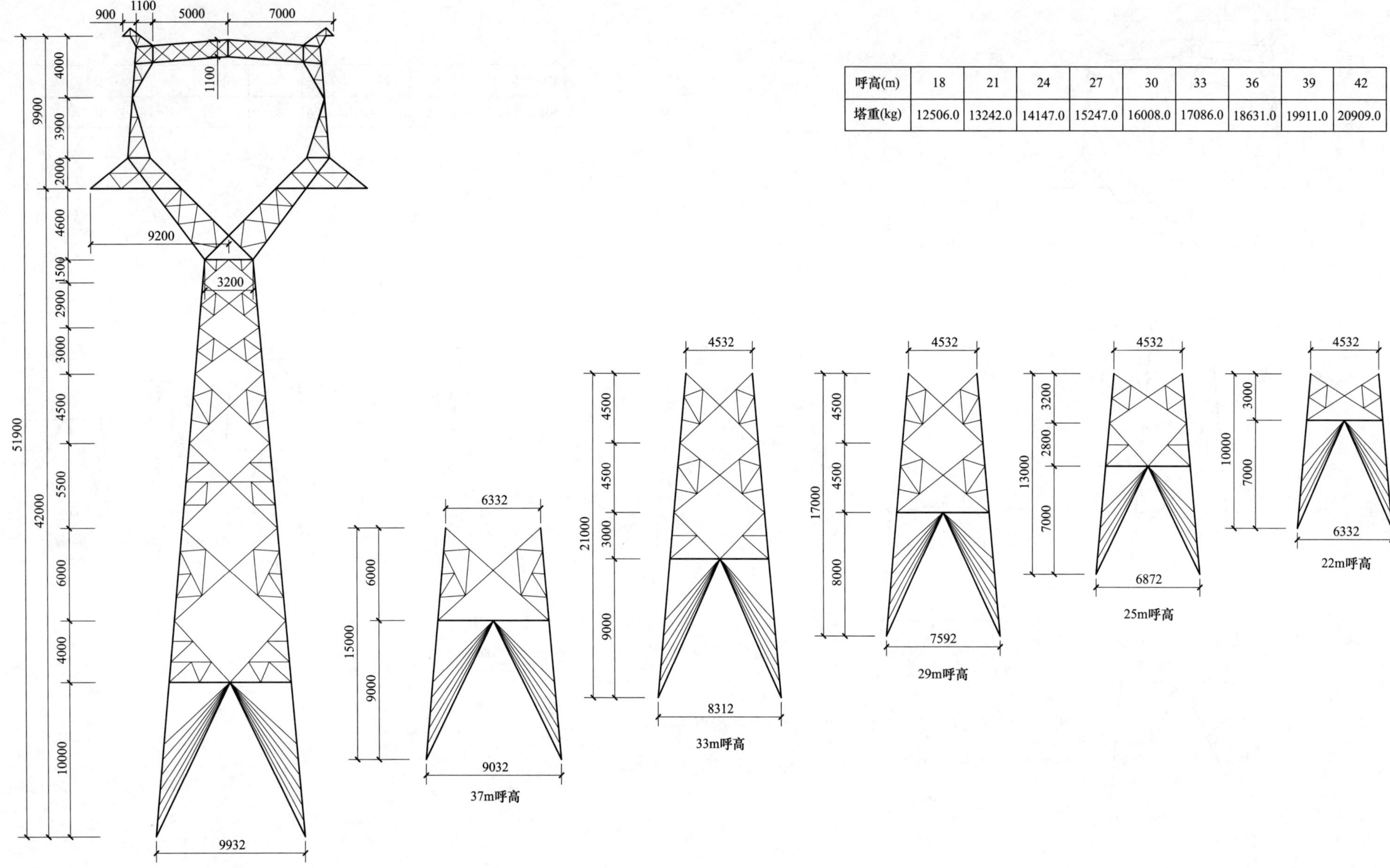

呼高(m)	18	21	24	27	30	33	36	39	42
塔重(kg)	12506.0	13242.0	14147.0	15247.0	16008.0	17086.0	18631.0	19911.0	20909.0

图 9-3-12 3A9-ZMC4 杆塔单线图

9.3.11 3A9-ZMCK 杆塔单线图

3A9-ZMCK 杆塔单线图见图 9-3-13。

呼高(m)	42	45	48	51	54
塔重(kg)	19860.0	21476.0	22564.0	24024.0	25432.0

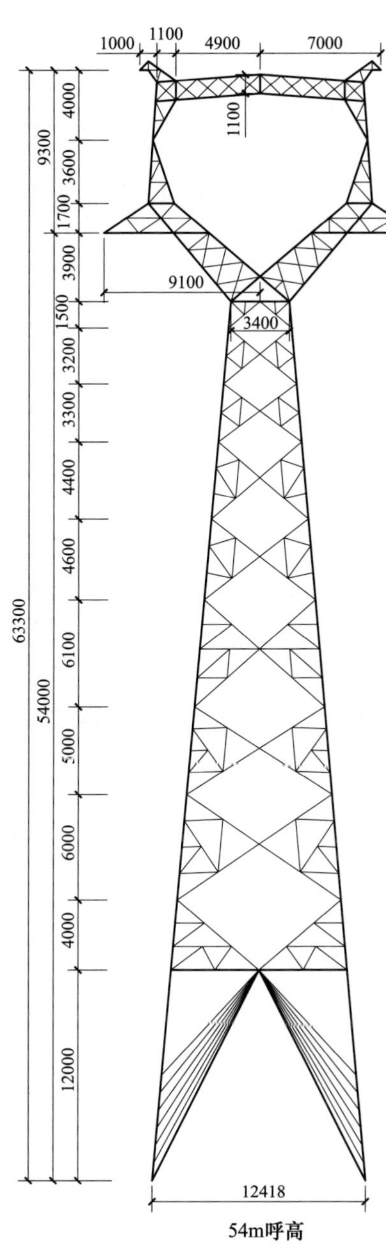

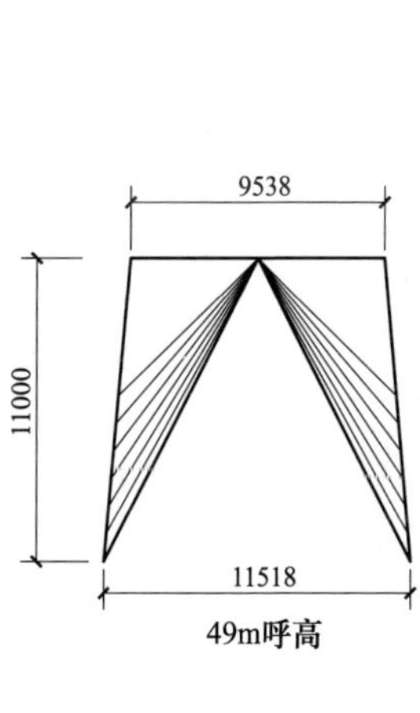

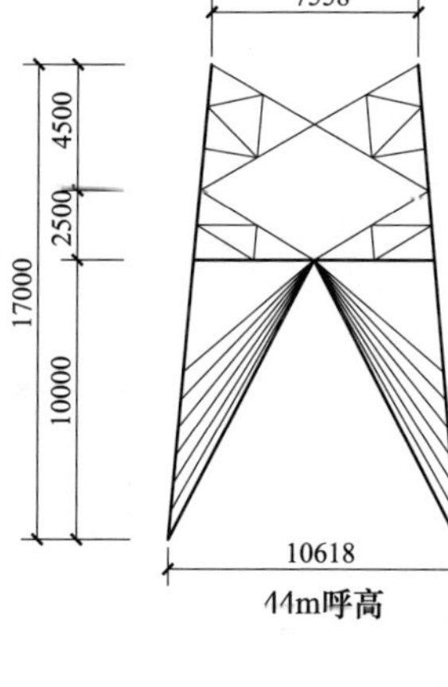

图 9-3-13 3A9-ZMCK 杆塔单线图

9.3.12 3A9-JC1 杆塔单线图

3A9-JC1 杆塔单线图见图 9-3-14。

呼高(m)	15	18	21	24	27	30	33
塔重(kg)	11468.0	12339.0	13413.0	14393 .0	15603.0	16963.0	18103.0

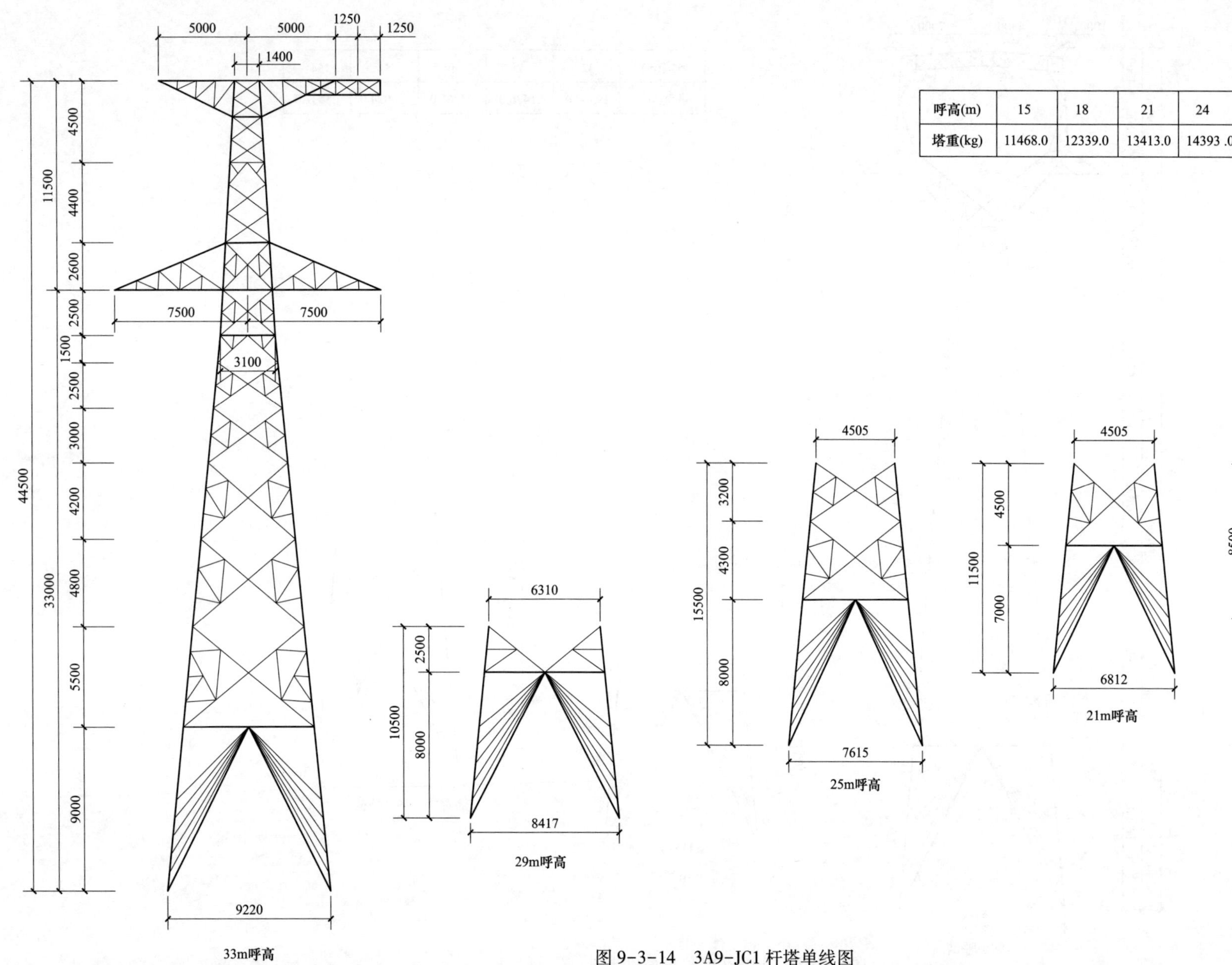

图 9-3-14 3A9-JC1 杆塔单线图

9.3.13　3A9-JC2 杆塔单线图

3A9-JC2 杆塔单线图见图 9-3-15。

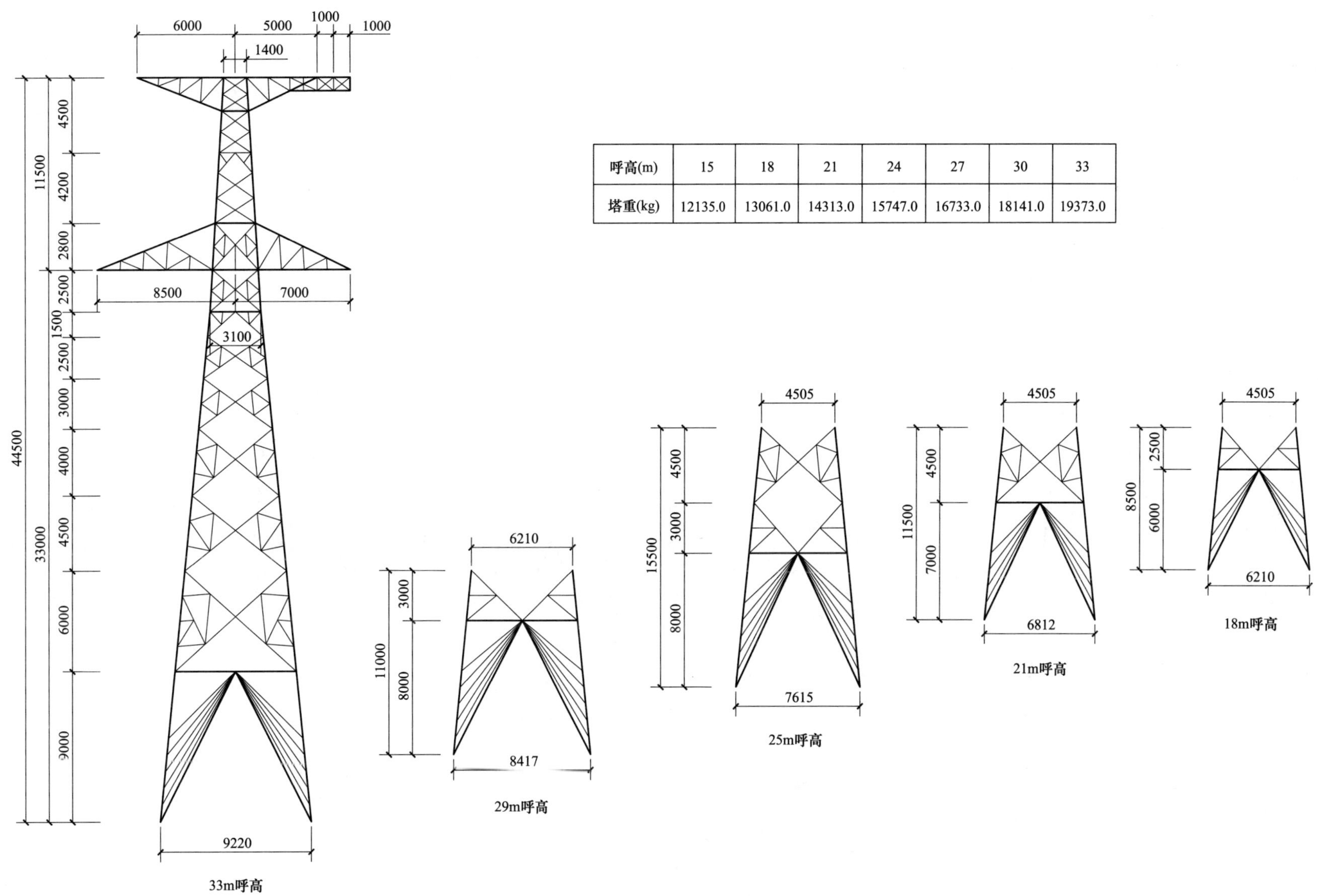

呼高(m)	15	18	21	24	27	30	33
塔重(kg)	12135.0	13061.0	14313.0	15747.0	16733.0	18141.0	19373.0

图 9-3-15　3A9-JC2 杆塔单线图

9.3.14 3A9-JC3 杆塔单线图

3A9-JC3 杆塔单线图见图 9-3-16。

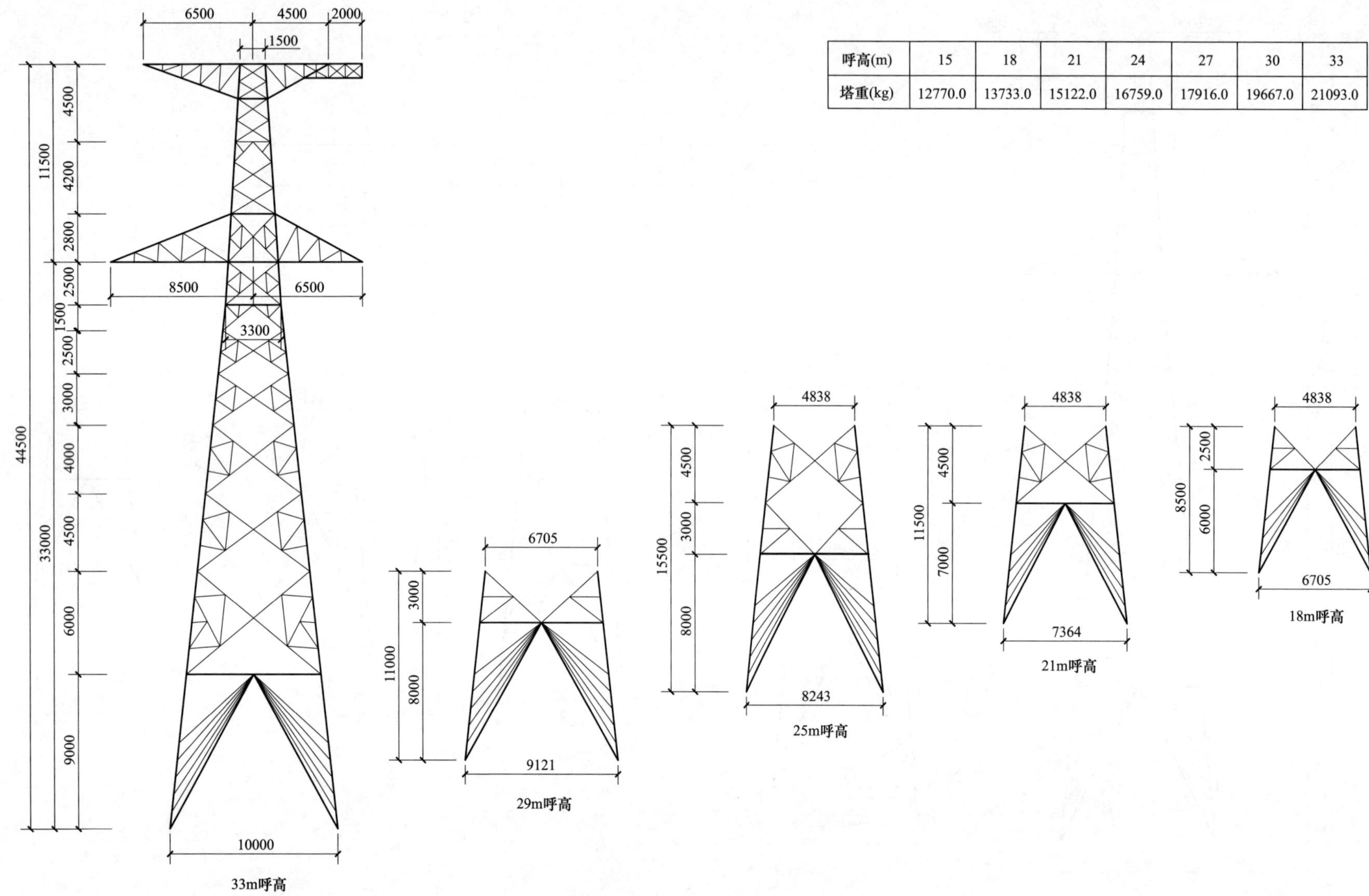

呼高(m)	15	18	21	24	27	30	33
塔重(kg)	12770.0	13733.0	15122.0	16759.0	17916.0	19667.0	21093.0

图 9-3-16 3A9-JC3 杆塔单线图

9.3.15 3A9-JC4 杆塔单线图

3A9-JC4 杆塔单线图见图 9-3-17。

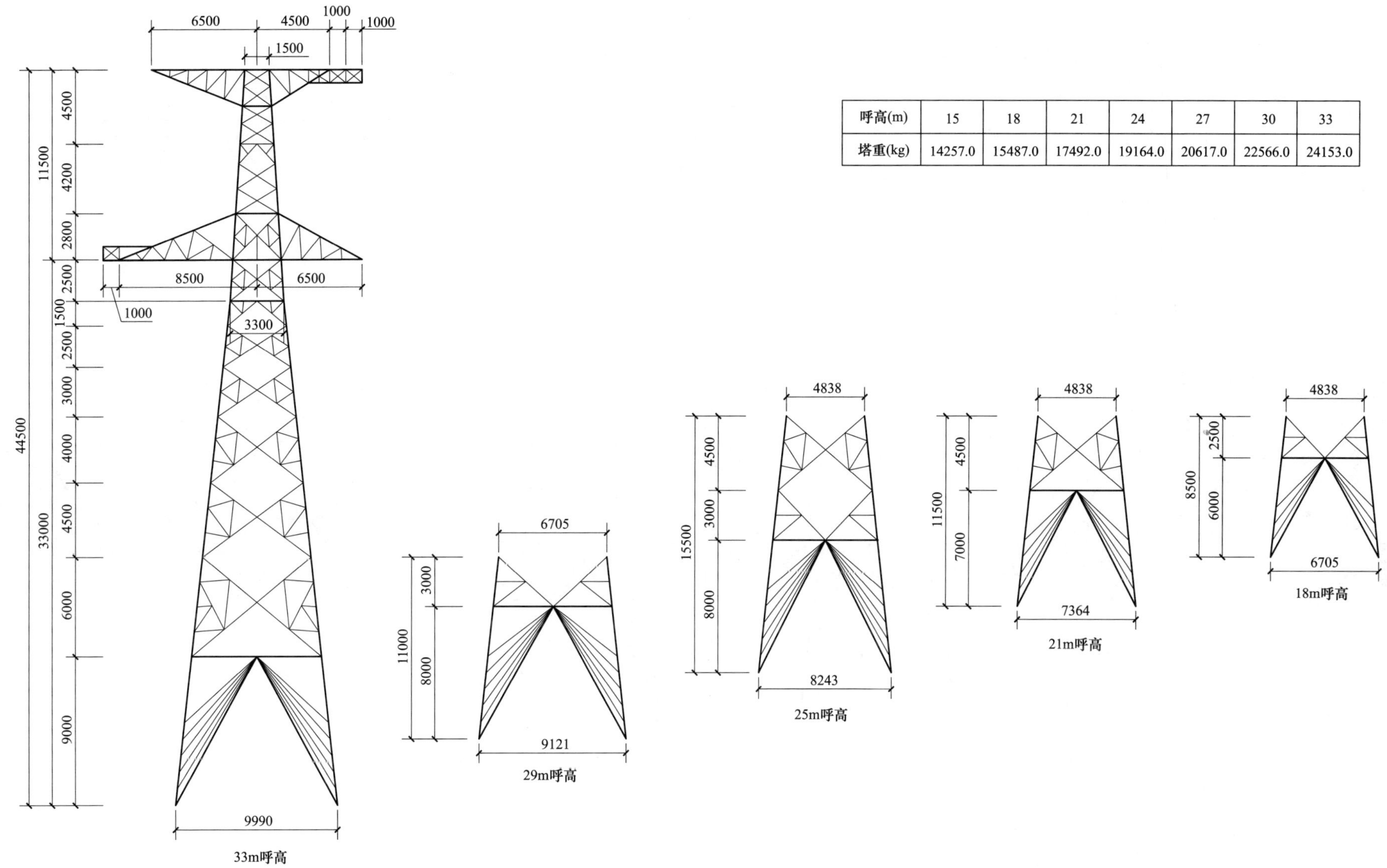

呼高(m)	15	18	21	24	27	30	33
塔重(kg)	14257.0	15487.0	17492.0	19164.0	20617.0	22566.0	24153.0

图 9-3-17 3A9-JC4 杆塔单线图

9.3.16 3A9-DJC 杆塔单线图

3A9-DJC 杆塔单线图见图 9-3-18。

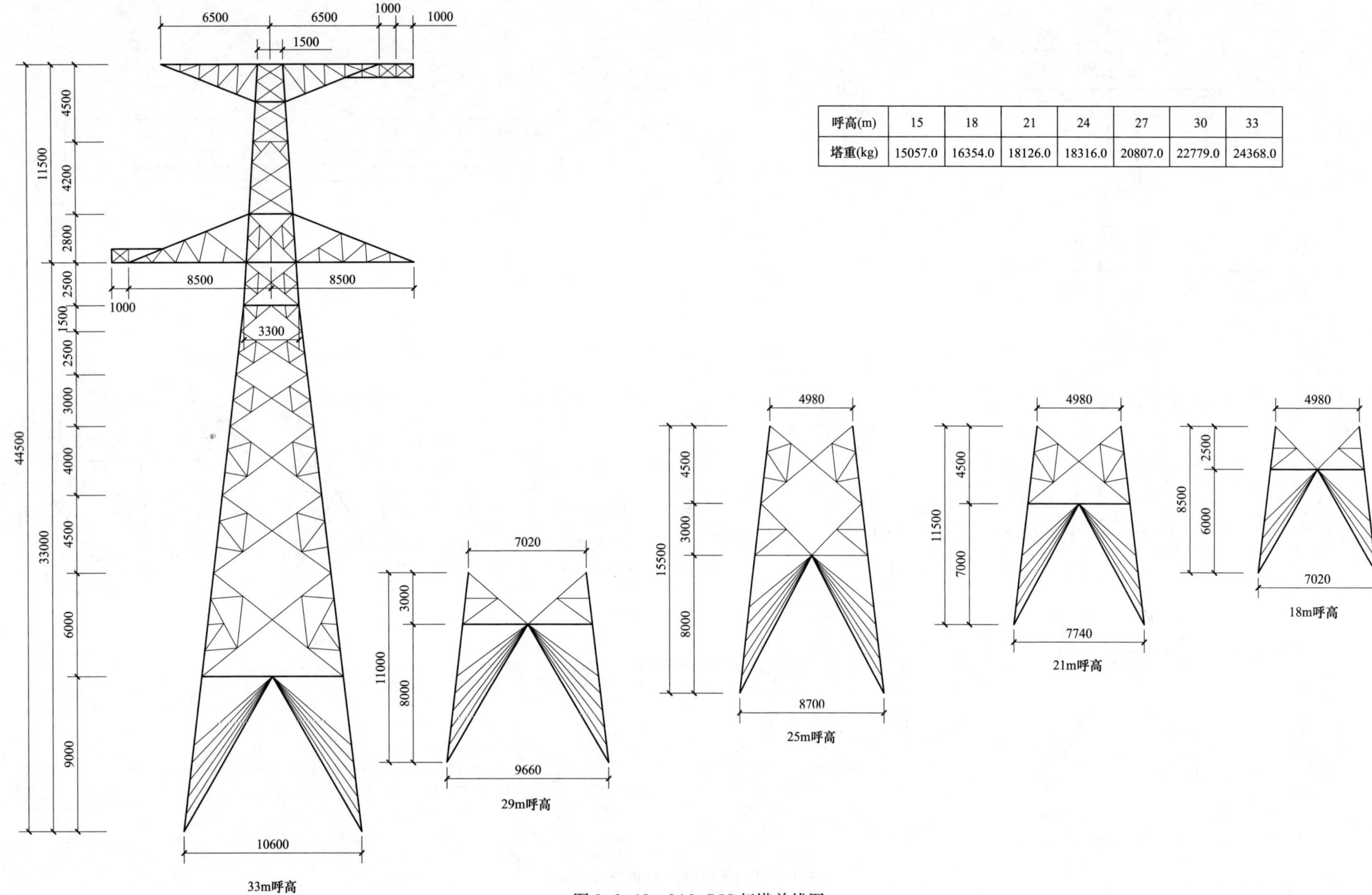

呼高(m)	15	18	21	24	27	30	33
塔重(kg)	15057.0	16354.0	18126.0	18316.0	20807.0	22779.0	24368.0

图 9-3-18 3A9-DJC 杆塔单线图

9.3.17 3A9-HDJC 杆塔单线图

3A9-HDJC 杆塔单线图见图 9-3-19。

呼高(m)	15	18	21	24	27	30	33
塔重(kg)	12316.0	13186.0	14259.0	15238.0	16447.0	17818.0	18959.0

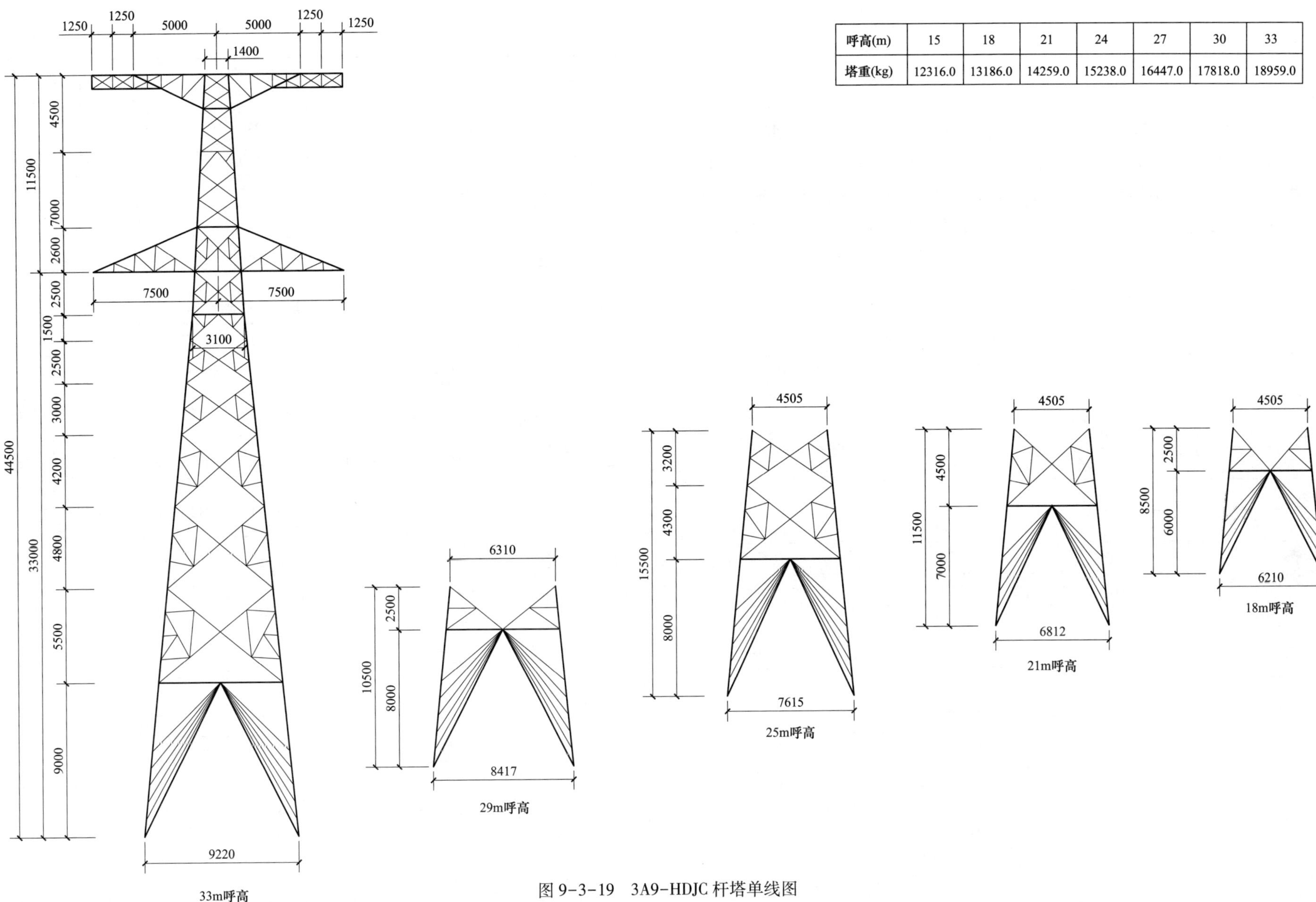

图 9-3-19 3A9-HDJC 杆塔单线图

第 10 章 2M 模块

10.1 2M1 子模块

10.1.1 2M1 子模块说明

（1）该子模块电压等级 220kV，海拔 1000m 以内、设计风速 23.5m/s（离地 10m）、覆冰厚度 10mm，导线 JL/G1A-300/40 兼 JL/G1A-240/30 的单回路杆塔。地线采用 JLB20A-150。该子模块直线塔按平地、山区各一套设计，耐张塔由 2M2 子模块兼。悬垂串按 I 型布置。该子子模块共计 9 种塔型。

（2）使用条件。2M1 子模块的气象条件、杆塔设计条件、杆塔塔重及基础作用力分别见表 10-1-1～表 10-1-3。

表 10-1-1　　2M1 子模块的气象条件

项目	气温（℃）	风速（m/s）	覆冰厚度（mm）
最高气温	40	0	0
最低气温	-20	0	0
覆冰	-5	10	10
基本风速	-5	23.5	0
安装情况	-10	10	0
年平均气温	10	0	0
雷电过电压	15	10	0
操作过电压	10	15	0
带电作业	15	10	0

表 10-1-2　　2M1 子模块的杆塔设计条件

塔型名称	呼高范围（m）	计算呼高（m）	水平档距（m）	垂直档距（m）	允许转角（°）
ZM1	18～30	27	350	450	—
ZM2	21～36	33	410	550	—
ZM3	24～42	39	500	650	—
ZMK	39～54	51	410	550	—

续表 10-1-2

塔型名称	呼高范围（m）	计算呼高（m）	水平档距（m）	垂直档距（m）	允许转角（°）
ZMC1	18～33	27	380	600	—
ZMC2	21～39	33	480	800	—
ZMC3	24～42	39	600	1000	—
ZMC4	24～51	42	850	1200	—
ZMCK	42～54	51	480	800	—

表 10-1-3　　2M1 子模块的杆塔塔重及基础作用力

塔型名称	塔重范围（kg）	基础作用力范围（kN）					
		T_{max}	T_x	T_y	N_{max}	N_x	N_y
ZM1	5412.1～7207.6	136～148	19～20	18～21	201～218	21～24	23～26
ZM2	5907.6～8662.6	131～173	17～19	17～20	207～239	22～24	22～25
ZM3	6797.3～10994.6	156～209	17～25	15～21	213～290	23～29	19～28
ZMK	9797.4～14327.4	275～341	28～35	28～35	344～433	33～42	33～42
ZMC1	5630.9～8143.9	160～201	27～35	5～24	235～267	31～41	11～31
ZMC2	6427.9～9918.0	193～259	29～35	24～30	251～341	34～40	29～39
ZMC3	7422.6～11964.4	236～322	35～42	30～39	305～418	40～49	36～46
ZMC4	8132.5～16560.7	223～325	28～42	24～38	300～450	34～51	31～48
ZMCK	11603.7～15710.7	305～361	33～53	30～44	385～487	38～60	37～59

10.1.2 2M1 子模块杆塔一览图

2M1 子模块杆塔一览图见图 10-1-1、图 10-1-2。

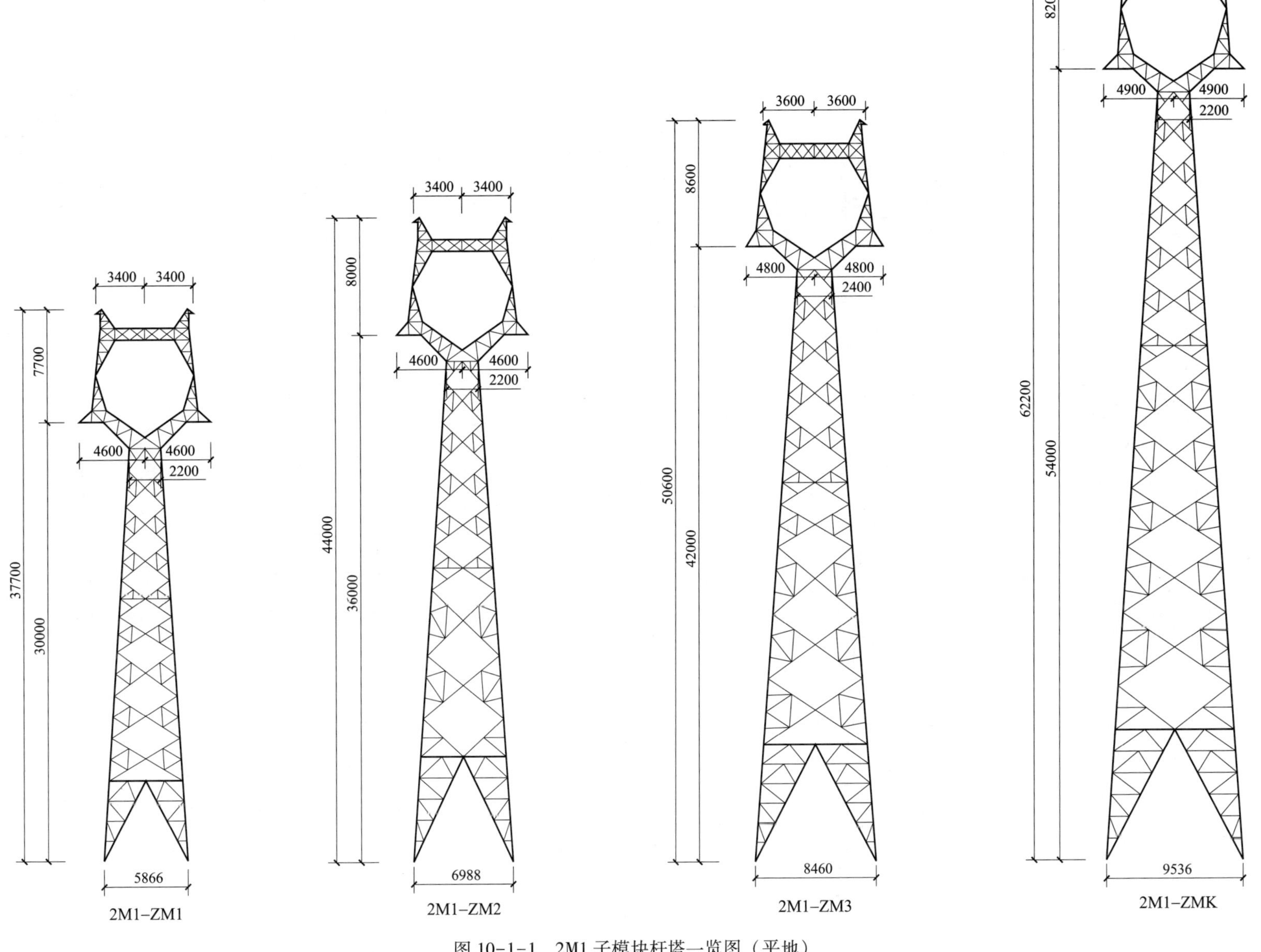

图 10-1-1　2M1 子模块杆塔一览图（平地）

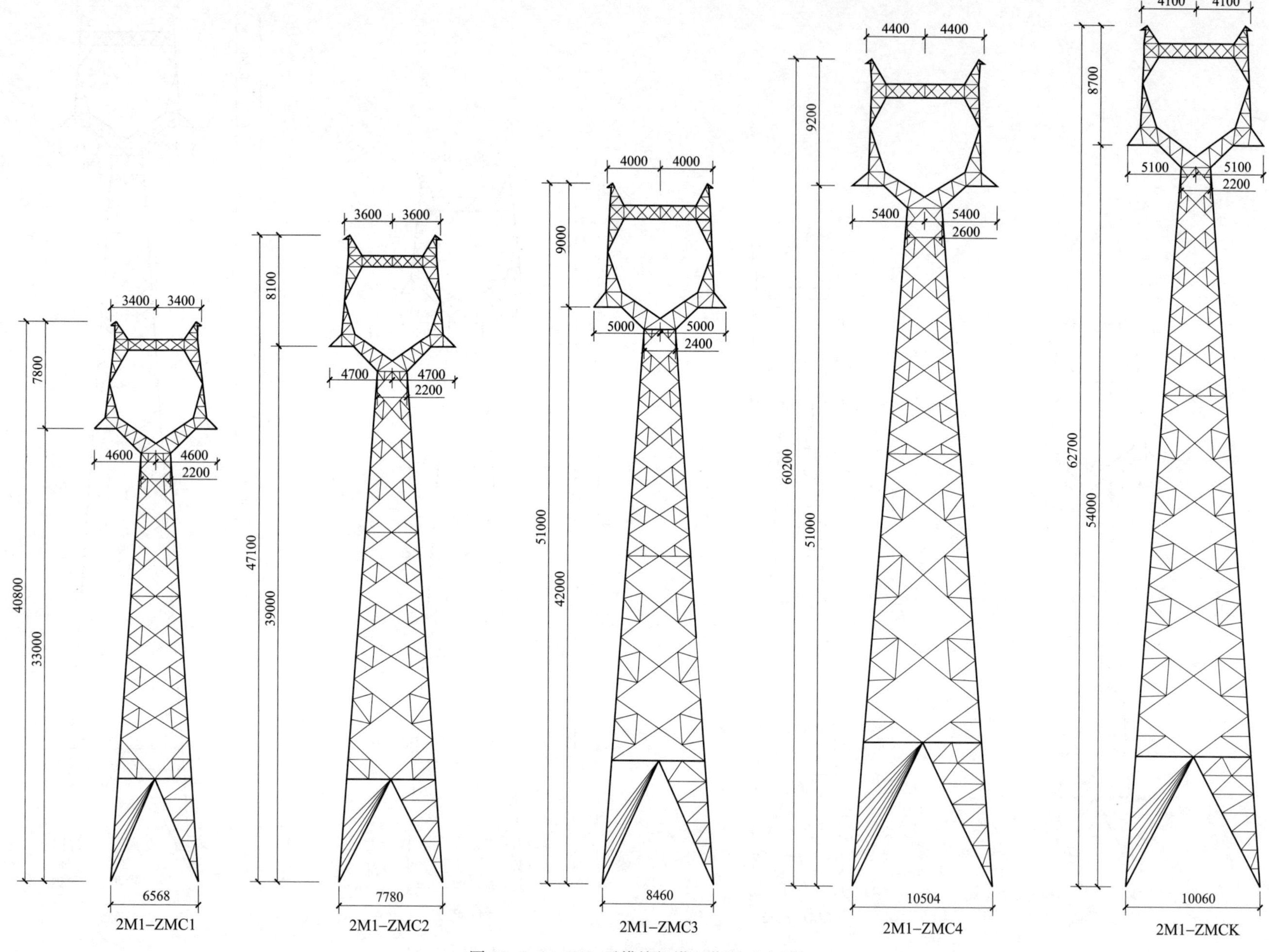

图 10-1-2 2M1 子模块杆塔一览图（山区）

10.1.3 2M1-ZM1 杆塔单线图

2M1-ZM1 杆塔单线图见图 10-1-3。

呼高（m）	18	21	24	27	30
塔重（kg）	5412.1	5805.1	6196.2	6798.9	7207.6

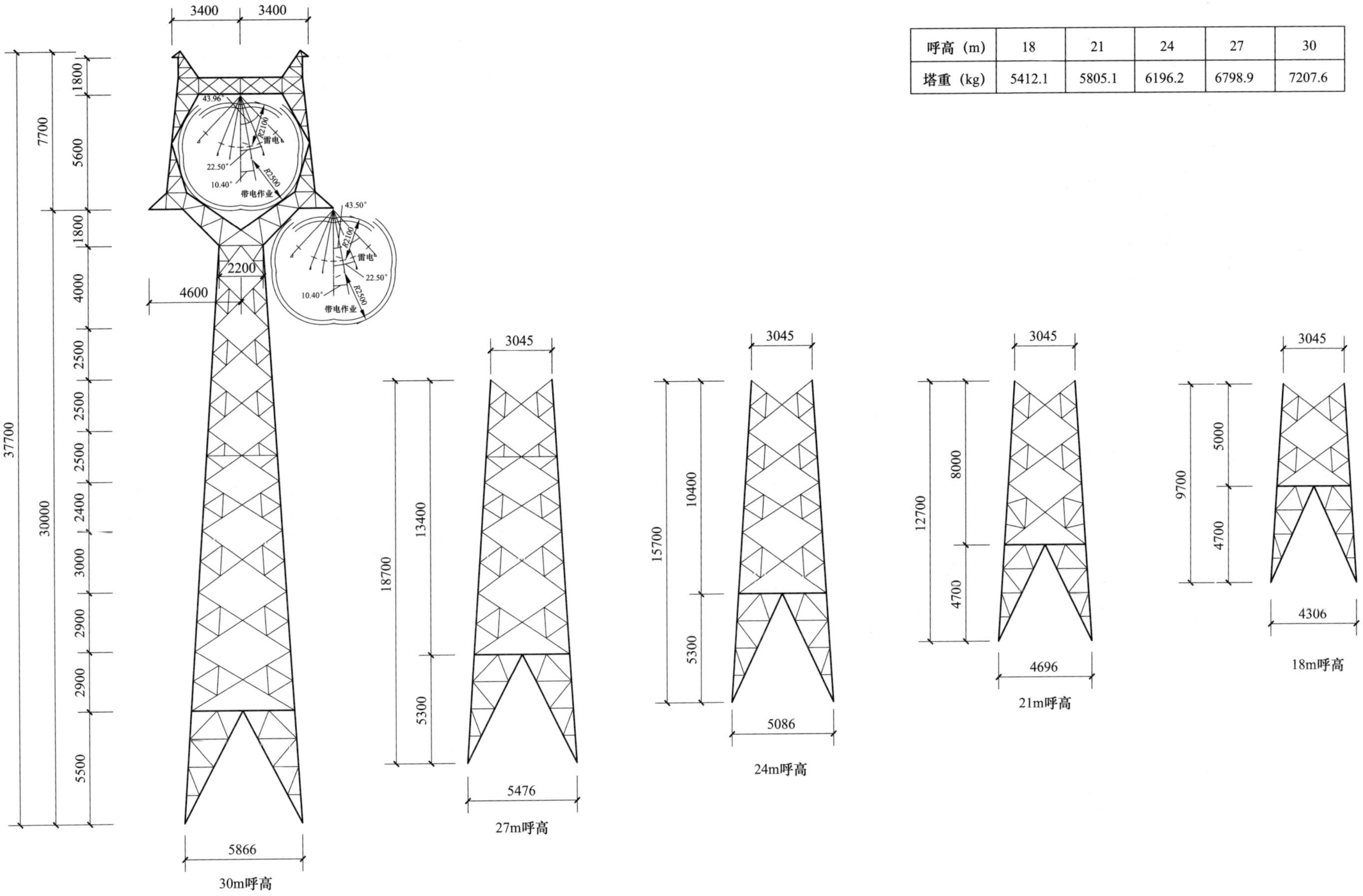

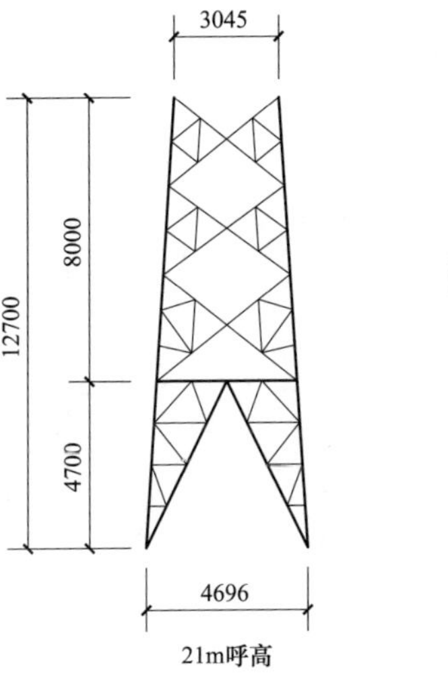

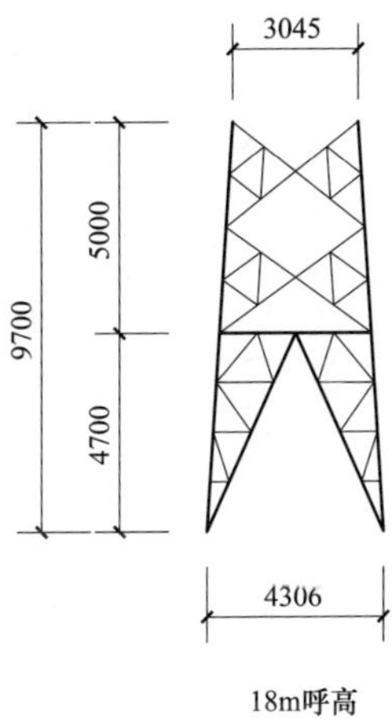

图 10-1-3 2M1-ZM1 杆塔单线图

10.1.4 2M1-ZM2 杆塔单线图

2M1-ZM2 杆塔单线图见图 10-1-4。

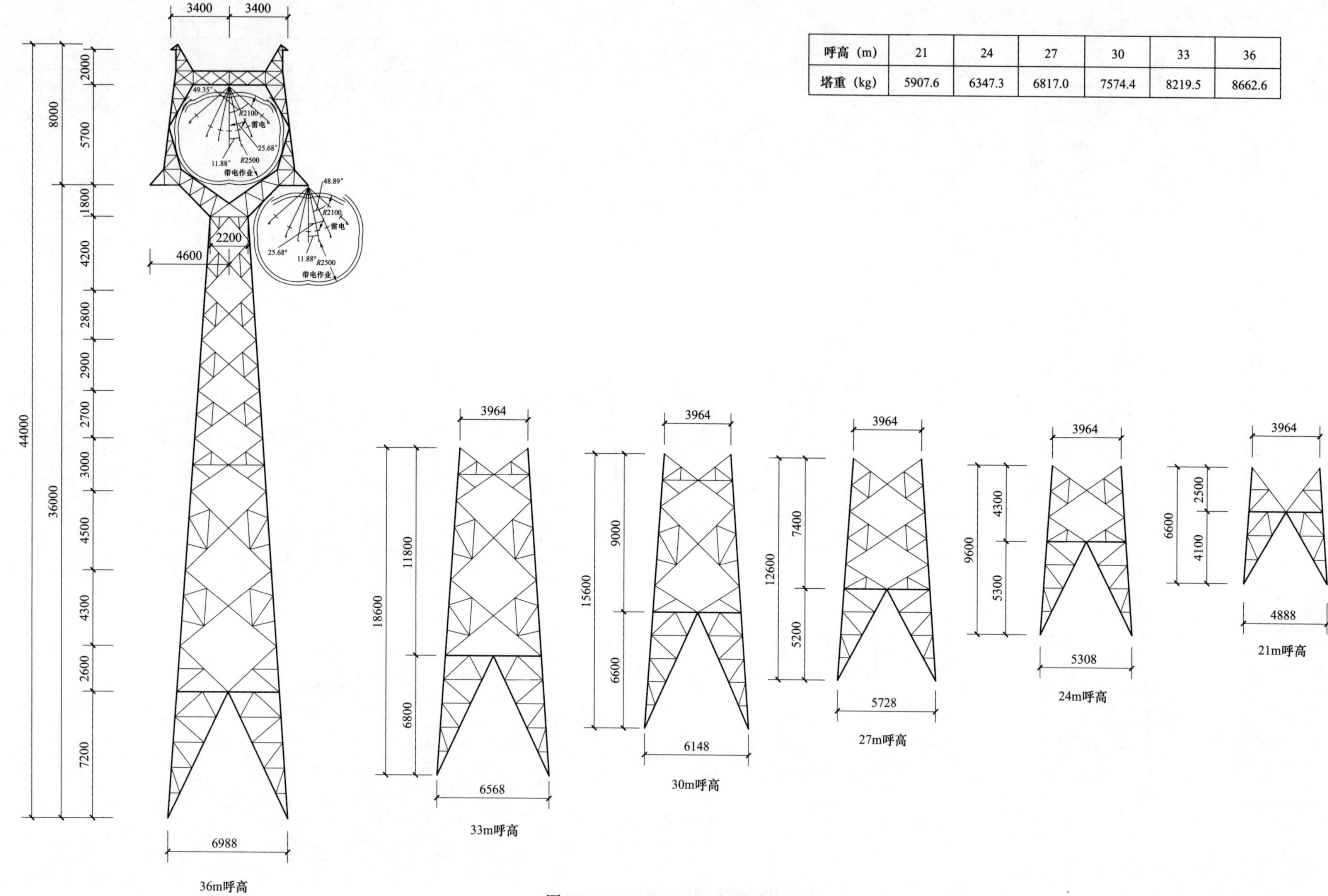

呼高（m）	21	24	27	30	33	36
塔重（kg）	5907.6	6347.3	6817.0	7574.4	8219.5	8662.6

图 10-1-4 2M1-ZM2 杆塔单线图

10.1.5 2M1-ZM3 杆塔单线图

2M1-ZM3 杆塔单线图见图 10-1-5。

呼高（m）	24	27	30	33	36	39	42
塔重（kg）	6797.3	7247.1	7994.0	8698.3	9261.5	9975.3	10994.6

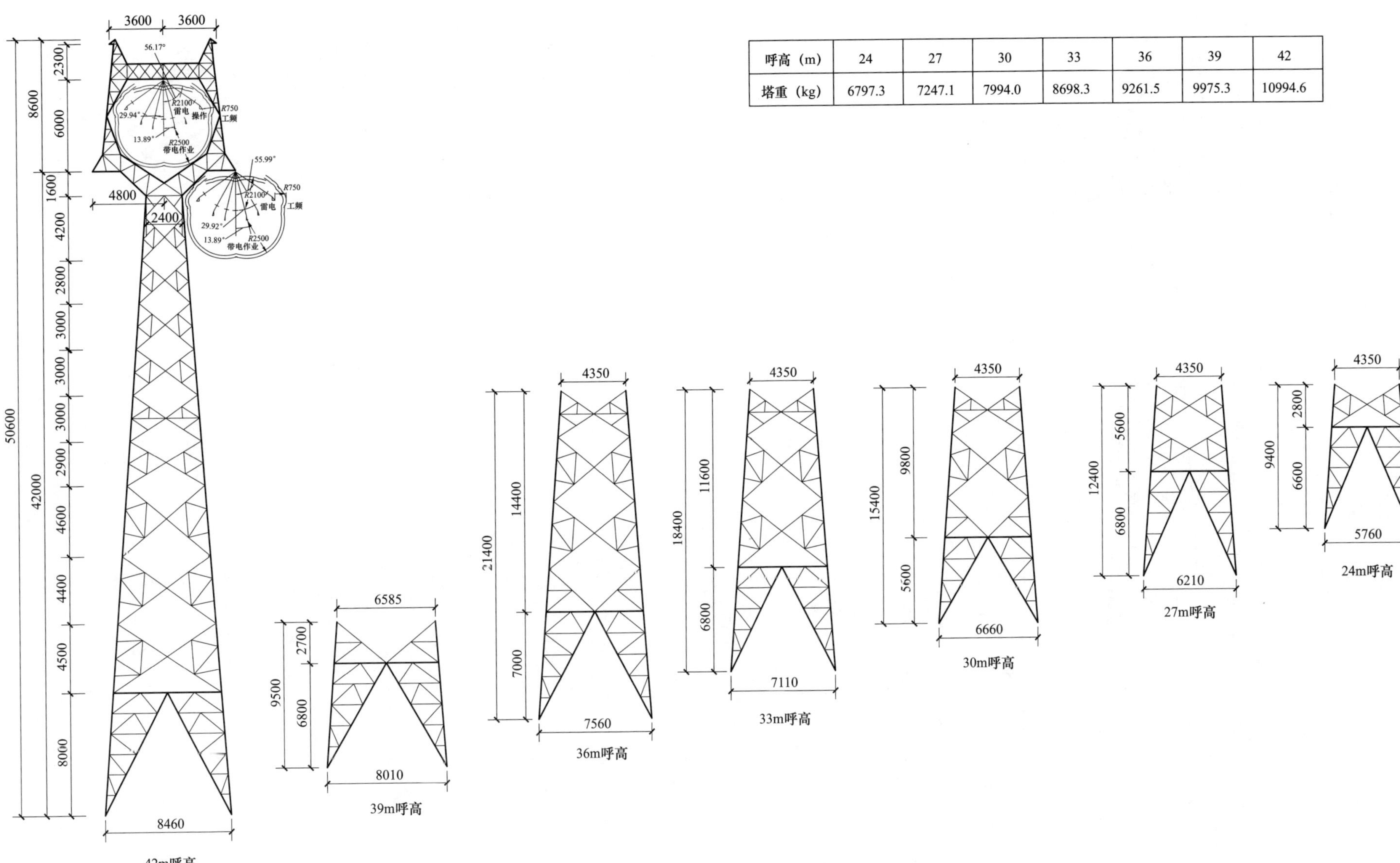

图 10-1-5 2M1-ZM3 杆塔单线图

10.1.6　2M1-ZMK 杆塔单线图

2M1-ZMK 杆塔单线图见图 10-1-6。

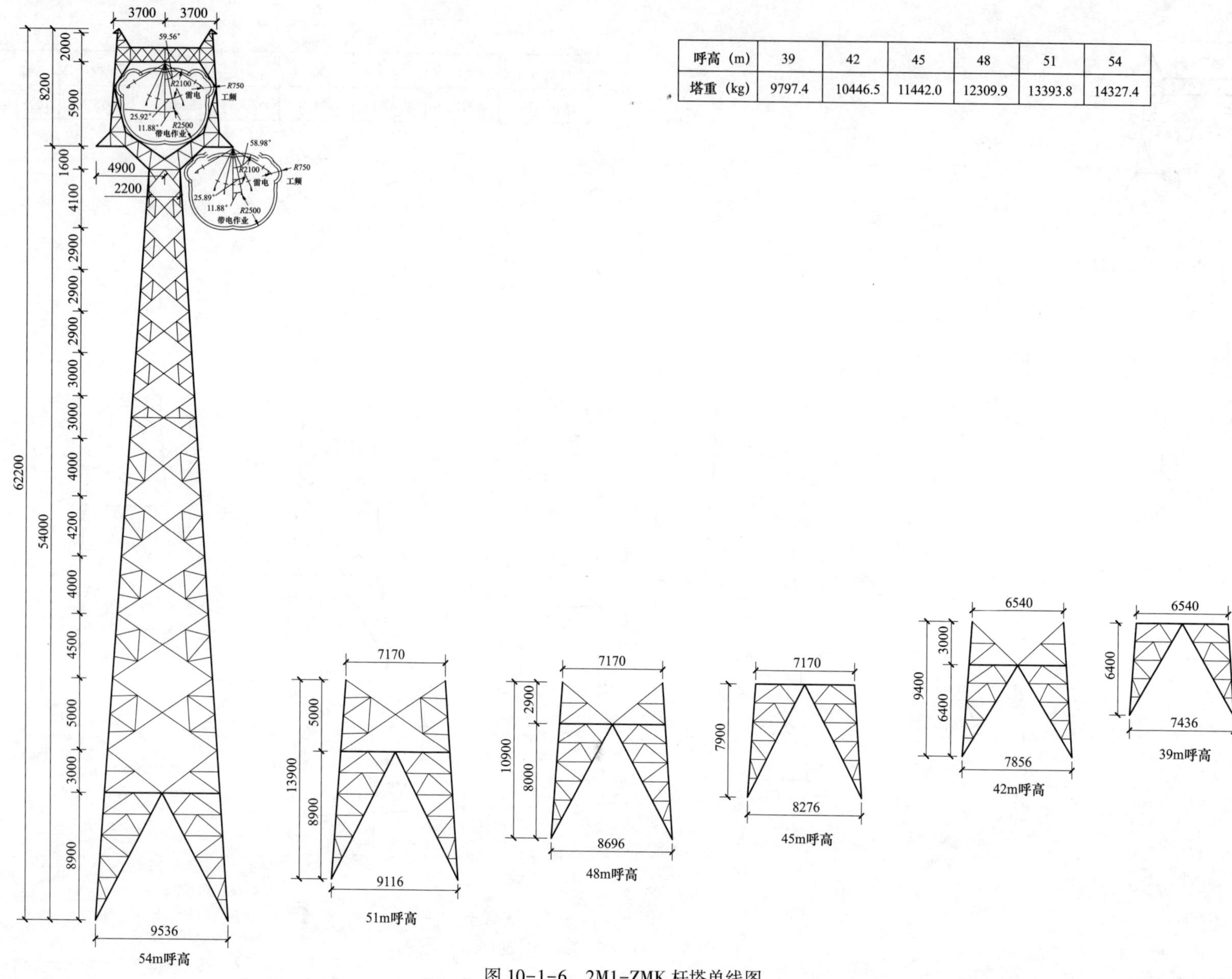

呼高（m）	39	42	45	48	51	54
塔重（kg）	9797.4	10446.5	11442.0	12309.9	13393.8	14327.4

图 10-1-6　2M1-ZMK 杆塔单线图

10.1.7　2M1-ZMC1 杆塔单线图

2M1-ZMC1 杆塔单线图见图 10-1-7。

呼高（m）	18	21	24	27	30	33
塔重（kg）	5630.9	6025.7	6653.9	7124.6	7572.6	8143.9

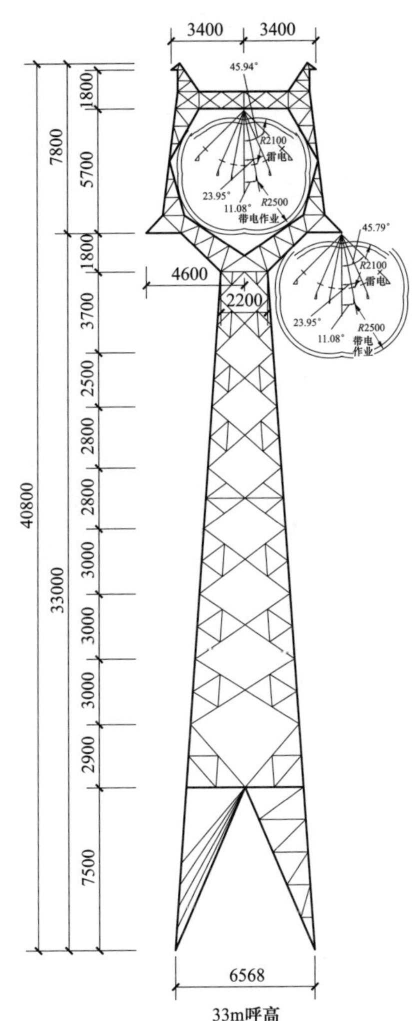

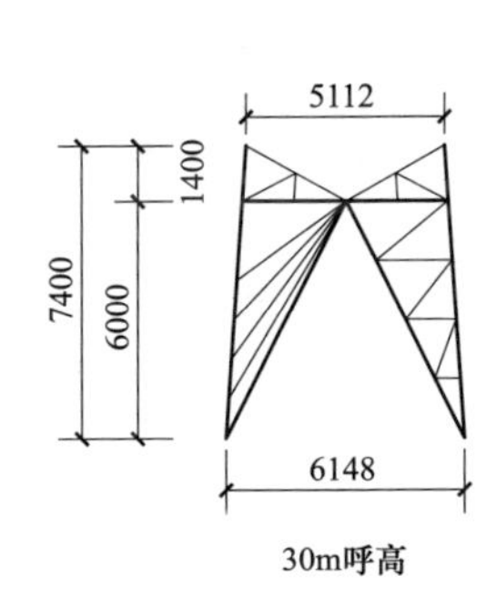

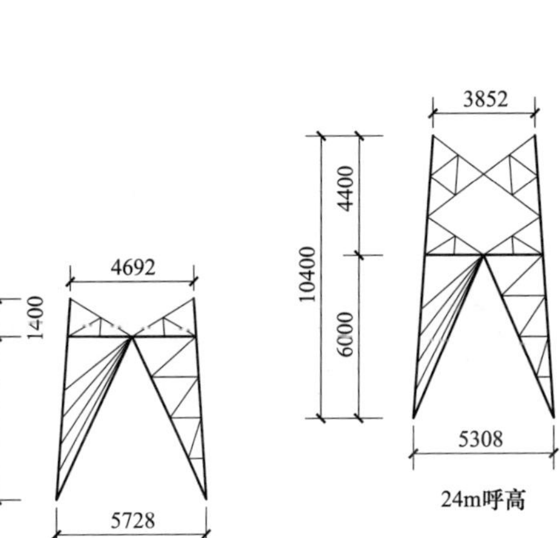

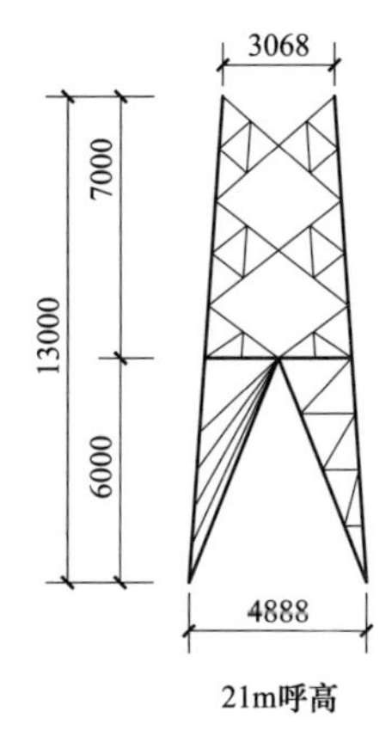

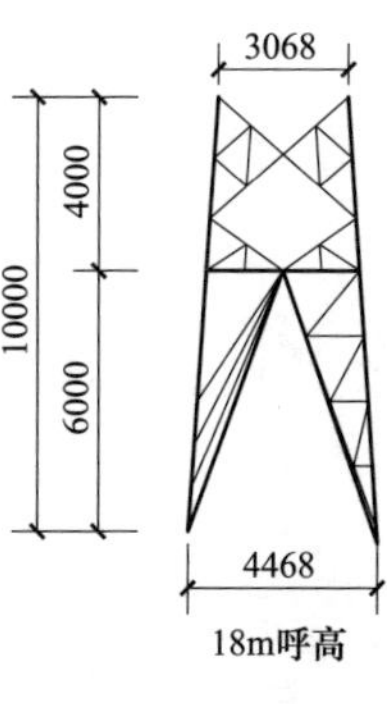

图 10-1-7　2M1-ZMC1 杆塔单线图

10.1.8 2M1-ZMC2 杆塔单线图

2M1-ZMC2 杆塔单线图见图 10-1-8。

呼高（m）	21	24	27	30	33	36	39
塔重（kg）	6427.9	6879.3	7495.3	7995.9	8709.4	9299.8	9918.0

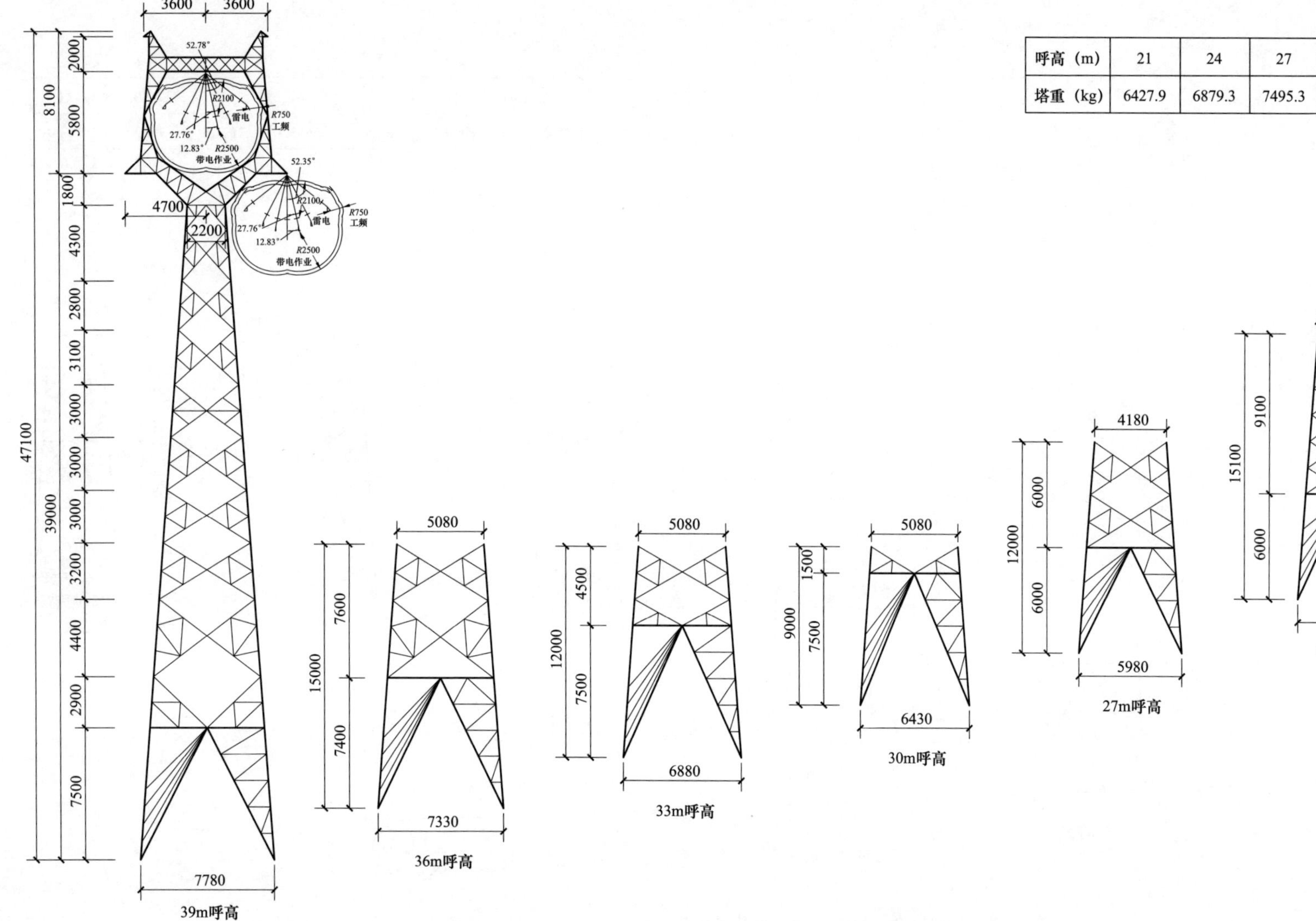

图 10-1-8 2M1-ZMC2 杆塔单线图

10.1.9 2M1-ZMC3 杆塔单线图

2M1-ZMC3 杆塔单线图见图 10-1-9。

呼高（m）	24	27	30	33	36	39	42
塔重（kg）	7422.6	7946.2	8712.6	9526.1	10129.3	10763.1	11964.4

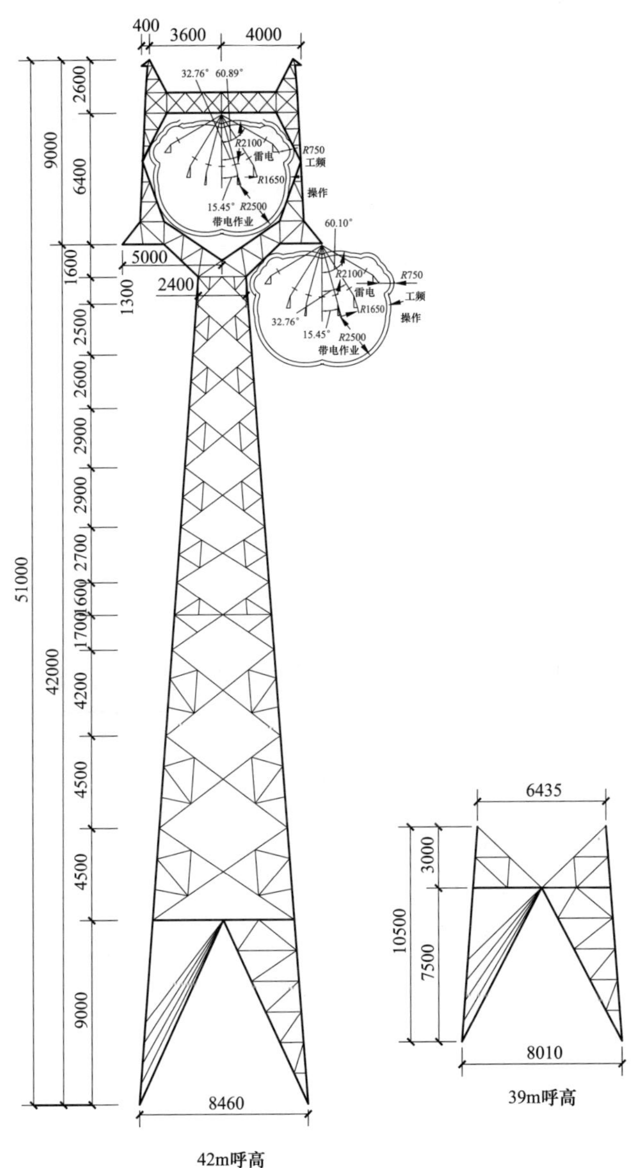

6435
10500
3000
7500
8010
39m呼高

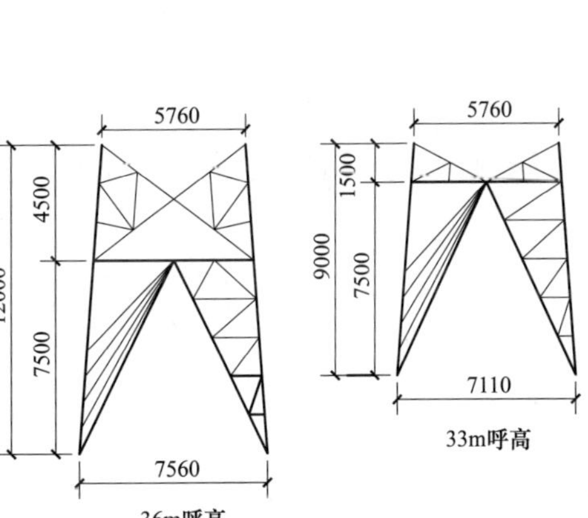

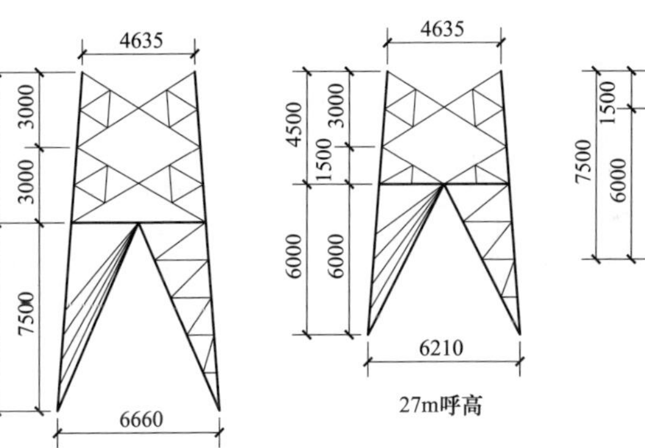

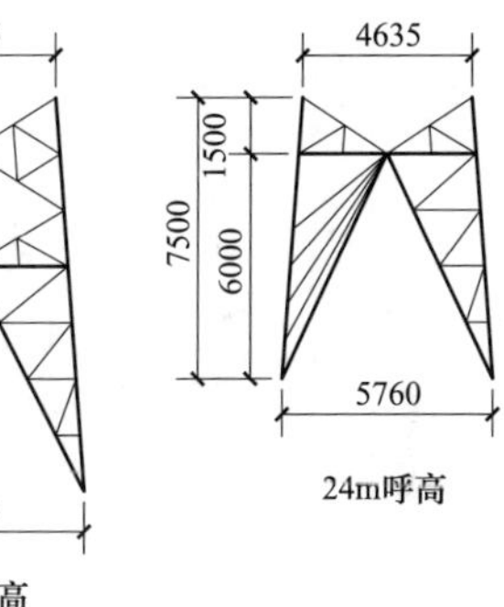

图 10-1-9 2M1-ZMC3 杆塔单线图

10.1.10 2M1-ZMC4 杆塔单线图

2M1-ZMC4 杆塔单线图见图 10-1-10。

呼高（m）	24	27	30	33	36	39	42	45	48	51
塔重（kg）	8132.5	8688.4	9400.1	10504.4	11142.4	12103.8	12894.0	14147.3	15611.5	16560.7

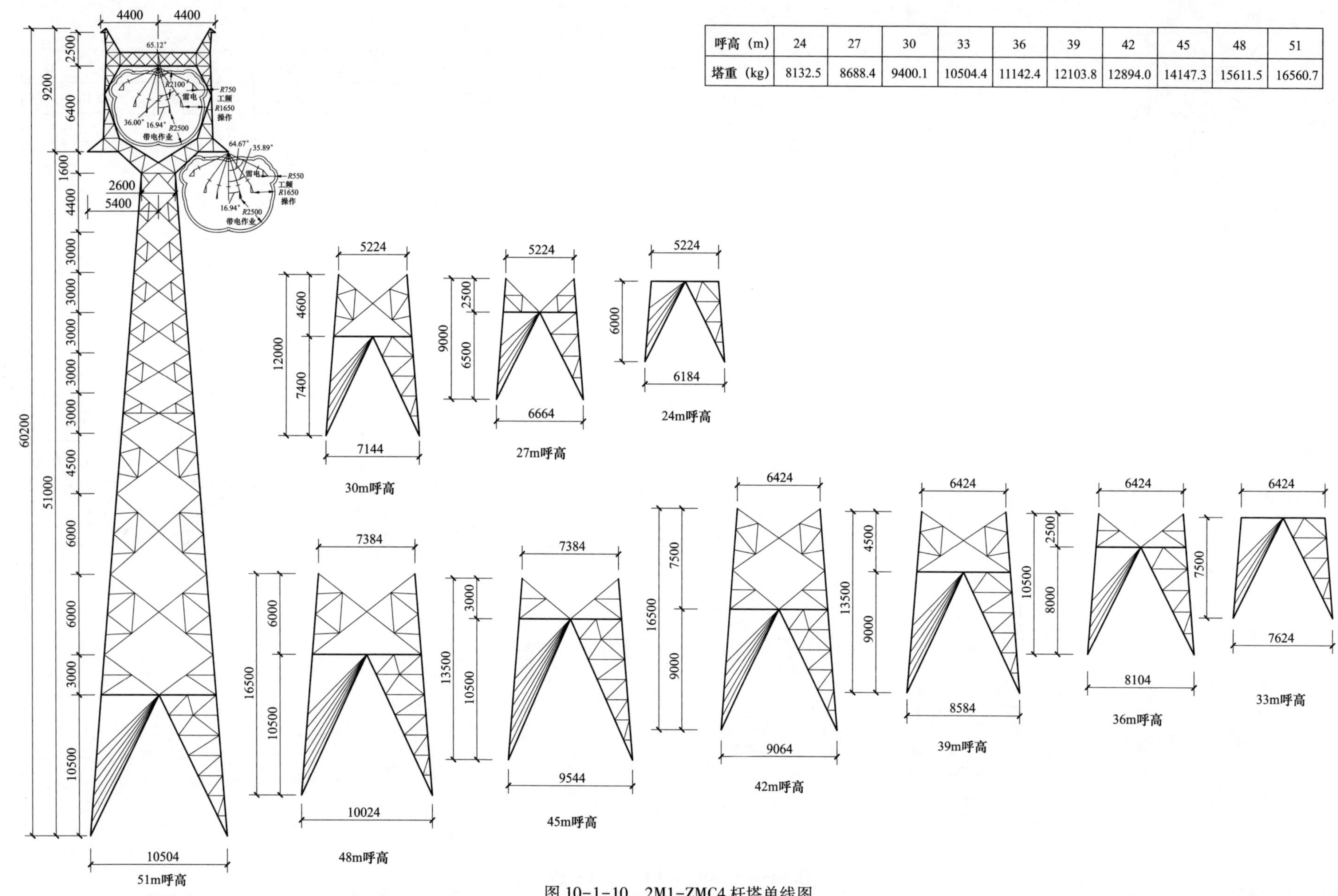

图 10-1-10 2M1-ZMC4 杆塔单线图

10.1.11 2M1-ZMCK 杆塔单线图

2M1-ZMCK 杆塔单线图见图 10-1-11。

呼高（m）	42	45	48	51	54
塔重（kg）	11603.7	12505.7	13535.1	14759.4	15710.7

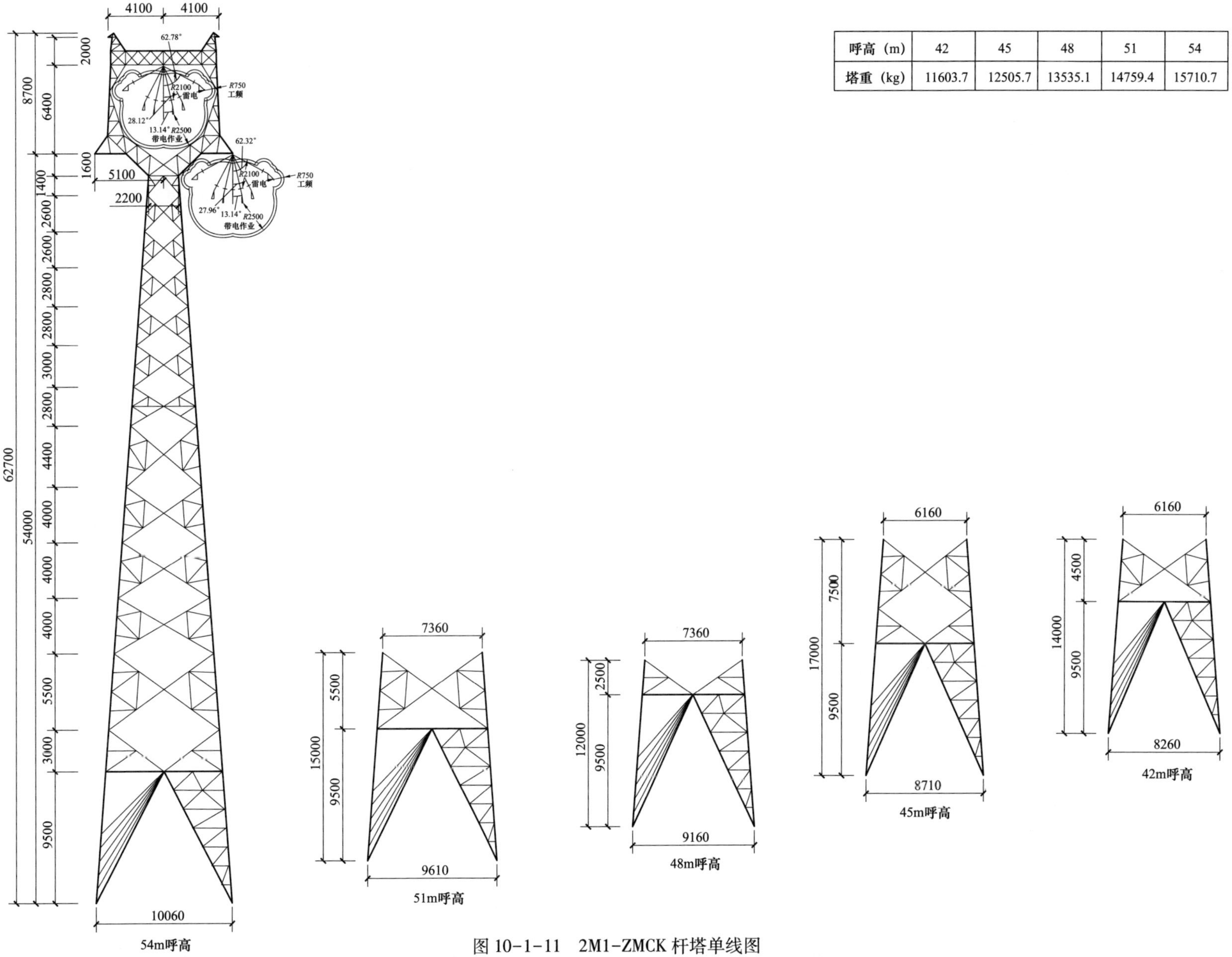

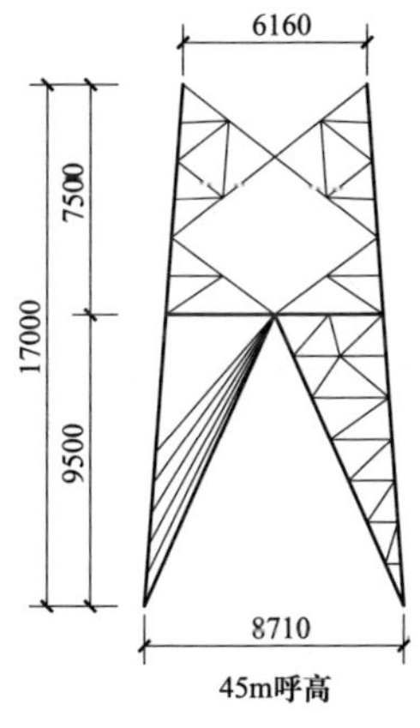

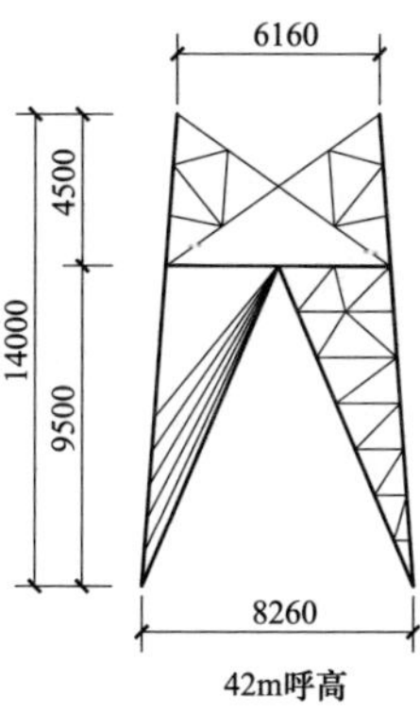

图 10-1-11 2M1-ZMCK 杆塔单线图

10.2 2M2 子模块

10.2.1 2M2 子模块说明

（1）该子模块电压等级 220kV，海拔 1000m 以内、设计风速 25m/s（离地 10m）、覆冰厚度 10mm，导线 JL/G1A-300/40 兼 JL/G1A-240/30 的单回路杆塔。地线采用 JLB20A-150。该子模块按平地、山区各一套设计，并规划 1 种换位塔。悬垂串按 I 型布置。该子模块共计 20 种塔型。

（2）使用条件。2M2 子模块的气象条件、杆塔设计条件、杆塔塔重及基础作用力分别见表 10-2-1～表 10-2-3。

表 10-2-1　　2M2 子模块的气象条件

项目	气温（℃）	风速（m/s）	覆冰厚度（mm）
最高气温	40	0	0
最低气温	-40	0	0
覆冰	-5	10	10
基本风速	-5	25	0
安装情况	-15	10	0
年平均气温	5	0	0
雷电过电压	15	10	0
操作过电压	15	15	0
带电作业	15	10	0

表 10-2-2　　2M2 子模块的杆塔设计条件

塔型名称	呼高范围（m）	计算呼高（m）	水平档距（m）	垂直档距（m）	允许转角（°）
ZM1	18～30	27	350	450	—
ZM2	21～36	33	410	550	—
ZM3	24～42	39	500	650	—
ZMK	39～54	51	410	550	—
J1	15～36	36	450	550	0～20
J2	15～36	36	450	550	20～40
J3	15～36	36	450	550	40～60

续表 10-2-2

塔型名称	呼高范围（m）	计算呼高（m）	水平档距（m）	垂直档距（m）	允许转角（°）
J4	15～36	36	450	550	60～90
ZMC1	18～33	27	380	600	—
ZMC2	21～39	33	480	800	—
ZMC3	24～42	39	600	1000	—
ZMC4	24～51	42	850	1200	—
ZMCK	42～54	51	480	800	—
JC1	15～36	36	500	1200	0～20
JC2	15～36	36	500	800	20～40
JC3	15～36	36	500	800	40～60
JC4	15～36	36	500	800	60～90
DJC1	15～36	36	350	650	0～40
DJC2	15～36	36	350	650	40～90
HDJC	15～36	36	350	650	0～90

表 10-2-3　　2M2 子模块的杆塔塔重及基础作用力

塔型名称	塔重范围（kg）	基础作用力范围（kN）					
		T_{max}	T_x	T_y	N_{max}	N_x	N_y
ZM1	5443.2～7319.0	136～164	17～20	19～22	202～222	21～25	23～26
ZM2	6166.8～9277.4	150～200	19～22	17～20	208～268	23～26	23～25
ZM3	6907.9～11229.6	188～250	22～29	18～24	241～328	24～33	23～32
ZMK	10285.0～15000.6	312～388	32～40	32～40	389～491	38～48	37～47
J1	6285.4～11607.5	397～442	46～55	56～65	482～543	66～72	47～63
J2	6856.5～12445.4	524～609	65～75	63～70	571～574	82～89	69～77

续表 10-2-3

塔型名称	塔重范围（kg）	基础作用力范围（kN）					
		T_{max}	T_x	T_y	N_{max}	N_x	N_y
J3	7387. 8～14255. 3	609～679	80～87	68～75	676～769	87～98	74～84
J4	8455. 5～15977. 9	754～809	104～112	90～98	835～913	116～118	99～109
ZMC1	5701. 5～8295. 4	164～228	22～31	18～26	236～292	35～41	11～33
ZMC2	6497. 5～10270. 2	217～295	33～41	27～34	275～380	38～45	32～44
ZMC3	7548. 9～12203. 5	274～369	40～47	35～44	343～468	45～55	41～52
ZMC4	8494. 5～17273. 2	265～388	33～49	30～46	362～538	40～60	37～58
ZMCK	12273. 2～16469. 9	357～425	39～61	35～51	444～560	44～69	43～68

续表 10-2-3

塔型名称	塔重范围（kg）	基础作用力范围（kN）					
		T_{max}	T_x	T_y	N_{max}	N_x	N_y
JC1	7112. 9～12429. 0	437～480	56～60	60～76	555～597	77～89	67～73
JC2	7443. 5～13705. 9	573～617	73～78	77～93	647～724	94～105	80～85
JC3	8080. 3～15006. 1	692～732	95～101	91～107	770～860	110～122	94～104
JC4	8637. 6～16194. 6	826～864	119～124	109～110	943～990	132～138	118～124
DJC1	7837. 7～14802. 4	633～659	83～90	90～93	759～793	106～111	96～103
DJC2	8124. 2～15088. 9	699～730	92～98	104～109	810～857	124～127	92～104
HDJC	10308. 0～18003. 9	1057～1068	110～119	115～119	1162～1168	126～138	123～132

10. 2. 2 2M2 子模块杆塔一览图

2M2 子模块杆塔一览图见图 10-2-1～图 10-2-5。

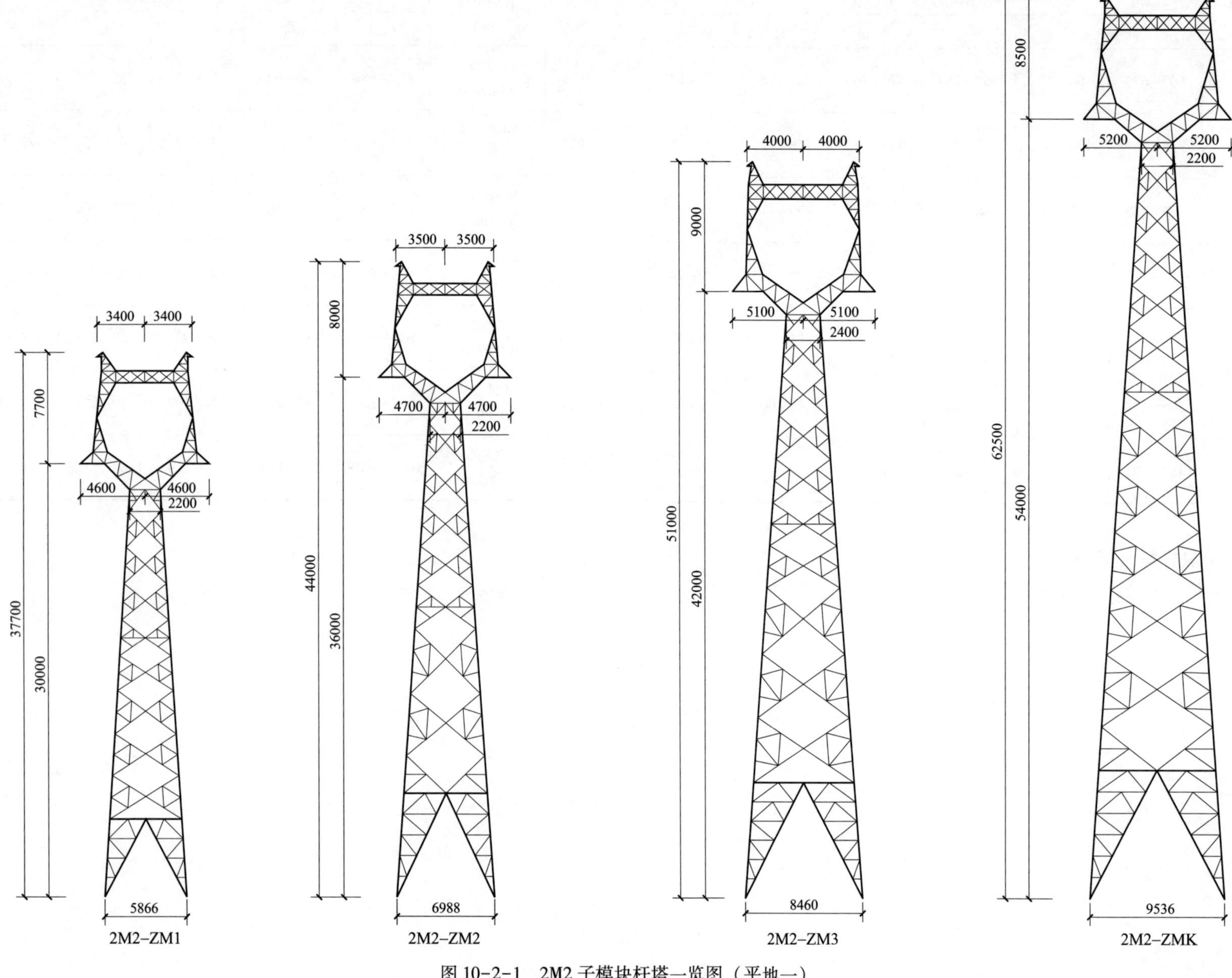

图 10-2-1　2M2 子模块杆塔一览图（平地一）

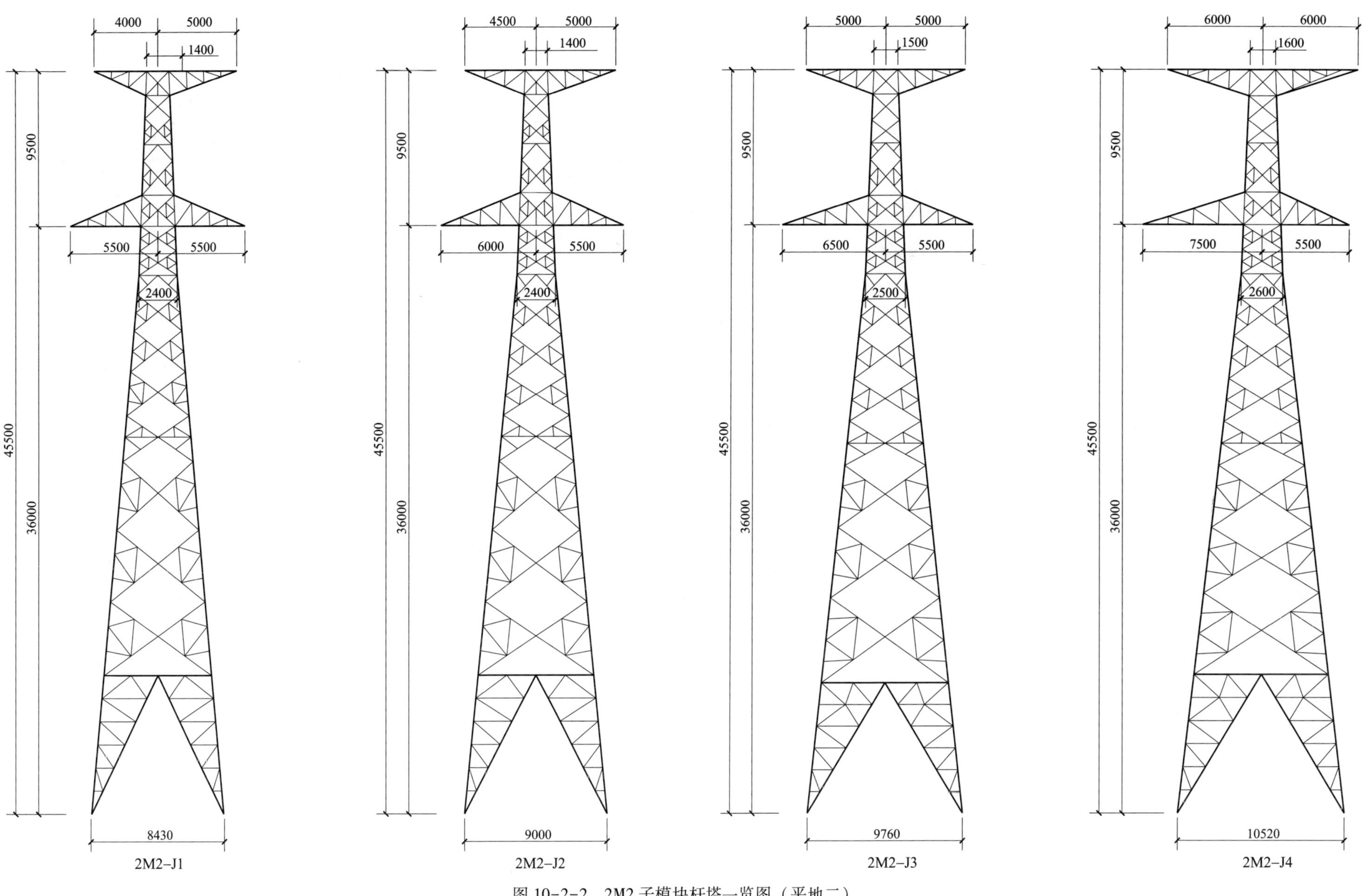

图 10-2-2 2M2 子模块杆塔一览图（平地二）

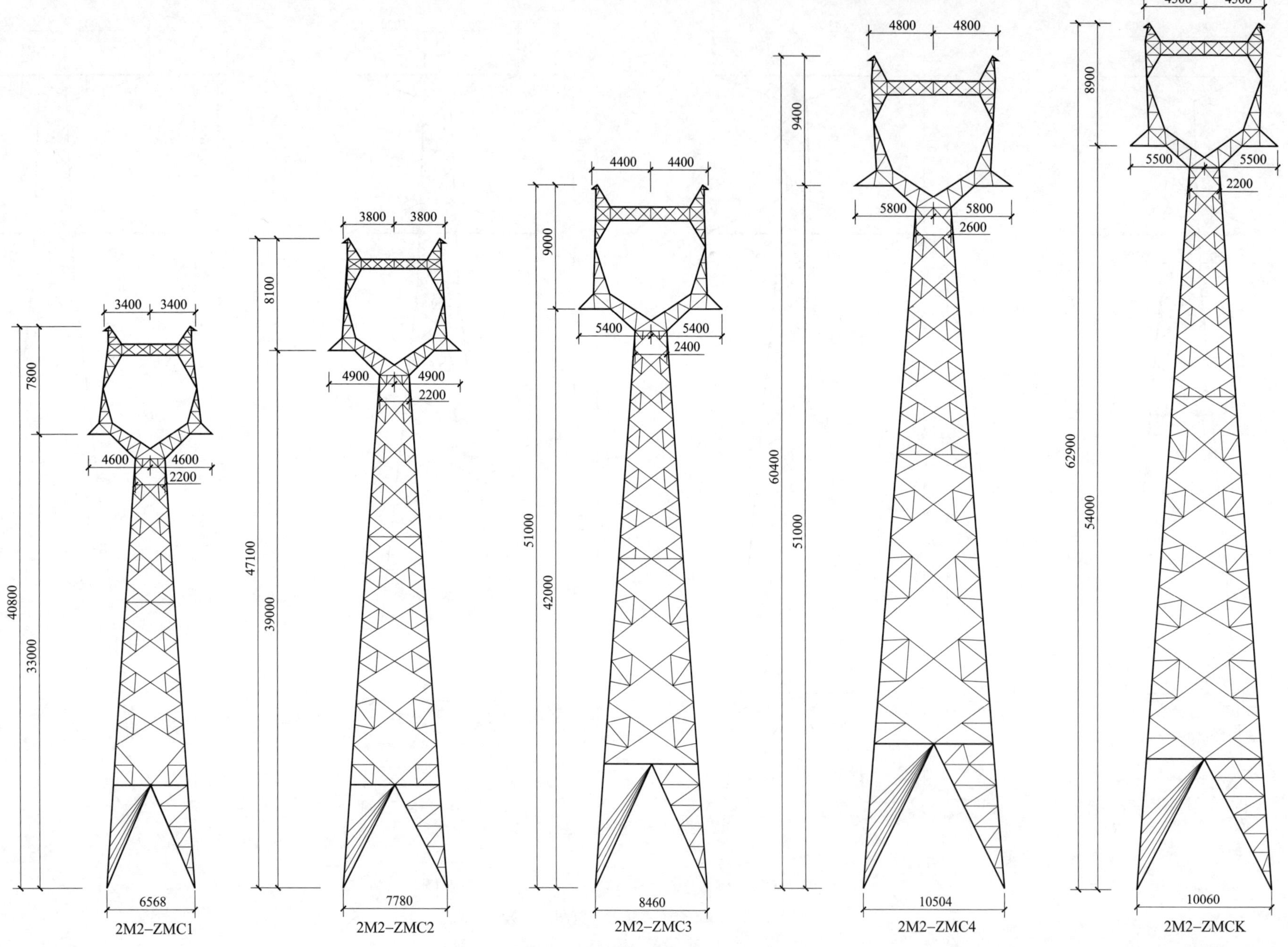

图 10-2-3　2M2 子模块杆塔一览图（山区一）

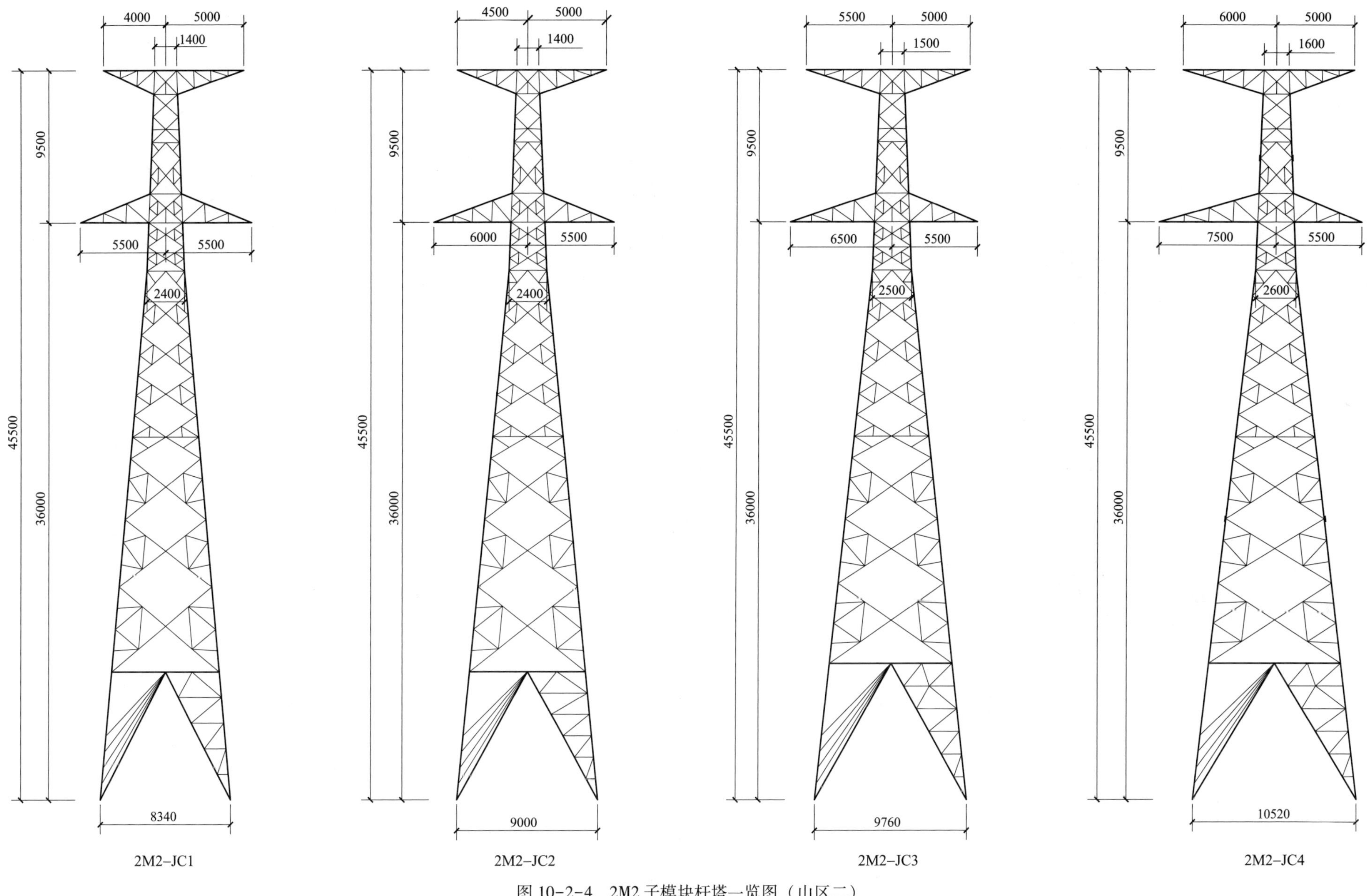

图 10–2–4　2M2 子模块杆塔一览图（山区二）

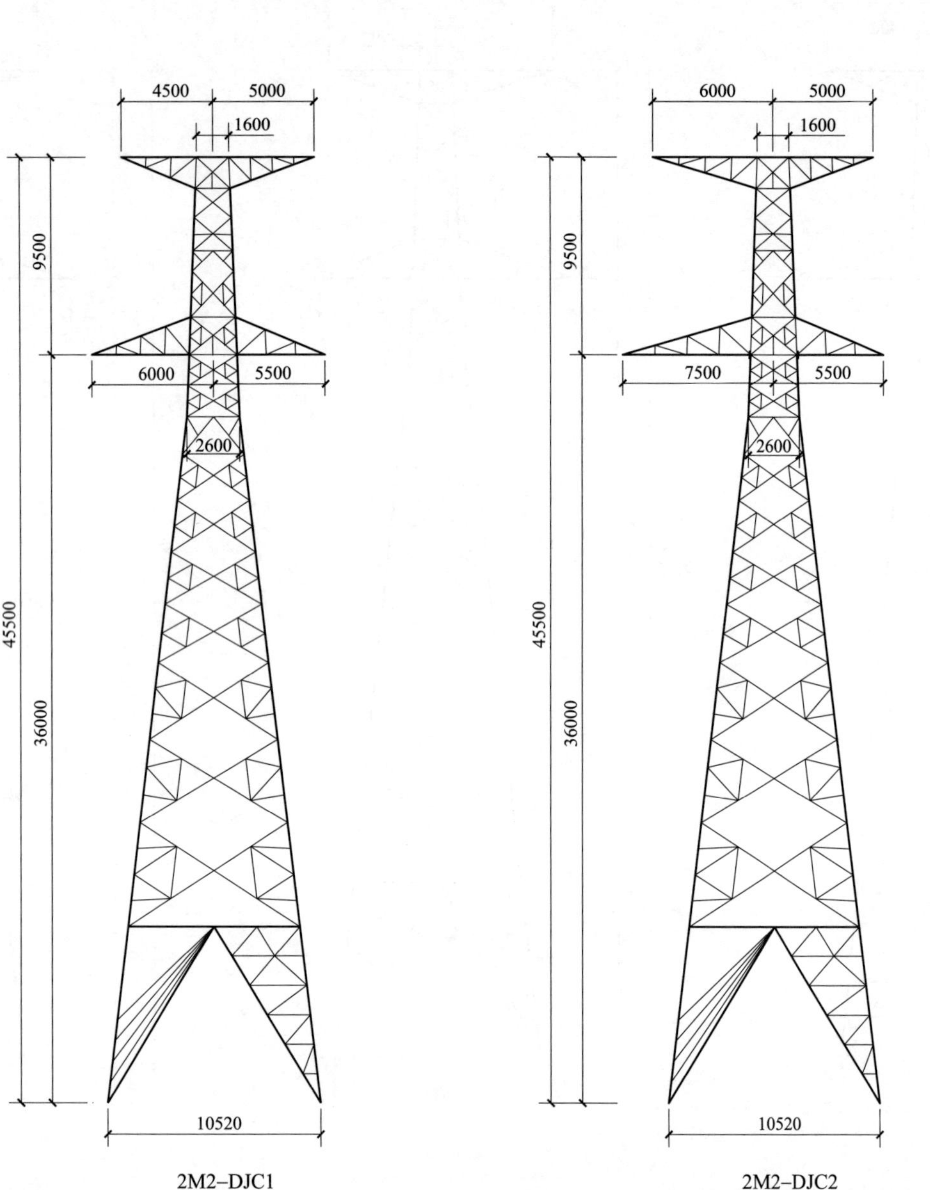

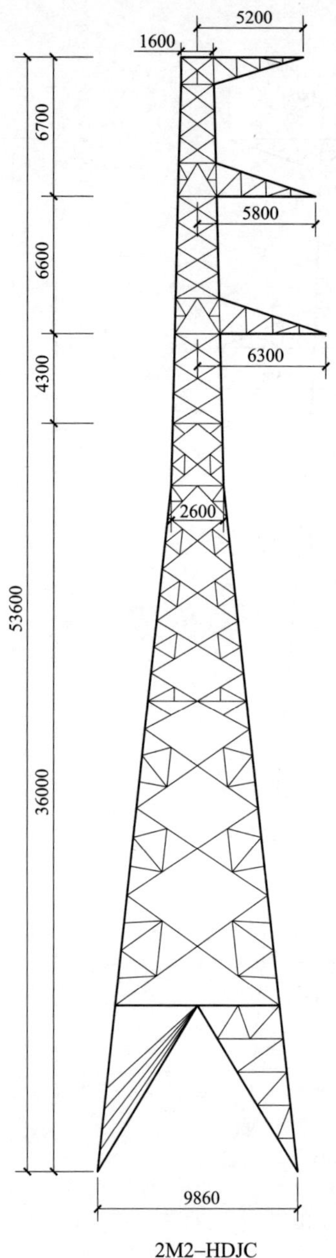

图 10-2-5　2M2 子模块杆塔一览图（山区三）

10.2.3 2M2-ZM1 杆塔单线图

2M2-ZM1 杆塔单线图见图 10-2-6。

呼高（m）	18	21	24	27	30
塔重（kg）	5443.2	5812.4	6214.9	6901.8	7319.0

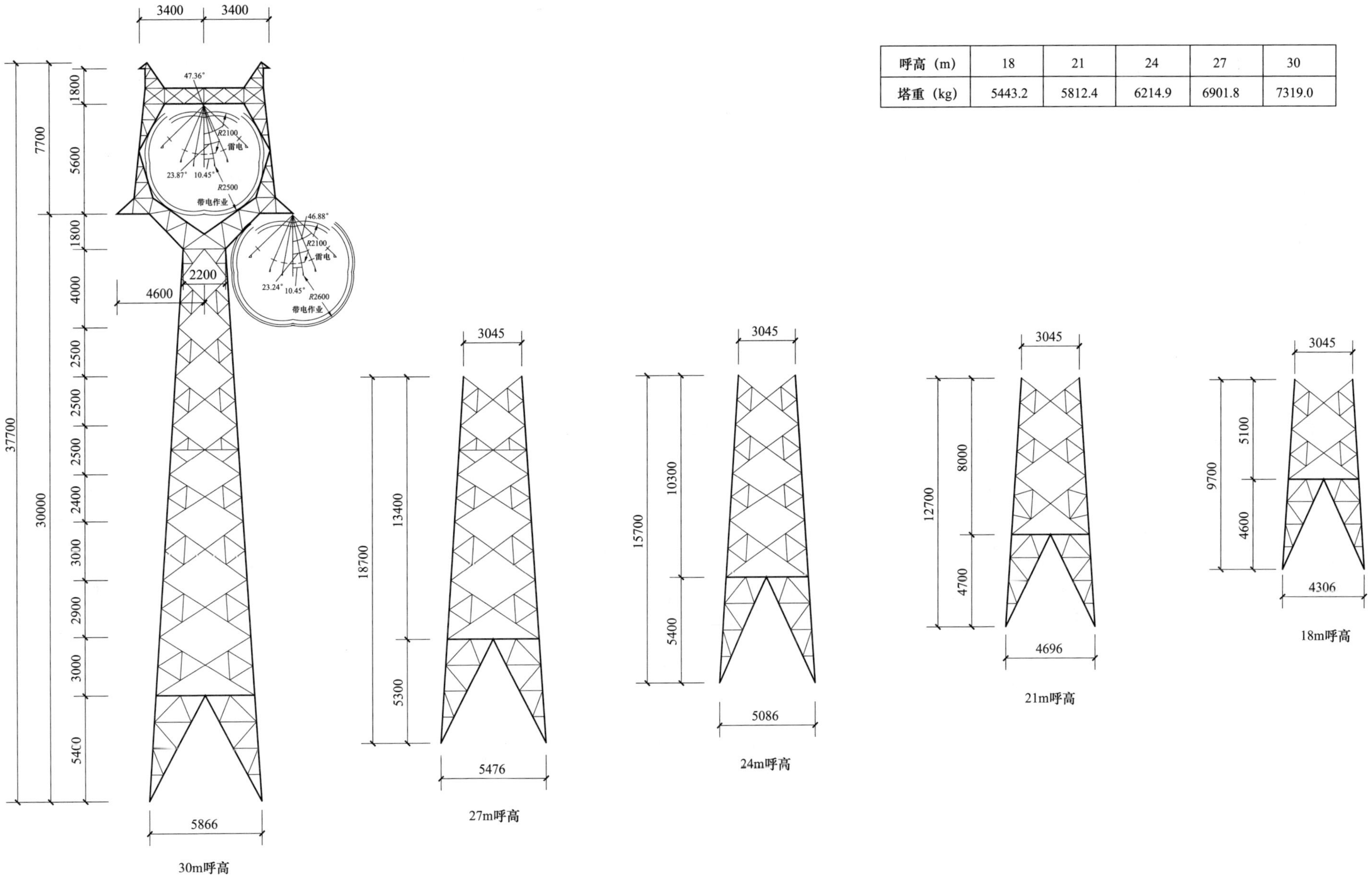

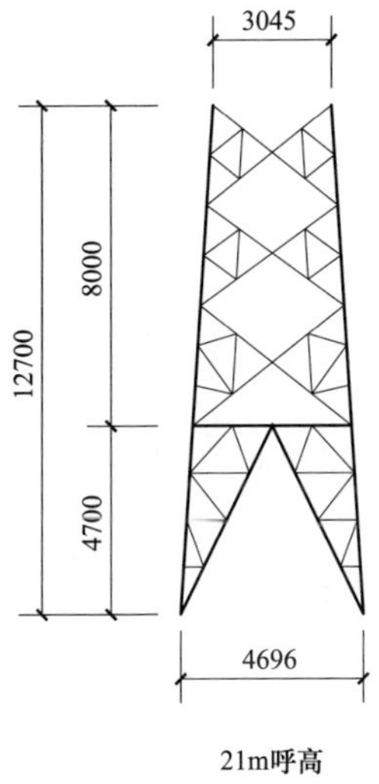

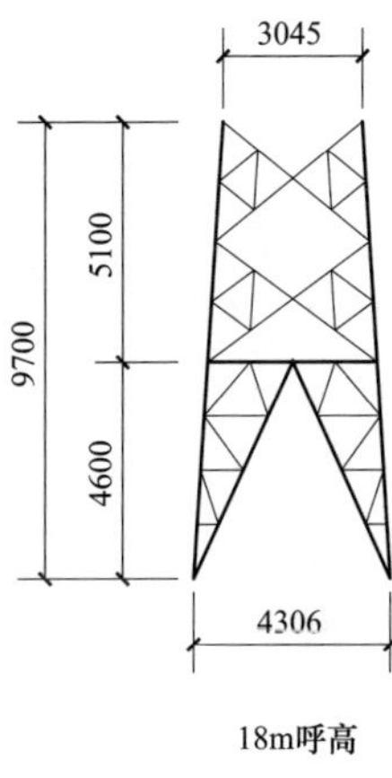

图 10-2-6 2M2-ZM1 杆塔单线图

10.2.4　2M2-ZM2 杆塔单线图

2M2-ZM2 杆塔单线图见图 10-2-7。

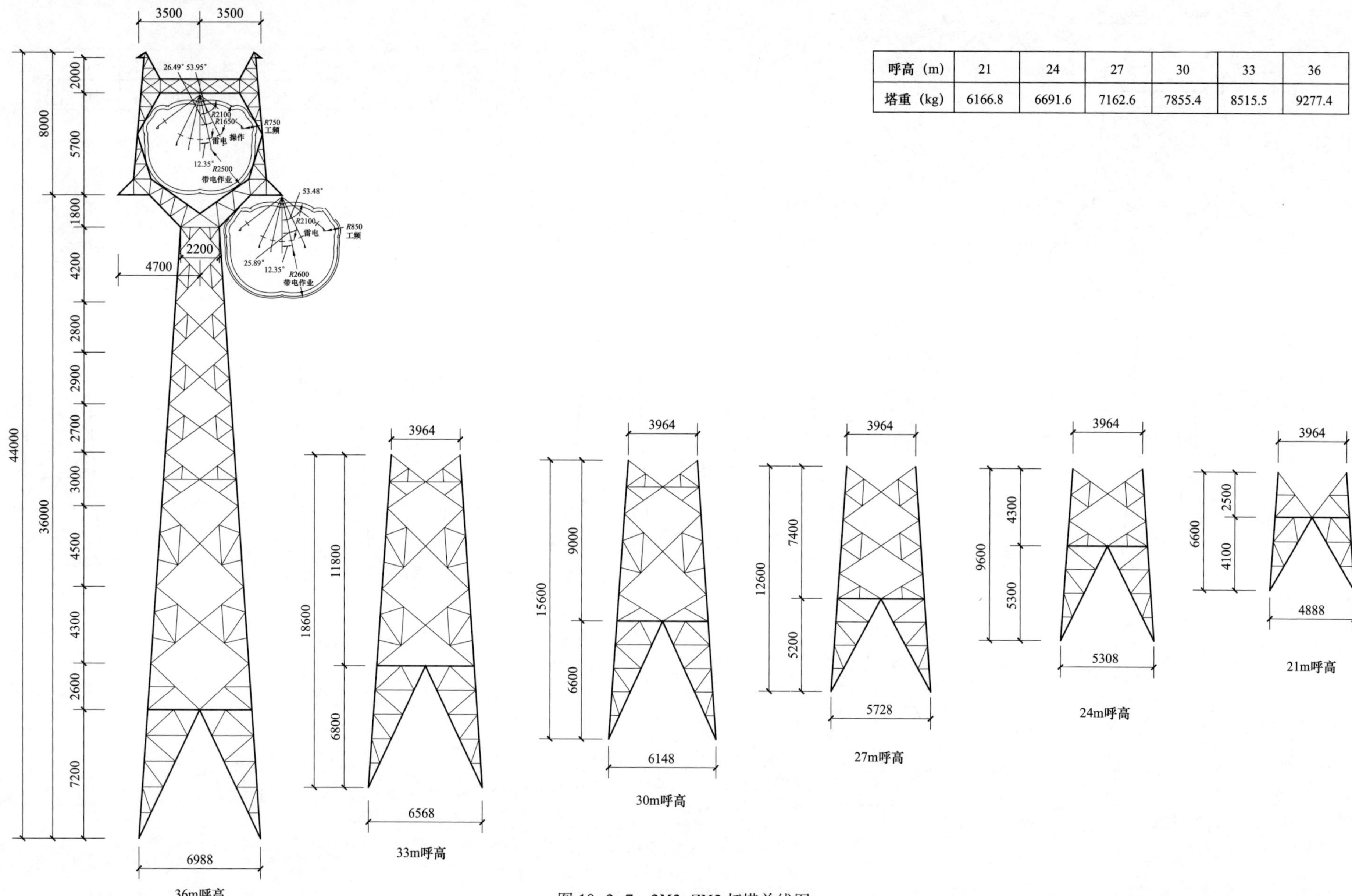

呼高（m）	21	24	27	30	33	36
塔重（kg）	6166.8	6691.6	7162.6	7855.4	8515.5	9277.4

图 10-2-7　2M2-ZM2 杆塔单线图

10.2.5　2M2-ZM3 杆塔单线图

2M2-ZM3 杆塔单线图见图 10-2-8。

呼高（m）	24	27	30	33	36	39	42
塔重（kg）	6907.9	7504.2	8239.5	8978.4	9484.6	10251.5	11229.6

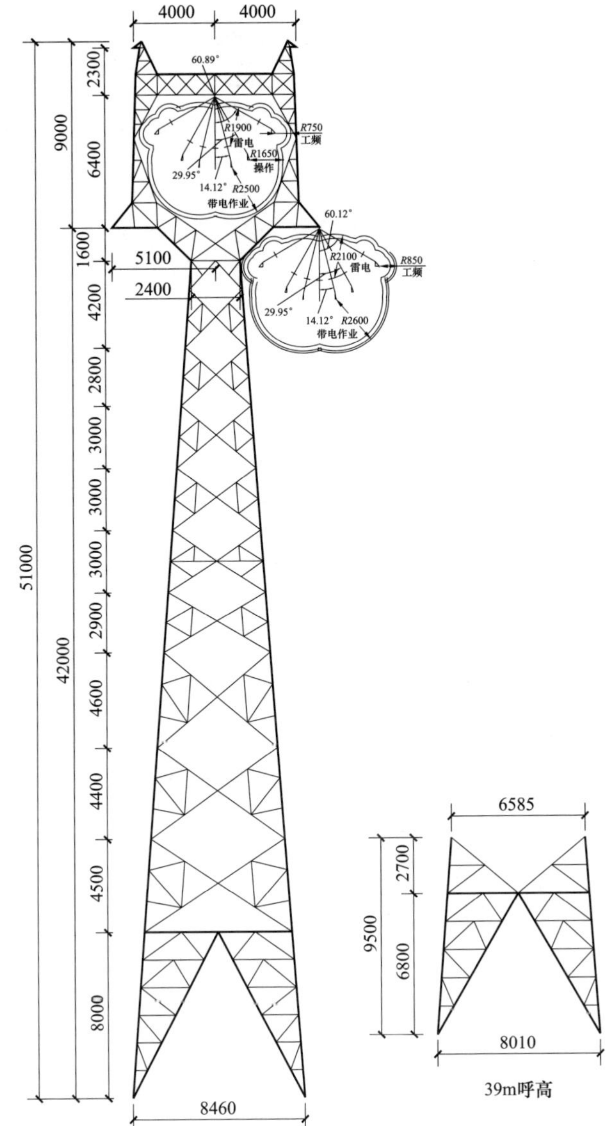

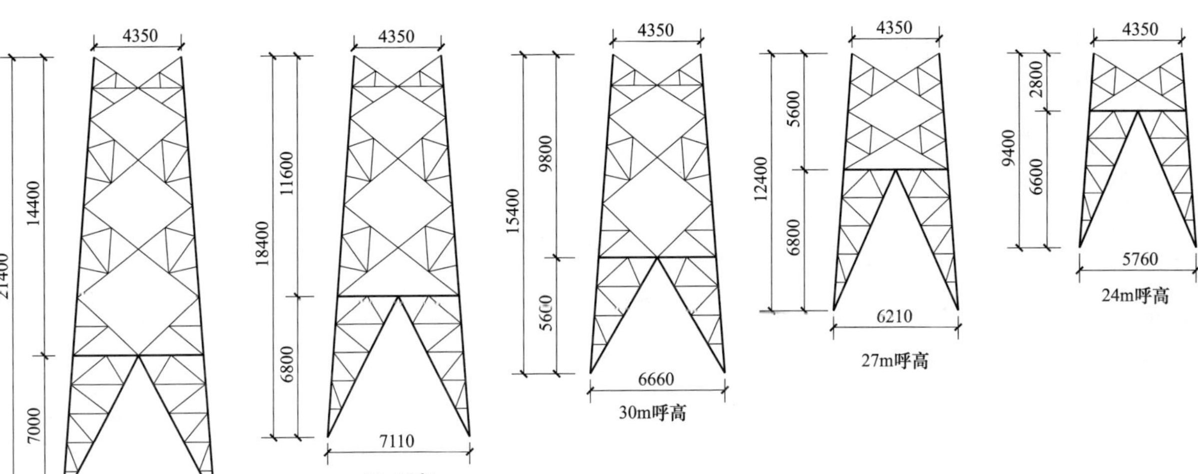

图 10-2-8　2M2-ZM3 杆塔单线图

10.2.6 2M2-ZMK 杆塔单线图

2M2-ZMK 杆塔单线图见图 10-2-9。

呼高（m）	39	42	45	48	51	54
塔重（kg）	10285.0	11024.2	12097.7	12757.8	14094.5	15000.6

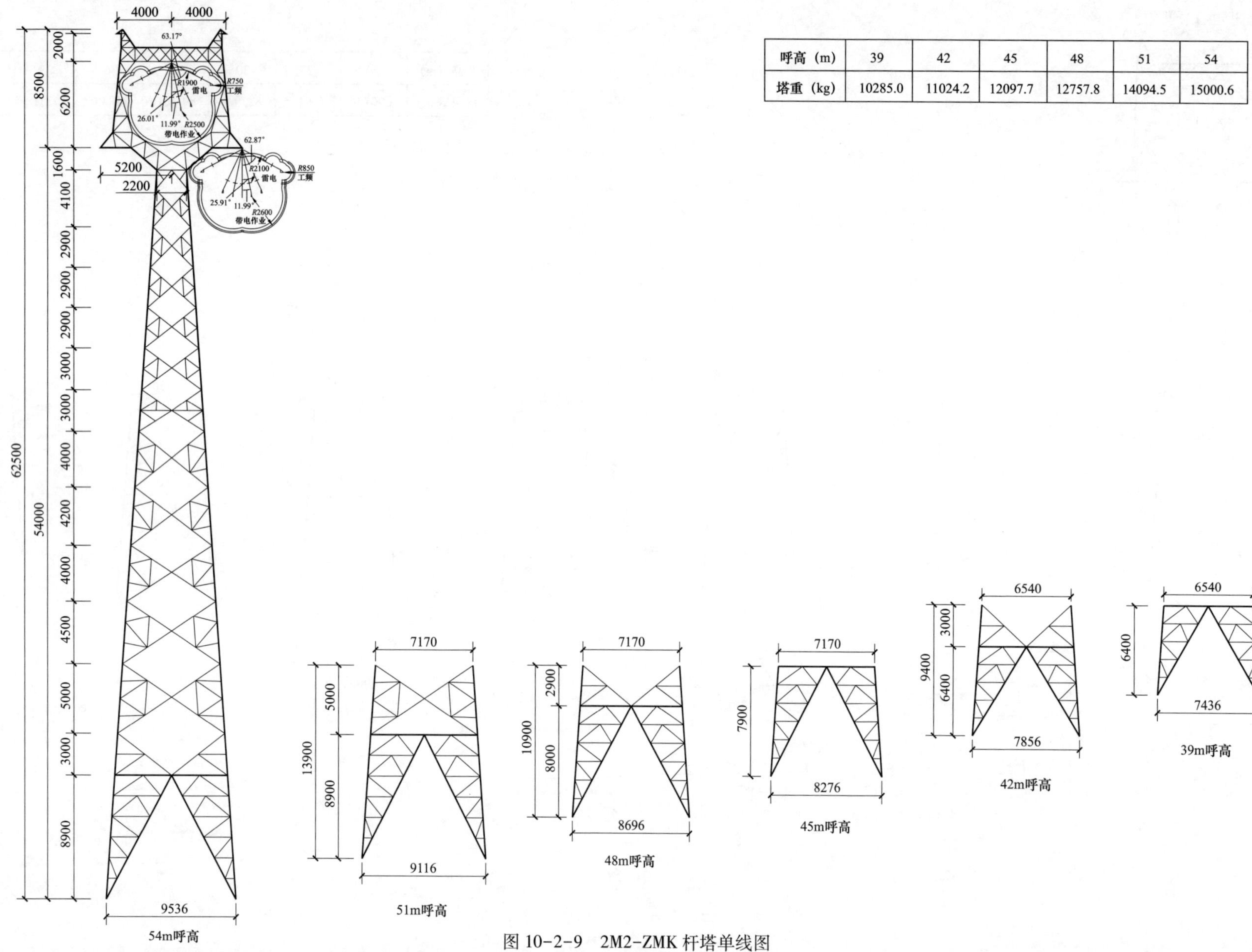

图 10-2-9 2M2-ZMK 杆塔单线图

10.2.7　2M2-J1 杆塔单线图

2M2-J1 杆塔单线图见图 10-2-10。

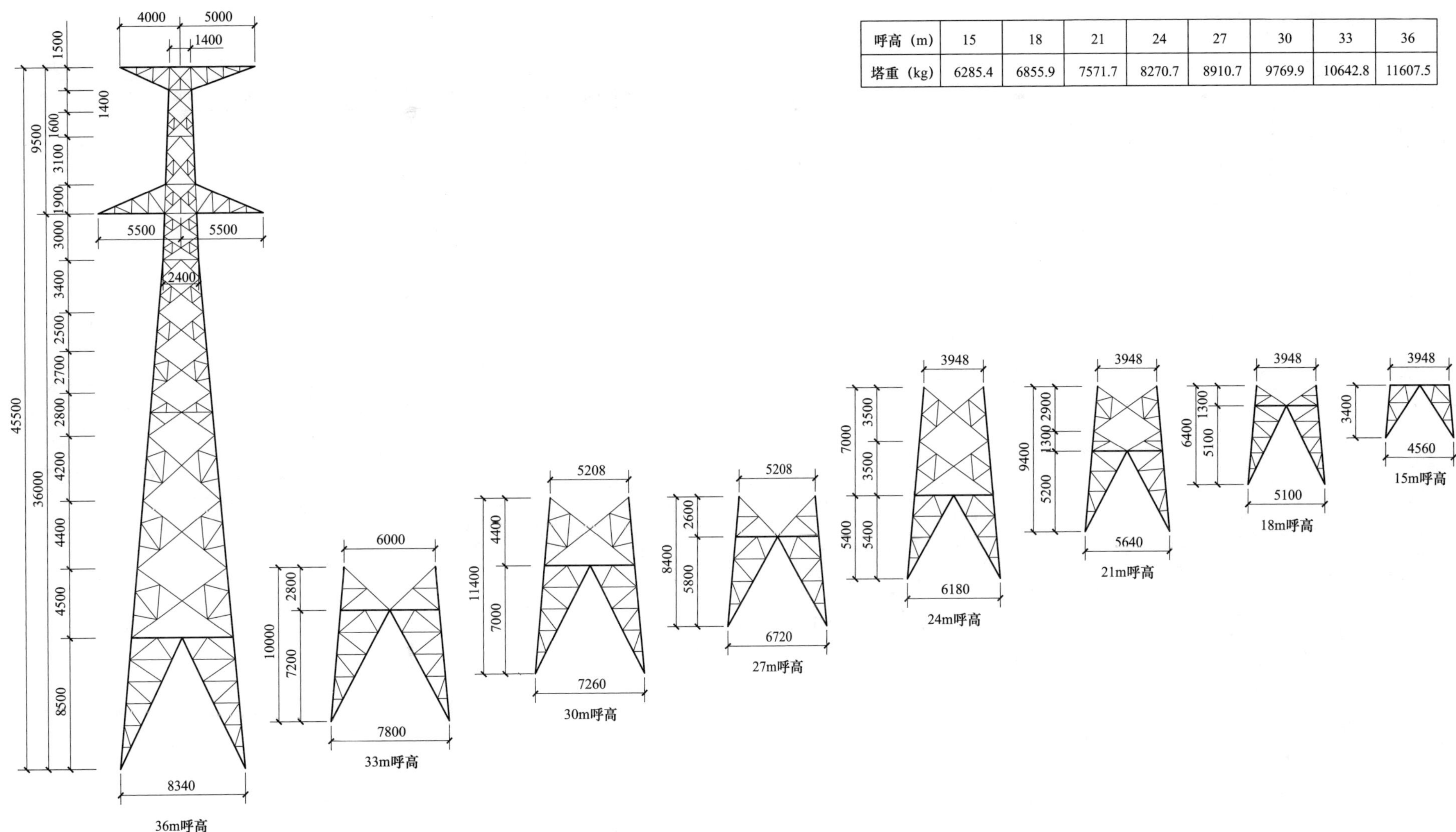

呼高（m）	15	18	21	24	27	30	33	36
塔重（kg）	6285.4	6855.9	7571.7	8270.7	8910.7	9769.9	10642.8	11607.5

图 10-2-10　2M2-J1 杆塔单线图

10.2.8 2M2-J2 杆塔单线图

2M2-J2 杆塔单线图见图 10-2-11。

呼高（m）	15	18	21	24	27	30	33	36
塔重（kg）	6856.5	7494.9	8283.5	8918.8	9519.2	10403.5	11351.0	12445.4

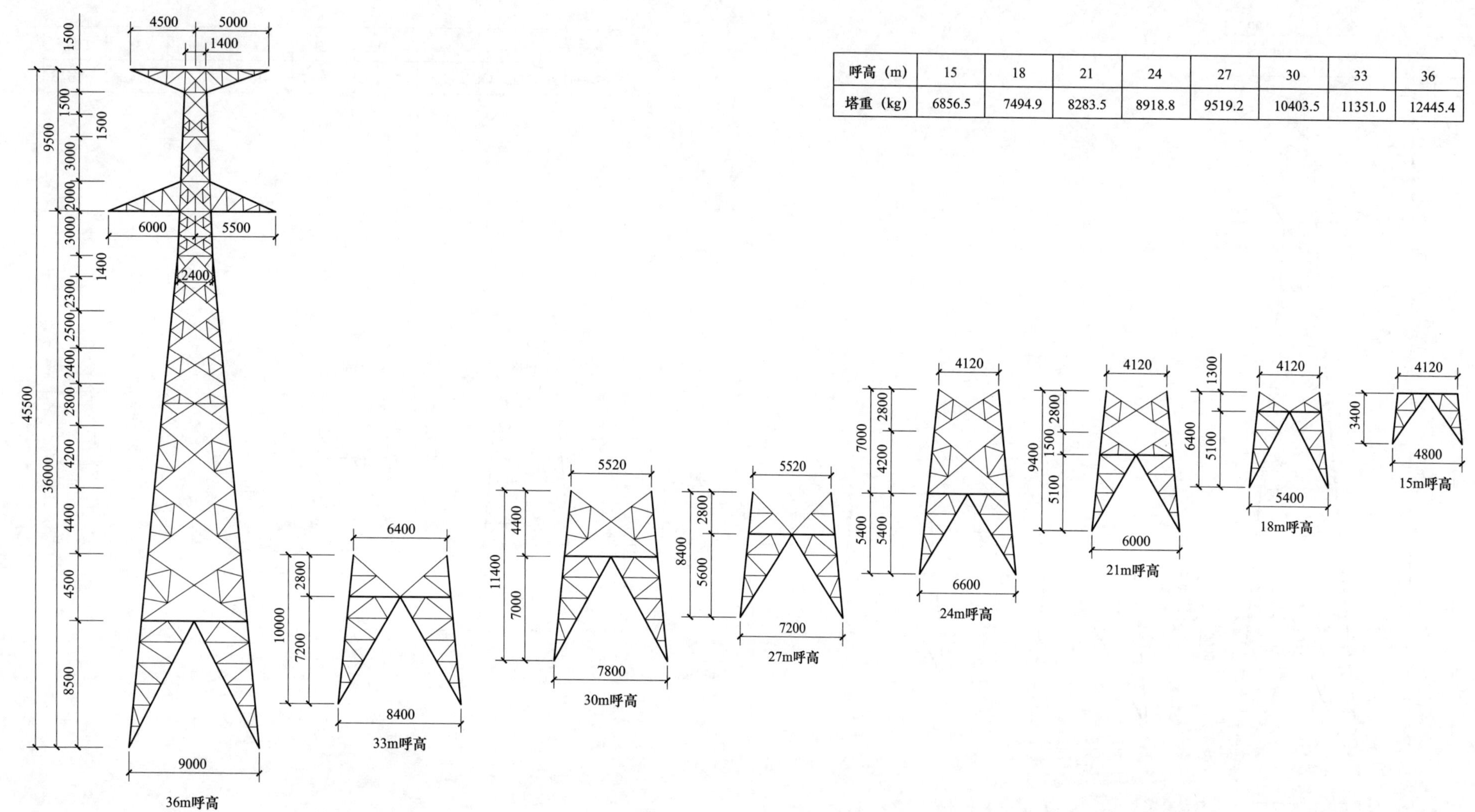

图 10-2-11 2M2-J2 杆塔单线图

10.2.9　2M2-J3 杆塔单线图

2M2-J3 杆塔单线图见图 10-2-12。

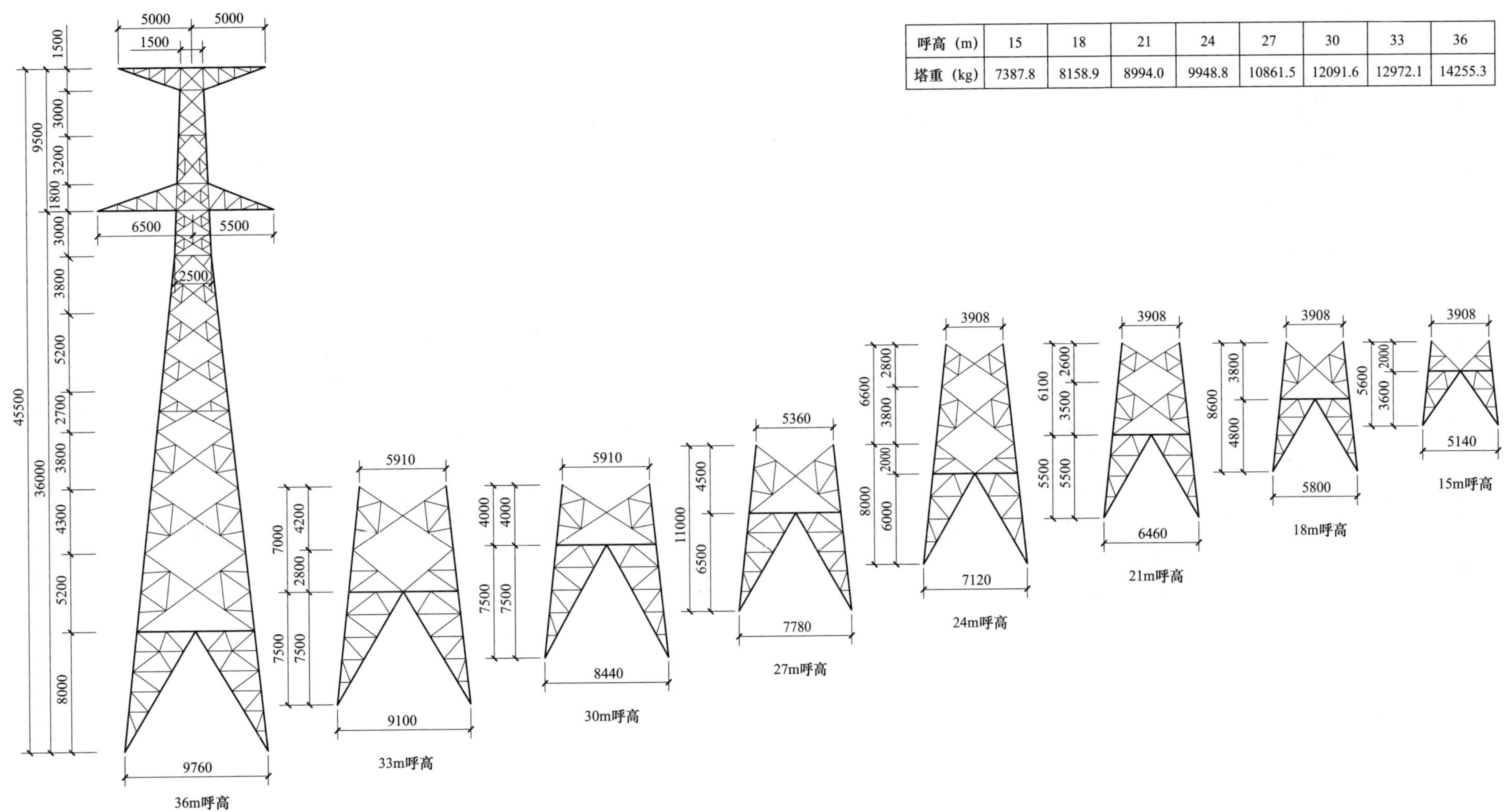

呼高（m）	15	18	21	24	27	30	33	36
塔重（kg）	7387.8	8158.9	8994.0	9948.8	10861.5	12091.6	12972.1	14255.3

图 10-2-12　2M2-J3 杆塔单线图

10.2.10 2M2-J4 杆塔单线图

2M2-J4 杆塔单线图见图 10-2-13。

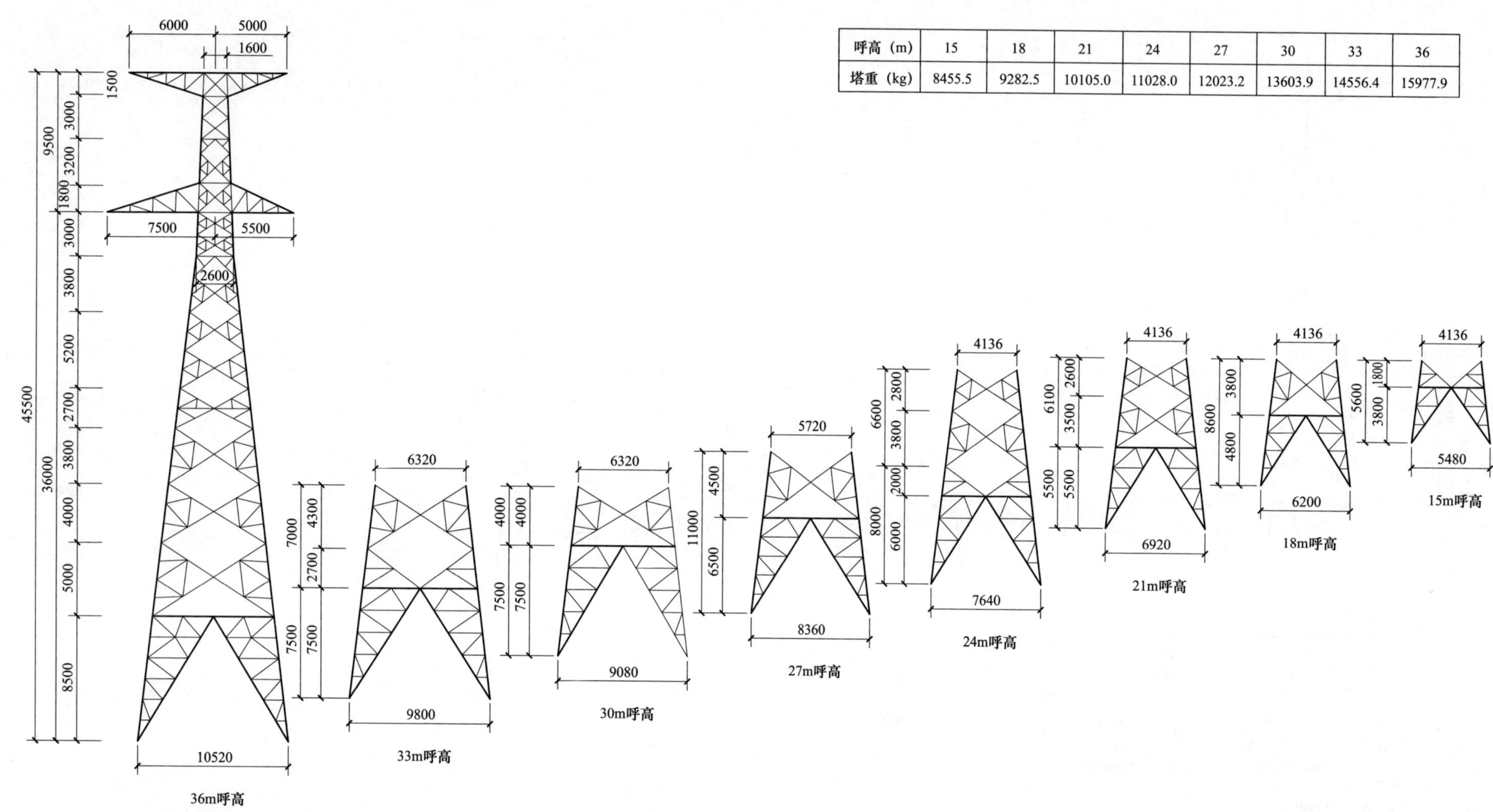

呼高（m）	15	18	21	24	27	30	33	36
塔重（kg）	8455.5	9282.5	10105.0	11028.0	12023.2	13603.9	14556.4	15977.9

图 10-2-13 2M2-J4 杆塔单线图

10.2.11 2M2-ZMC1 杆塔单线图

2M2-ZMC1 杆塔单线图见图 10-2-14。

呼高（m）	18	21	24	27	30	33
塔重（kg）	5701.5	6093.7	6753.4	7194	7705.2	8295.4

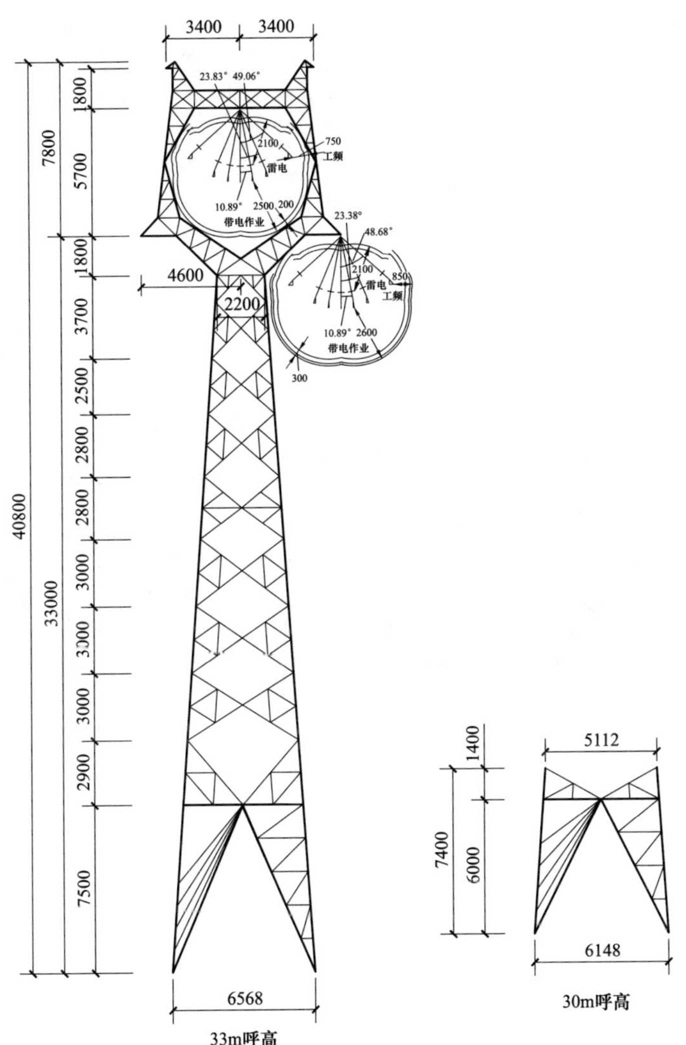

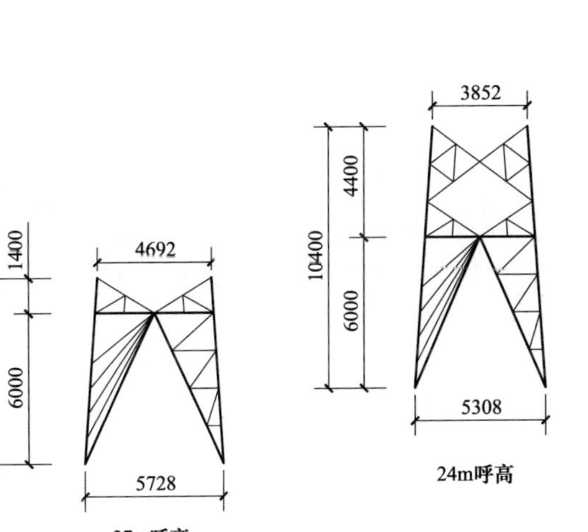

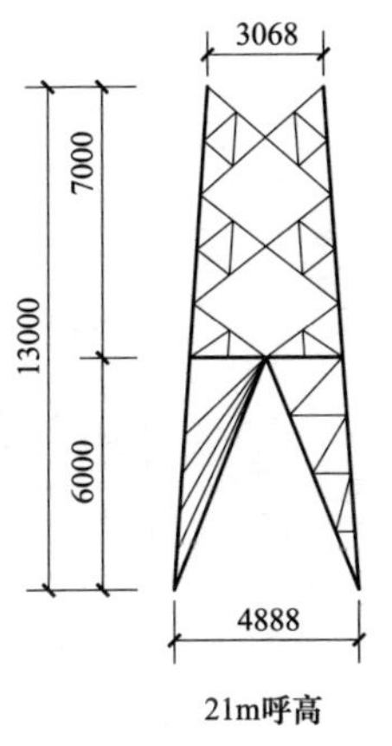

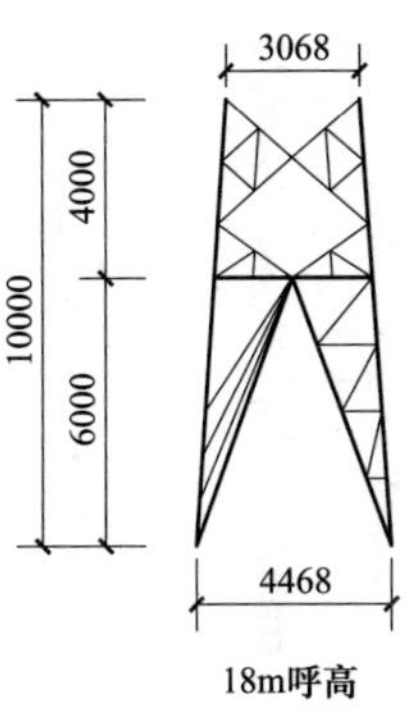

图 10-2-14 2M2-ZMC1 杆塔单线图

10.2.12 2M2-ZMC2 杆塔单线图

2M2-ZMC2 杆塔单线图见图 10-2-15。

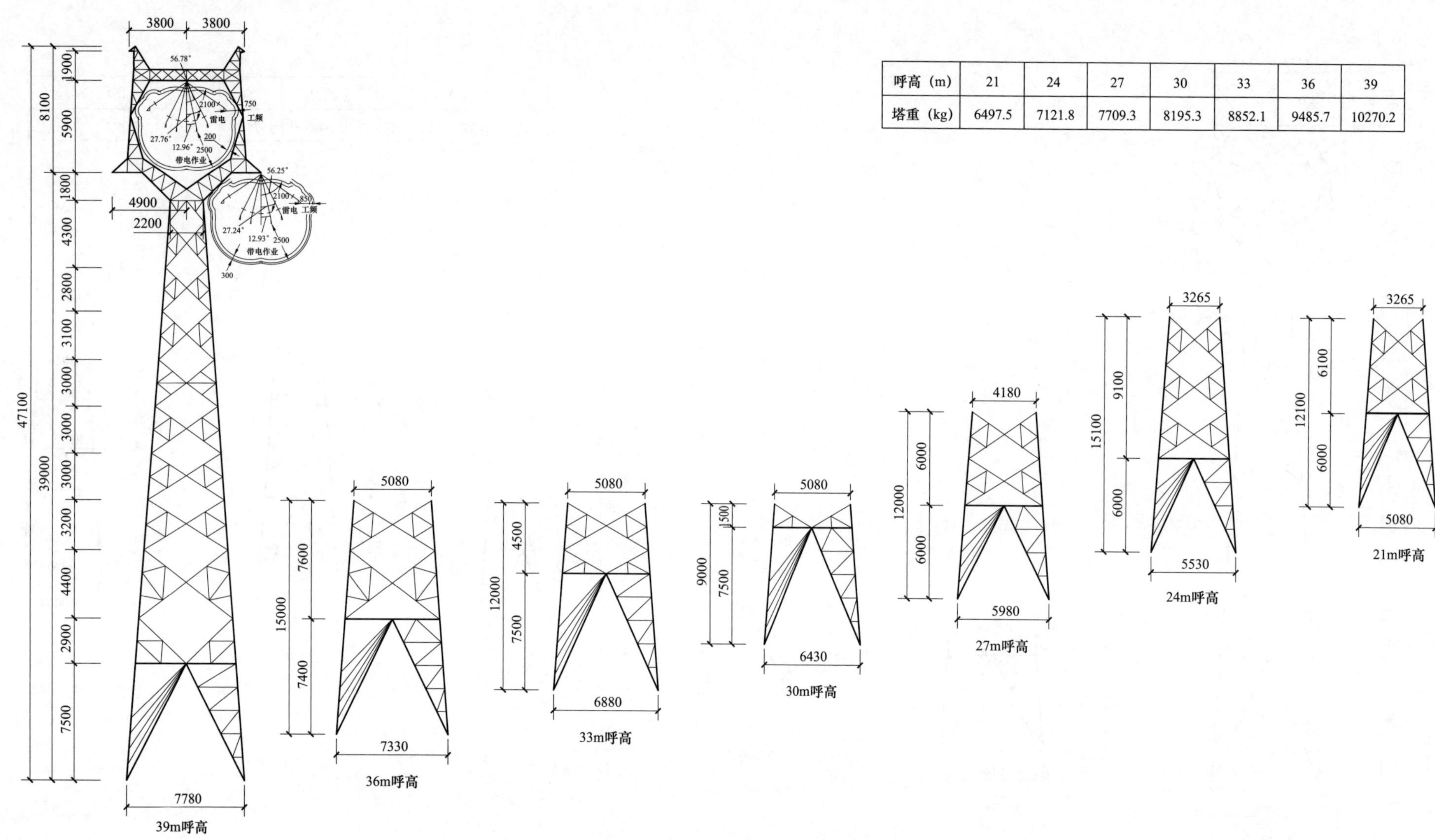

呼高（m）	21	24	27	30	33	36	39
塔重（kg）	6497.5	7121.8	7709.3	8195.3	8852.1	9485.7	10270.2

图 10-2-15 2M2-ZMC2 杆塔单线图

10.2.13　2M2-ZMC3 杆塔单线图

2M2-ZMC3 杆塔单线图见图 10-2-16。

呼高（m）	24	27	30	33	36	39	42
塔重（kg）	7548.9	8072.5	8914.6	9648.2	10303.7	11118.5	12203.5

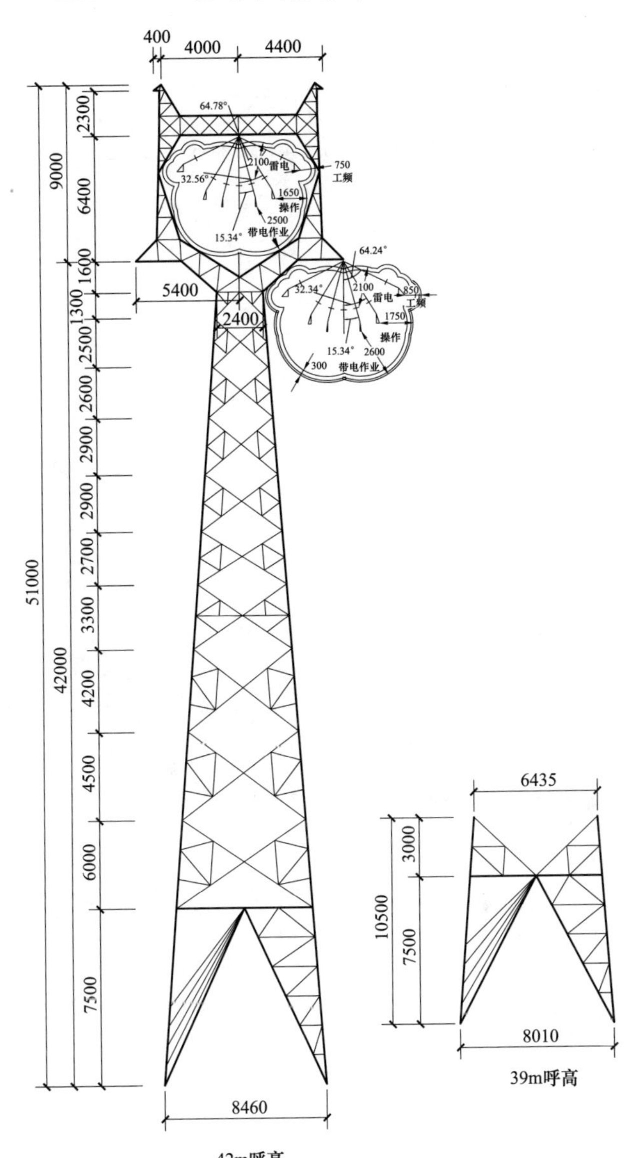

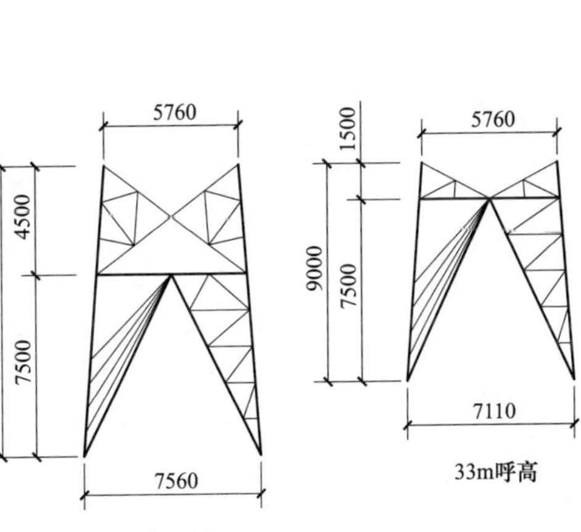

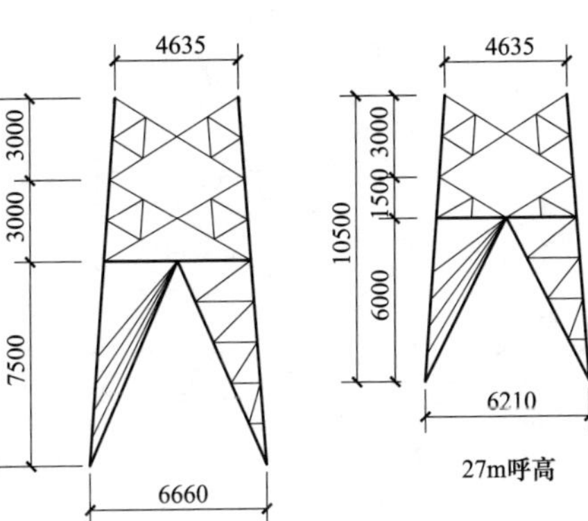

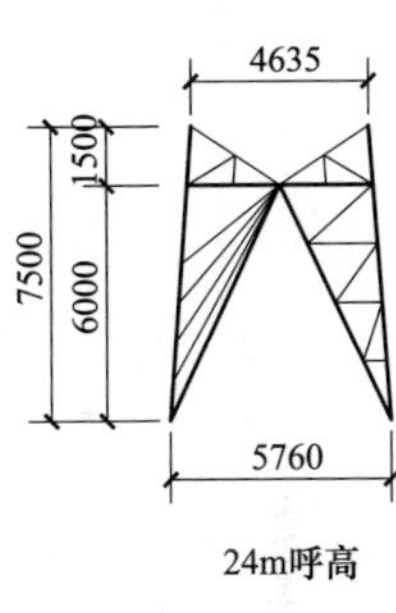

图 10-2-16　2M2-ZMC3 杆塔单线图

10.2.14 2M2-ZMC4 杆塔单线图

2M2-ZMC4 杆塔单线图见图 10-2-17。

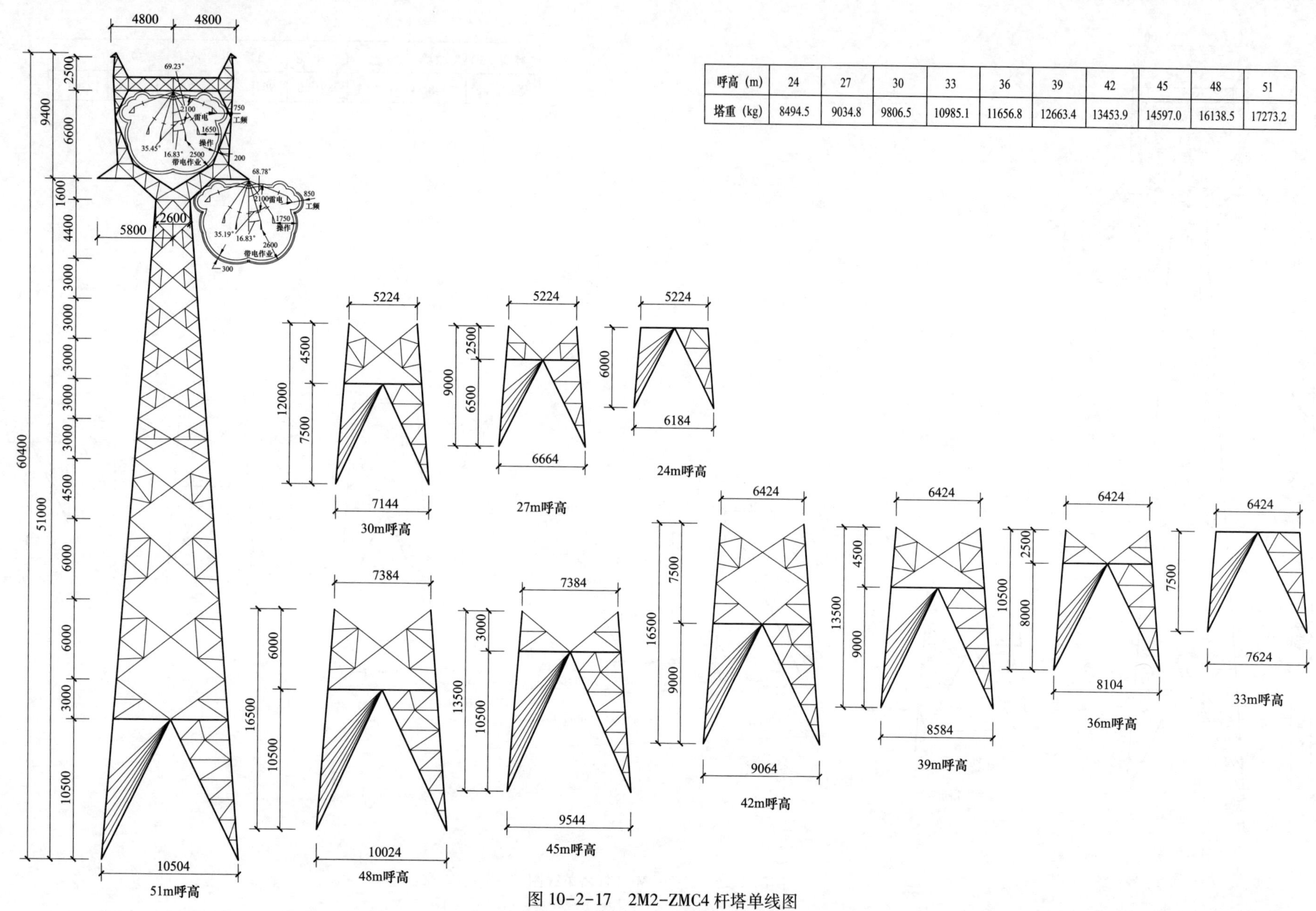

呼高（m）	24	27	30	33	36	39	42	45	48	51
塔重（kg）	8494.5	9034.8	9806.5	10985.1	11656.8	12663.4	13453.9	14597.0	16138.5	17273.2

图 10-2-17 2M2-ZMC4 杆塔单线图

10.2.15 2M2-ZMCK 杆塔单线图

2M2-ZMCK 杆塔单线图见图 10-2-18。

呼高（m）	42	45	48	51	54
塔重（kg）	12273.2	13082.4	14213.4	15351.0	16469.9

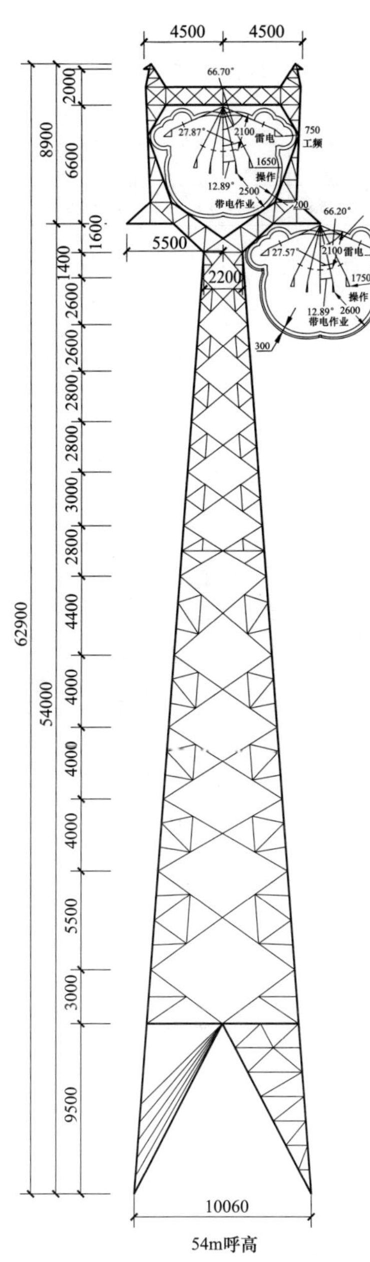

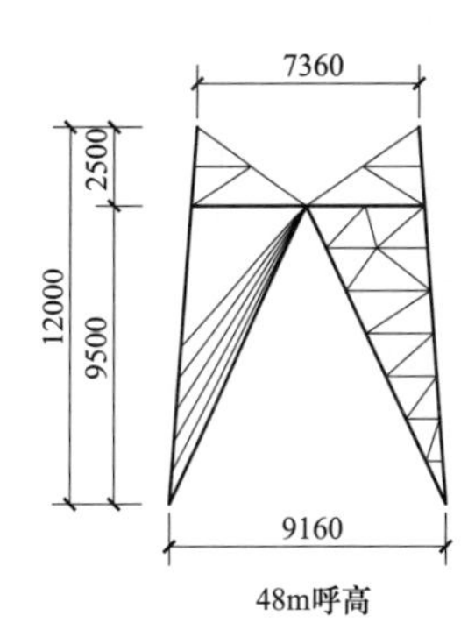

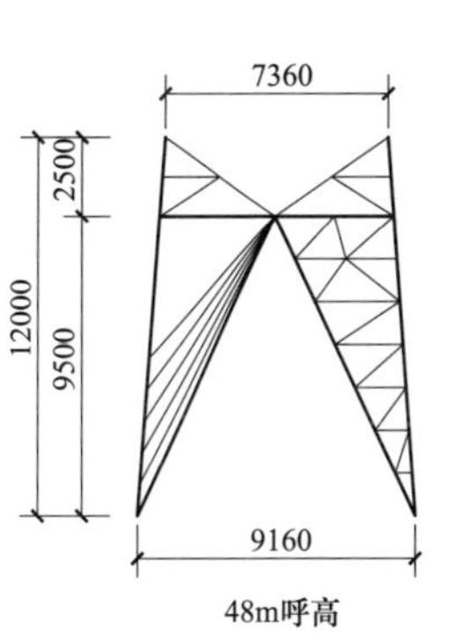

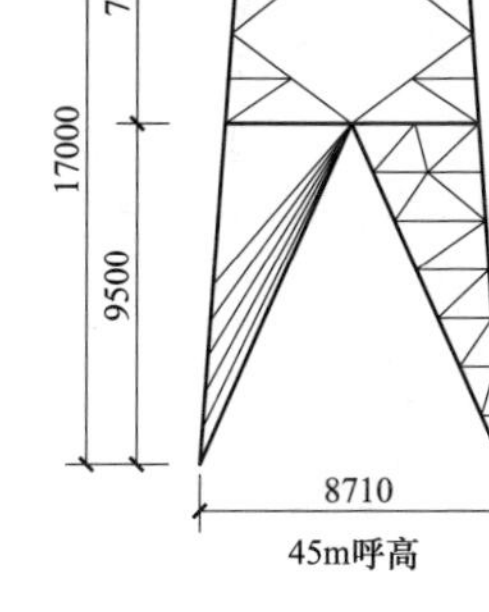

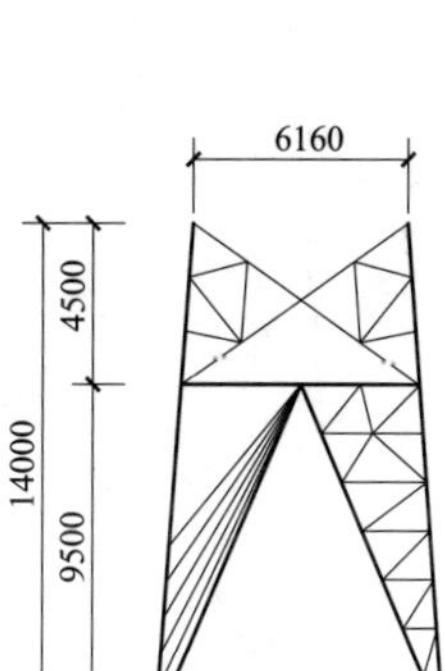

图 10-2-18 2M2-ZMCK 杆塔单线图

10.2.16 2M2-JC1 杆塔单线图

2M2-JC1 杆塔单线图见图 10-2-19。

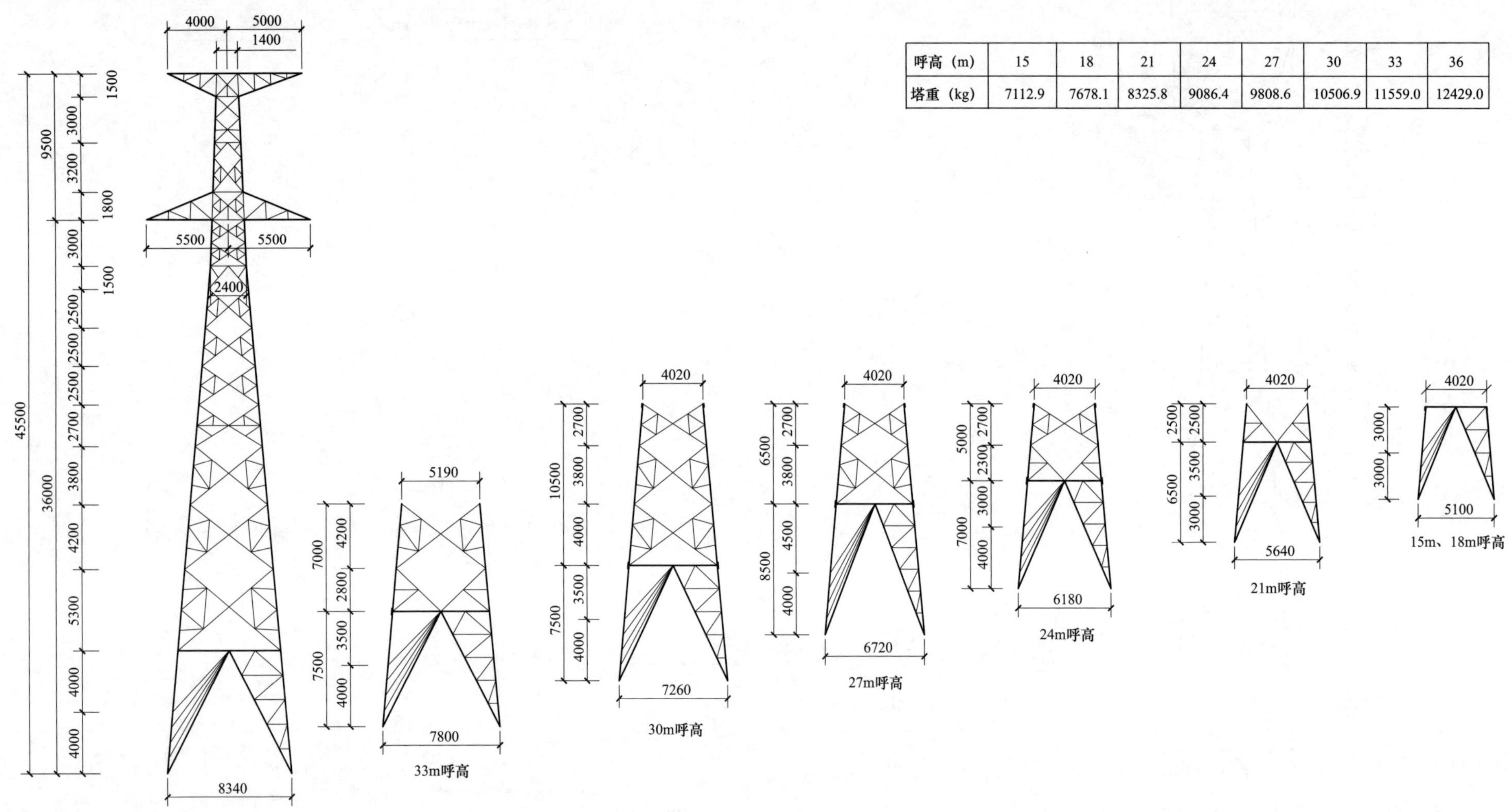

呼高（m）	15	18	21	24	27	30	33	36
塔重（kg）	7112.9	7678.1	8325.8	9086.4	9808.6	10506.9	11559.0	12429.0

图 10-2-19 2M2-JC1 杆塔单线图

10.2.17 2M2-JC2 杆塔单线图

2M2-JC2 杆塔单线图见图 10-2-20。

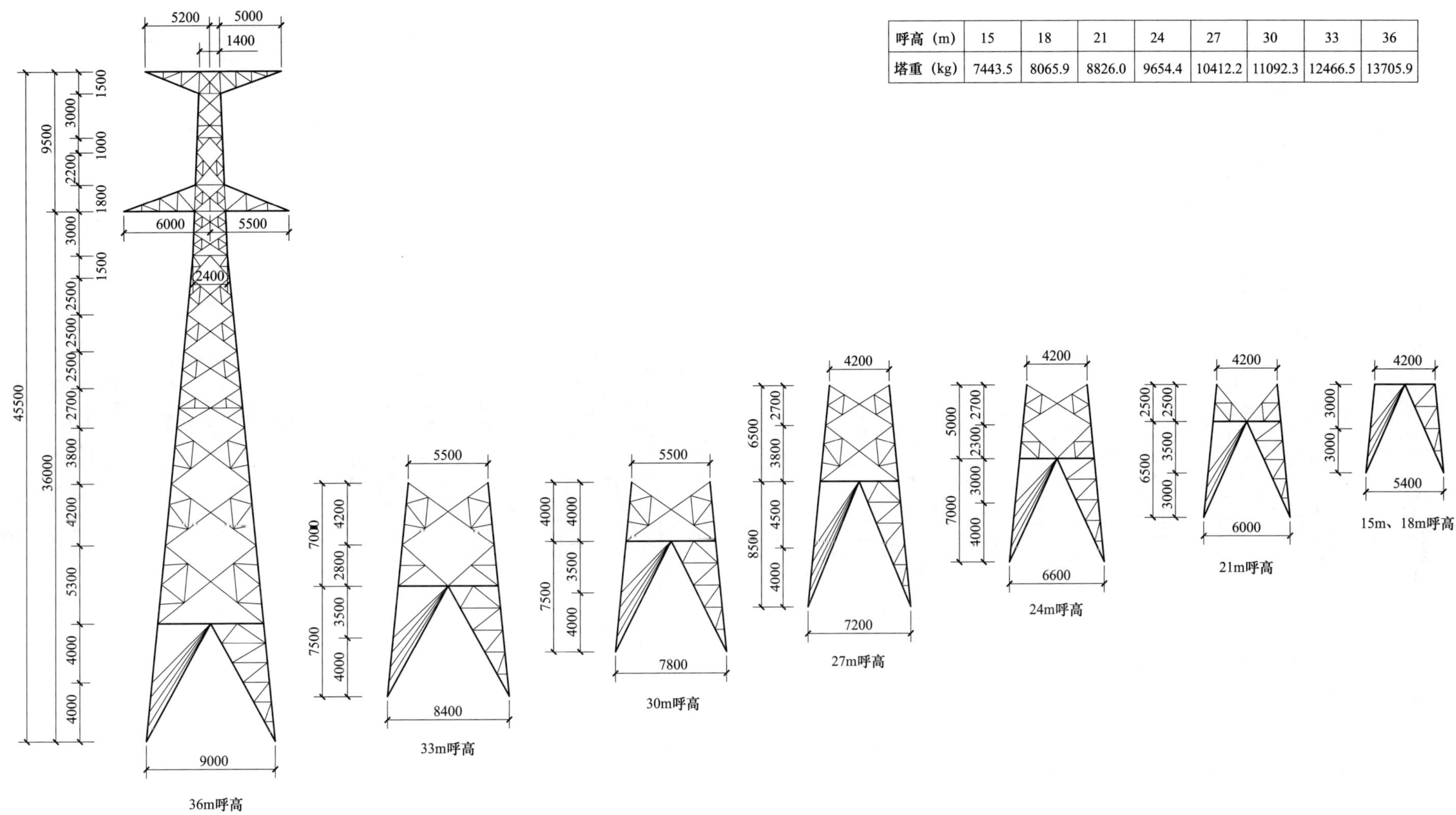

呼高（m）	15	18	21	24	27	30	33	36
塔重（kg）	7443.5	8065.9	8826.0	9654.4	10412.2	11092.3	12466.5	13705.9

图 10-2-20 2M2-JC2 杆塔单线图

10.2.18 2M2-JC3 杆塔单线图

2M2-JC3 杆塔单线图见图 10-2-21。

呼高（m）	15	18	21	24	27	30	33	36
塔重（kg）	8080.3	8771.5	9588.1	10412.6	11323.1	12229.5	13588.2	15006.1

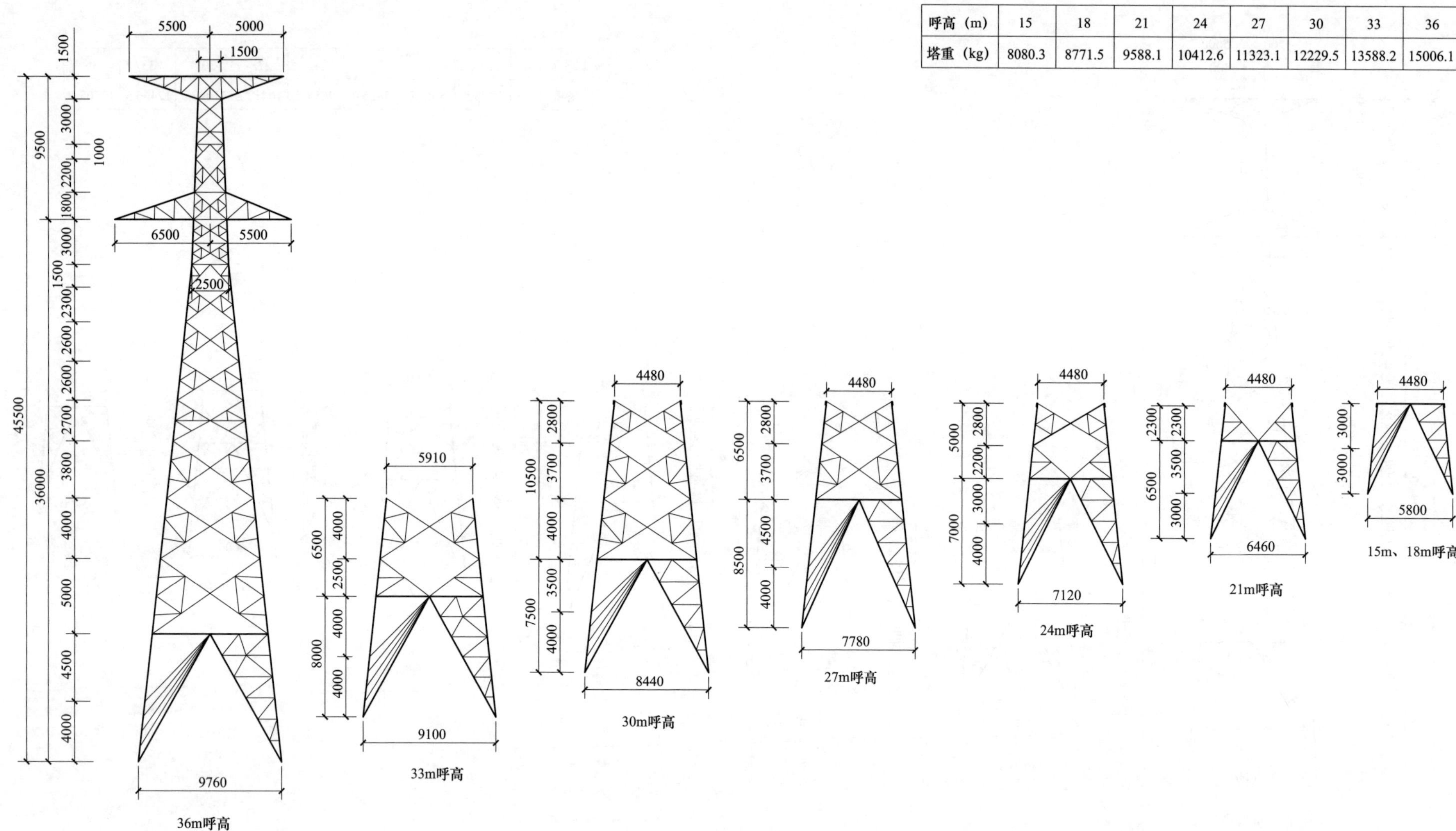

图 10-2-21 2M2-JC3 杆塔单线图

10.2.19 2M2-JC4 杆塔单线图

2M2-JC4 杆塔单线图见图 10-2-22。

呼高（m）	15	18	21	24	27	30	33	36
塔重（kg）	8637.6	9477.6	10337.1	11392.3	12462.3	13429.8	14662.2	16194.6

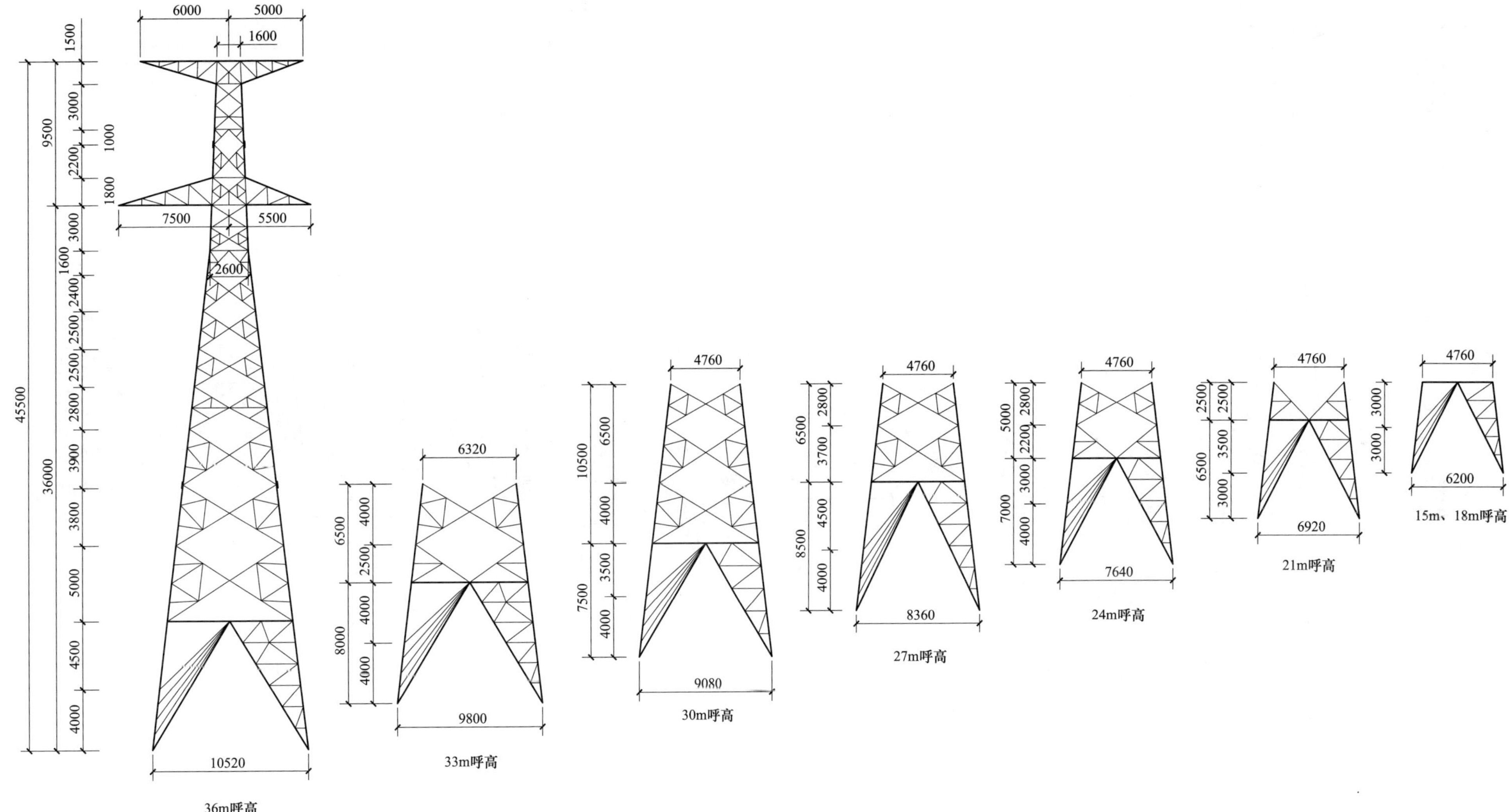

图 10-2-22 2M2-JC4 杆塔单线图

10.2.20 2M2-DJC1 杆塔单线图

2M2-DJC1 杆塔单线图见图 10-2-23。

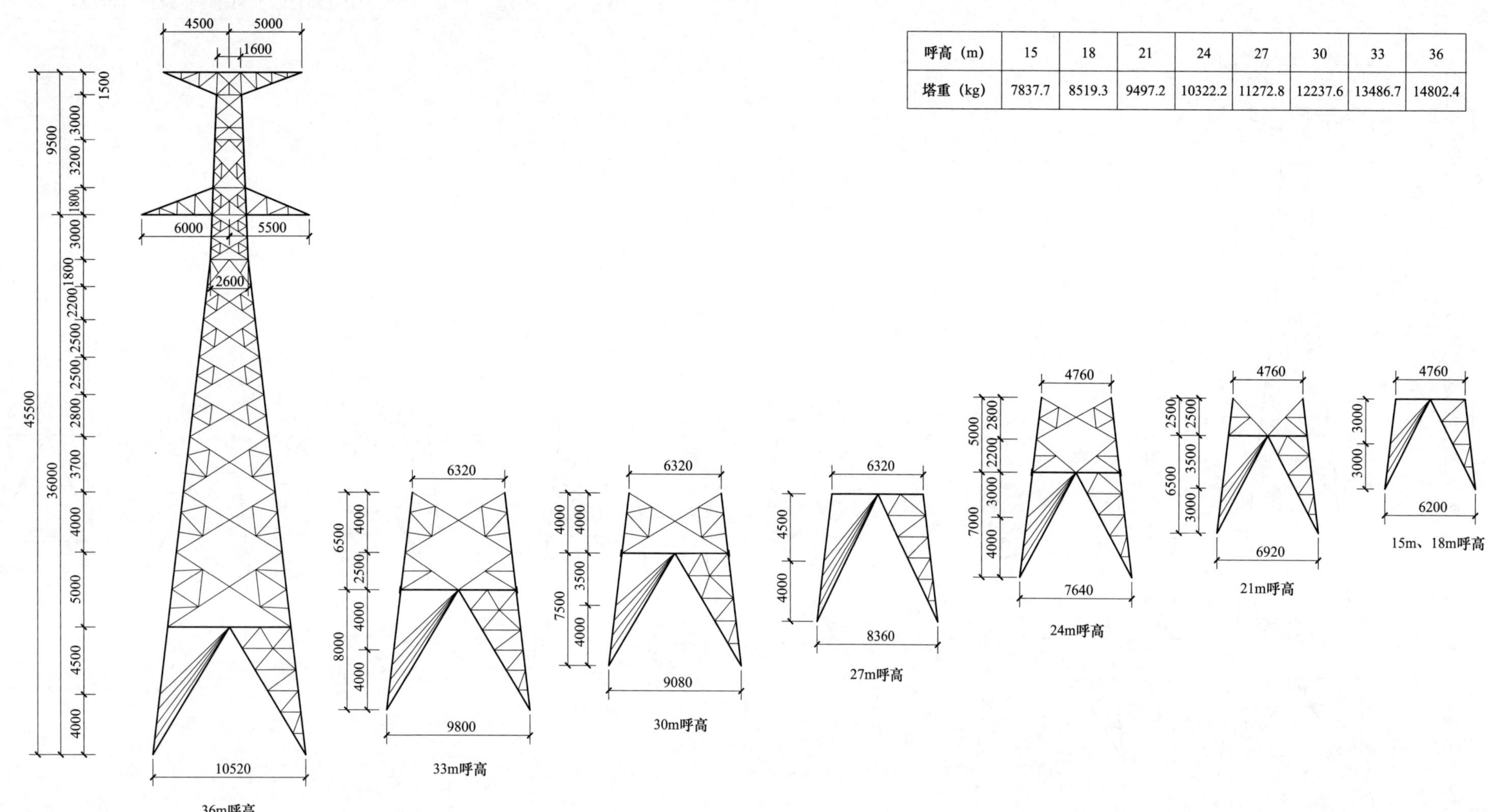

呼高（m）	15	18	21	24	27	30	33	36
塔重（kg）	7837.7	8519.3	9497.2	10322.2	11272.8	12237.6	13486.7	14802.4

图 10-2-23 2M2-DJC1 杆塔单线图

10.2.21 2M2-DJC2 杆塔单线图

2M2-DJC2 杆塔单线图见图 10-2-24。

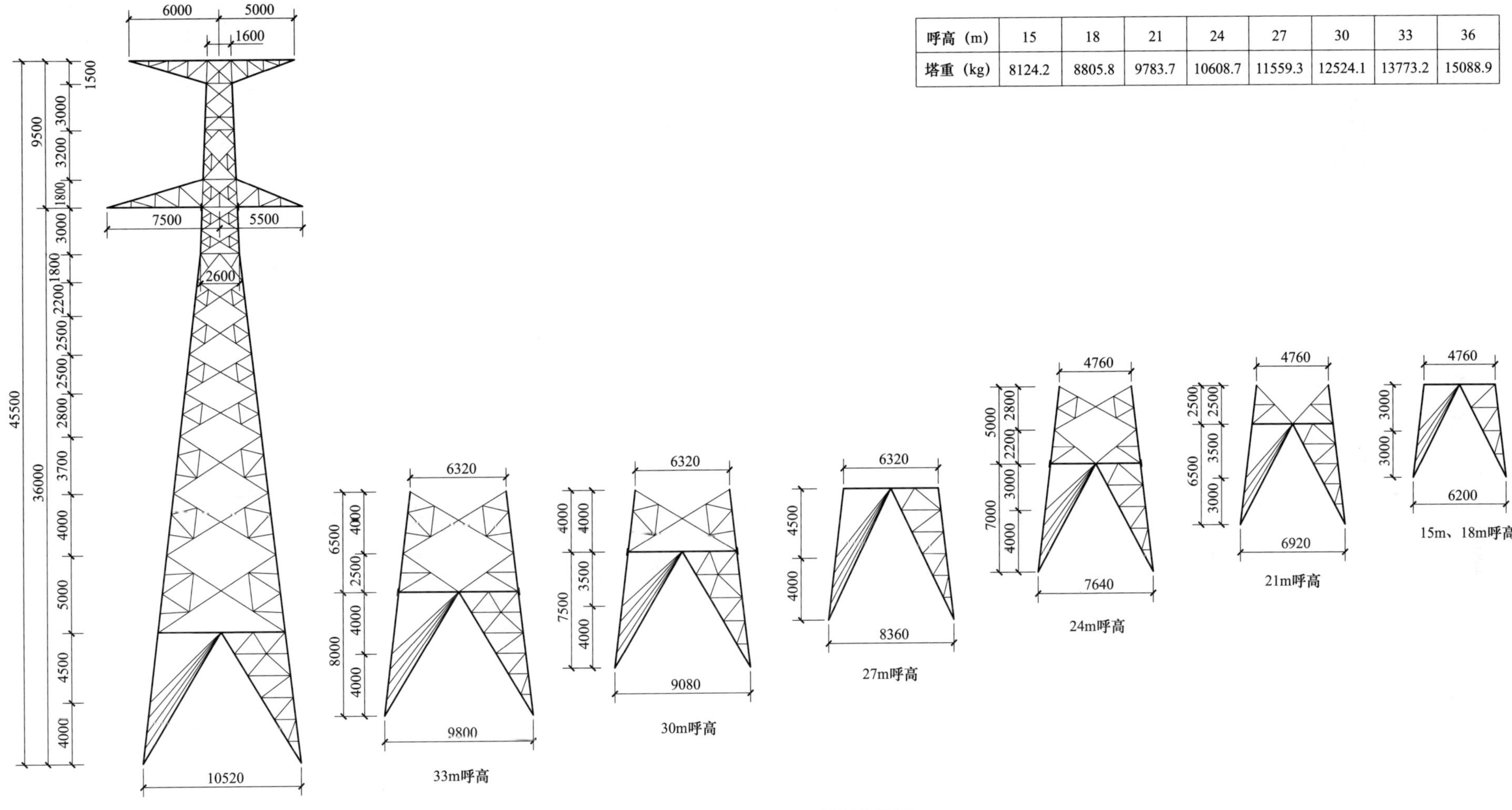

呼高（m）	15	18	21	24	27	30	33	36
塔重（kg）	8124.2	8805.8	9783.7	10608.7	11559.3	12524.1	13773.2	15088.9

图 10-2-24 2M2-DJC2 杆塔单线图

10.2.22 2M2-HDJC 杆塔单线图

2M2-HDJC 杆塔单线图见图 10-2-25。

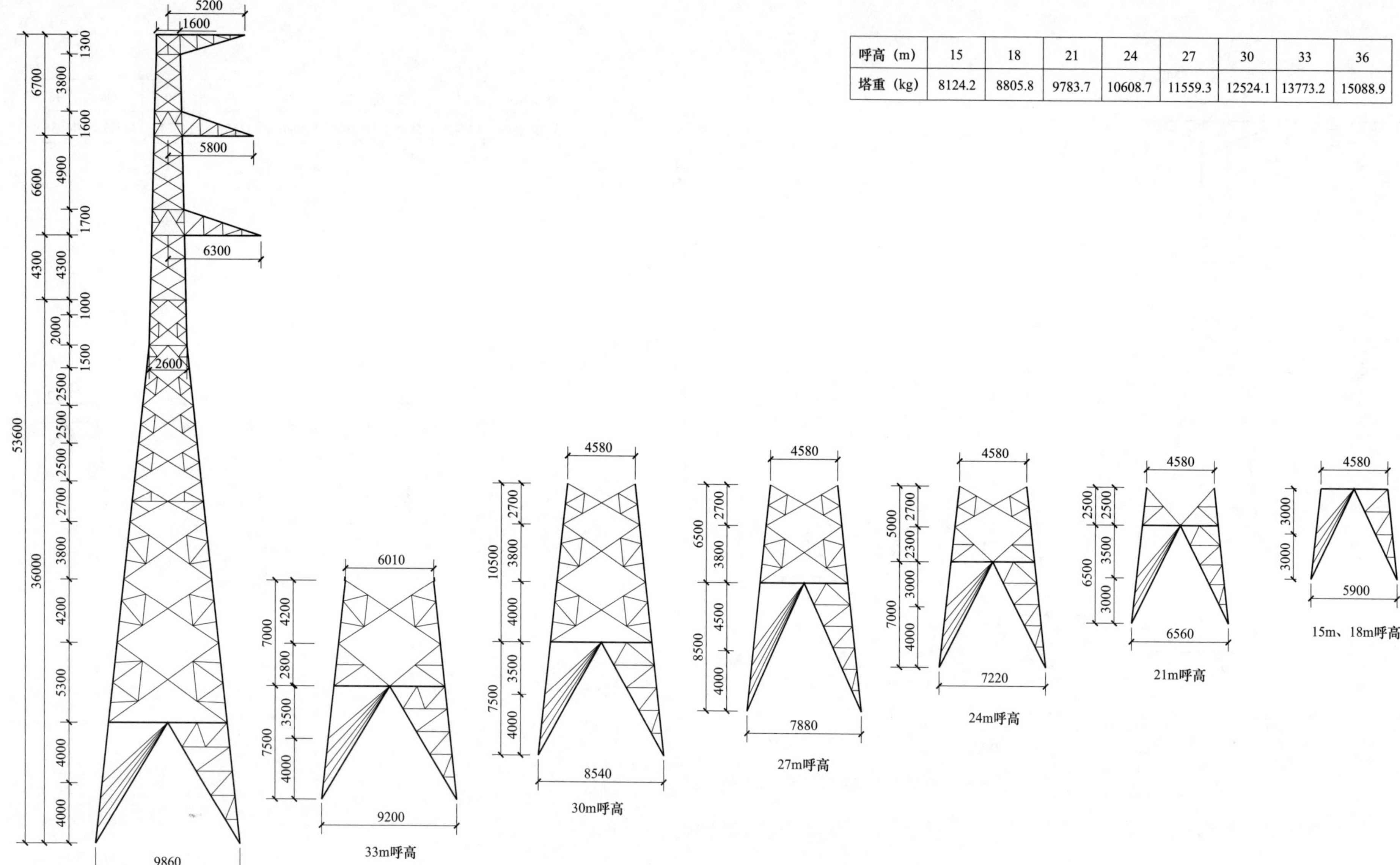

呼高（m）	15	18	21	24	27	30	33	36
塔重（kg）	8124.2	8805.8	9783.7	10608.7	11559.3	12524.1	13773.2	15088.9

图 10-2-25 2M2-HDJC 杆塔单线图

10.3 2M3 子模块

10.3.1 2M3 子模块说明

（1）该子模块电压等级 220kV，海拔 1000m 以内、设计风速 27m/s（离地 10m）、覆冰厚度 10mm，导线 JL/G1A-300/40 兼 JL/G1A-240/30 的单回路杆塔。地线采用 JLB20A-150。该子模块直线塔按平地、山区各一套设计，耐张塔由 2M4 子模块兼。悬垂串按 I 型布置。该子模块共计 9 种塔型。

（2）使用条件。2M3 子模块的气象条件、杆塔设计条件、杆塔塔重及基础作用力分别见表 10-3-1～表 10-3-3。

表 10-3-1　　2M3 子模块的气象条件

项目	气温（℃）	风速（m/s）	覆冰厚度（mm）
最高气温	40	0	0
最低气温	-40	0	0
覆冰	-5	10	10
基本风速	-5	27	0
安装情况	-10	10	0
年平均气温	10	0	0
雷电过电压	15	10	0
操作过电压	10	15	0
带电作业	15	10	0

表 10-3-2　　2M3 子模块的杆塔设计条件

塔型名称	呼高范围（m）	计算呼高（m）	水平档距（m）	垂直档距（m）	允许转角（°）
ZM1	18～30	27	350	450	—
ZM2	21～36	33	410	550	—
ZM3	24～42	39	500	650	—
ZMK	39～54	51	410	550	—
ZMC1	18～33	27	380	600	—
ZMC2	21～39	33	480	800	—

续表 10-3-2

塔型名称	呼高范围（m）	计算呼高（m）	水平档距（m）	垂直档距（m）	允许转角（°）
ZMC3	24～42	39	600	1000	—
ZMC4	24～51	42	850	1200	—
ZMCK	42～54	51	480	800	—

表 10-3-3　　2M3 子模块的杆塔塔重及基础作用力

塔型名称	塔重范围（kg）	基础作用力范围（kN）					
		T_{max}	T_x	T_y	N_{max}	N_x	N_y
ZM1	5346.8～7483.6	129～166	15～17	12～17	174～222	19～21	15～21
ZM2	6178.3～9301.8	169～220	18～23	17～22	220～291	22～28	21～28
ZM3	7100.6～11591.1	212～283	25～30	19～29	252～370	29～37	19～36
ZMK	10969.1～16277.2	358～436	39～48	38～47	354～548	42～55	27～55
ZMC1	5965.1～8772.8	159～216	26～31	21～26	215～292	30～37	25～32
ZMC2	6687.5～11110.8	202～279	29～38	23～32	267～373	35～47	28～41
ZMC3	7690.1～14691.7	254～331	38～45	31～39	331～437	44～56	37～47
ZMC4	8692.9～18272.5	287～493	44～74	35～62	370～628	53～82	35～70
ZMCK	12451.0～16817.7	319～445	43～55	38～55	411～573	44～63	43～63

10.3.2 2M3 子模块杆塔一览图

2M3 子模块杆塔一览图见图 10-3-1、图 10-3-2。

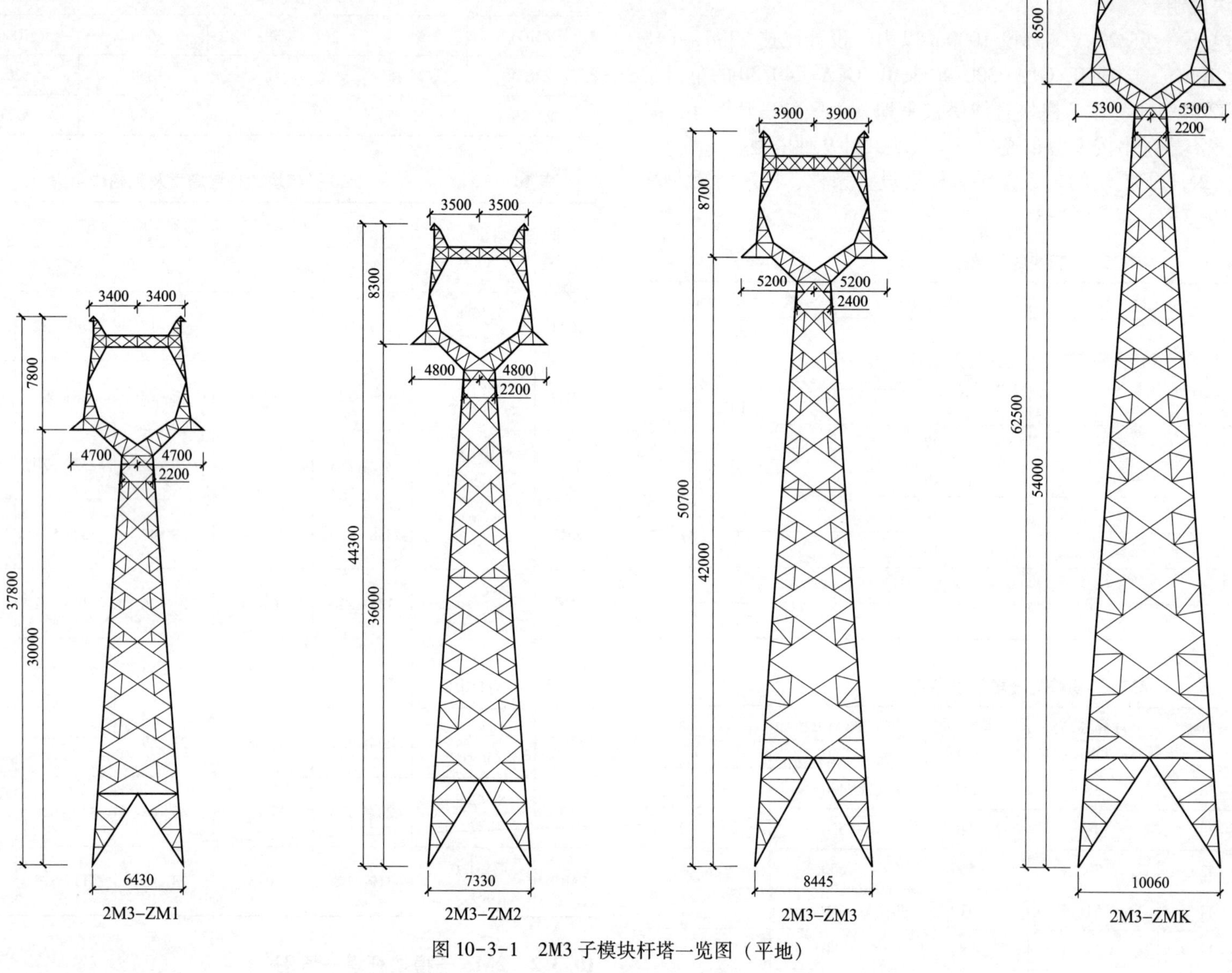

图 10-3-1　2M3 子模块杆塔一览图（平地）

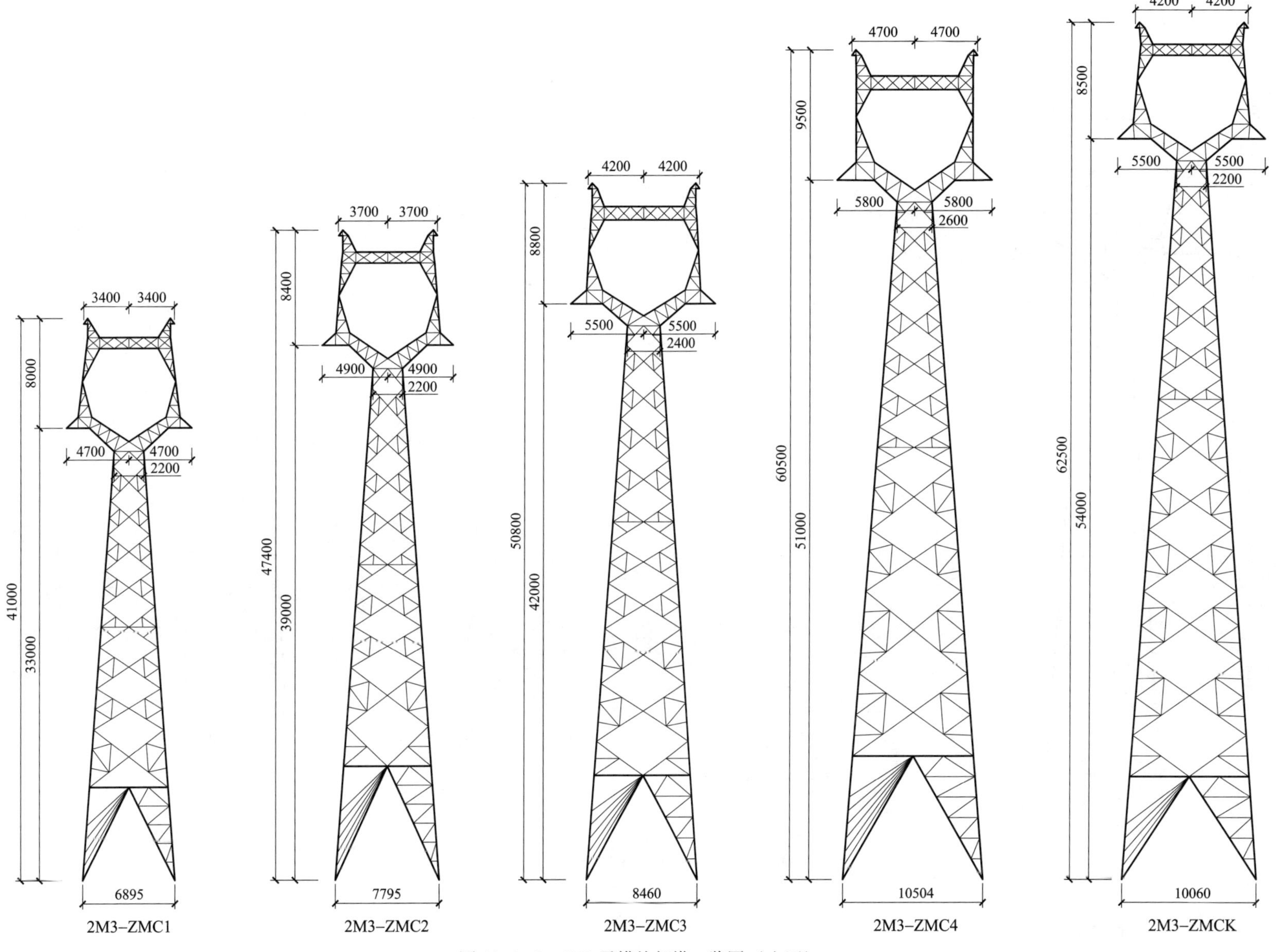

图 10-3-2　2M3 子模块杆塔一览图（山区）

10.3.3 2M3-ZM1 杆塔单线图

2M3-ZM1 杆塔单线图见图 10-3-3。

呼高（m）	18	21	24	27	30
塔重（kg）	4738.3	5118.2	5668.5	6925.5	7483.6

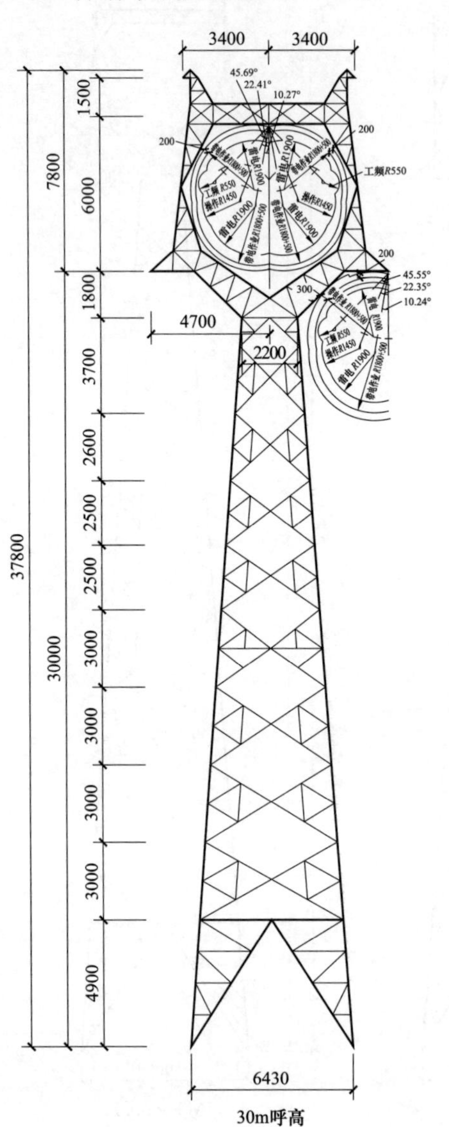

5245

4900

5980

27m呼高

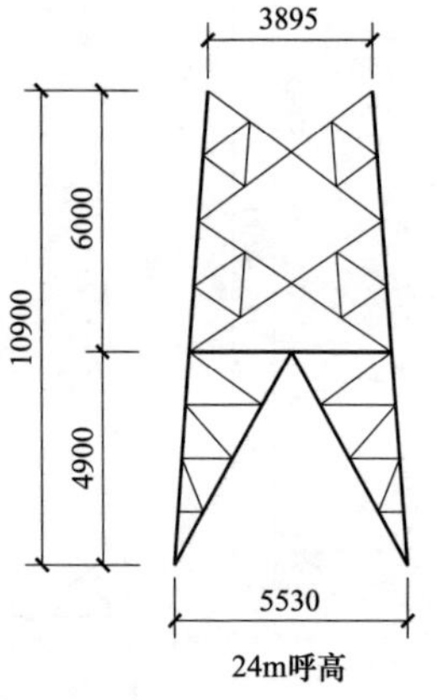

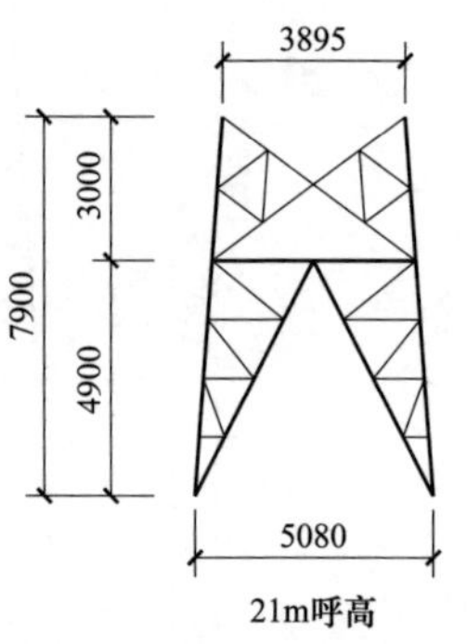

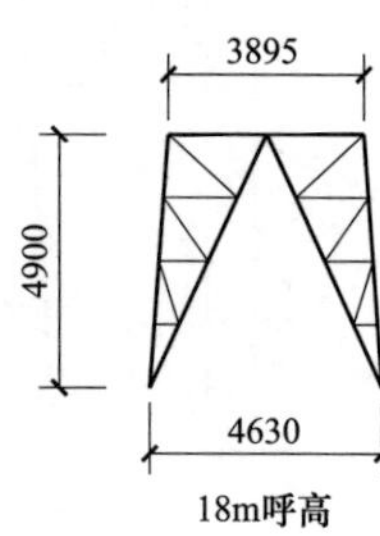

图 10-3-3 2M3-ZM1 杆塔单线图

10.3.4 2M3-ZM2 杆塔单线图

2M3-ZM2 杆塔单线图见图 10-3-4。

呼高（m）	21	24	27	30	33	36
塔重（kg）	6178.3	6729.6	7263.0	8041.0	8628.2	9301.8

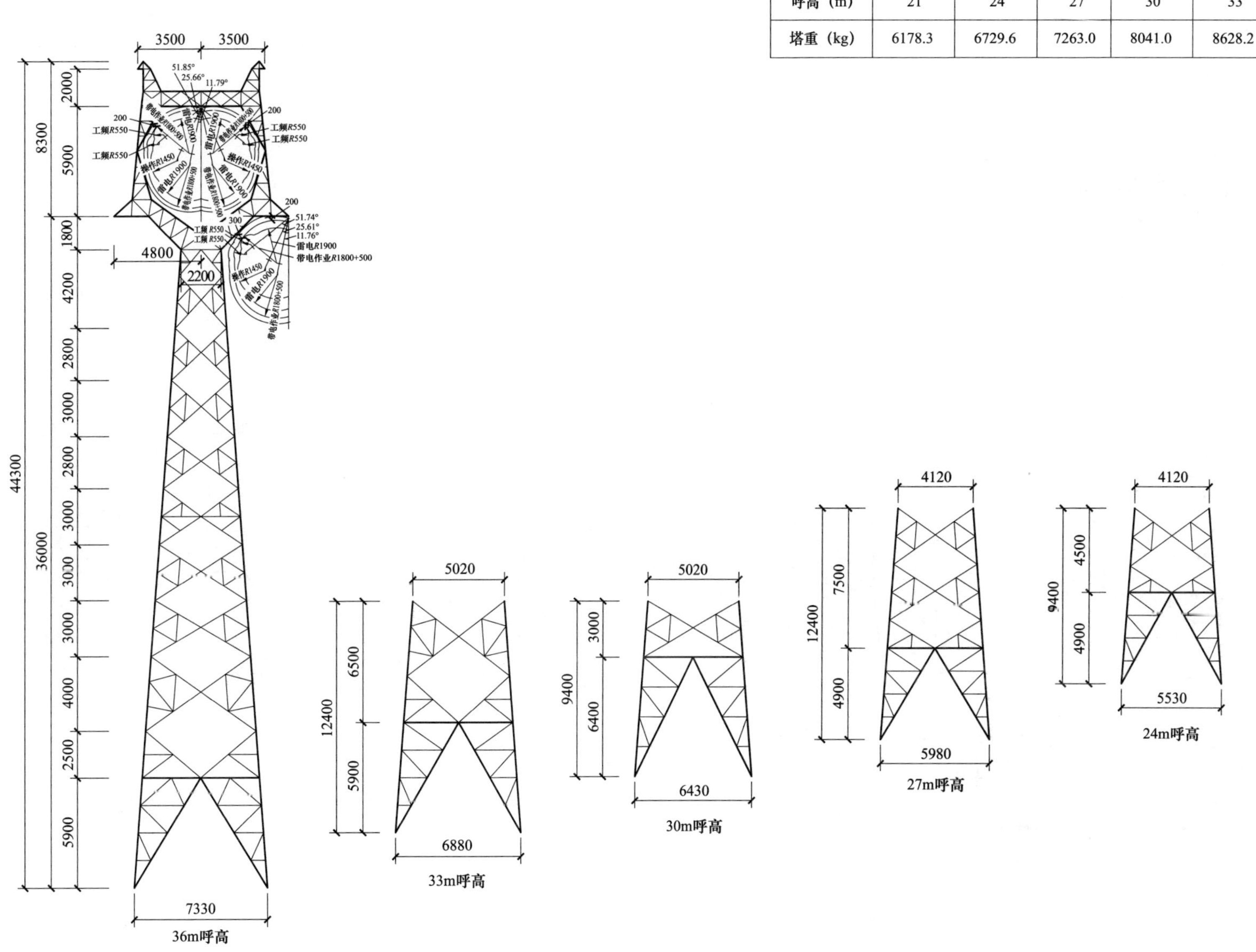

图 10-3-4 2M3-ZM2 杆塔单线图

10.3.5 2M3-ZM3 杆塔单线图

2M3-ZM3 杆塔单线图见图 10-3-5。

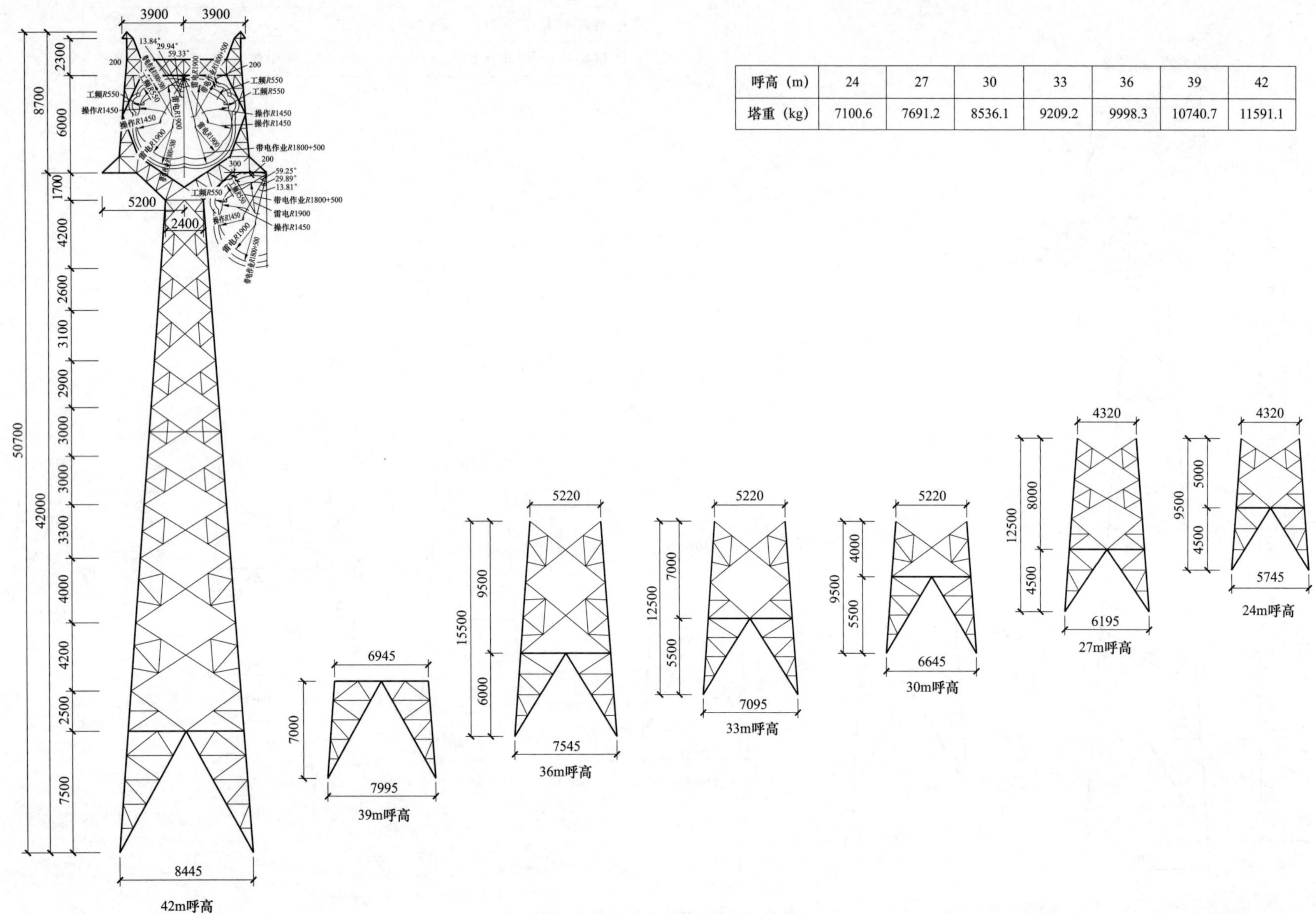

呼高（m）	24	27	30	33	36	39	42
塔重（kg）	7100.6	7691.2	8536.1	9209.2	9998.3	10740.7	11591.1

图 10-3-5 2M3-ZM3 杆塔单线图

10.3.6　2M3-ZMK 杆塔单线图

2M3-ZMK 杆塔单线图见图 10-3-6。

呼高（m）	39	42	45	48	51	54
塔重（kg）	10969.1	11953.7	12947.8	13677.2	15064.4	16277.2

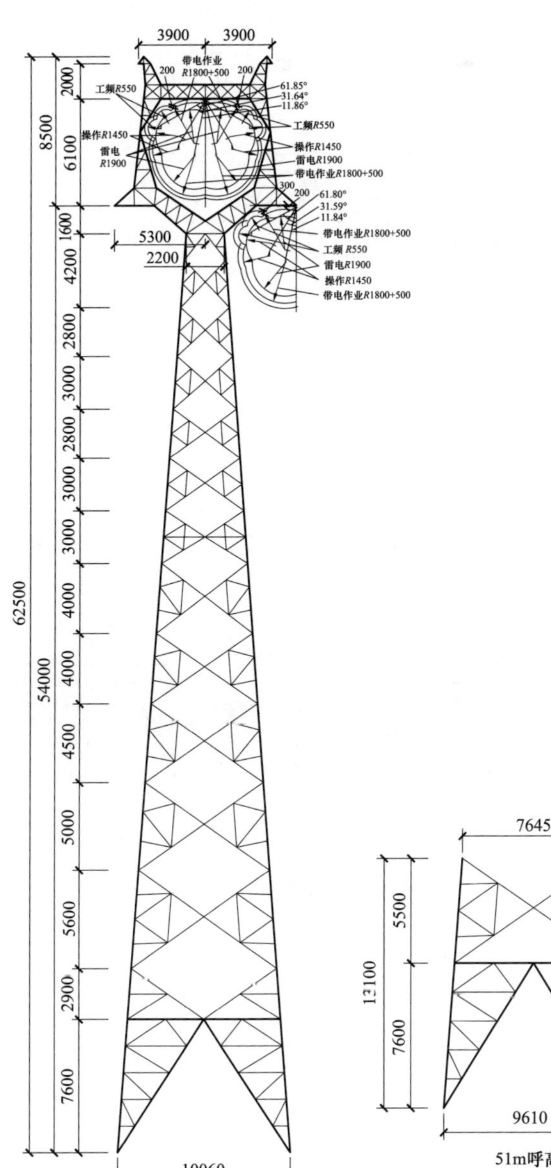

51m呼高

48m呼高

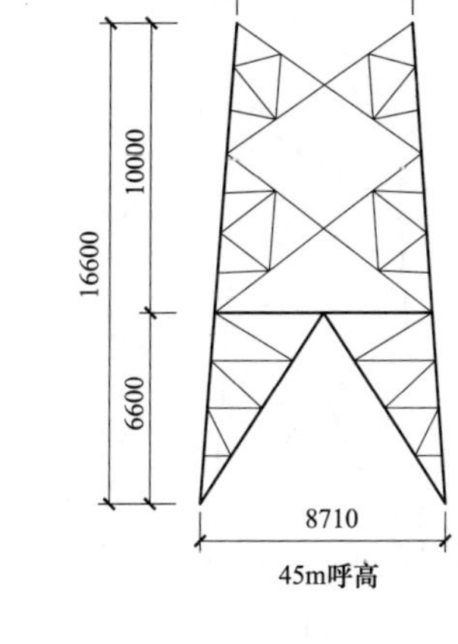

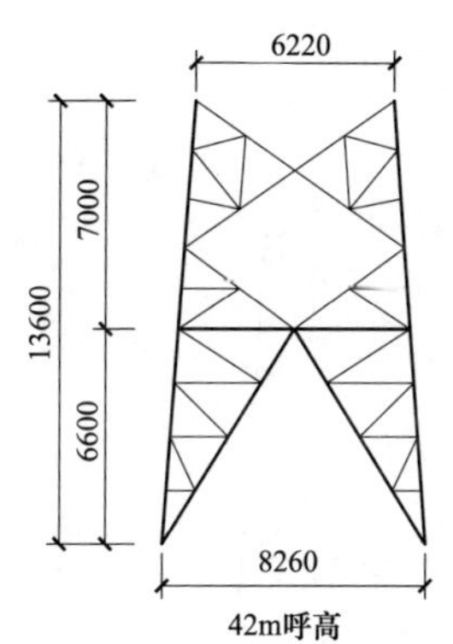

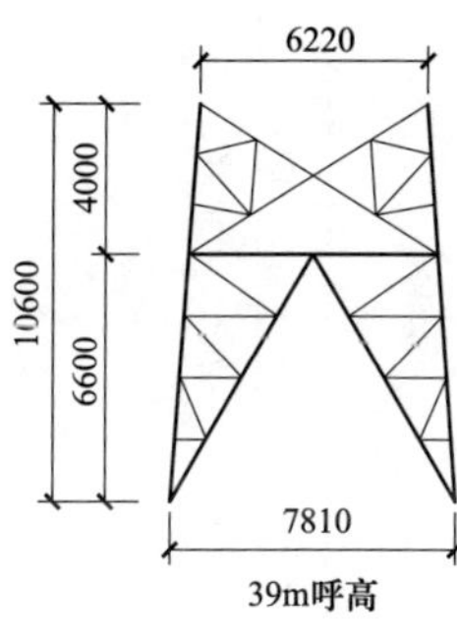

图 10-3-6　2M3-ZMK 杆塔单线图

10.3.7 2M3-ZMC1 杆塔单线图

2M3-ZMC1 杆塔单线图见图 10-3-7。

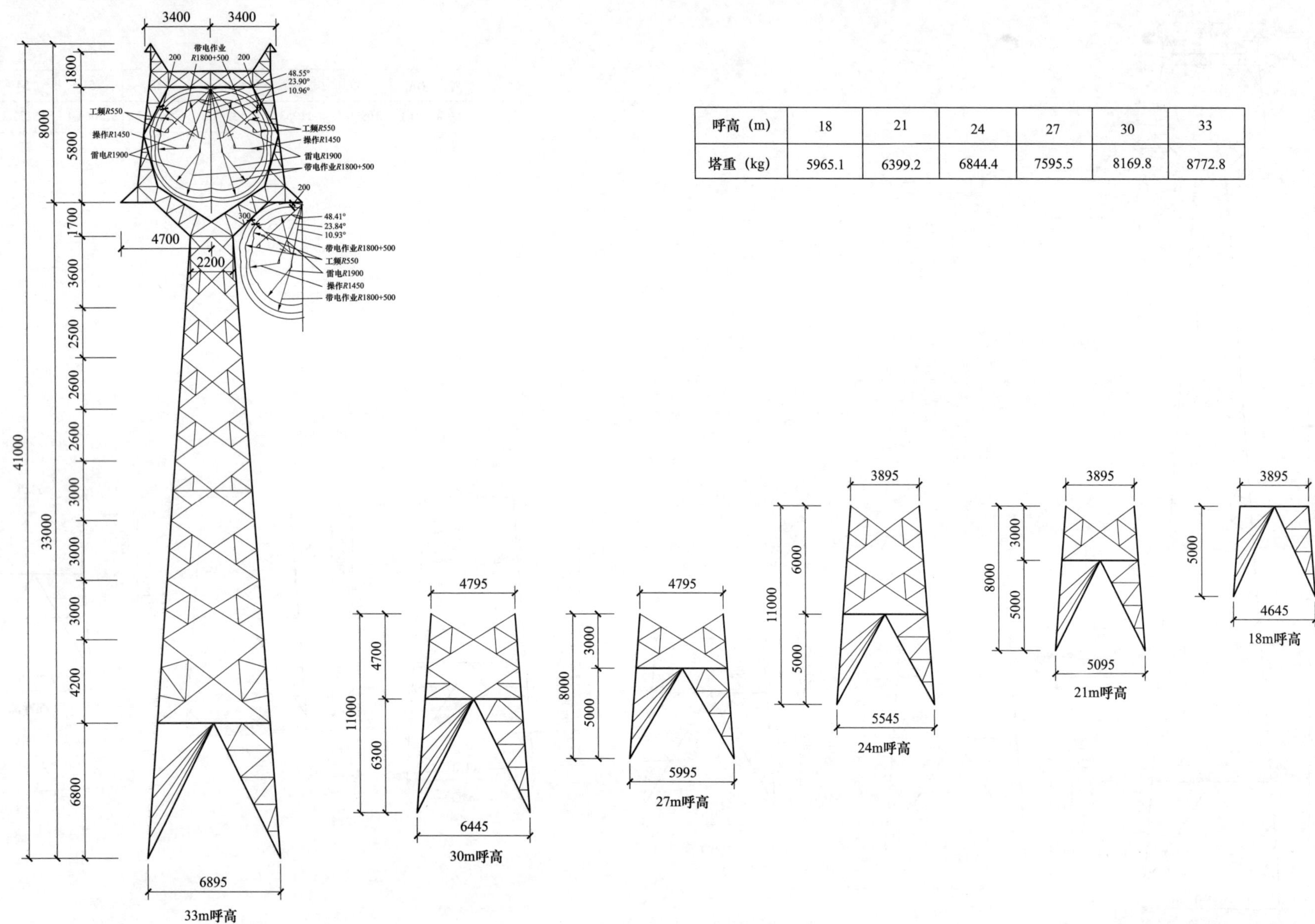

呼高（m）	18	21	24	27	30	33
塔重（kg）	5965.1	6399.2	6844.4	7595.5	8169.8	8772.8

图 10-3-7 2M3-ZMC1 杆塔单线图

10.3.8 2M3-ZMC2 杆塔单线图

2M3-ZMC2 杆塔单线图见图 10-3-8。

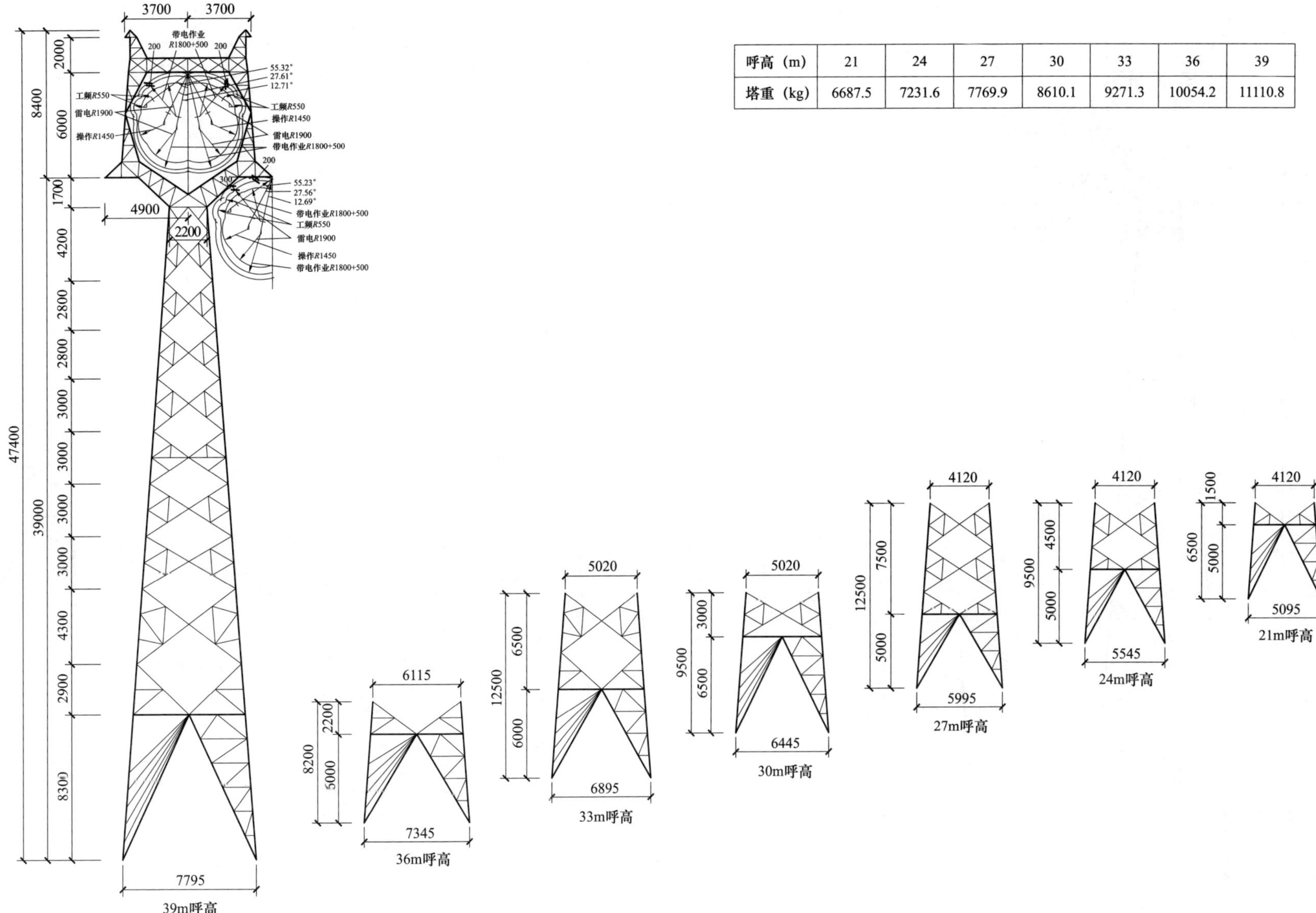

呼高（m）	21	24	27	30	33	36	39
塔重（kg）	6687.5	7231.6	7769.9	8610.1	9271.3	10054.2	11110.8

图 10-3-8 2M3-ZMC2 杆塔单线图

10.3.9 2M3-ZMC3 杆塔单线图

2M3-ZMC3 杆塔单线图见图 10-3-9。

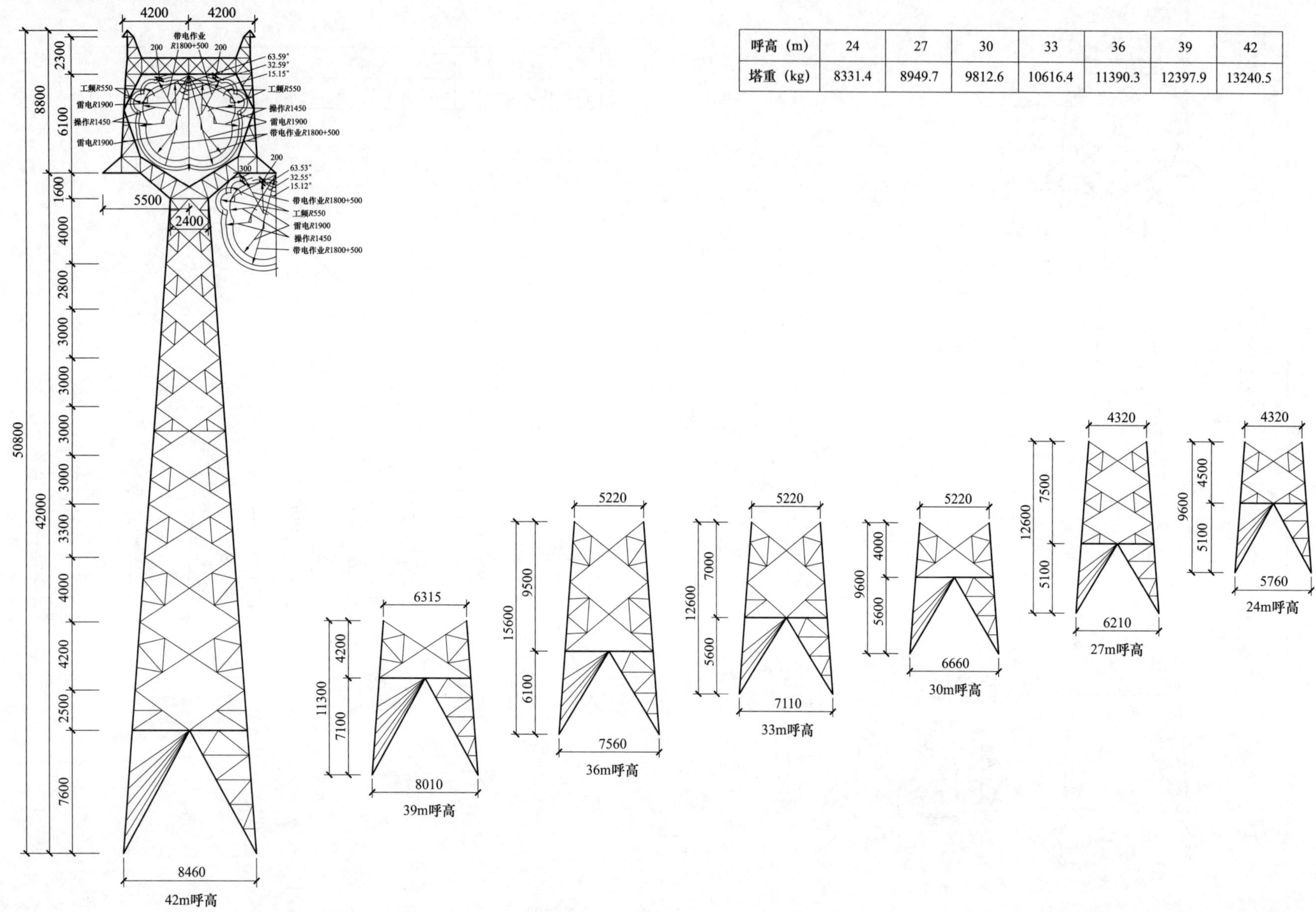

呼高（m）	24	27	30	33	36	39	42
塔重（kg）	8331.4	8949.7	9812.6	10616.4	11390.3	12397.9	13240.5

图 10-3-9 2M3-ZMC3 杆塔单线图

10.3.10 2M3-ZMC4 杆塔单线图

2M3-ZMC4 杆塔单线图见图 10-3-10。

呼高（m）	24	27	30	33	36	39	42	45	48	51
塔重（kg）	8692.9	9481.2	10195.7	11413.6	12557.1	13492.9	14482.9	15598.9	16886.4	18272.5

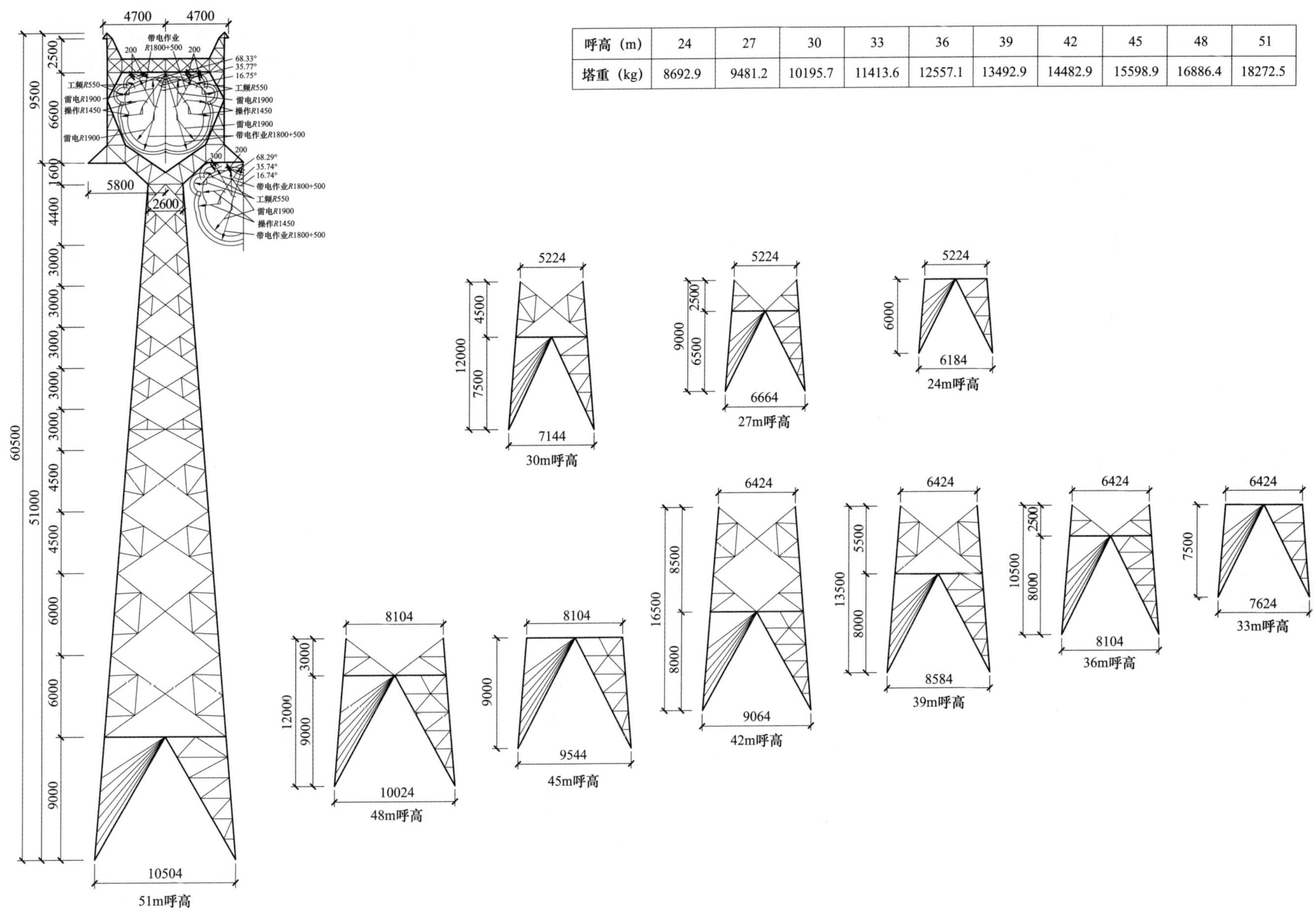

图 10-3-10 2M3-ZMC4 杆塔单线图

10.3.11 2M3-ZMCK 杆塔单线图

2M3-ZMCK 杆塔单线图见图 10-3-11。

呼高（m）	42	45	48	51	54
塔重（kg）	12451.0	13465.7	14470.9	15616.1	16817.7

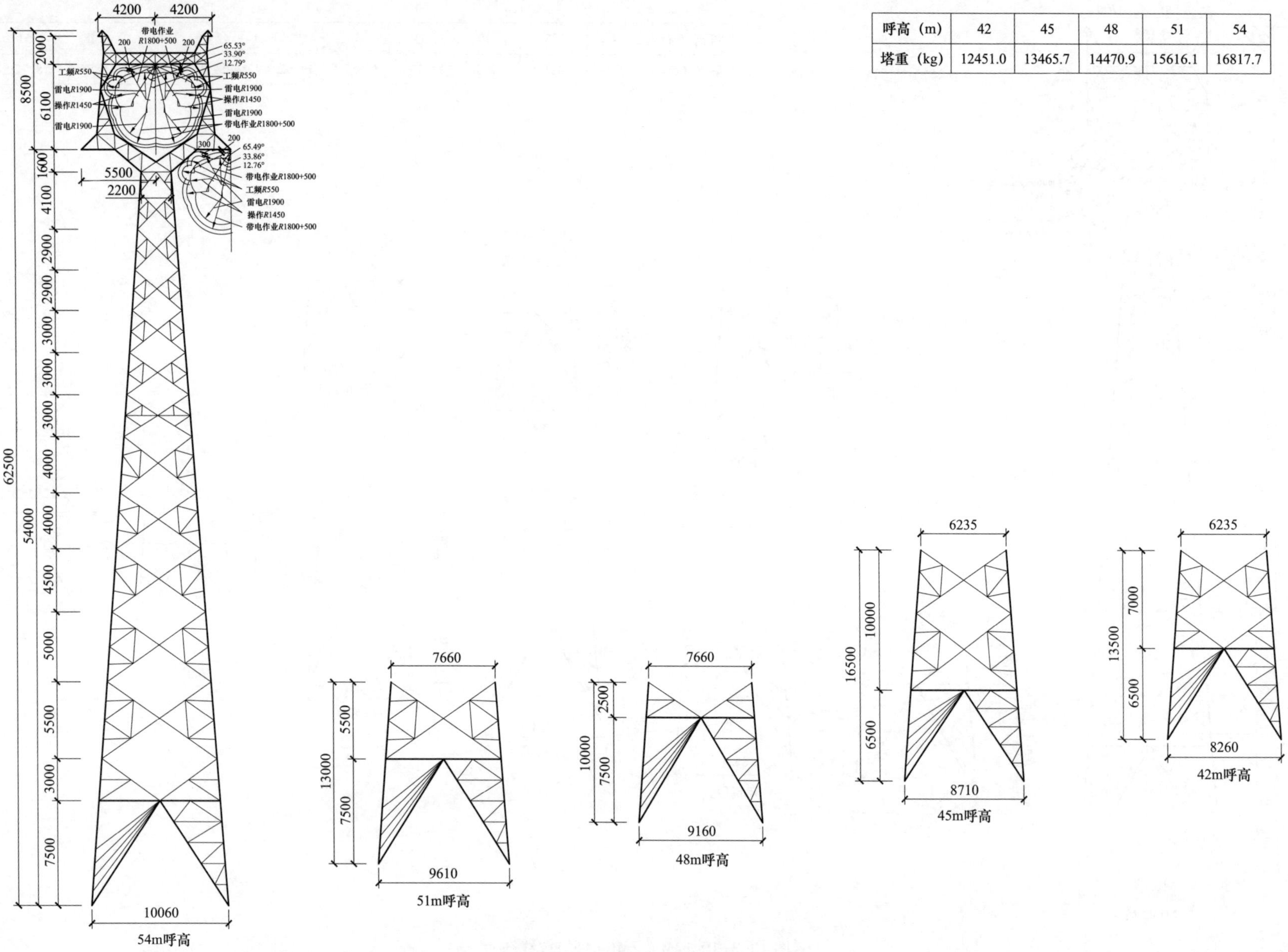

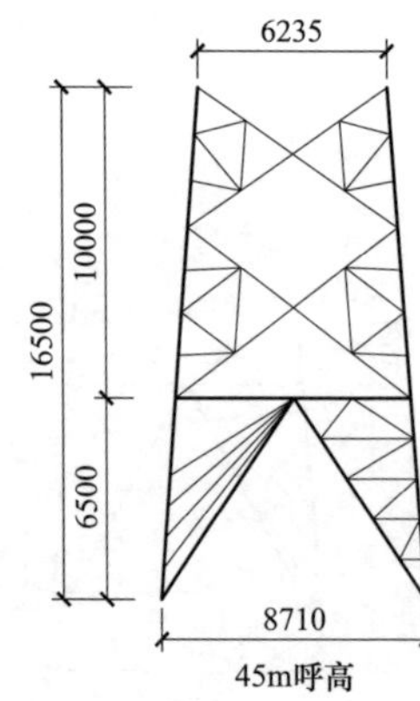

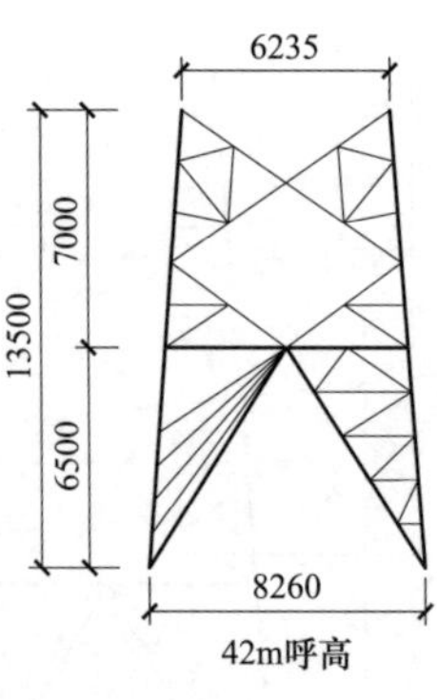

图 10-3-11 2M3-ZMCK 杆塔单线图

10.4　2M4 子模块

10.4.1　2M4 子模块说明

（1）该子模块电压等级 220kV，海拔 1000m 以内、设计风速 29m/s（离地 10m）、覆冰厚度 10mm，导线 JL/G1A-300/40 兼 JL/G1A-240/30 的单回路铁塔。地线采用 JLB20A-150。该子模块按平地、山区各一套设计，并规划 1 种换位塔。悬垂串按 I 型布置。该子模块共计 20 种塔型。

（2）使用条件。2M4 子模块的气象条件、杆塔设计条件、杆塔塔重及基础作用力分别见表 10-4-1～表 10-4-3。

表 10-4-1　　2M4 子模块的气象条件

项目	气温（℃）	风速（m/s）	覆冰厚度（mm）
最高气温	40	0	0
最低气温	-40	0	0
覆冰	-5	10	10
基本风速	-5	29	0
安装情况	-15	10	0
年平均气温	5	0	0
雷电过电压	10	10	0
操作过电压	5	15	0
带电作业	15	10	0

表 10-4-2　　2M4 子模块的杆塔设计条件

塔型名称	呼高范围（m）	计算呼高（m）	水平档距（m）	垂直档距（m）	允许转角（°）
ZM1	18～30	27	350	450	—
ZM2	21～36	33	410	550	—
ZM3	24～42	39	500	650	—
ZMK	39～54	51	410	550	—
J1	15～36	36	450	550	0～20
J2	15～36	36	450	550	20～40
J3	15～36	36	450	550	40～60

续表 10-4-2

塔型名称	呼高范围（m）	计算呼高（m）	水平档距（m）	垂直档距（m）	允许转角（°）
J4	15～36	36	450	550	60～90
ZMC1	18～33	27	380	600	—
ZMC2	21～39	33	480	800	—
ZMC3	24～42	39	600	1000	—
ZMC4	24～51	42	850	1200	—
ZMCK	39～54	51	480	800	—
JC1	15～36	36	500	1200	0～20
JC2	15～36	36	500	800	20～40
JC3	15～36	36	500	800	40～60
JC4	15～36	36	500	800	60～90
DJC1	15～36	36	350	650	0～40
DJC2	15～36	36	350	650	40～90
HDJC	21～36	36	350	650	0～90

表 10-4-3　　2M4 子模块的杆塔塔重及基础作用力

塔型名称	塔重范围（kg）	基础作用力范围（kN）					
		T_{max}	T_x	T_y	N_{max}	N_x	N_y
ZM1	4829.8～7670.7	167～216	18～23	18～22	215～279	22～28	21～27
ZM2	6266.7～9425.2	198～258	22～27	18～26	250～330	26～32	22～32
ZM3	7596.4～12064.8	257～343	30～36	24～35	321～433	35～43	29～42
ZMK	12166.7～17906.7	440～538	47～58	47～58	526～656	538～66	53～66
J1	6302.3～11531.7	372～470	49～58	33～42	435～563	46～67	42～52
J2	7053.0～12467.3	489～592	67～77	49～59	569～689	69～87	58～70

续表 10-4-3

塔型名称	塔重范围 (kg)	基础作用力范围（kN）					
		T_{max}	T_x	T_y	N_{max}	N_x	N_y
J3	7632.8~14325.7	599~685	78~94	68~75	705~794	92~107	78~88
J4	8512.0~16242.9	742~791	103~104	92~96	854~947	120~125	102~114
ZMC1	5877.2~9047.1	189~257	30~37	24~31	244~336	35~43	28~40
ZMC2	6984.5~11613.9	238~319	34~44	26~37	299~415	36~52	30~44
ZMC3	8652.2~13820.2	301~388	45~51	37~43	383~501	51~60	43~51
ZMC4	9175.4~18775.4	393~589	62~88	49~74	478~730	70~101	56~86
ZMCK	12741.7~18246.5	366~423	53~56	45~54	471~571	59~65	58~64

续表 10-4-3

塔型名称	塔重范围 (kg)	基础作用力范围（kN）					
		T_{max}	T_x	T_y	N_{max}	N_x	N_y
JC1	7352.1~13130.7	426~563	66~80	45~63	517~688	75~92	52~76
JC2	7890.1~14584.2	553~656	86~95	64~71	648~761	86~108	74~85
JC3	8782.9~16499.0	688~821	109~130	86~109	812~950	115~144	100~124
JC4	9309.3~18164.5	837~934	125~155	116~136	974~1109	146~162	128~153
DJC1	8381.6~16661.4	693~768	97~123	101~116	831~930	125~151	106~121
DJC2	8729.8~17009.6	811~899	104~134	128~142	938~1061	152~170	107~131
HDJC	17409.5~25150.0	1146~1225	137~152	132~137	1333~1404	147~169	129~164

10.4.2 2M4 子模块杆塔一览图

2M4 子模块杆塔一览图见图 10-4-1~图 10-4-5。

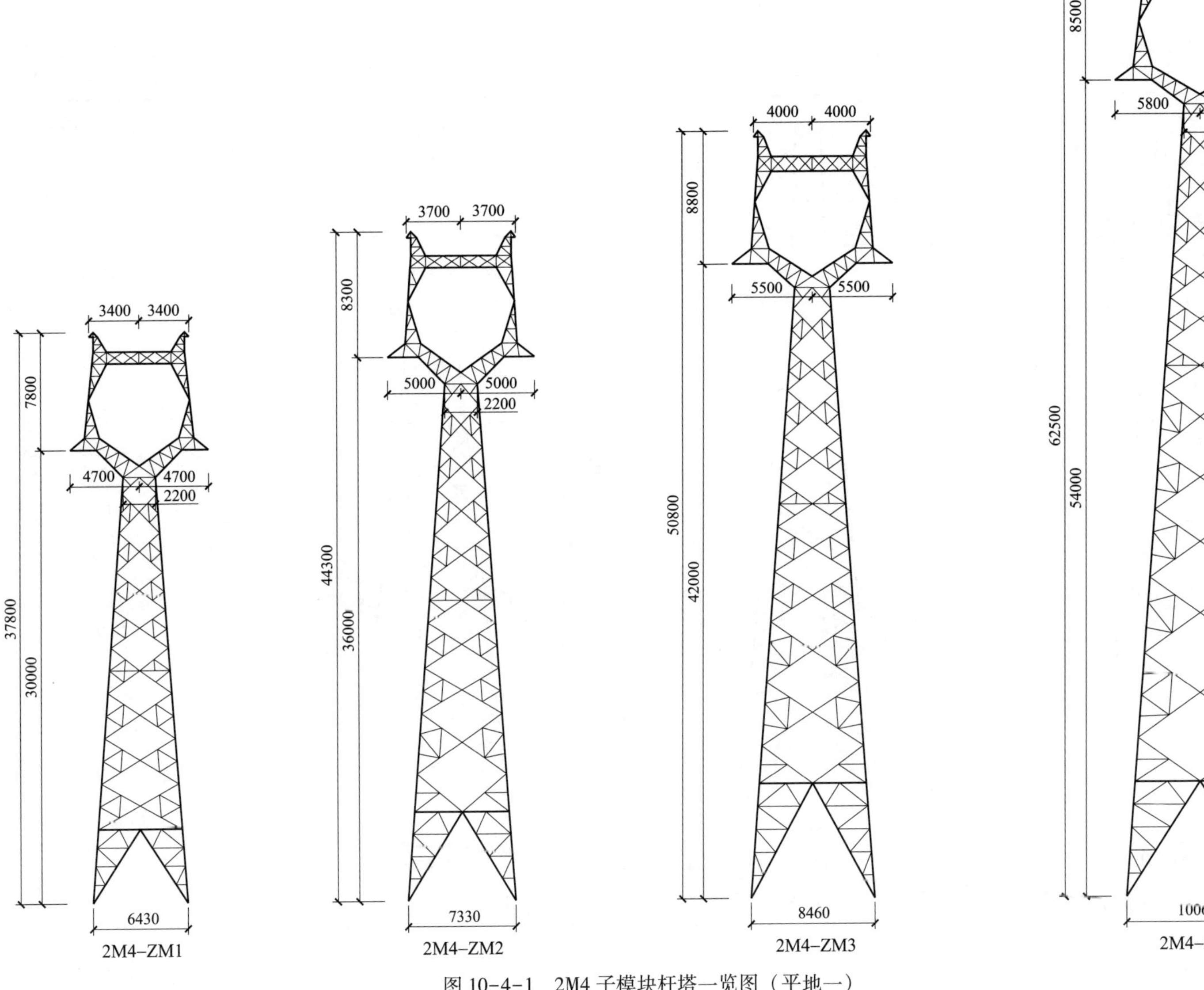

图 10-4-1　2M4 子模块杆塔一览图（平地一）

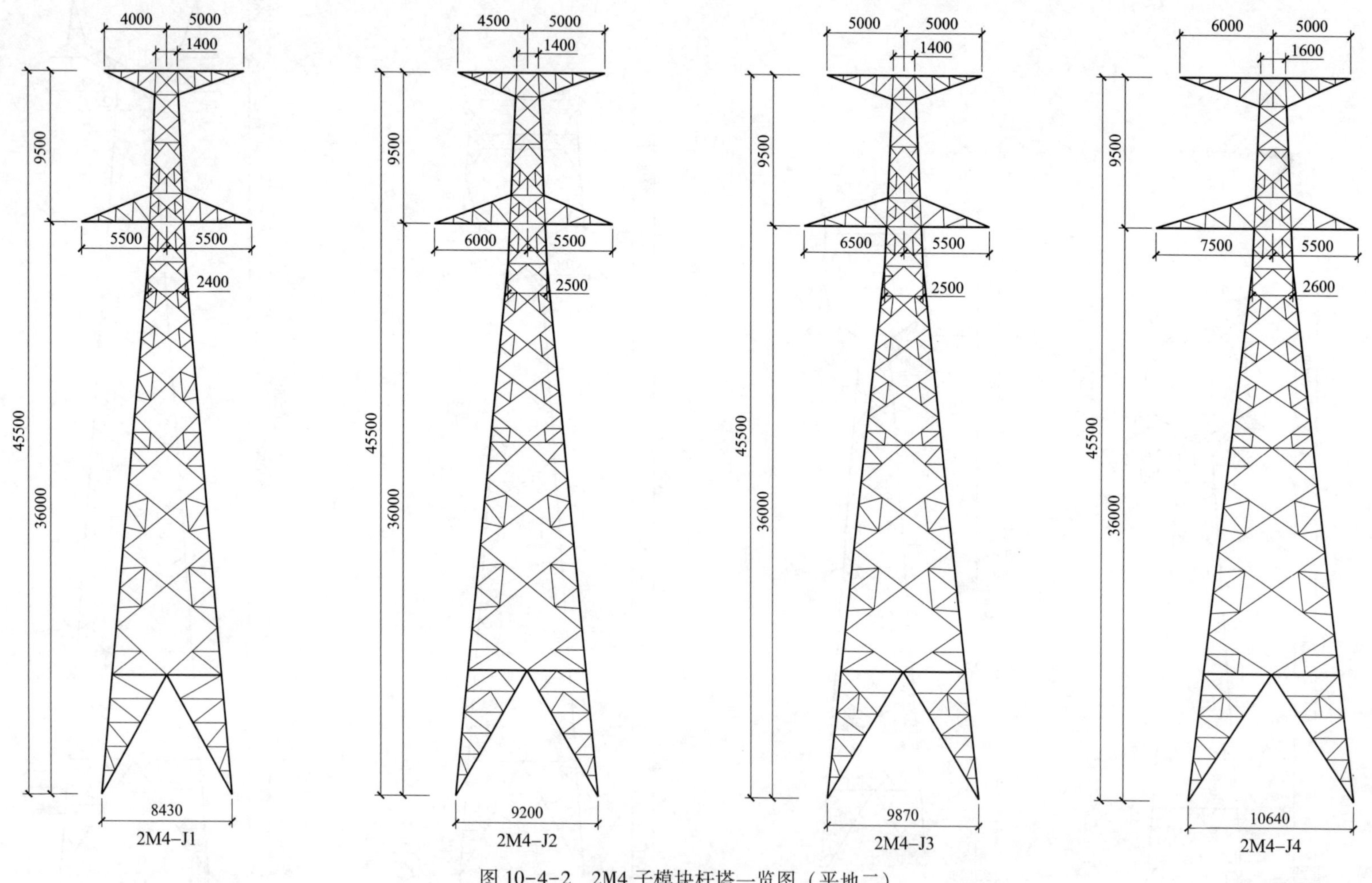

图 10-4-2　2M4 子模块杆塔一览图（平地二）

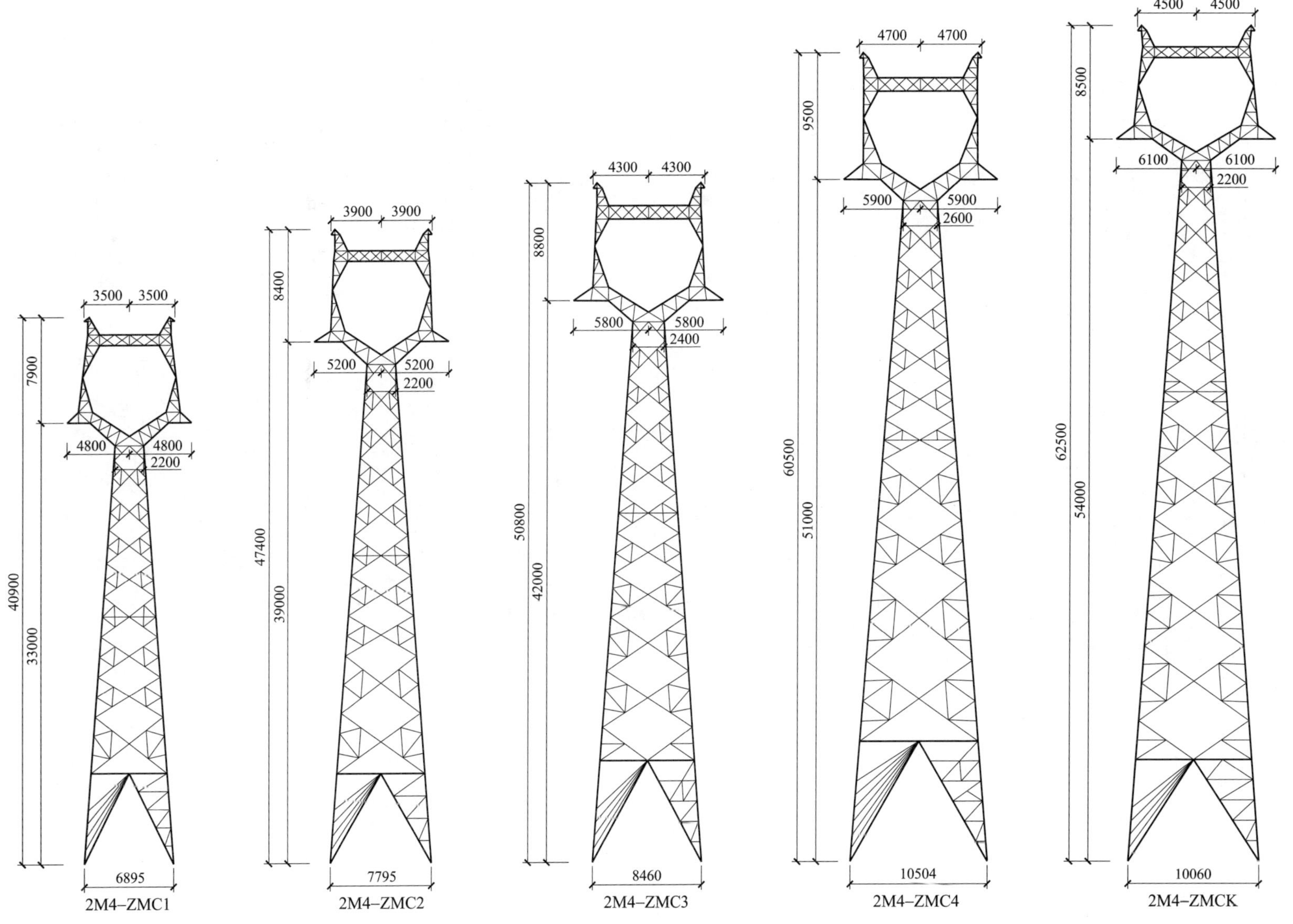

图 10-4-3　2M4 子模块杆塔一览图（山区一）

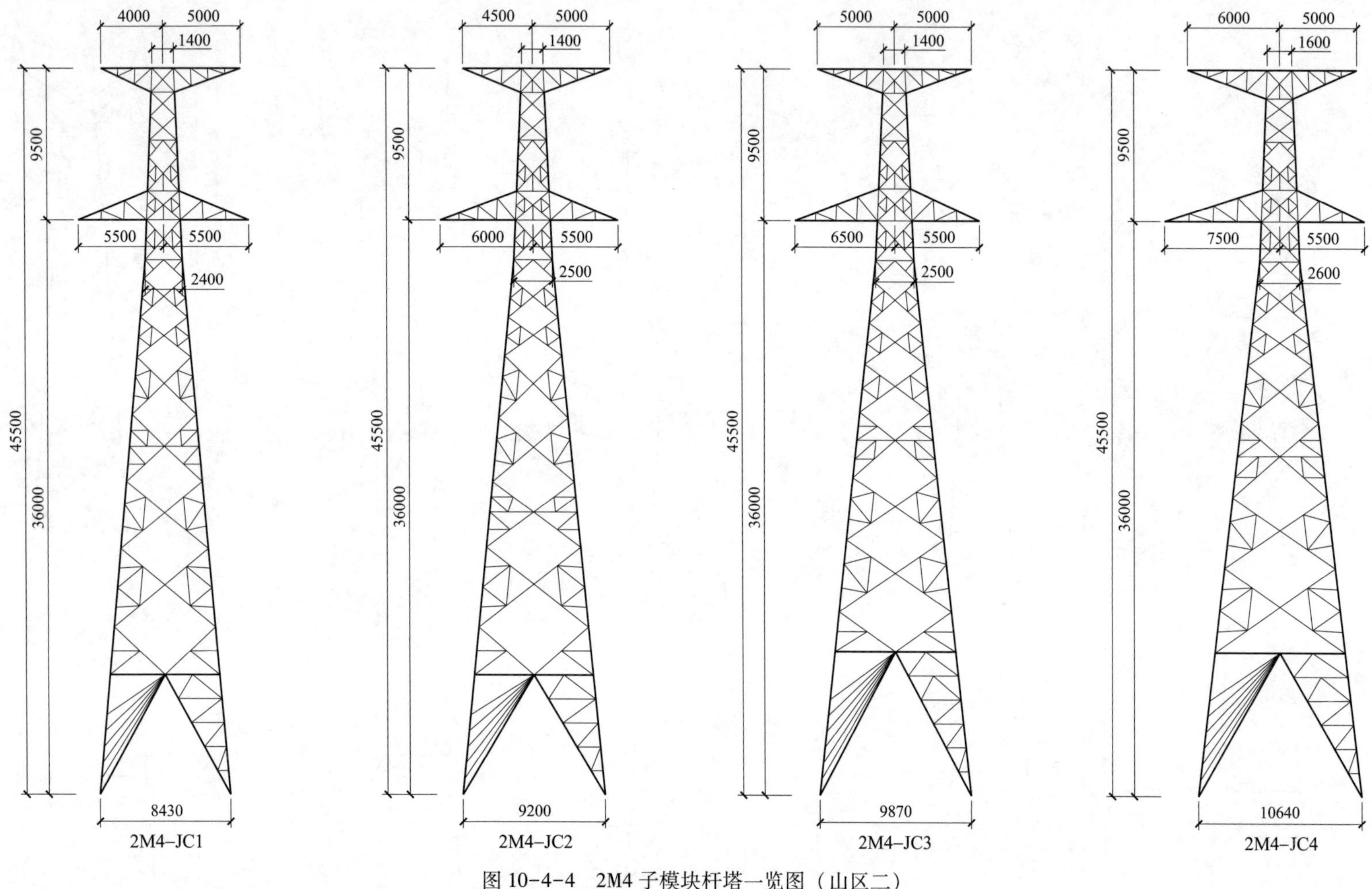

图 10-4-4　2M4 子模块杆塔一览图（山区二）

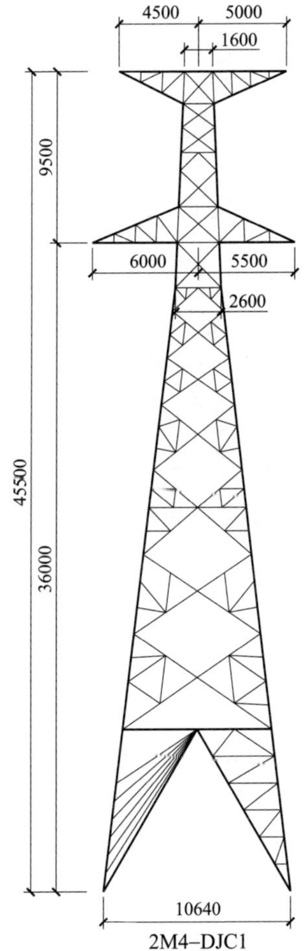

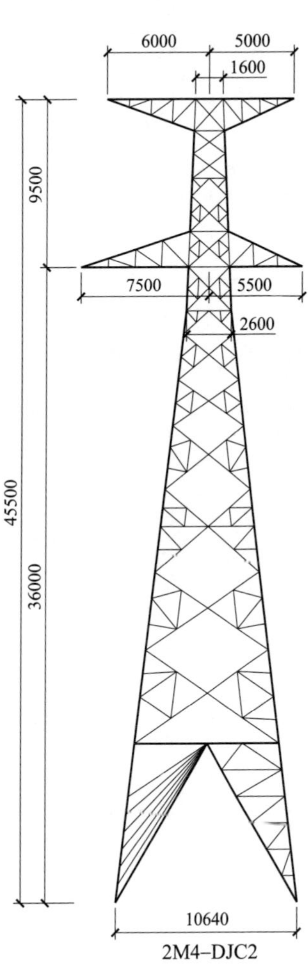

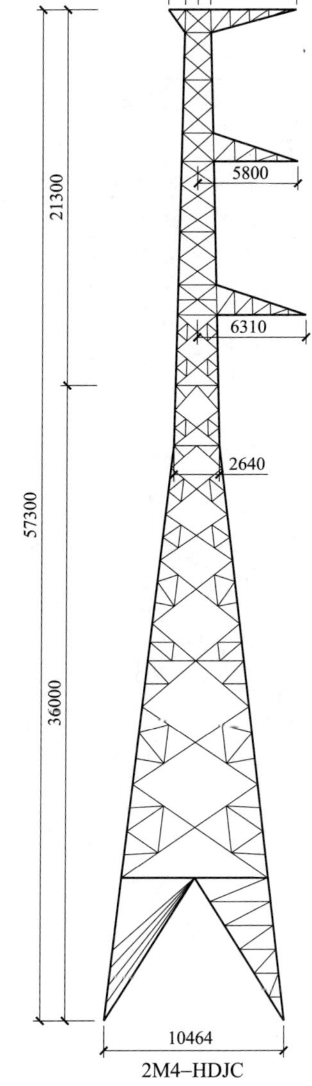

图 10-4-5　2M4 子模块杆塔一览图（山区三）

10.4.3 2M4-ZM1 杆塔单线图

2M4-ZM1 杆塔单线图见图 10-4-6。

呼高（m）	18	21	24	27	30
塔重（kg）	4829.8	5259.8	5771.7	7103.0	7670.7

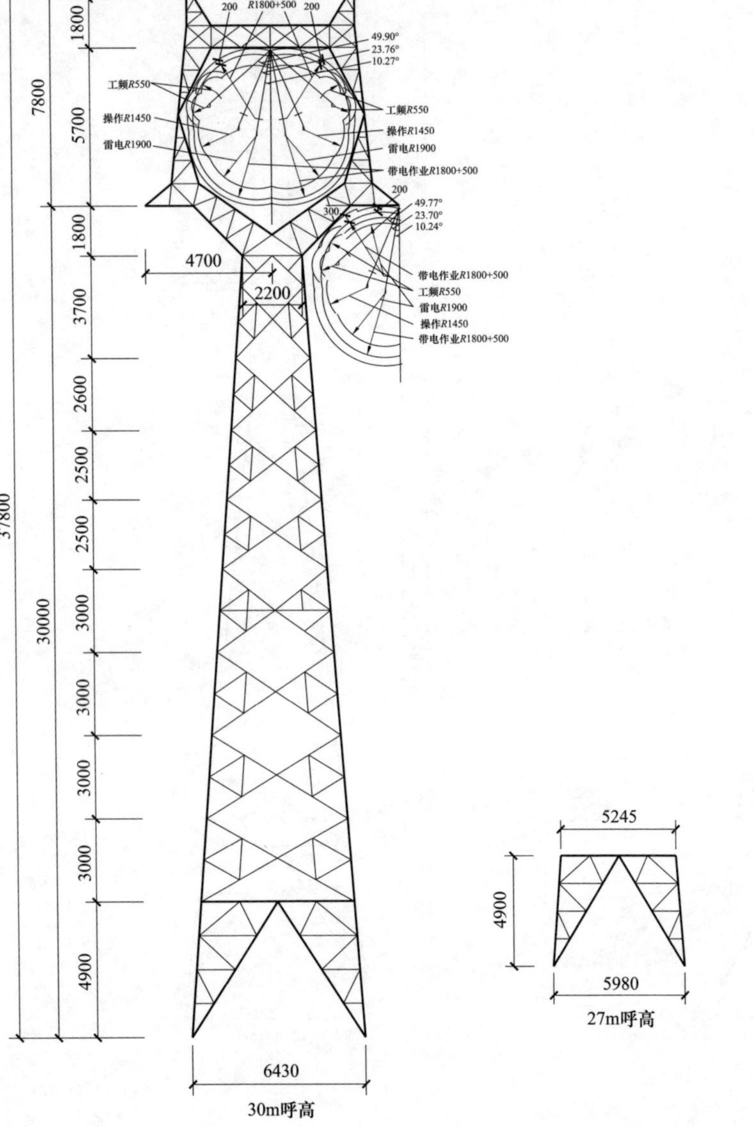

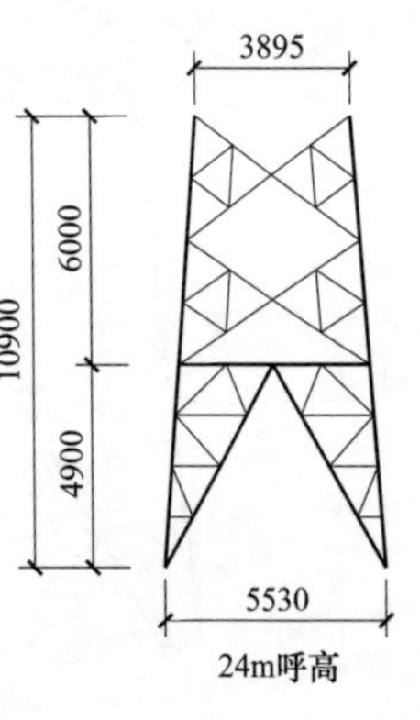

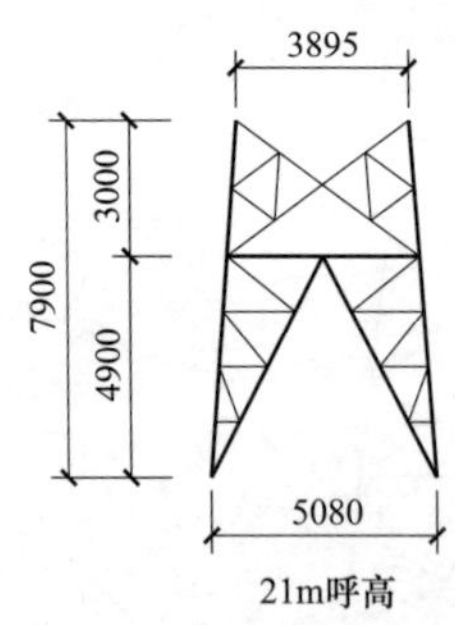

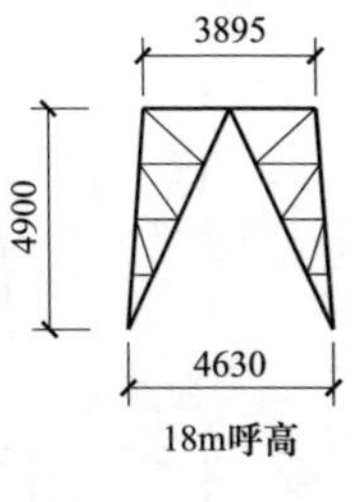

图 10-4-6 2M4-ZM1 杆塔单线图

10.4.4 2M4-ZM2 杆塔单线图

2M4-ZM2 杆塔单线图见图 10-4-7。

呼高（m）	21	24	27	30	33	36
塔重（kg）	6266.7	6828.5	7365.5	8014.6	8641.4	9425.2

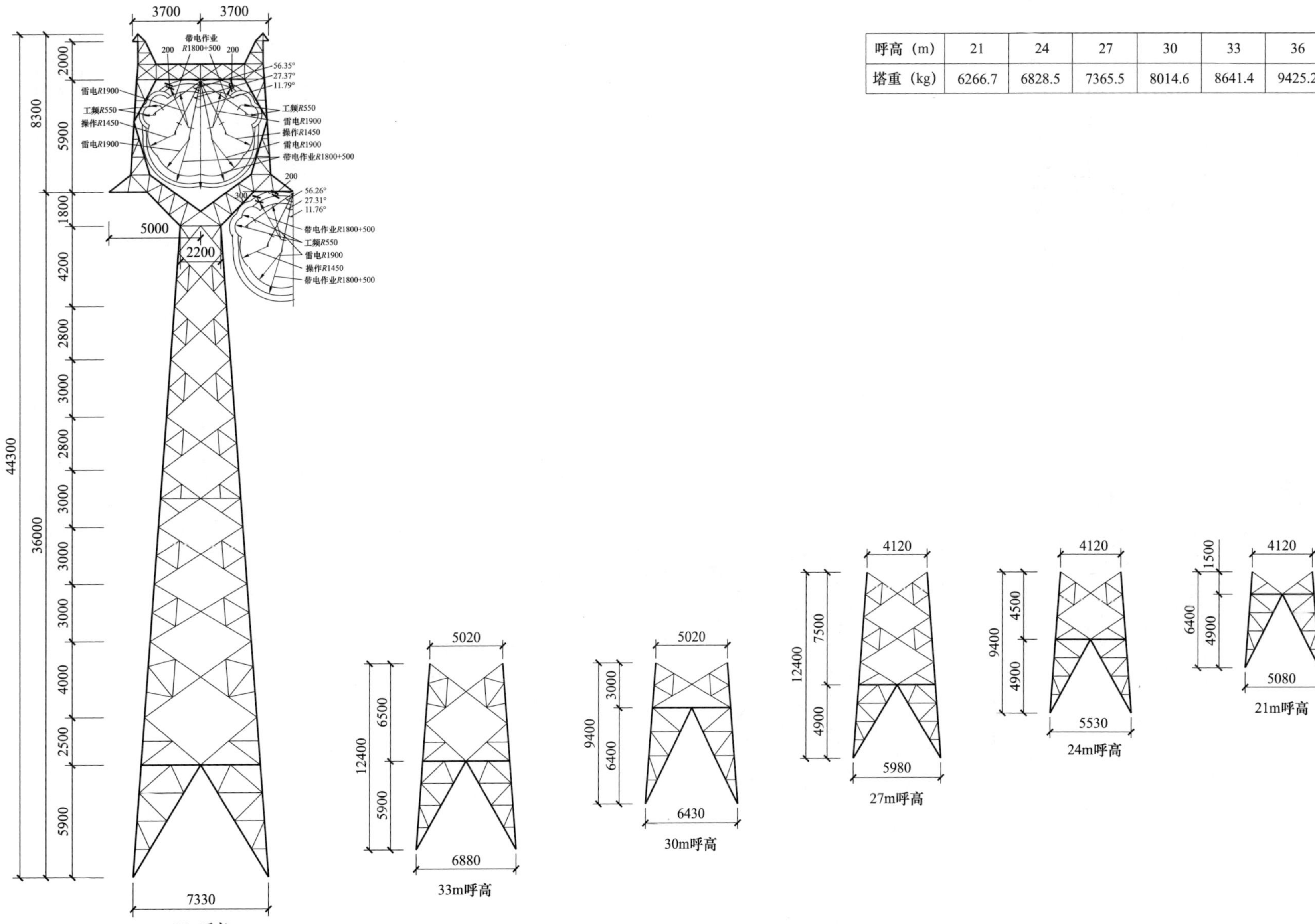

图 10-4-7 2M4-ZM2 杆塔单线图

10.4.5 2M4-ZM3 杆塔单线图

2M4-ZM3 杆塔单线图见图 10-4-8。

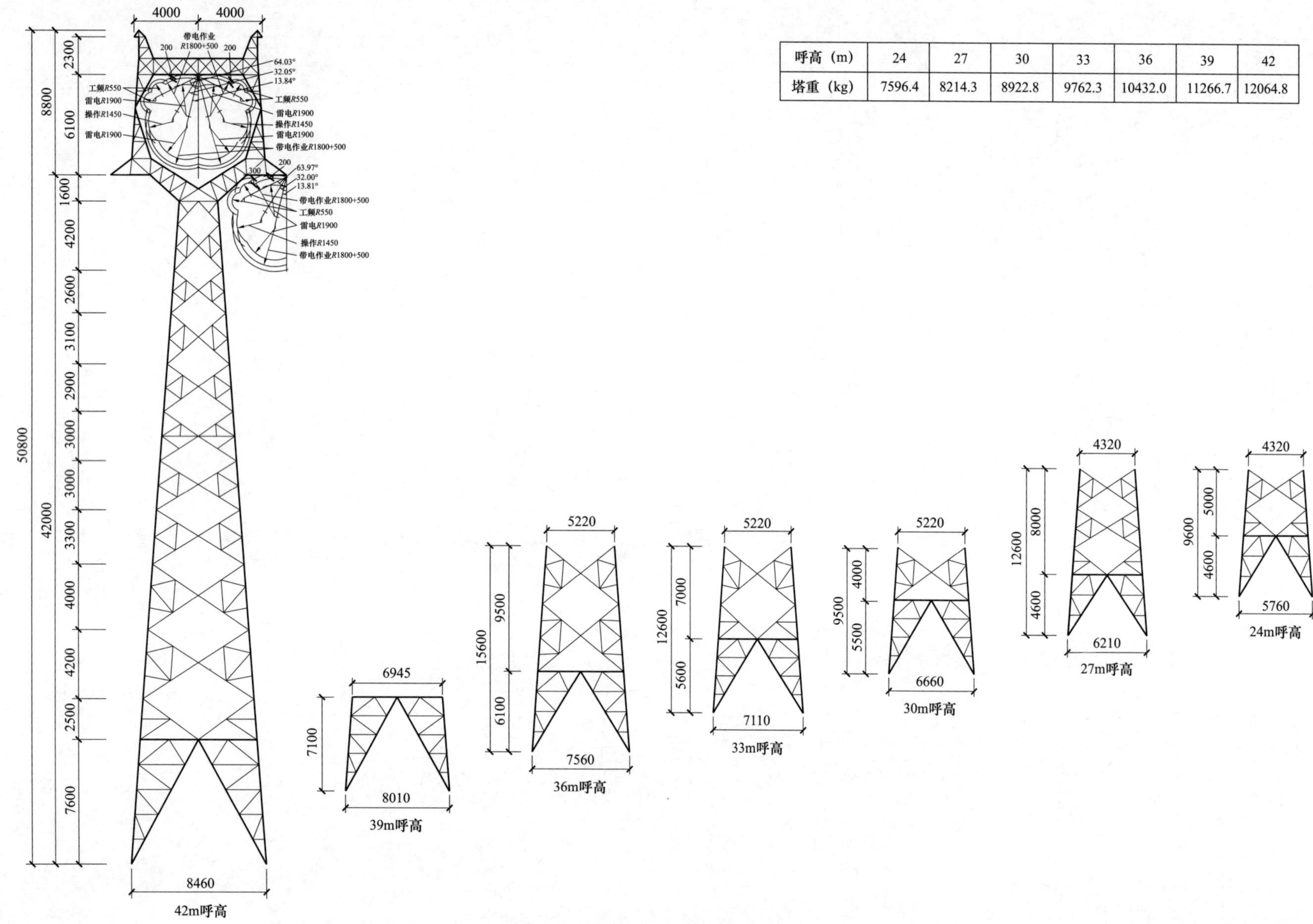

呼高（m）	24	27	30	33	36	39	42
塔重（kg）	7596.4	8214.3	8922.8	9762.3	10432.0	11266.7	12064.8

图 10-4-8 2M4-ZM3 杆塔单线图

10.4.6 2M4-ZMK 杆塔单线图

2M4-ZMK 杆塔单线图见图 10-4-9。

呼高（m）	39	42	45	48	51	54
塔重（kg）	12166.7	12967.4	14109.0	15174.1	16438.6	17906.7

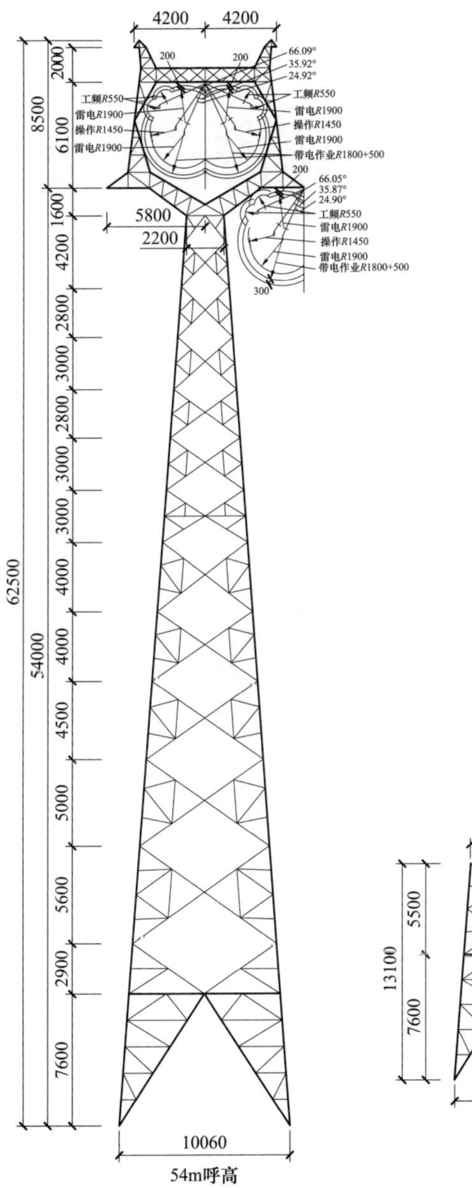

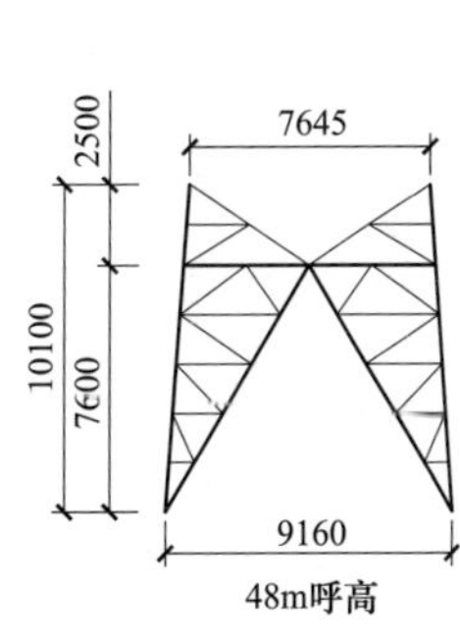

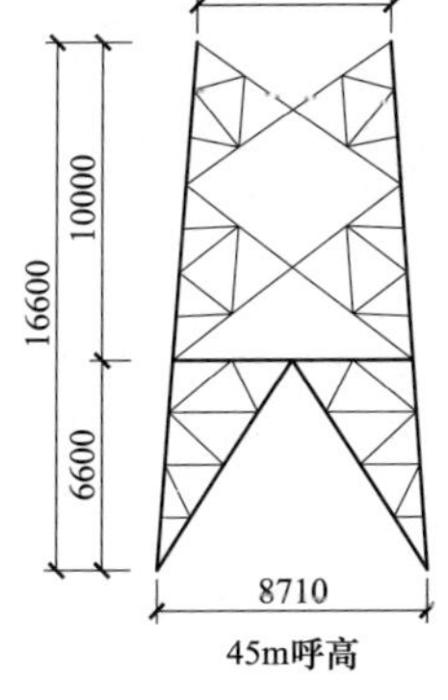

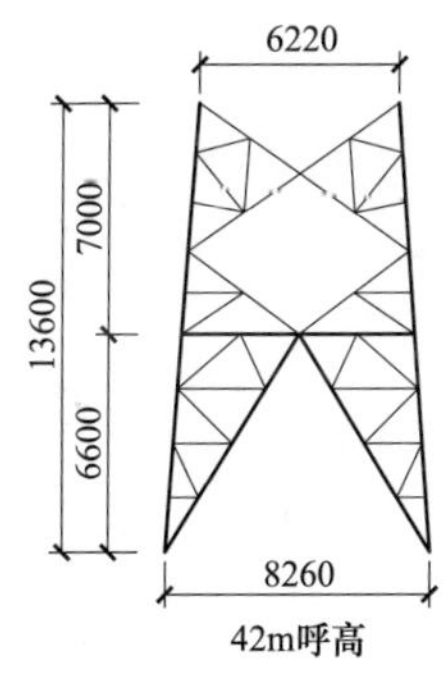

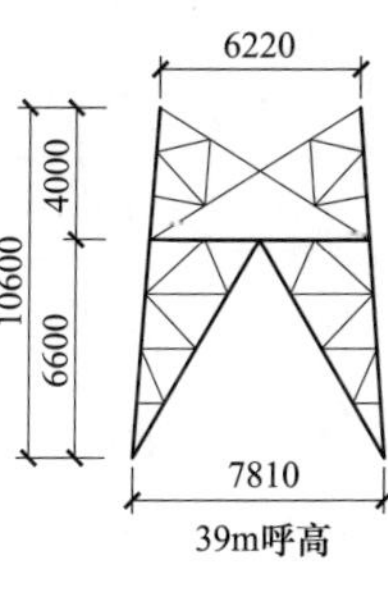

图 10-4-9 2M4-ZMK 杆塔单线图

10.4.7 2M4-J1 杆塔单线图

2M4-J1 杆塔单线图见图 10-4-10。

呼高（m）	15	18	21	24	27	30	33	36
塔重（kg）	6302.3	6869.1	7521.7	8262.4	9186.5	10295.7	10707.6	11531.7

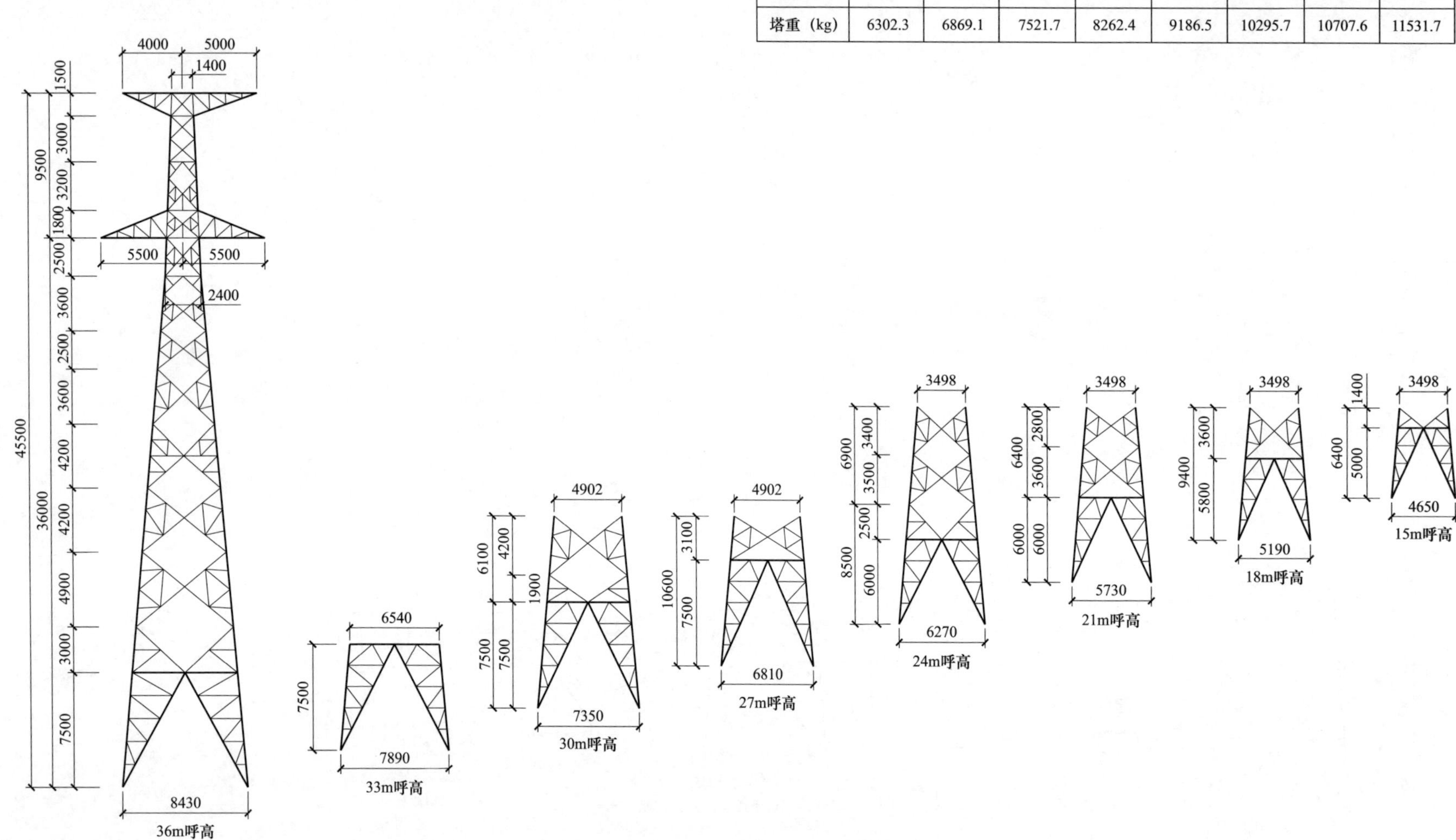

图 10-4-10 2M4-J1 杆塔单线图

10.4.8 2M4-J2 杆塔单线图

2M4-J2 杆塔单线图见图 10-4-11。

呼高（m）	15	18	21	24	27	30	33	36
塔重（kg）	7053.0	7663.3	8437.9	9166.9	10093.3	10958.1	11928.0	12467.3

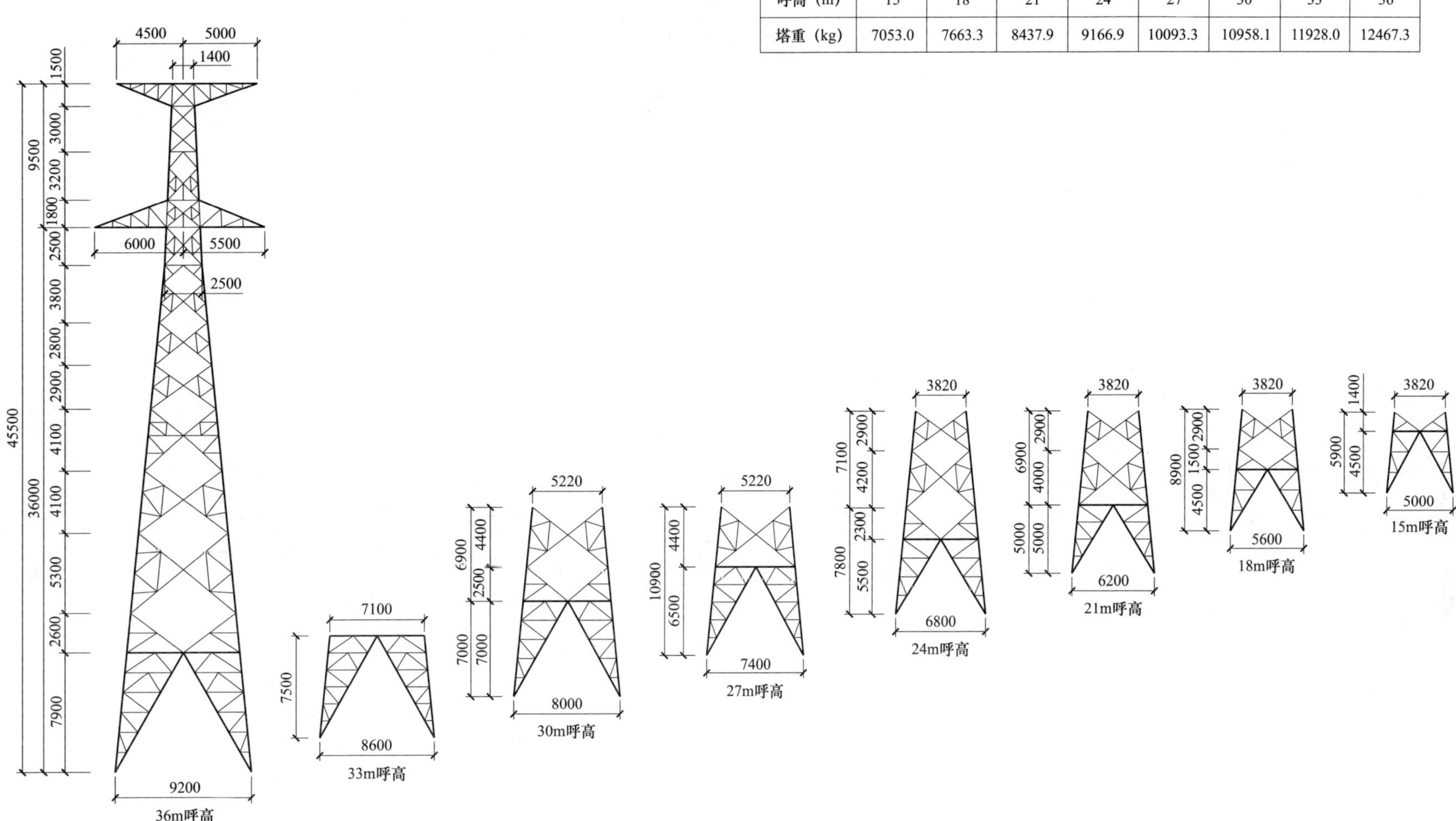

图 10-4-11 2M4-J2 杆塔单线图

10.4.9 2M4-J3 杆塔单线图

2M4-J3 杆塔单线图见图 10-4-12。

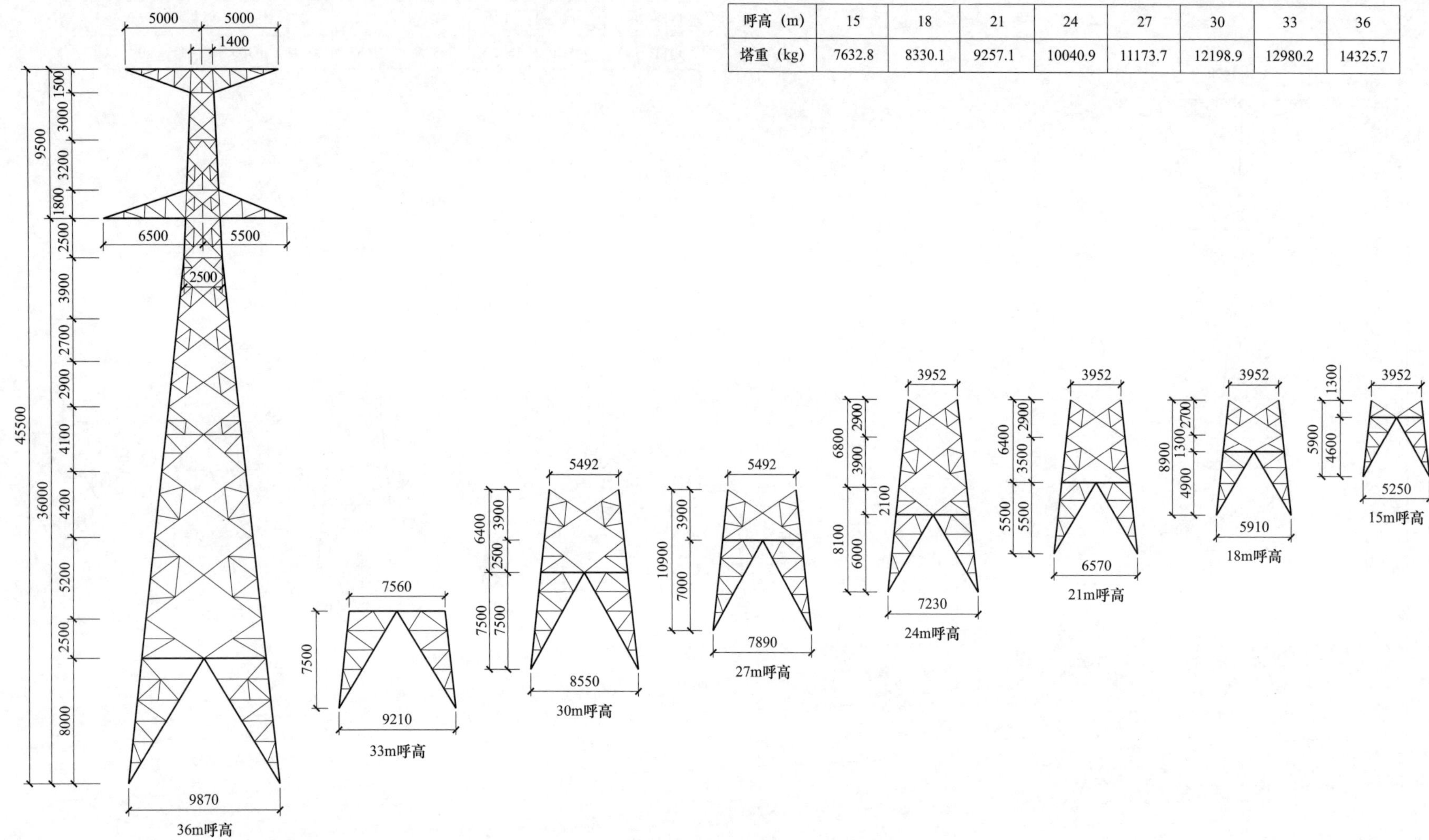

呼高（m）	15	18	21	24	27	30	33	36
塔重（kg）	7632.8	8330.1	9257.1	10040.9	11173.7	12198.9	12980.2	14325.7

图 10-4-12 2M4-J3 杆塔单线图

10.4.10 2M4-J4 杆塔单线图

2M4-J4 杆塔单线图见图 10-4-13。

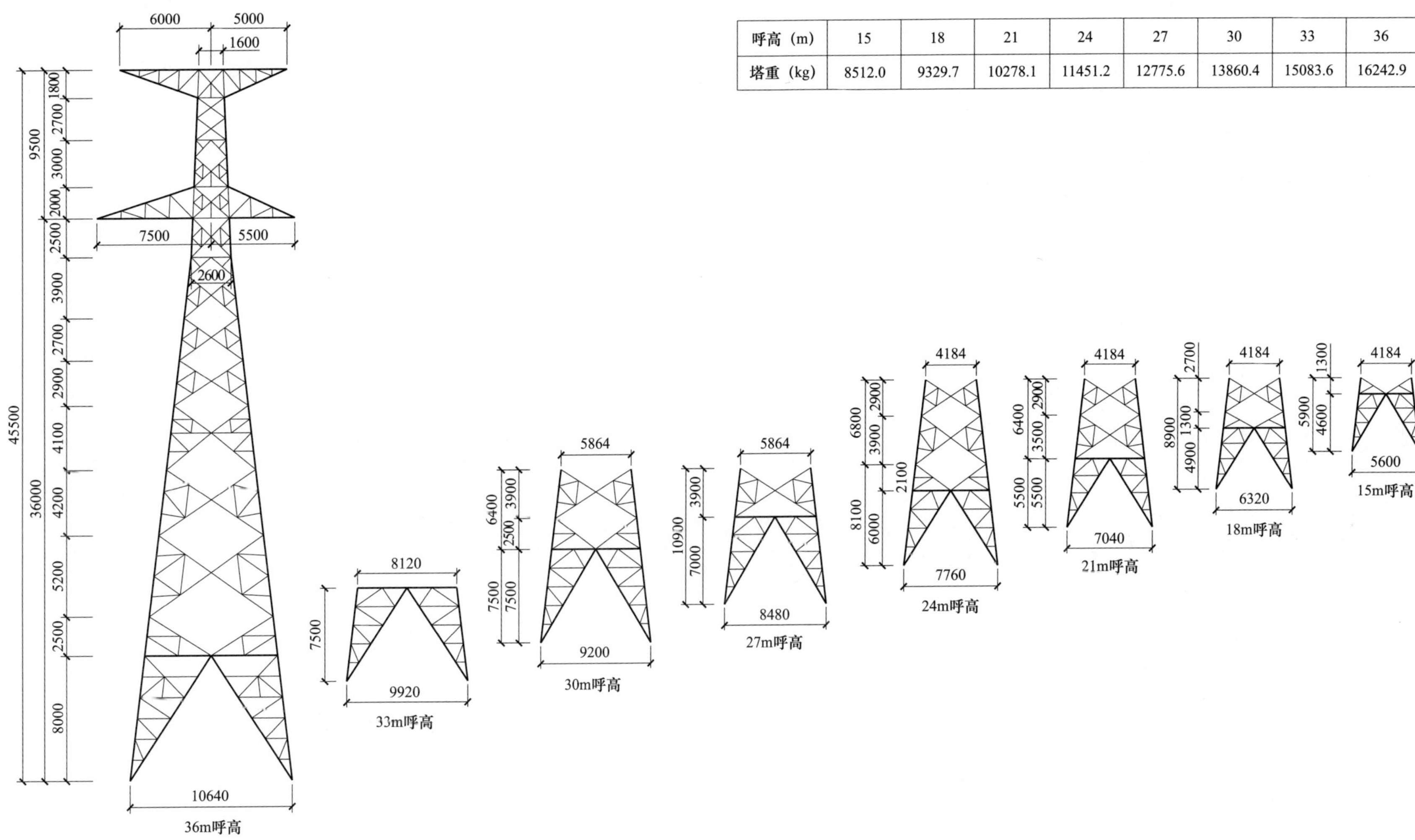

呼高（m）	15	18	21	24	27	30	33	36
塔重（kg）	8512.0	9329.7	10278.1	11451.2	12775.6	13860.4	15083.6	16242.9

图 10-4-13 2M4-J4 杆塔单线图

10.4.11 2M4-ZMC1 杆塔单线图

2M4-ZMC1 杆塔单线图见图 10-4-14。

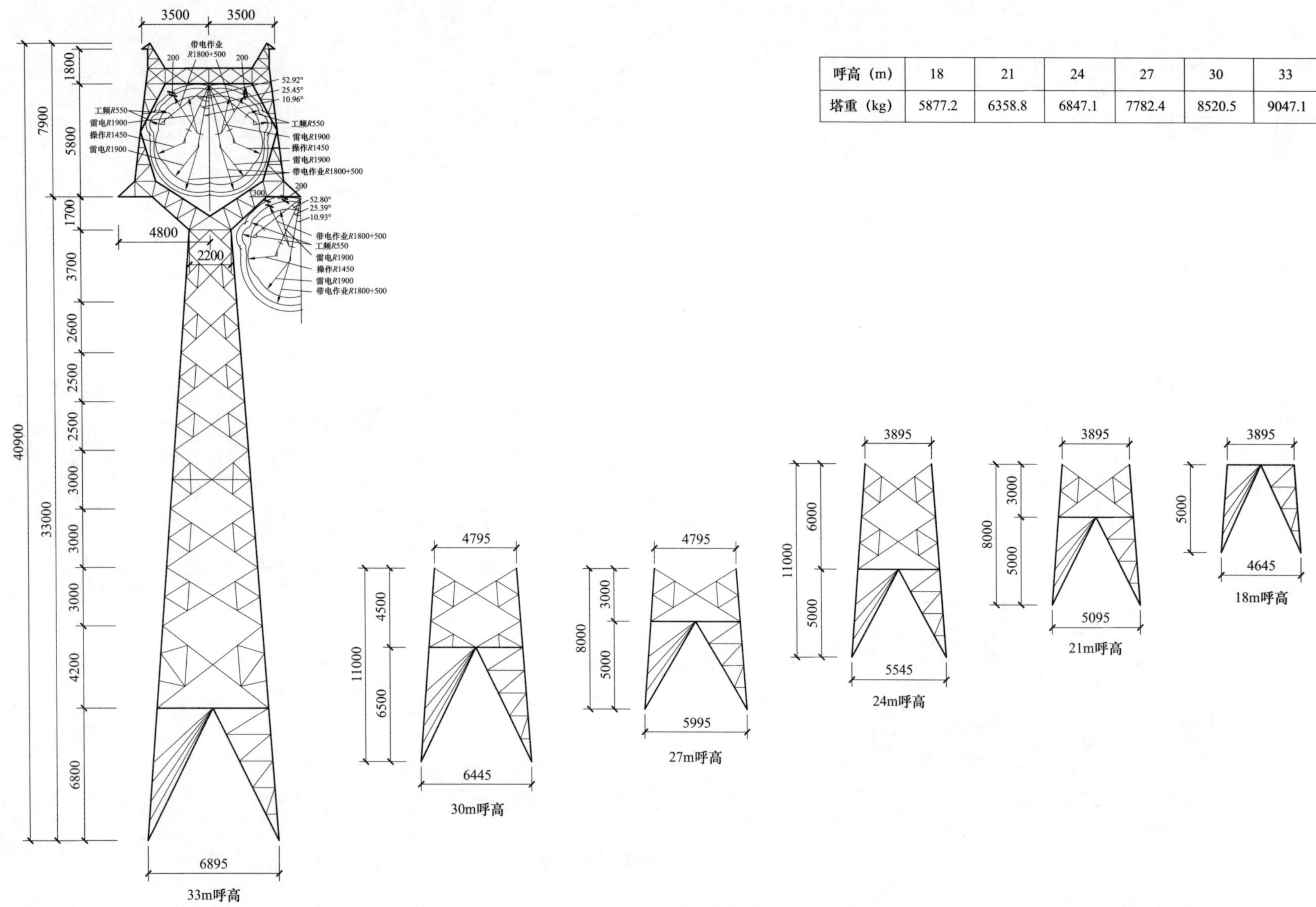

呼高（m）	18	21	24	27	30	33
塔重（kg）	5877.2	6358.8	6847.1	7782.4	8520.5	9047.1

图 10-4-14 2M4-ZMC1 杆塔单线图

10.4.12 2M4-ZMC2 杆塔单线图

2M4-ZMC2 杆塔单线图见图 10-4-15。

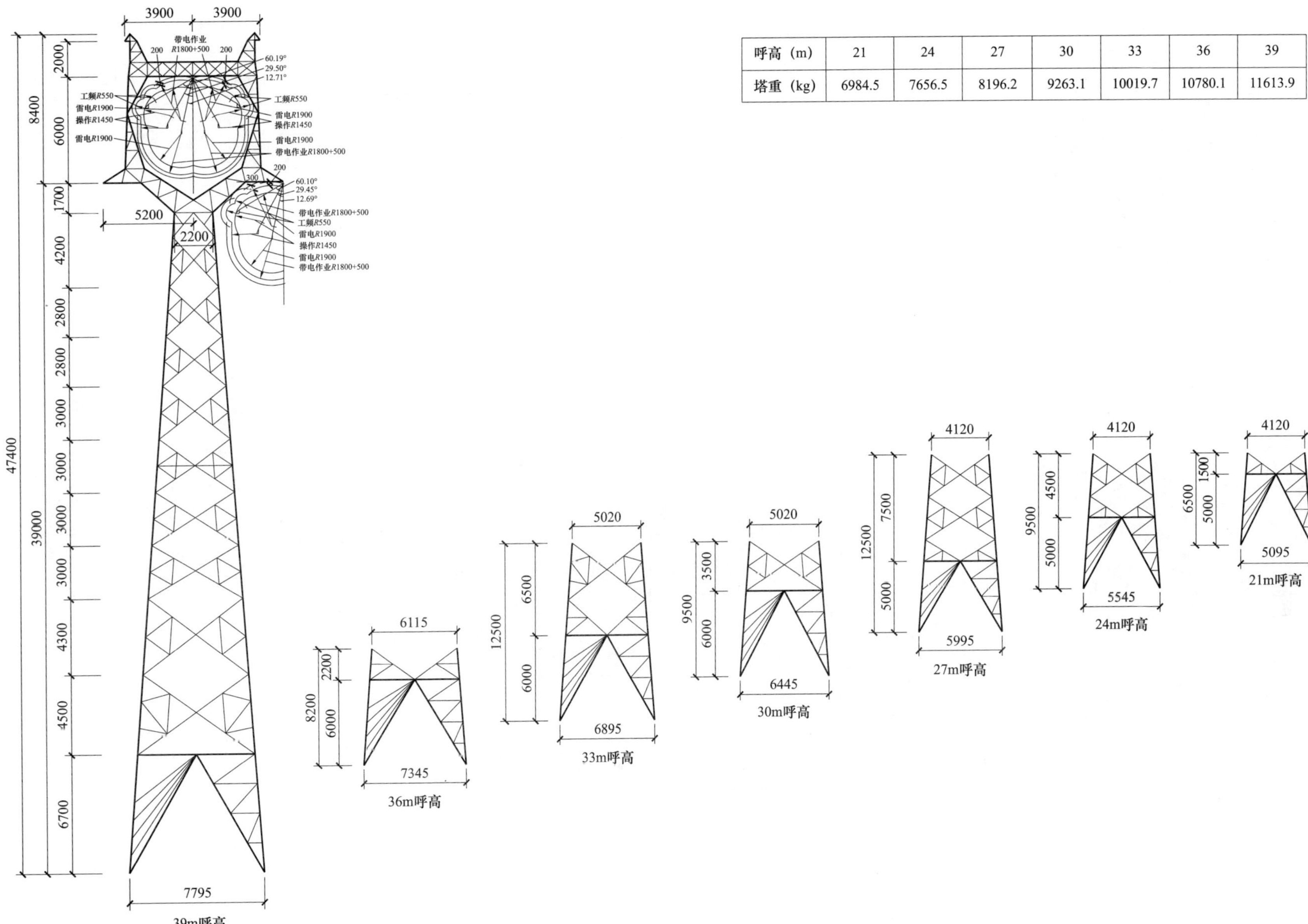

呼高（m）	21	24	27	30	33	36	39
塔重（kg）	6984.5	7656.5	8196.2	9263.1	10019.7	10780.1	11613.9

图 10-4-15 2M4-ZMC2 杆塔单线图

10.4.13 2M4-ZMC3 杆塔单线图

2M4-ZMC3 杆塔单线图见图 10-4-16。

呼高（m）	24	27	30	33	36	39	42
塔重（kg）	8652.2	9251.8	10297.5	11090.2	11307.8	12919.0	13820.2

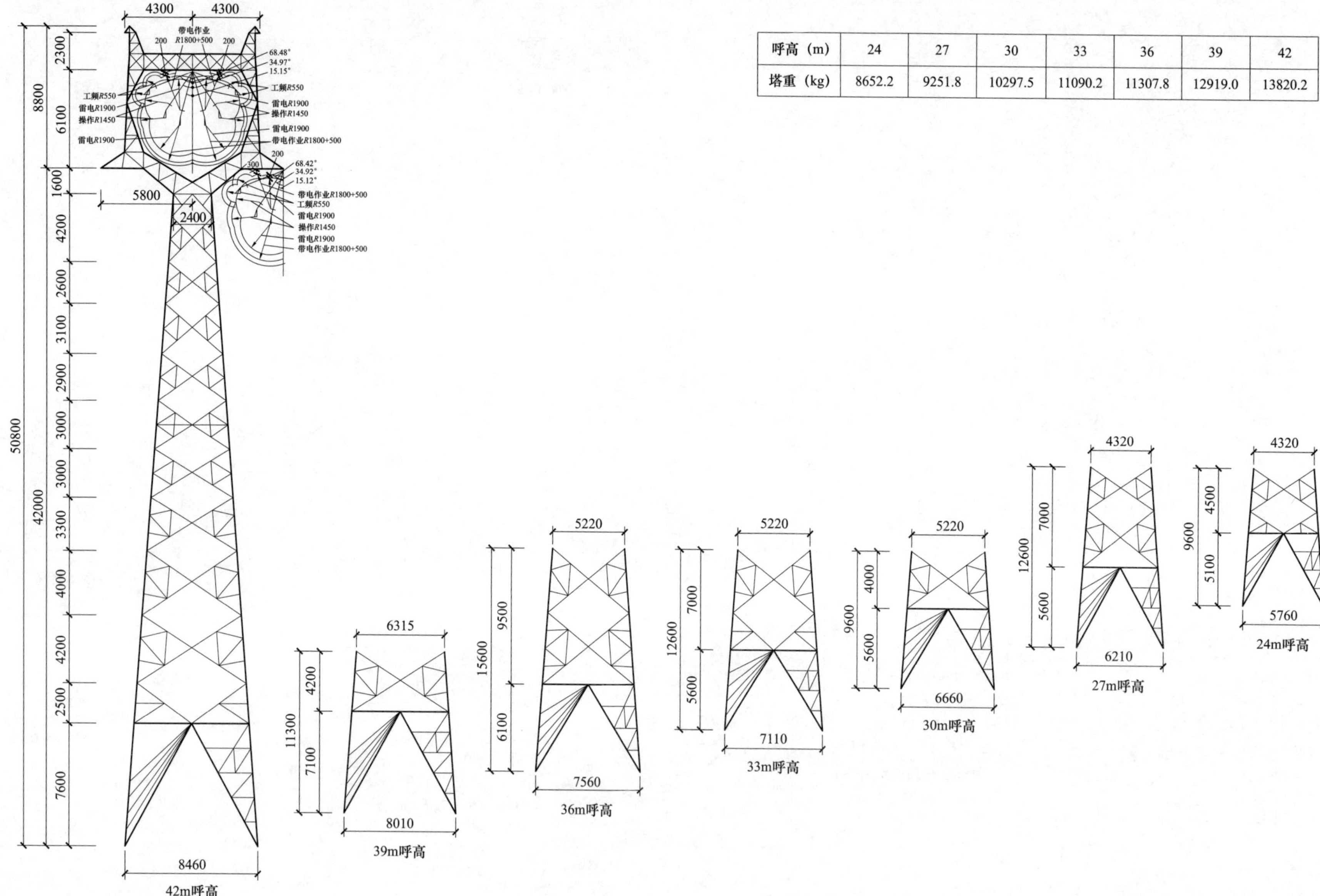

图 10-4-16 2M4-ZMC3 杆塔单线图

10.4.14 2M4-ZMC4 杆塔单线图

2M4-ZMC4 杆塔单线图见图 10-4-17。

呼高（m）	24	27	30	33	36	39	42	45	48	51
塔重（kg）	9175.4	10066.2	10780.6	12036.5	13040.8	14037.0	15176.1	16555.7	18663.4	18775.4

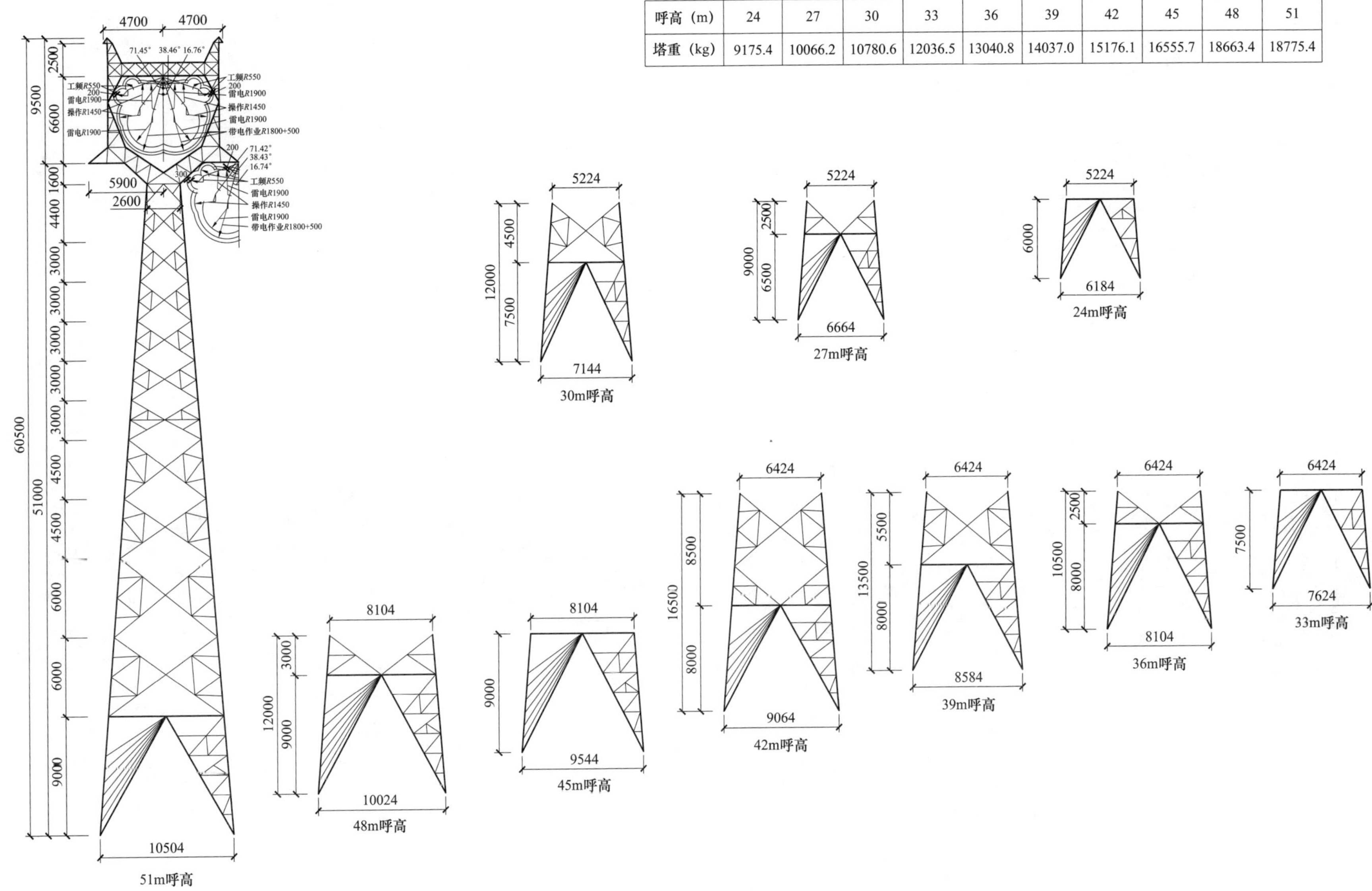

图 10-4-17 2M4-ZMC4 杆塔单线图

10.4.15 2M4-ZMCK 杆塔单线图

2M4-ZMCK 杆塔单线图见图 10-4-18。

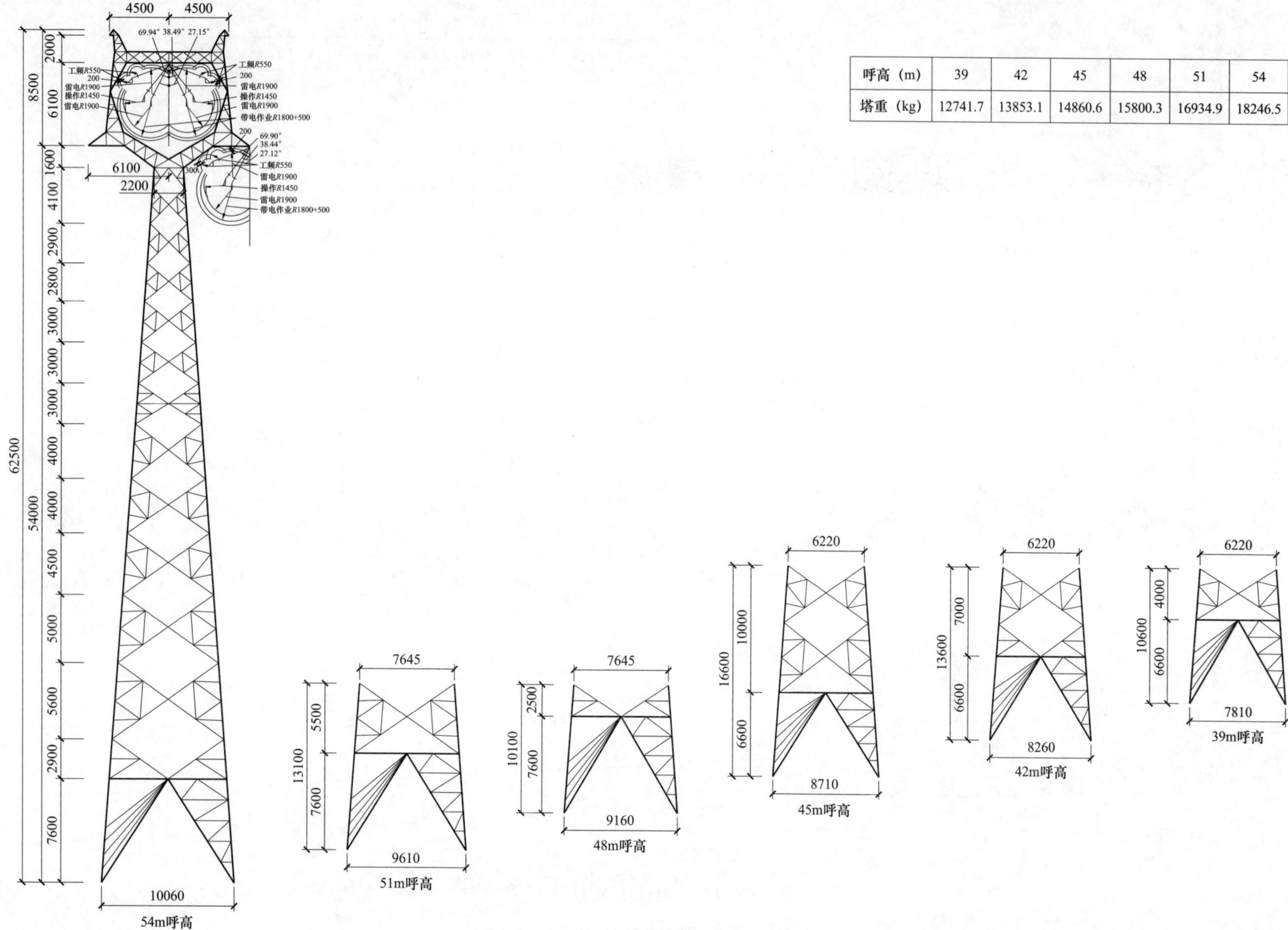

呼高（m）	39	42	45	48	51	54
塔重（kg）	12741.7	13853.1	14860.6	15800.3	16934.9	18246.5

图 10-4-18 2M4-ZMCK 杆塔单线图

10.4.16　2M4-JC1 杆塔单线图

2M4-JC1 杆塔单线图见图 10-4-19。

呼高（m）	15	18	21	24	27	30	33	36
塔重（kg）	7352.1	8072.3	8792.4	9402.8	10550.5	11455.5	12237.0	13130.7

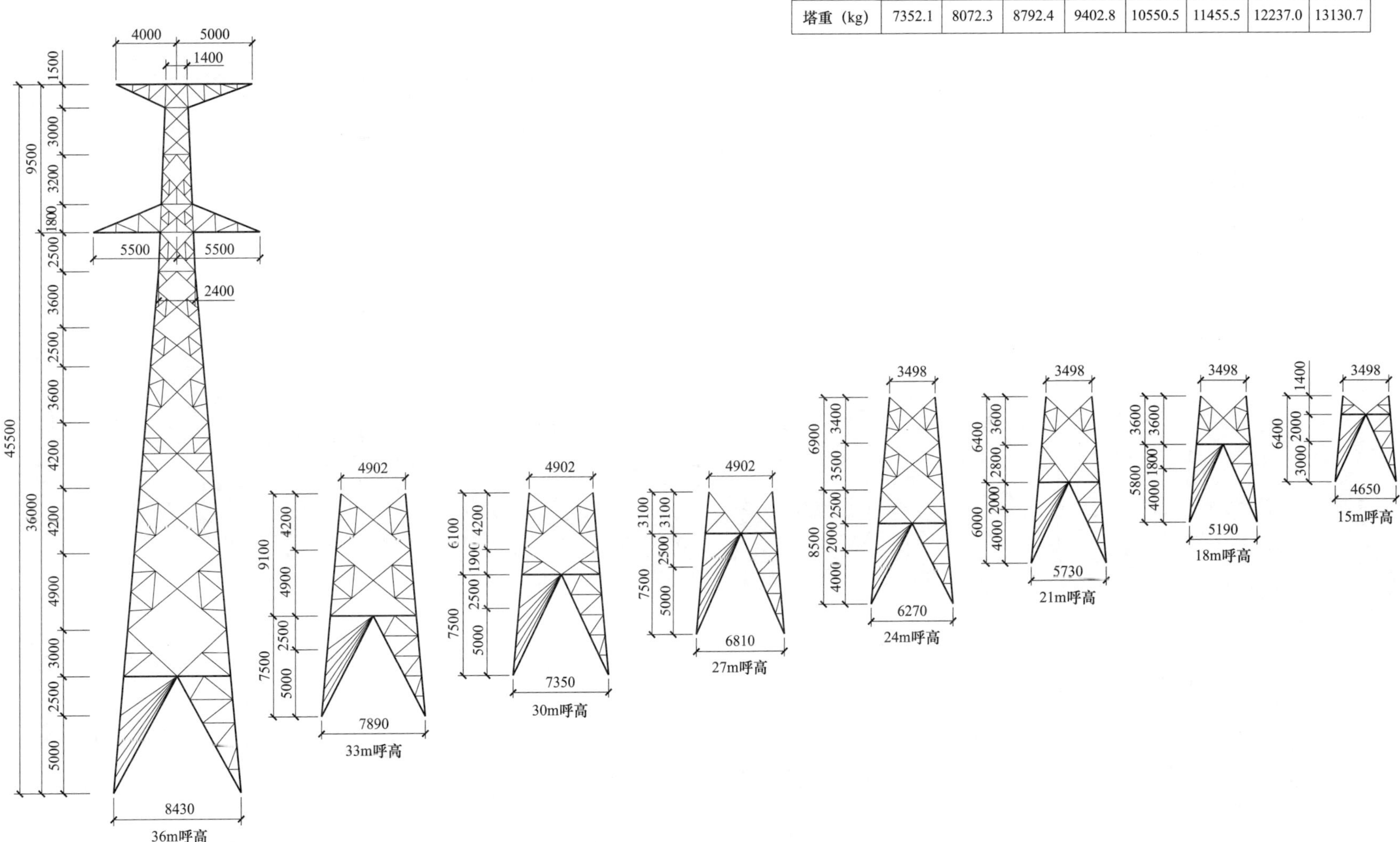

图 10-4-19　2M4-JC1 杆塔单线图

10.4.17 2M4-JC2 杆塔单线图

2M4-JC2 杆塔单线图见图 10-4-20。

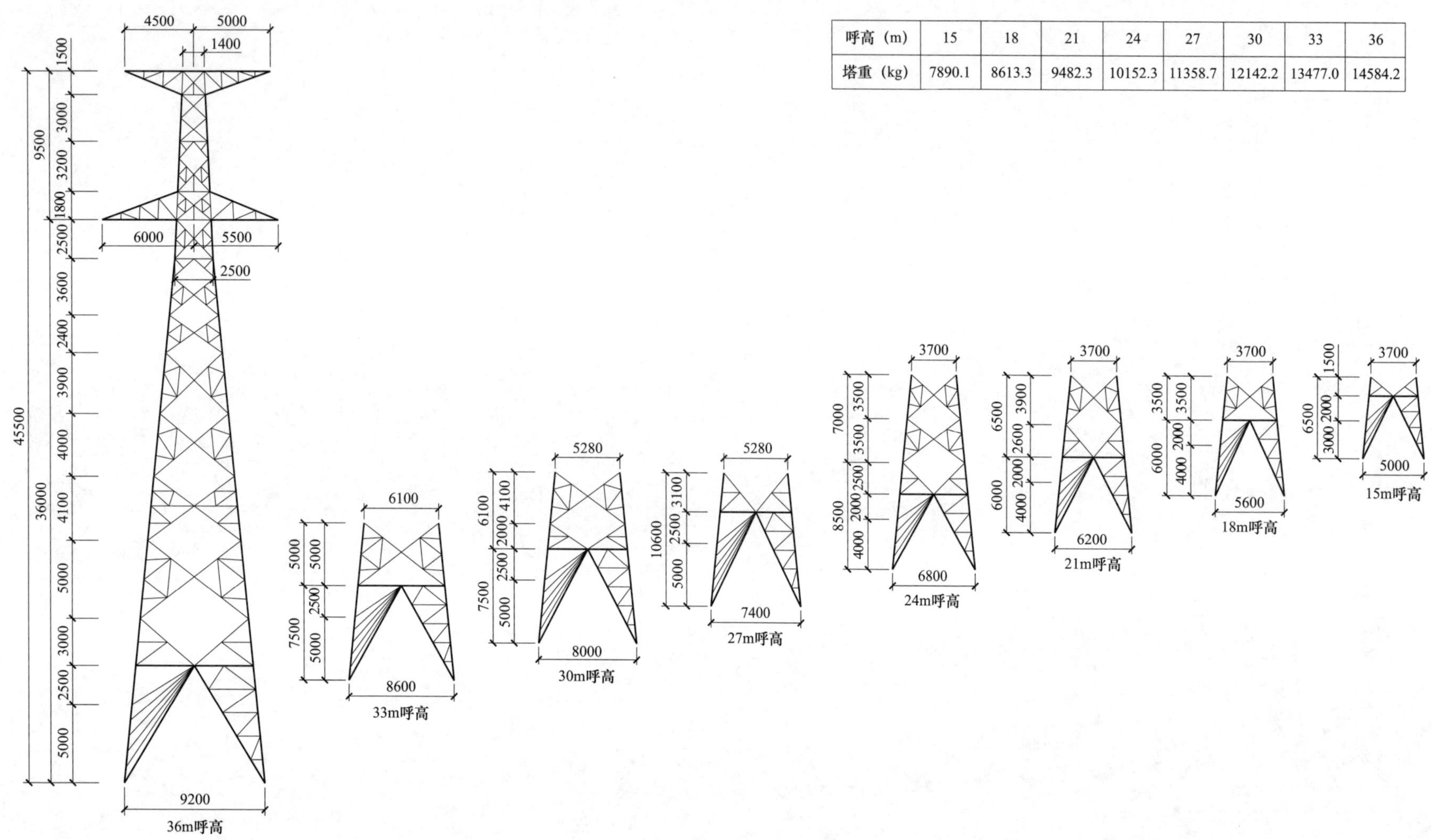

呼高（m）	15	18	21	24	27	30	33	36
塔重（kg）	7890.1	8613.3	9482.3	10152.3	11358.7	12142.2	13477.0	14584.2

图 10-4-20 2M4-JC2 杆塔单线图

10.4.18 2M4-JC3 杆塔单线图

2M4-JC3 杆塔单线图见图 10-4-21。

呼高（m）	15	18	21	24	27	30	33	36
塔重（kg）	8782.9	9669.1	10560.2	11488.2	13025.5	13913.1	15344.2	16499.0

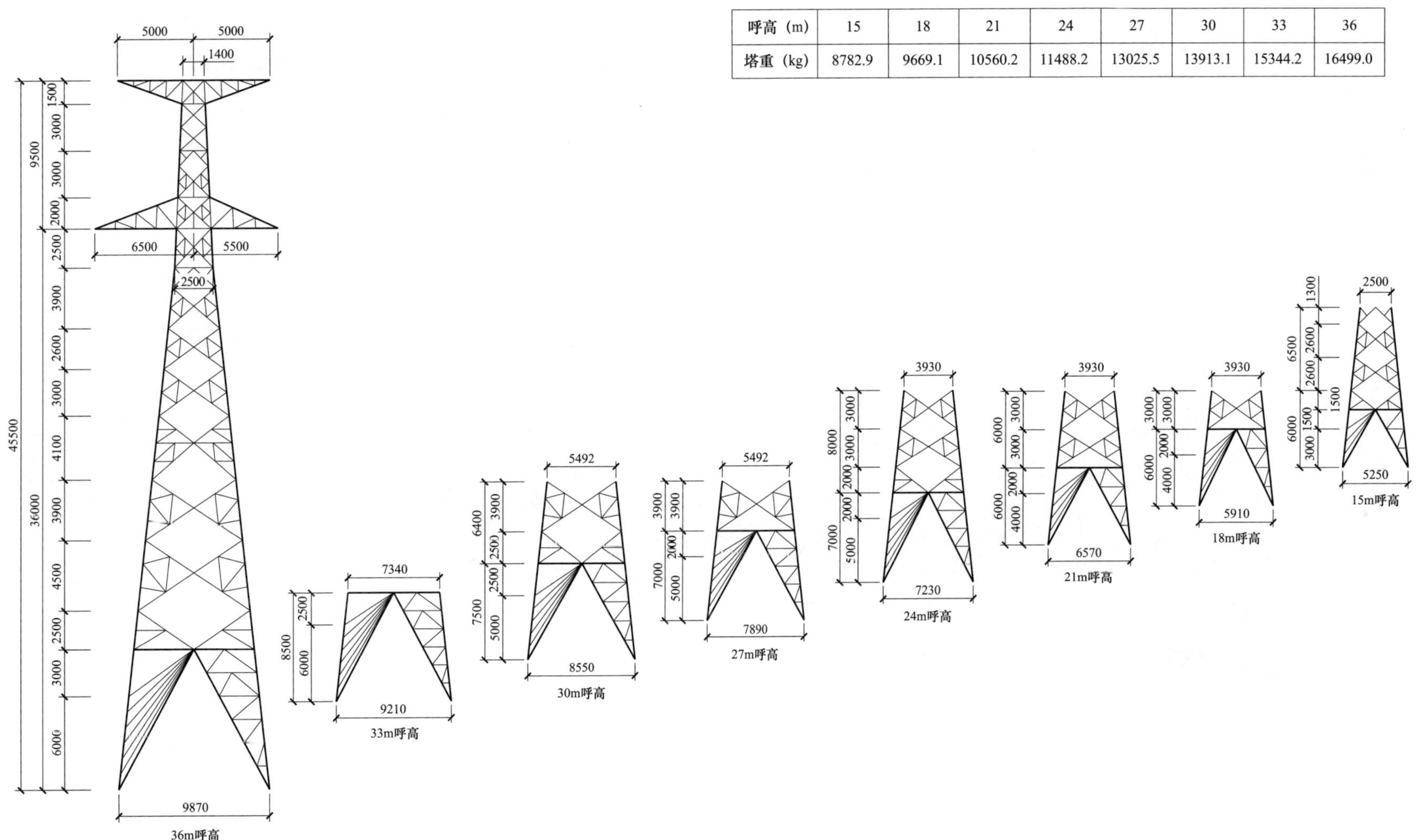

图 10-4-21 2M4-JC3 杆塔单线图

10.4.19　2M4-JC4 杆塔单线图

2M4-JC4 杆塔单线图见图 10-4-22。

呼高（m）	15	18	21	24	27	30	33	36
塔重（kg）	9309.3	10288.0	11170.7	12333.3	13751.9	15297.1	16871.5	18164.5

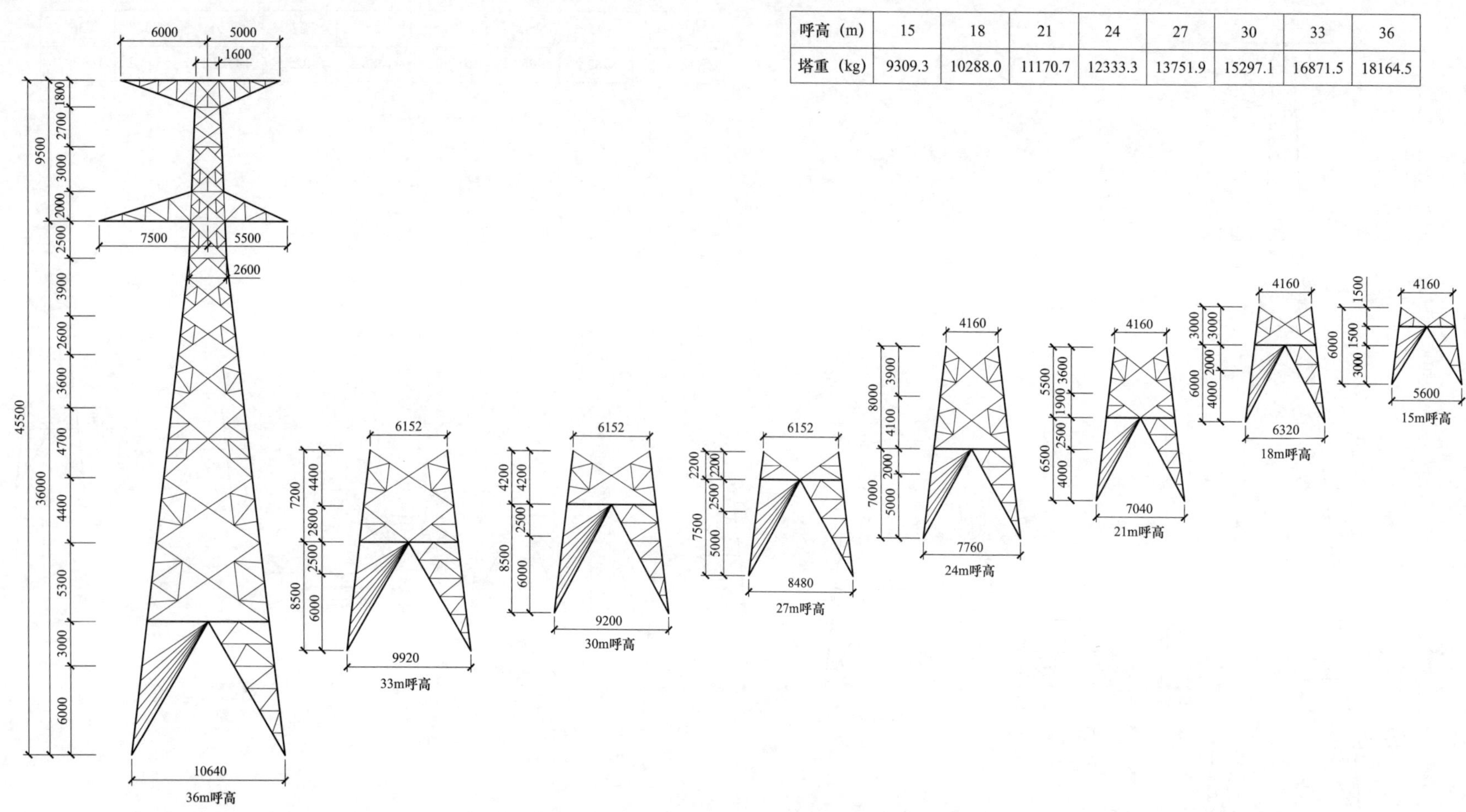

图 10-4-22　2M4-JC4 杆塔单线图

10.4.20 2M4-DJC1 杆塔单线图

2M4-DJC1 杆塔单线图见图 10-4-23。

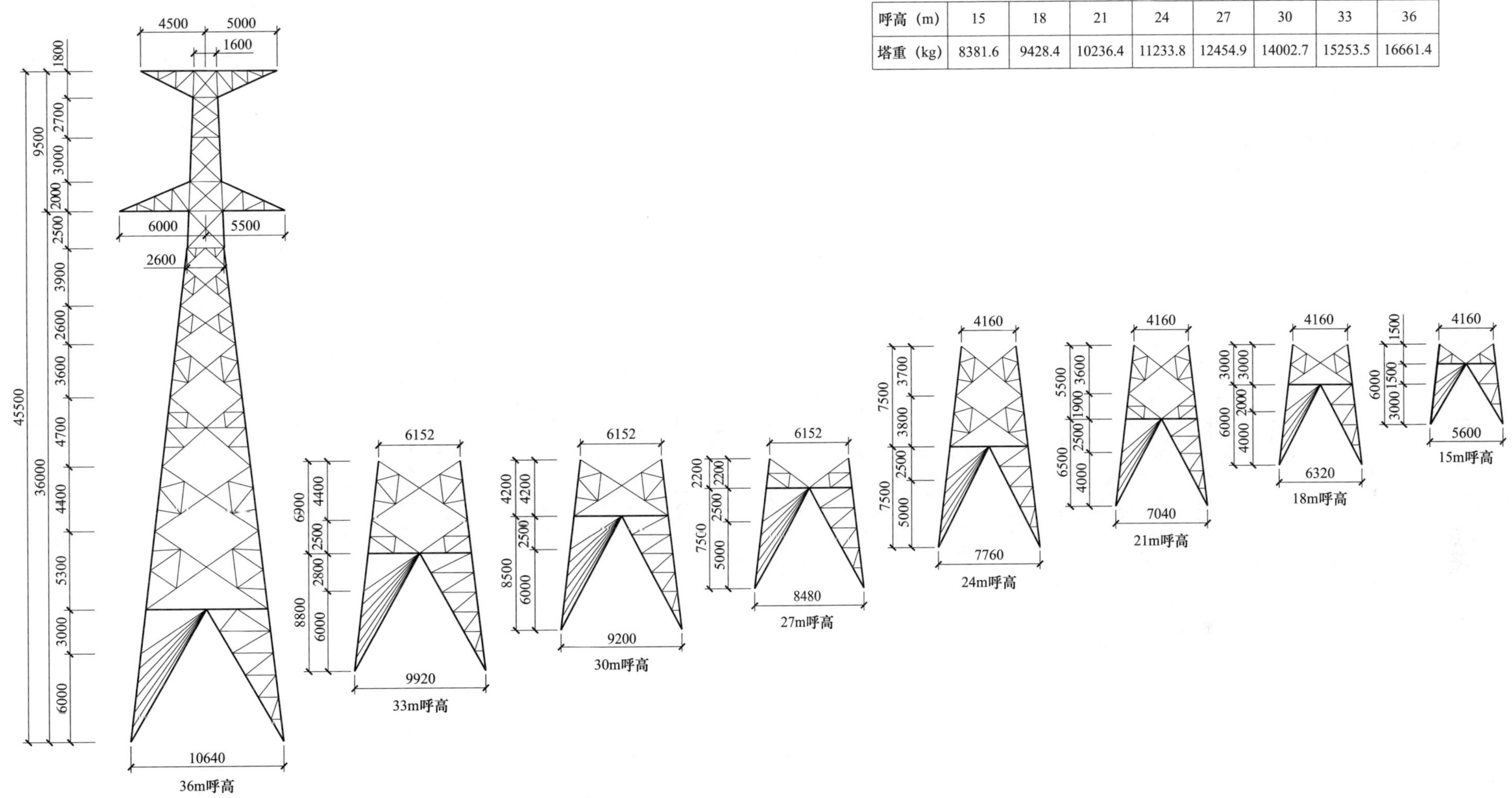

呼高（m）	15	18	21	24	27	30	33	36
塔重（kg）	8381.6	9428.4	10236.4	11233.8	12454.9	14002.7	15253.5	16661.4

图 10-4-23 2M4-DJC1 杆塔单线图

10.4.21　2M4-DJC2 杆塔单线图

2M4-DJC2 杆塔单线图见图 10-4-24。

呼高（m）	15	18	21	24	27	30	33	36
塔重（kg）	8729.8	9776.6	10584.6	11582.0	12803.1	14350.9	15601.7	17009.6

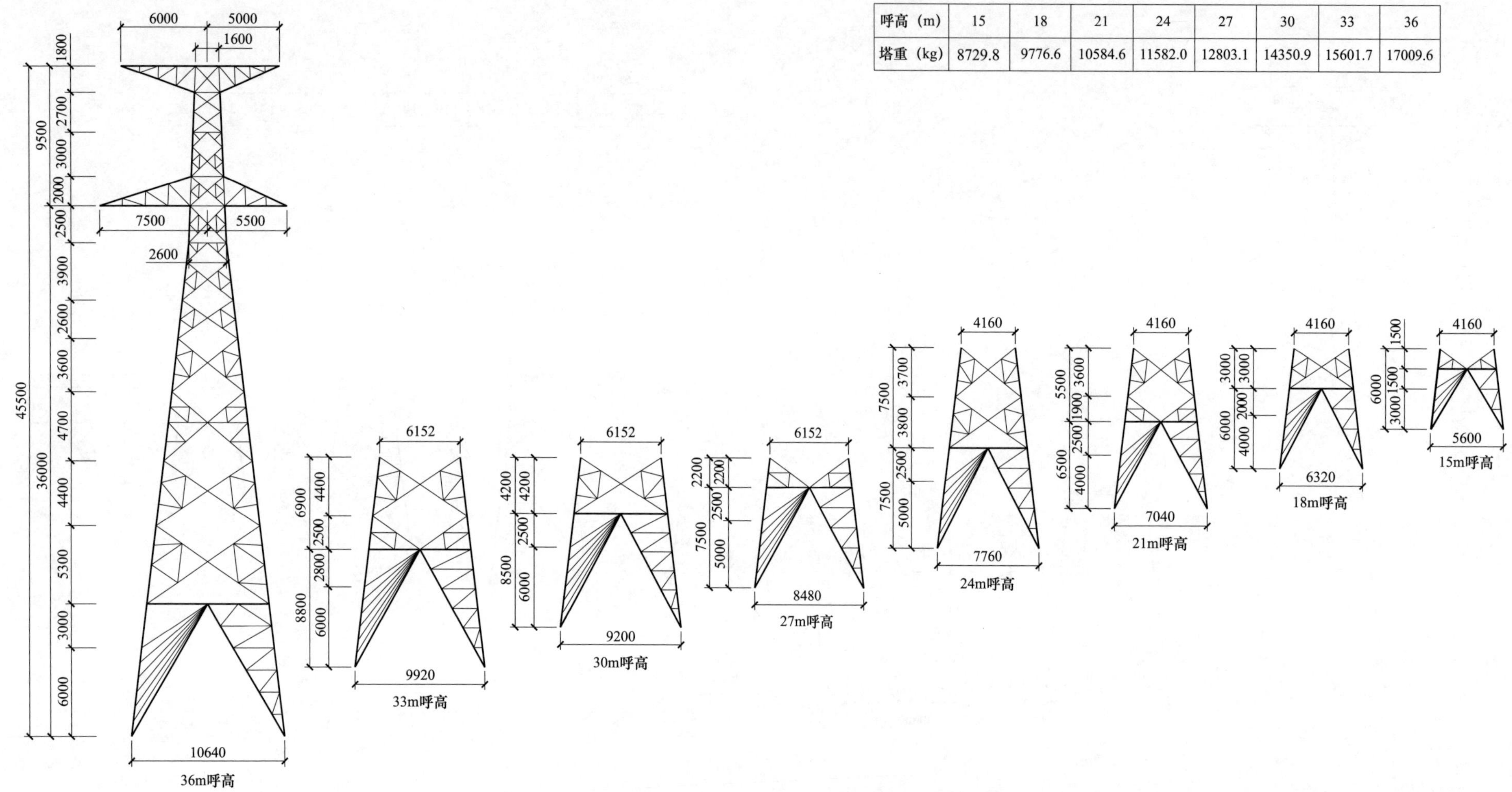

图 10-4-24　2M4-DJC2 杆塔单线图

10.4.22　2M4-HDJC 杆塔单线图

2M4-HDJC 杆塔单线图见图 10-4-25。

呼高（m）	15	18	21	24	27	30	33	36
塔重（kg）	8729.8	9776.6	10584.6	11582.0	12803.1	14350.9	15601.7	17009.6

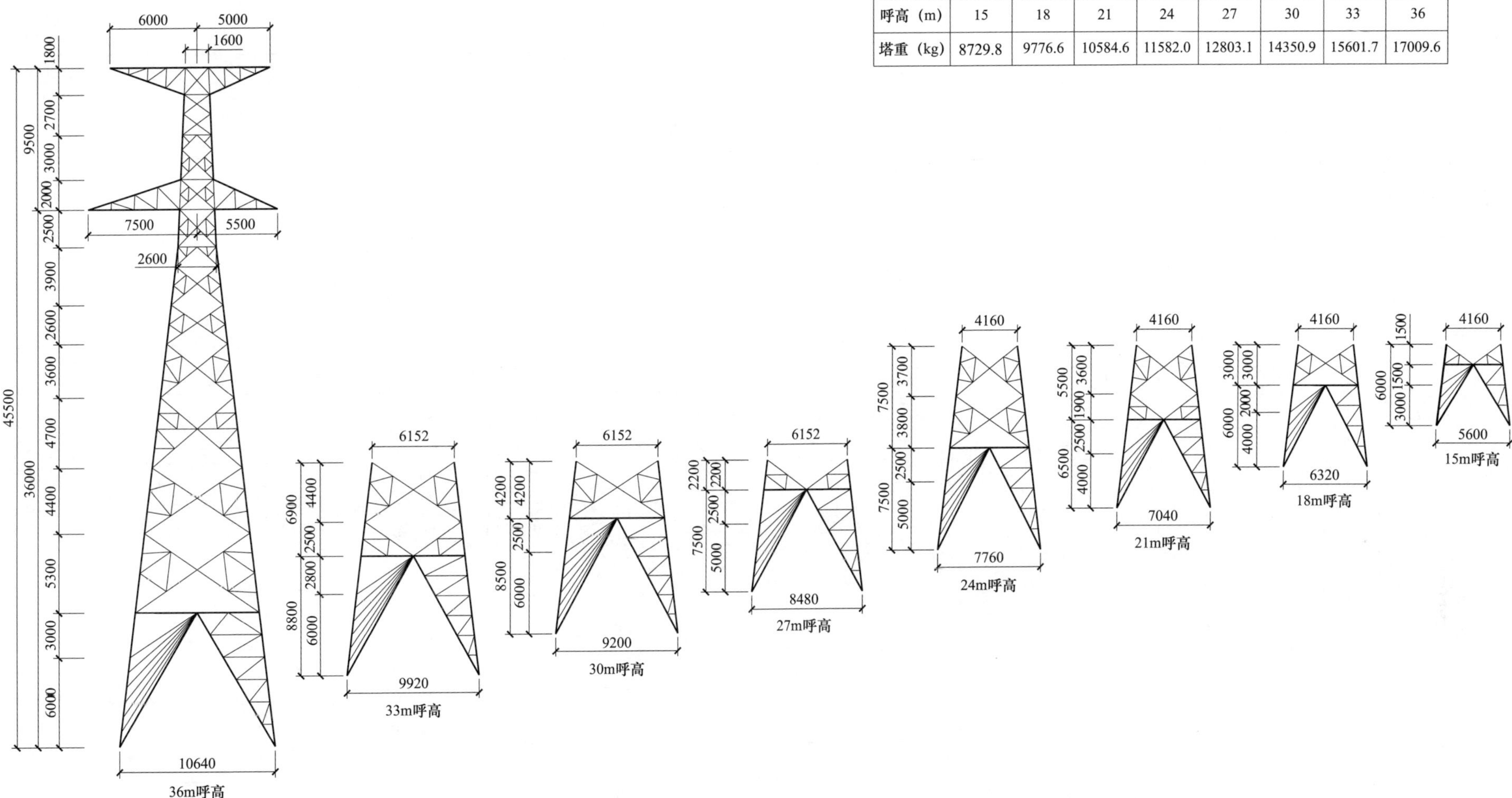

图 10-4-25　2M4-HDJC 杆塔单线图

第 11 章　2N 模　块

11.1　2N1 子模块

11.1.1　2N1 子模块说明

（1）该子模块电压等级 220kV，海拔 1000m 以内、设计风速 23.5m/s（离地 10m）、覆冰厚度 10mm，导线 2×JL/G1A-240/30 兼 JL/G1A-400/35 的单回路杆塔。地线采用 JLB20A-150。该子模块直线塔按平地、山区各一套设计，耐张塔由 2N2 子模块兼。悬垂串 I 型布置。该子模块共计 9 种塔型。

（2）使用条件。2N1 子模块的气象条件、杆塔设计条件、杆塔塔重及基础作用力分别见表 11-1-1～表 11-1-3。

表 11-1-1　　2N1 子模块的气象条件

项目	气温（℃）	风速（m/s）	覆冰厚度（mm）
最高气温	40	0	0
最低气温	-20	0	0
覆冰	-5	10	10
基本风速	-5	23.5	0
安装情况	-10	10	0
年平均气温	10	0	0
雷电过电压	15	10	0
操作过电压	10	15	0
带电作业	15	10	0

表 11-1-2　　2N1 子模块的杆塔设计条件

塔型名称	呼高范围（m）	计算呼高（m）	水平档距（m）	垂直档距（m）	允许转角（°）
ZM1	18～30	27	350	450	—
ZM2	21～36	33	410	550	—
ZM3	24～42	39	500	650	—
ZMK	39～54	51	410	550	—
ZMC1	18～33	27	380	600	—
ZMC2	21～39	33	480	800	—
ZMC3	24～42	39	600	1000	—
ZMC4	24～51	42	850	1200	—
ZMCK	42～54	51	480	800	—

表 11-1-3　　2N1 子模块的杆塔塔重及基础作用力

塔型名称	塔重范围（kg）	基础作用力范围（kN）					
		T_{max}	T_x	T_y	N_{max}	N_x	N_y
ZM1	5645.6～7732.0	142～186	16～20	12～16	201～247	17～24	7～20
ZM2	6255.3～9151.0	182～238	20～25	16～21	237～310	24～30	19～26
ZM3	7210.5～11719.5	218～290	25～32	20～27	281～380	30～40	24～34
ZMK	11107.7～16438.6	313～374	35～41	29～40	395～488	42～49	35～48
ZMC1	6061.0～8909.9	163～217	24～30	20～26	238～288	34～39	13～31
ZMC2	6768.4～10798.3	208～287	29～35	24～31	273～343	35～43	29～36
ZMC3	8031.6～12830.9	253～326	36～45	30～39	330～431	44～55	36～47
ZMC4	8878.6～17357.4	311～439	43～61	36～53	399～575	52～74	43～63
ZMCK	12845.8～17632.1	364～414	49～59	43～50	462～539	59～70	51～60

11.1.2　2N1 子模块杆塔一览图

2N1 子模块杆塔一览图见图 11-1-1、图 11-1-2。

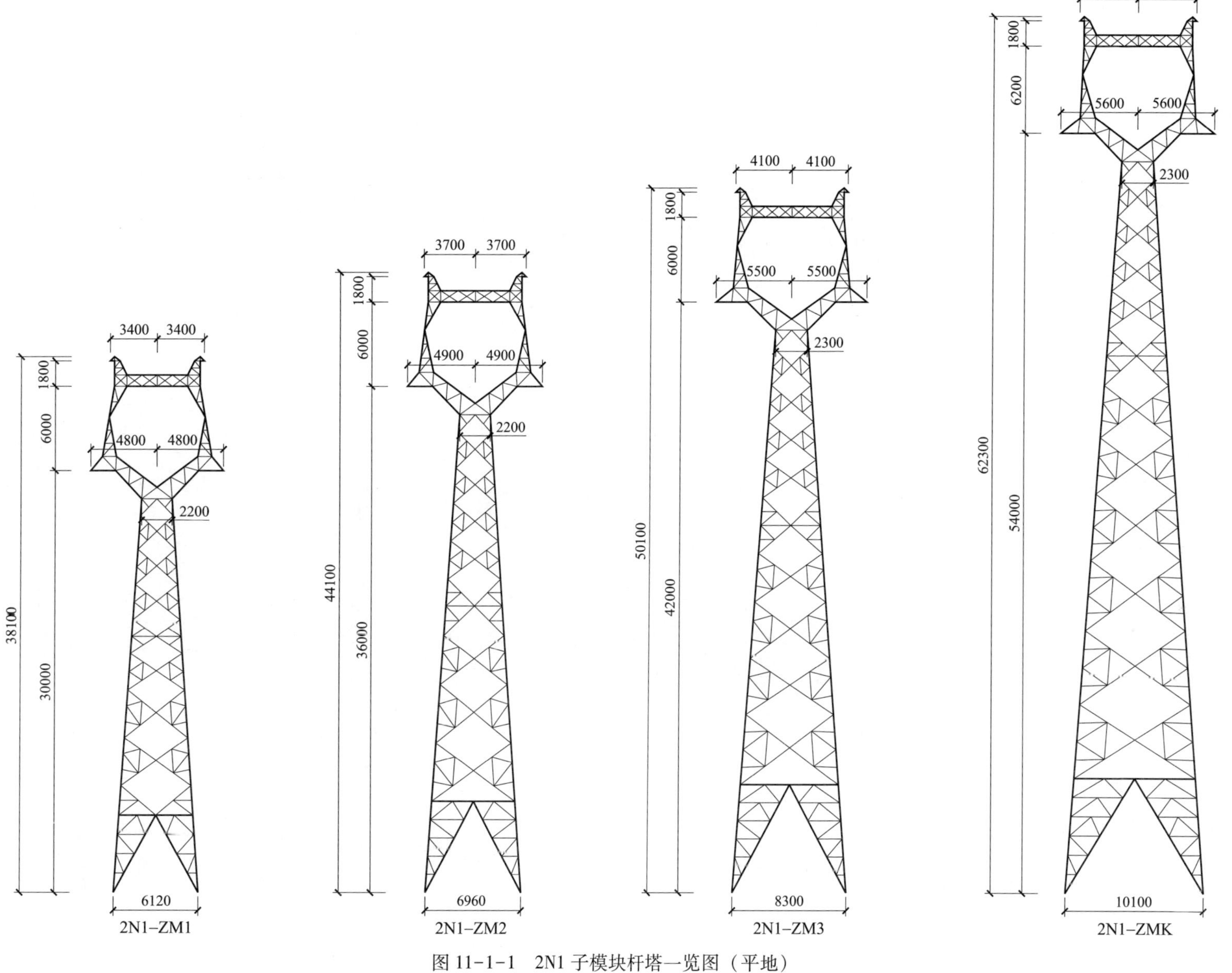

图 11-1-1　2N1 子模块杆塔一览图（平地）

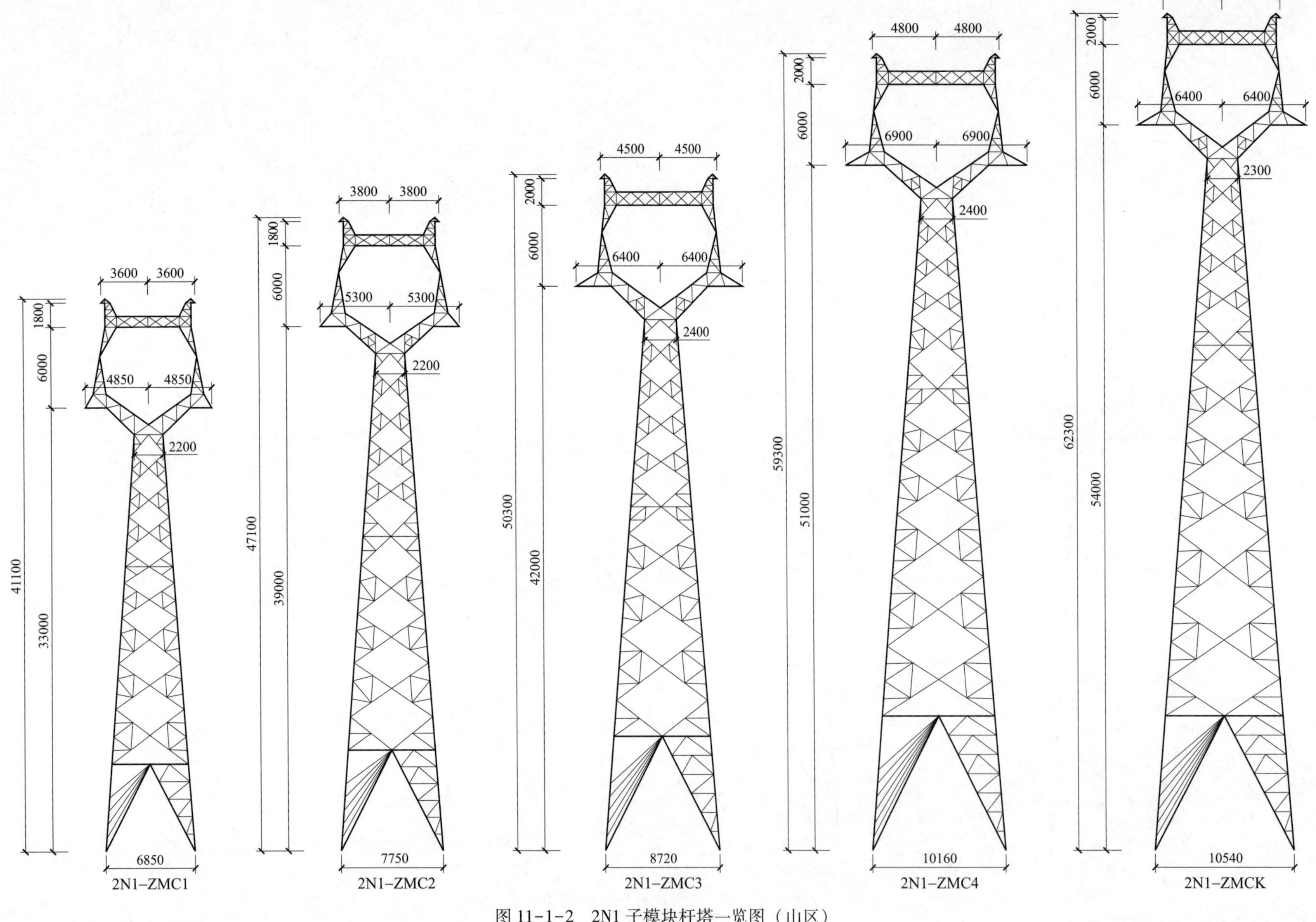

图 11-1-2　2N1 子模块杆塔一览图（山区）

11.1.3 2N1-ZM1 杆塔单线图

2N1-ZM1 杆塔单线图见图 11-1-3。

呼高（m）	18	21	24	27	30
塔重（kg）	5645.6	6016.0	6646.9	7232.7	7732.0

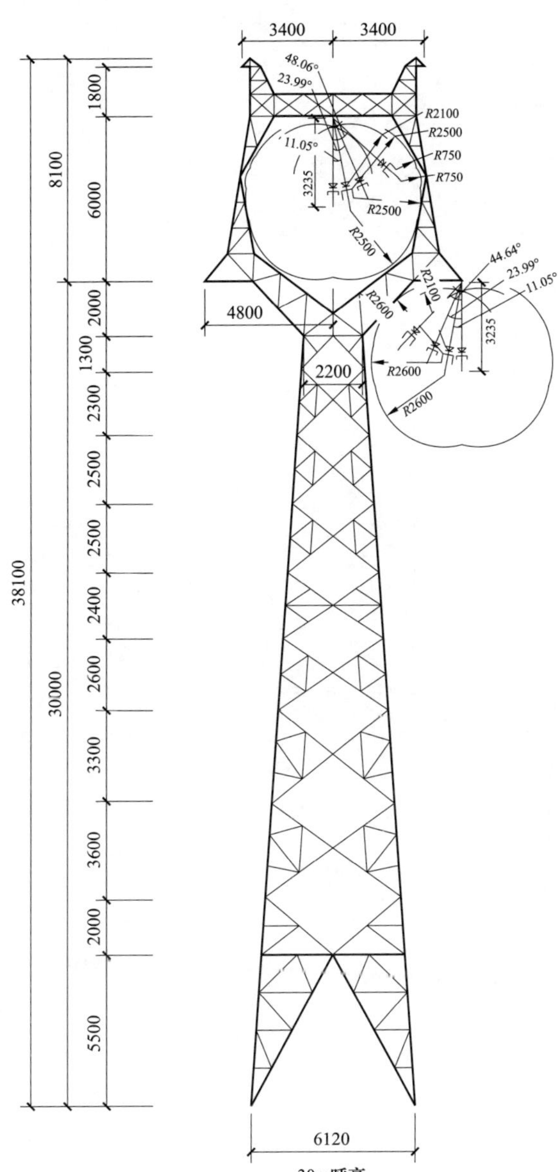

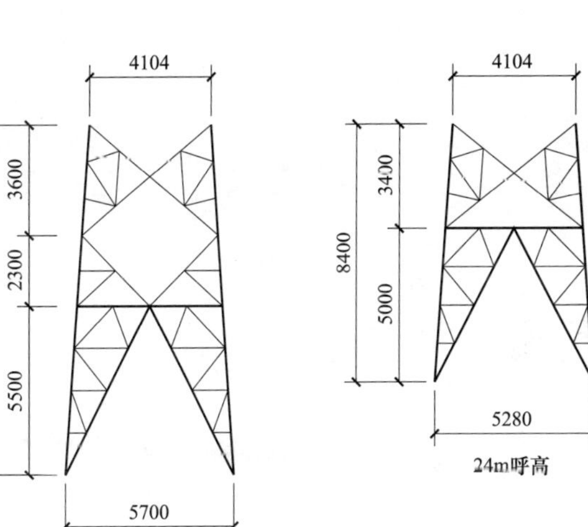

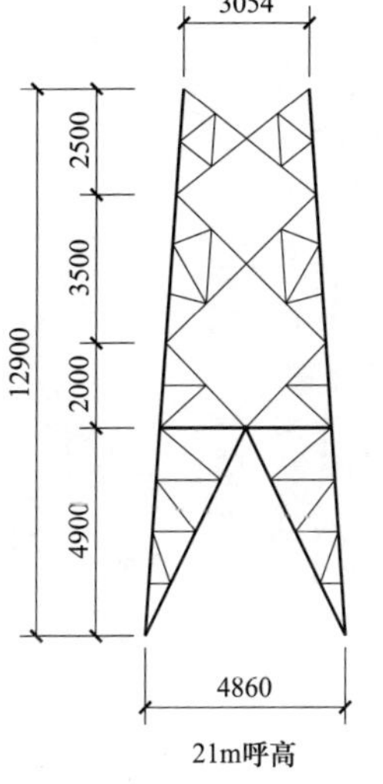

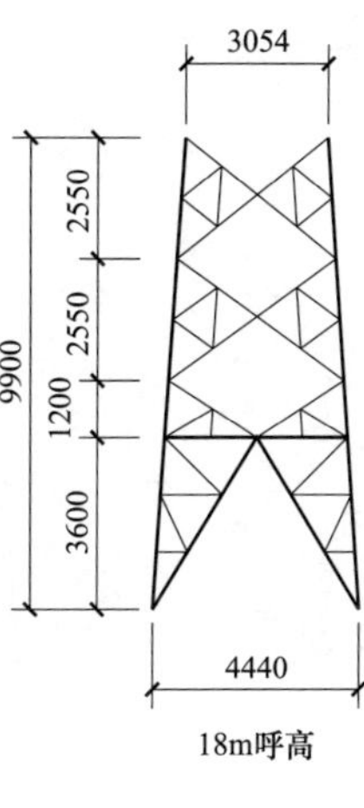

图 11-1-3 2N1-ZM1 杆塔单线图

11.1.4　2N1-ZM2 杆塔单线图

2N1-ZM2 杆塔单线图见图 11-1-4。

呼高（m）	21	24	27	30	33	36
塔重（kg）	6255.3	6721.3	7390.7	7933.9	8528.5	9151.0

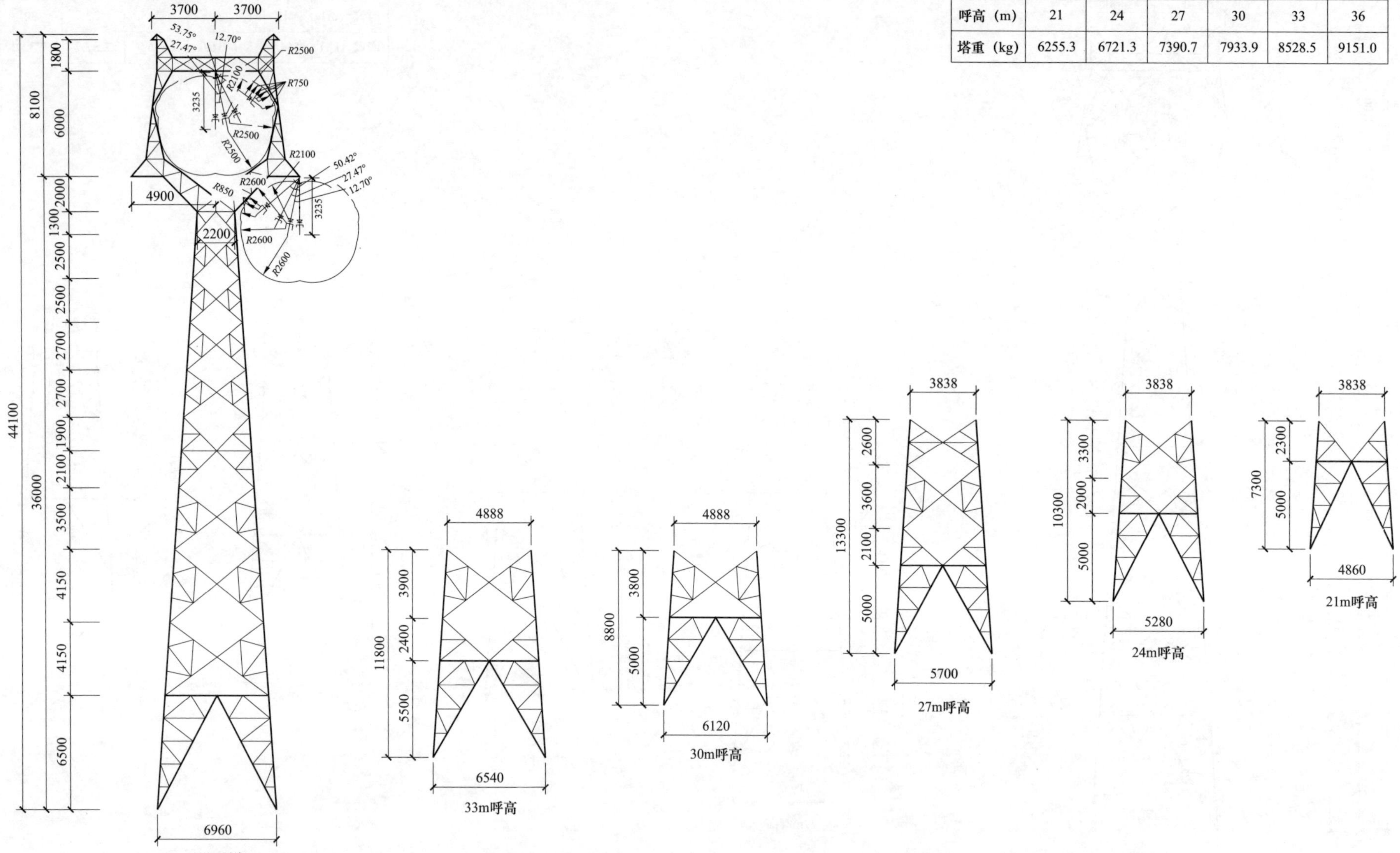

图 11-1-4　2N1-ZM2 杆塔单线图

11.1.5 2N1-ZM3 杆塔单线图

2N1-ZM3 杆塔单线图见图 11-1-5。

呼高（m）	24	27	30	33	36	39	42
塔重（kg）	7210.5	7902.0	8655.7	9359.4	10051.4	10843.0	11719.5

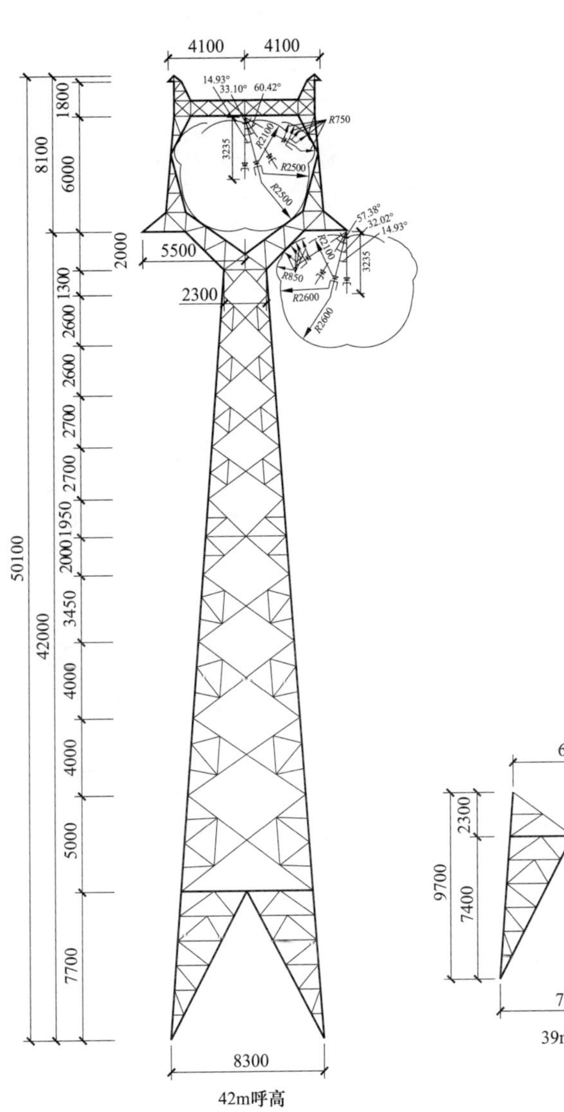

6395
9700
2300
7400
7850
39m呼高

6395
6700
7400
36m呼高

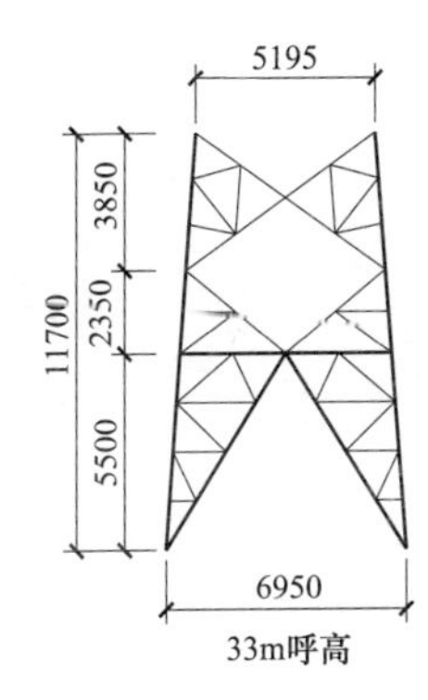

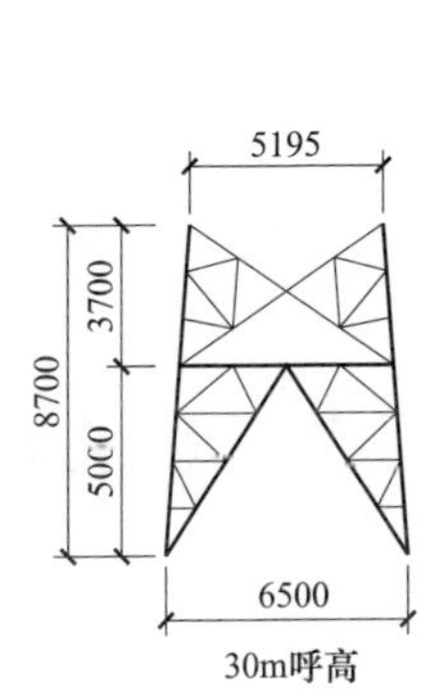

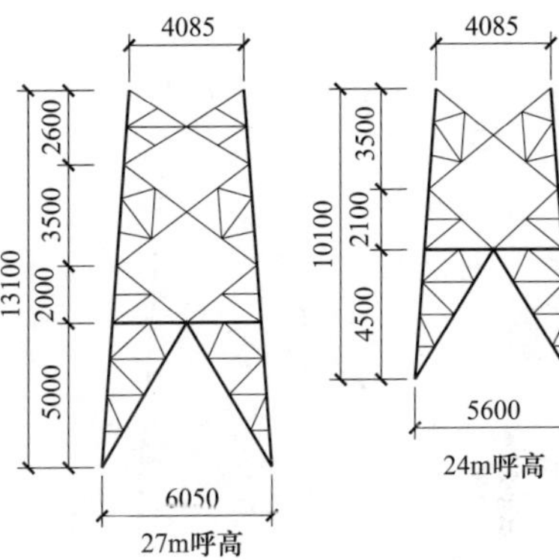

图 11-1-5 2N1-ZM3 杆塔单线图

11.1.6 2N1-ZMK 杆塔单线图

2N1-ZMK 杆塔单线图见图 11-1-6。

呼高（m）	39	42	45	48	51	54
塔重（kg）	11107.7	12022.7	13056.4	13965.6	14958.1	16438.6

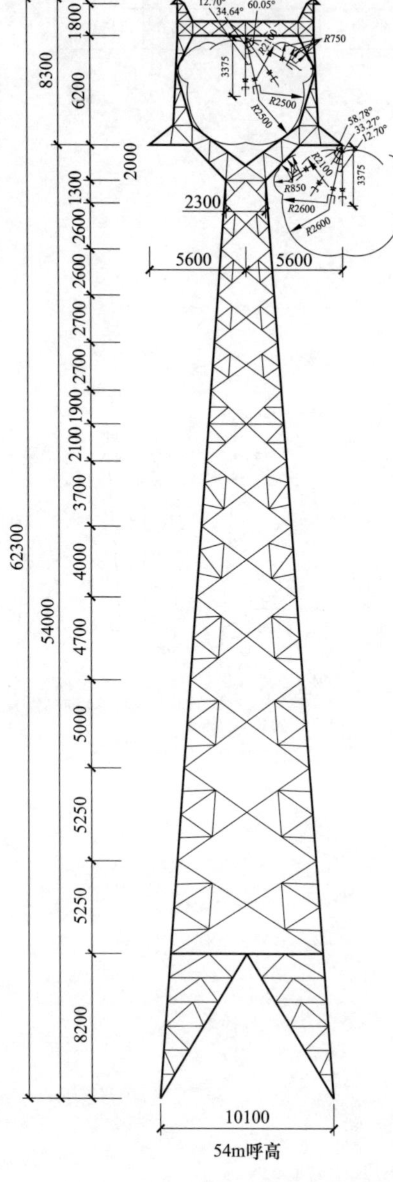

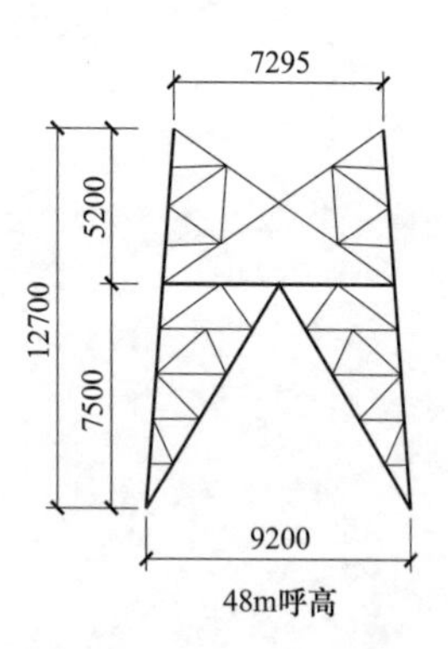

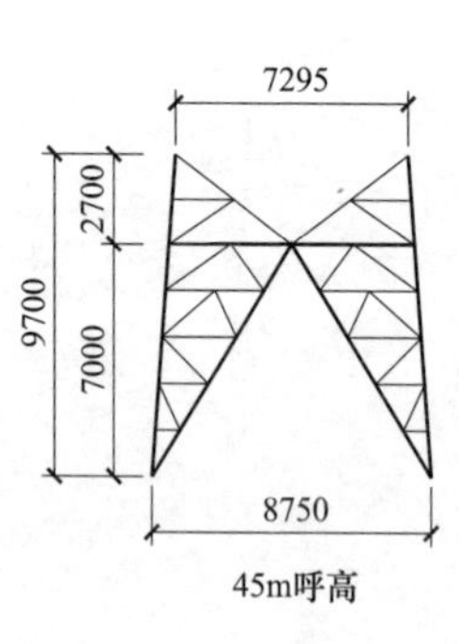

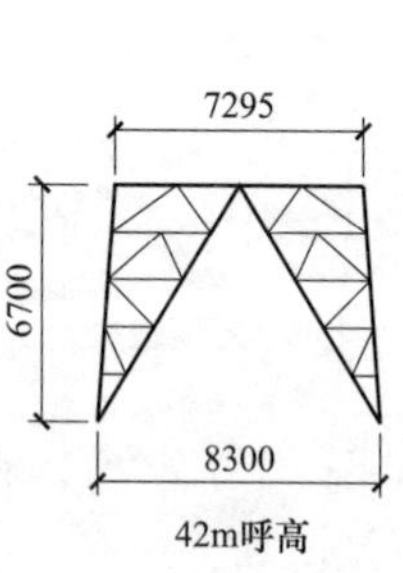

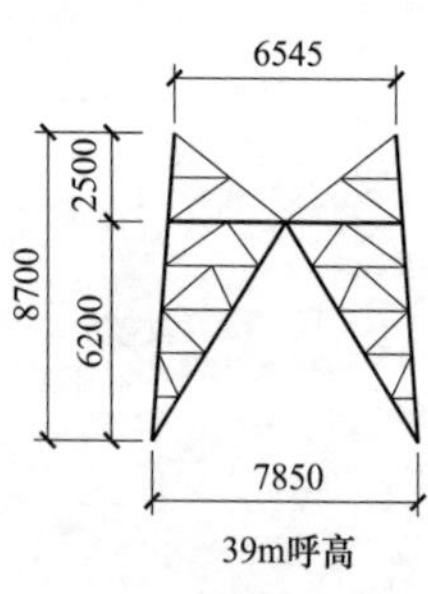

图 11-1-6 2N1-ZMK 杆塔单线图

11.1.7 2N1-ZMC1 杆塔单线图

2N1-ZMC1 杆塔单线图见图 11-1-7。

呼高（m）	18	21	24	27	30	33
塔重（kg）	6061.0	6505.7	7026.2	7687.2	8212.7	8909.9

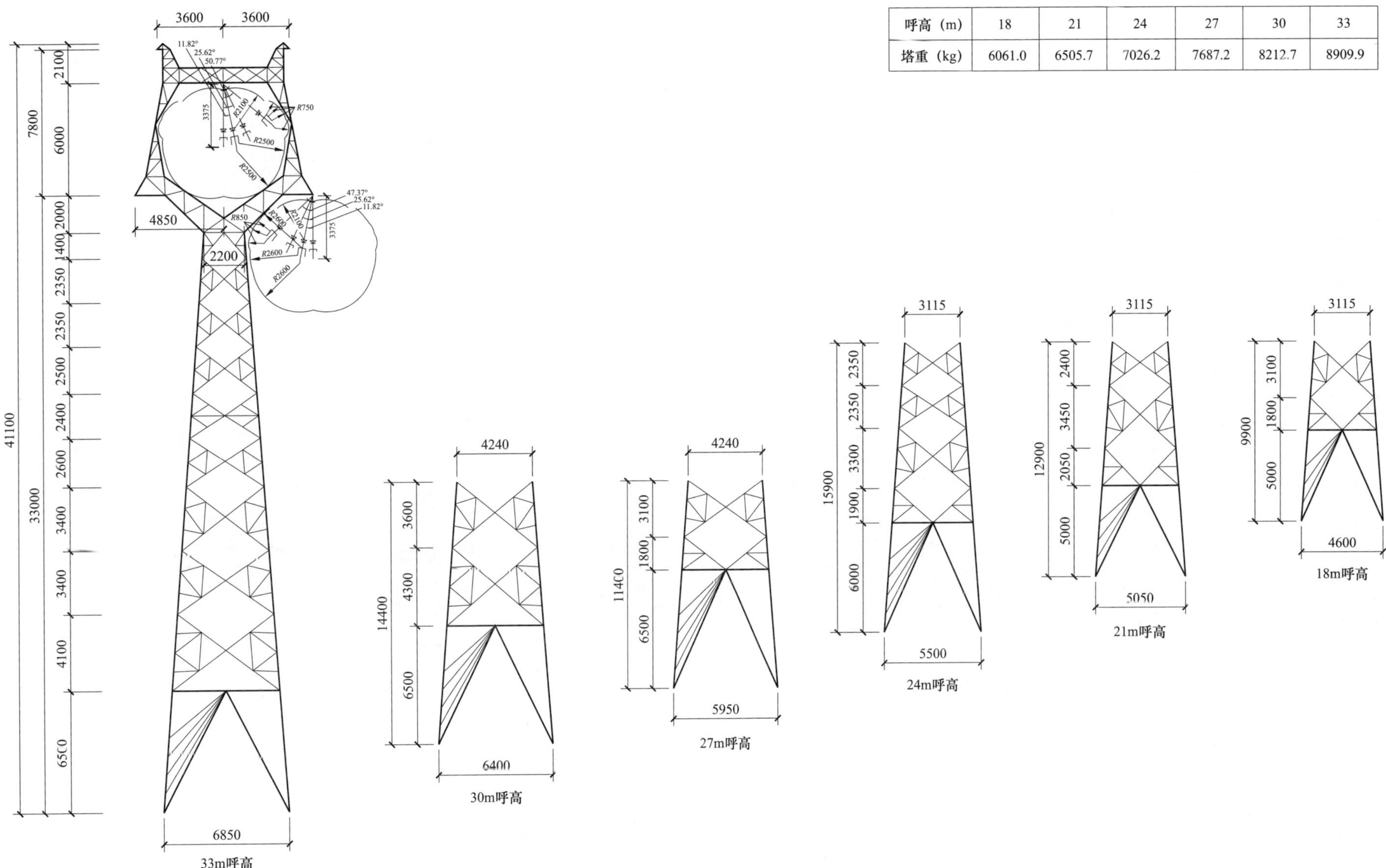

图 11-1-7 2N1-ZMC1 杆塔单线图

11.1.8 2N1-ZMC2 杆塔单线图

2N1-ZMC2 杆塔单线图见图 11-1-8。

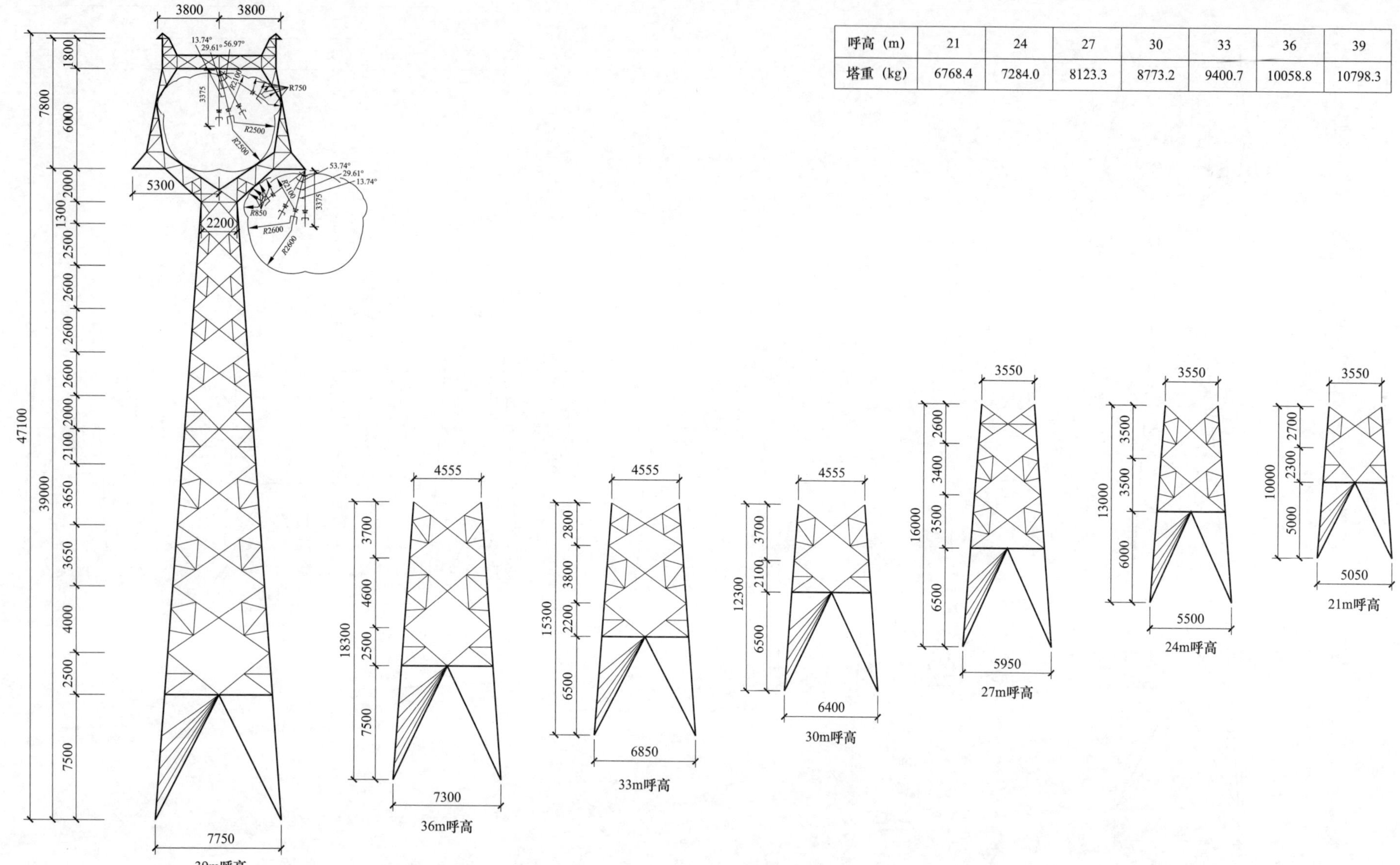

呼高（m）	21	24	27	30	33	36	39
塔重（kg）	6768.4	7284.0	8123.3	8773.2	9400.7	10058.8	10798.3

图 11-1-8 2N1-ZMC2 杆塔单线图

11.1.9 2N1-ZMC3 杆塔单线图

2N1-ZMC3 杆塔单线图见图 11-1-9。

呼高（m）	24	27	30	33	36	39	42
塔重（kg）	8031.6	8630.3	9309.8	10848.3	10934.7	11756.2	12830.9

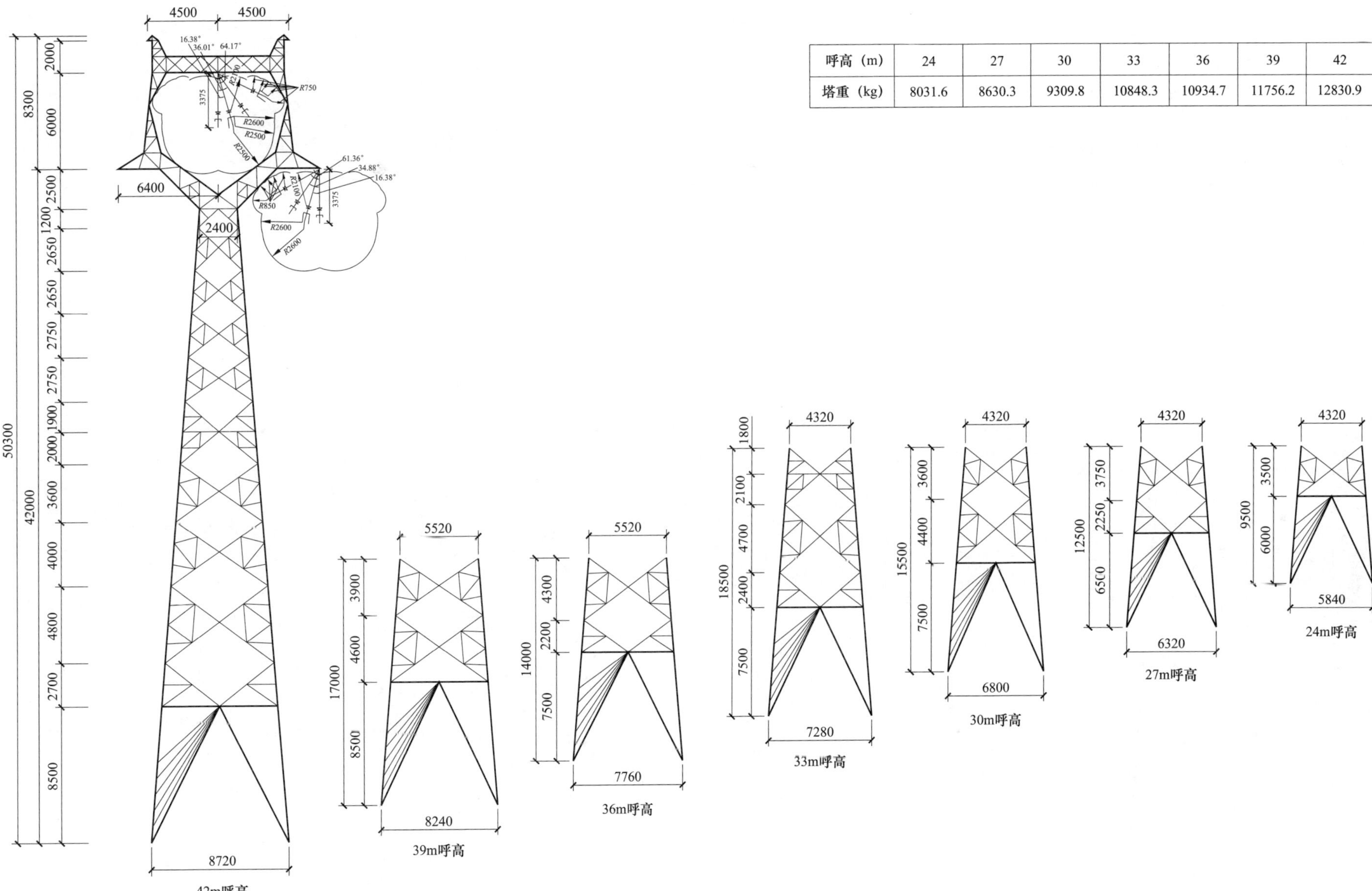

图 11-1-9 2N1-ZMC3 杆塔单线图

11.1.10 2N1-ZMC4 杆塔单线图

2N1-ZMC4 杆塔单线图见图 11-1-10。

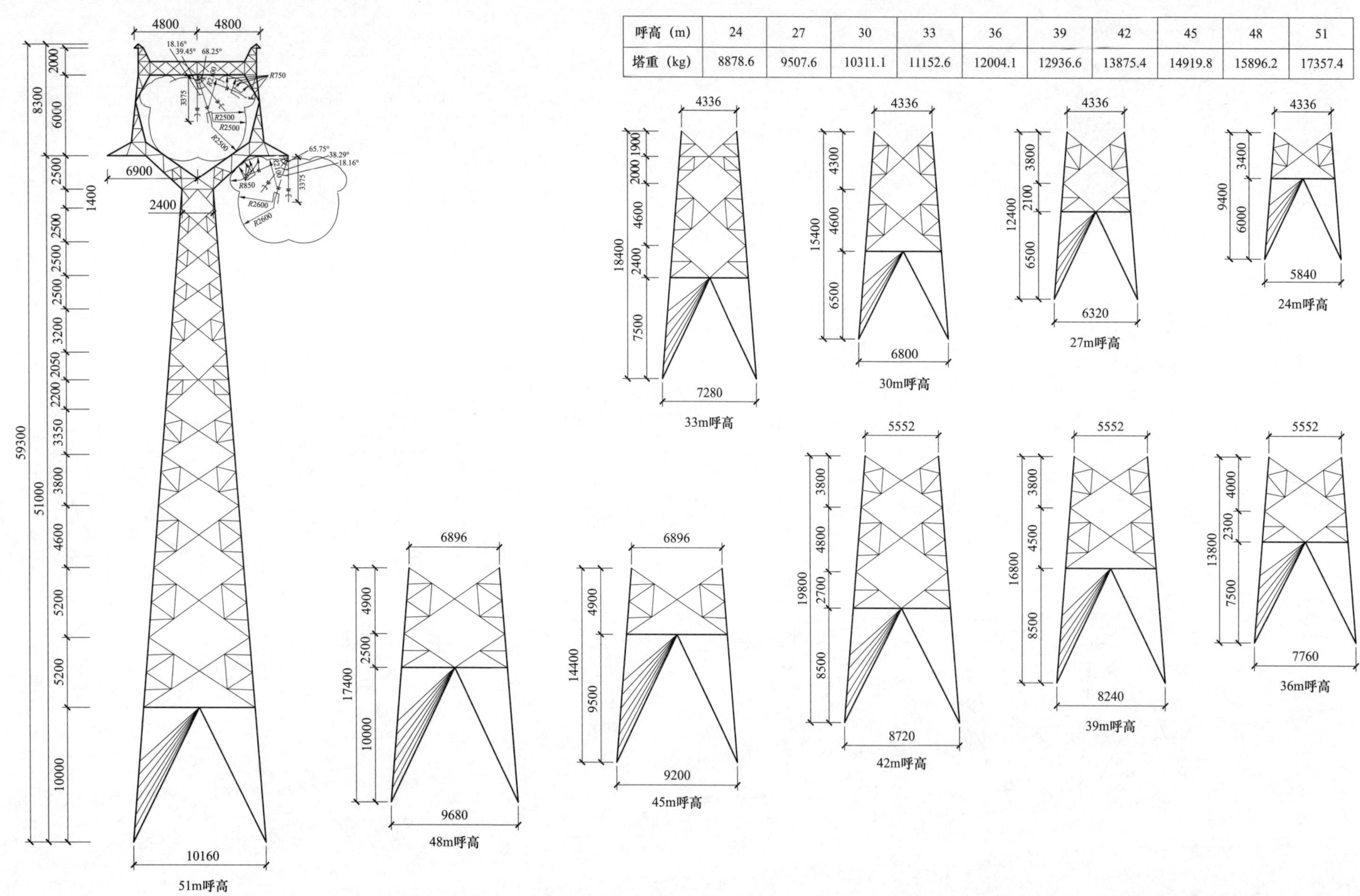

呼高（m）	24	27	30	33	36	39	42	45	48	51
塔重（kg）	8878.6	9507.6	10311.1	11152.6	12004.1	12936.6	13875.4	14919.8	15896.2	17357.4

图 11-1-10 2N1-ZMC4 杆塔单线图

11.1.11 2N1-ZMCK 杆塔单线图

2N1-ZMCK 杆塔单线图见图 11-1-11。

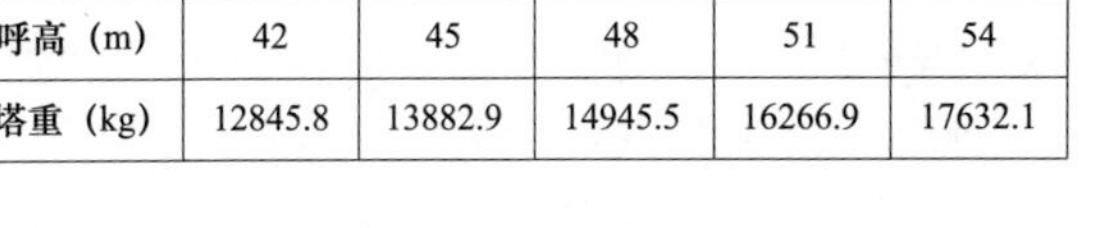

呼高（m）	42	45	48	51	54
塔重（kg）	12845.8	13882.9	14945.5	16266.9	17632.1

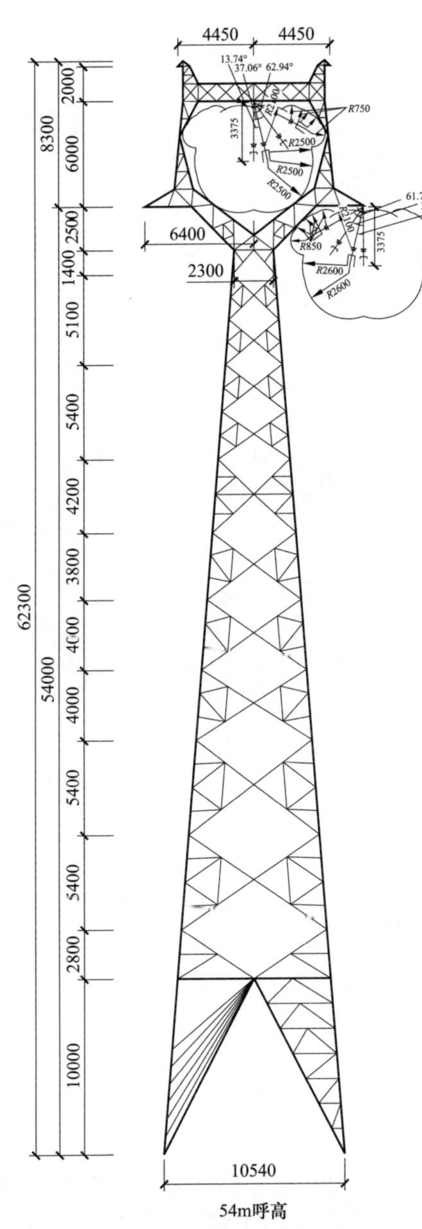

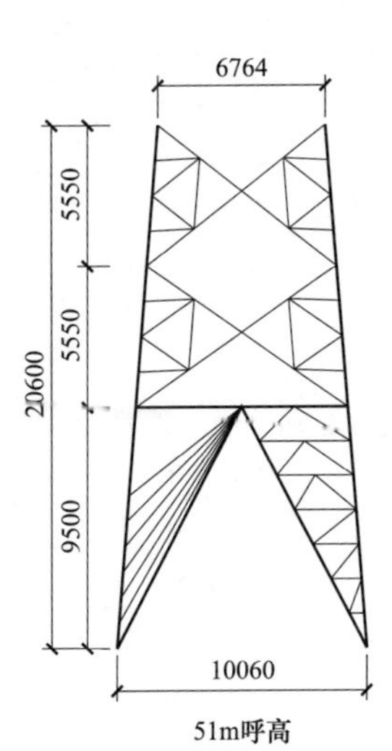

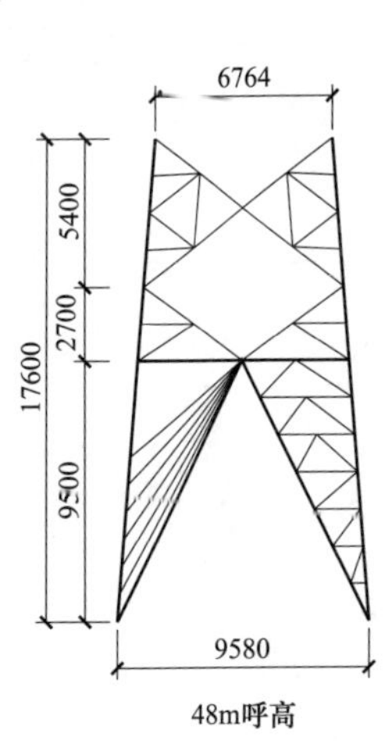

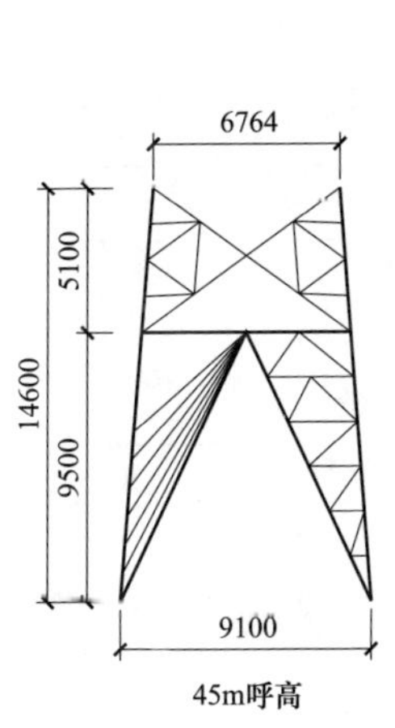

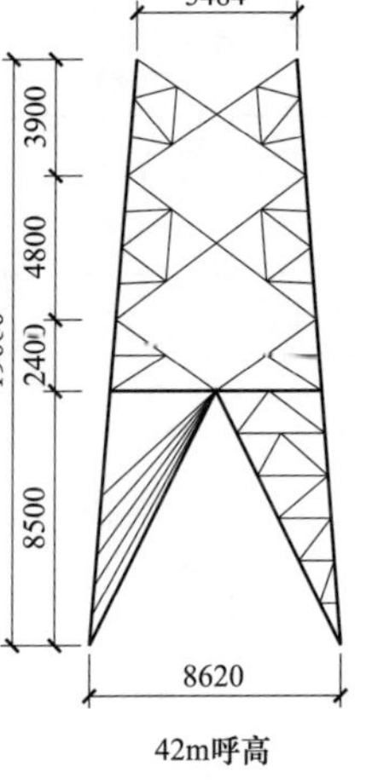

图 11-1-11 2N1-ZMCK 杆塔单线图

11.2 2N2 子模块

11.2.1 2N2 子模块说明

（1）该子模块电压等级 220kV，海拔 1000m 以内、设计风速 25m/s（离地 10m）、覆冰厚度 10mm，导线 2×JL/G1A-240/30 兼 JL/G1A-400/35 的单回路铁塔。地线采用 JLB20A-150。该子模块按平地、山区各一套设计，并规划 1 种换位塔。悬垂串按 I 型布置。该子模块共计 20 种塔型。

（2）使用条件。2N2 子模块的气象条件、杆塔设计条件、杆塔塔重及基础作用力分别见表 11-2-1～表 11-2-3。

表 11-2-1　　2N2 子模块的气象条件

项目	气温（℃）	风速（m/s）	覆冰厚度（mm）
最高气温	40	0	0
最低气温	-40	0	0
覆冰	-5	10	10
基本风速	-5	25	0
安装情况	-15	10	0
年平均气温	5	0	0
雷电过电压	15	10	0
操作过电压	5	15	0
带电作业	15	10	0

表 11-2-2　　2N2 子模块的杆塔设计条件

塔型名称	呼高范围（m）	计算呼高（m）	水平档距（m）	垂直档距（m）	允许转角（°）
ZM1	18～30	27	350	450	—
ZM2	21～36	33	410	550	—
ZM3	24～42	39	500	650	—
ZMK	39～54	51	410	550	—
J1	15～36	36	400	550	0～20
J2	15～36	36	400	550	20～40

续表 11-2-2

塔型名称	呼高范围（m）	计算呼高（m）	水平档距（m）	垂直档距（m）	允许转角（°）
J3	15～36	36	400	550	40～60
J4	15～36	36	400	550	60～90
ZMC1	18～33	27	380	600	—
ZMC2	21～39	33	480	800	—
ZMC3	24～42	39	600	1000	—
ZMC4	24～51	42	850	1200	—
ZMCK	42～54	51	480	800	—
JC1	15～36	36	450	1200	0～20
JC2	15～36	36	450	800	20～40
JC3	15～36	36	450	800	40～60
JC4	15～36	36	450	800	60～90
DJC1	15～36	36	350	650	0～40
DJC2	15～36	36	350	650	40～90
HDJC	15～36	36	350	650	0～90

表 11-2-3　　2N2 子模块的杆塔塔重及基础作用力

塔型名称	塔重范围（kg）	基础作用力范围（kN）					
		T_{max}	T_x	T_y	N_{max}	N_x	N_y
ZM1	5792.0～7726.5	165～214	18～23	14～19	214～275	22～27	17～23
ZM2	6536.8～9494.1	211～276	23～29	18～24	267～350	27～35	22～29
ZM3	7554.2～11901.7	251～334	28～37	23～31	316～425	34～44	27～38
ZMK	11207.7～16502.4	362～434	40～47	34～46	446～550	47～55	40～54
J1	7264.5～13110.5	471～579	41～54	45～53	598～680	51～64	58～61

续表 11-2-3

塔型名称	塔重范围（kg）	基础作用力范围（kN）					
		T_{max}	T_x	T_y	N_{max}	N_x	N_y
J2	7888. 3～14207. 4	648～753	66～78	64～74	754～863	78～90	73～83
J3	8868. 9～16049. 0	837～948	95～107	88～92	950～1077	106～121	90～103
J4	9725. 4～18017. 3	1043～1171	128～146	111～127	1173～1320	143～161	123～140
ZMC1	6375. 0～9437. 0	175～245	26～35	21～31	241～323	33～42	12～36
ZMC2	7418. 0～11632. 0	236～331	34～44	28～39	308～428	40～53	33～46
ZMC3	8856. 0～13373. 0	286～373	42～50	36～43	372～486	50～60	42～52
ZMC4	9933. 0～18242. 0	363～511	52～72	45～63	462～664	62～87	52～75
ZMCK	13175. 0～17606. 0	446～497	60～69	57～68	572～668	75～83	72～82

续表 11-2-3

塔型名称	塔重范围（kg）	基础作用力范围（kN）					
		T_{max}	T_x	T_y	N_{max}	N_x	N_y
JC1	8213. 0～14161. 0	494～698	59～99	60～95	668～883	76～120	82～113
JC2	8842. 0～15416. 0	602～763	81～110	78～106	707～913	96～129	87～122
JC3	9809. 0～17228. 0	760～911	106～135	107～121	870～1084	128～155	109～137
JC4	10902. 0～19580. 0	983～1175	149～190	136～165	1116～1369	173～209	150～185
DJC1	10799. 0～19364. 0	1003～1065	133～140	143～154	1137～1255	163～169	157～162
DJC2	11077. 0～19642. 0	1154～1228	169～184	151～159	1271～1405	190～202	164～176
HDJC	13339. 8～22723. 5	1244～1433	170～180	144～179	1425～1625	163～203	181～200

11. 2. 2 2N2 子模块杆塔一览图

2N2 子模块杆塔一览图见图 11-2-1～图 11-2-5。

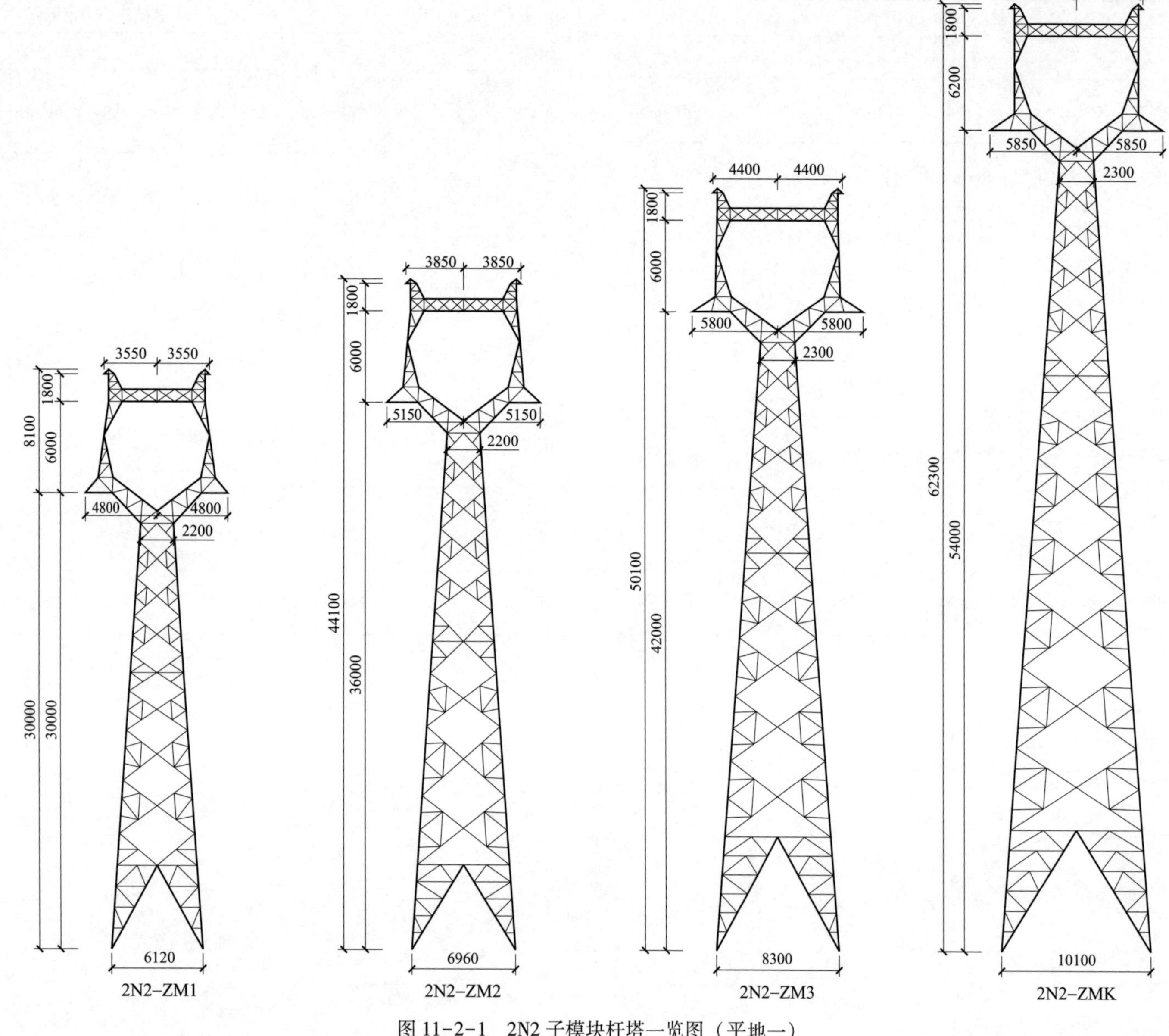

图 11-2-1　2N2 子模块杆塔一览图（平地一）

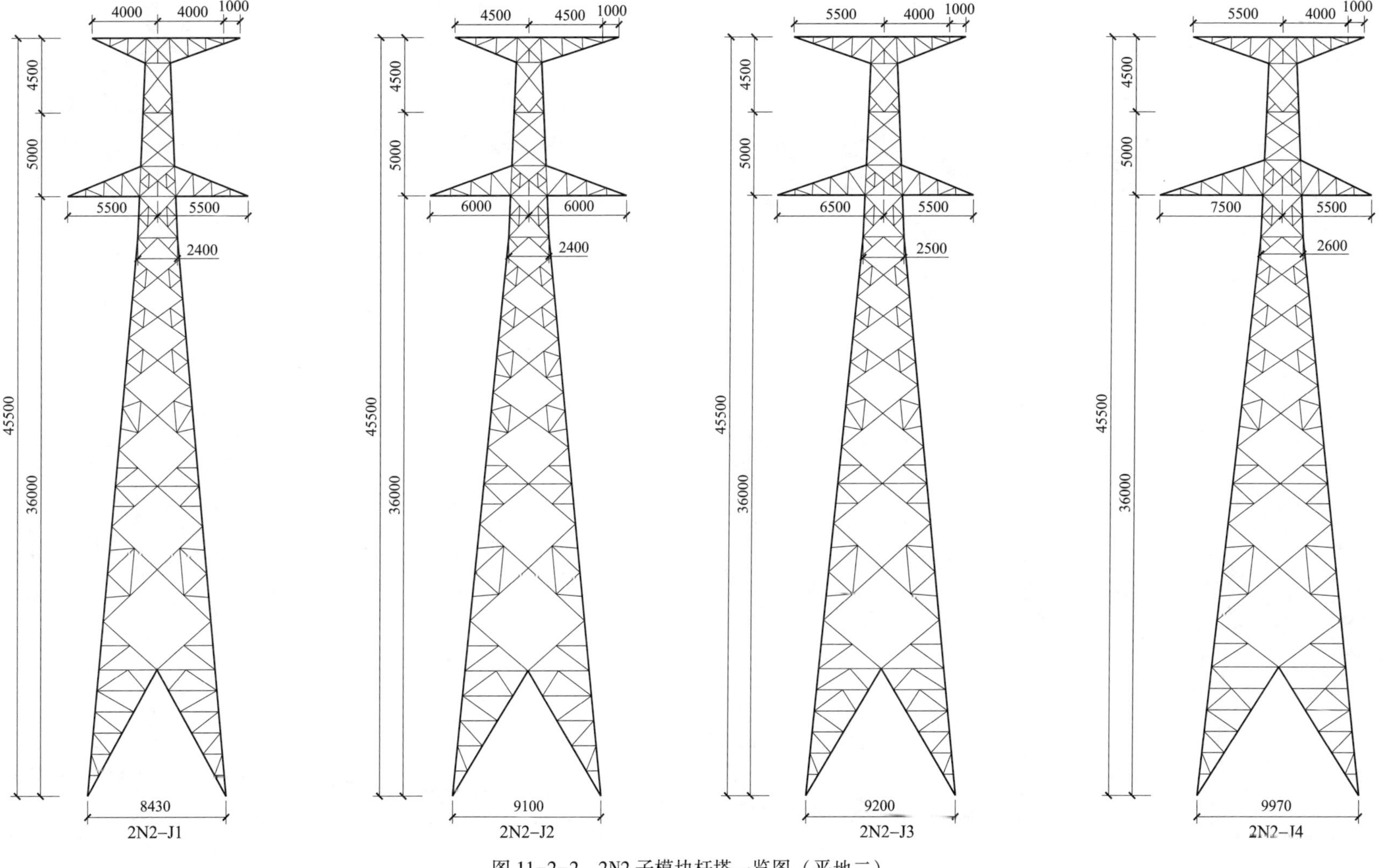

图 11-2-2 2N2 子模块杆塔一览图（平地二）

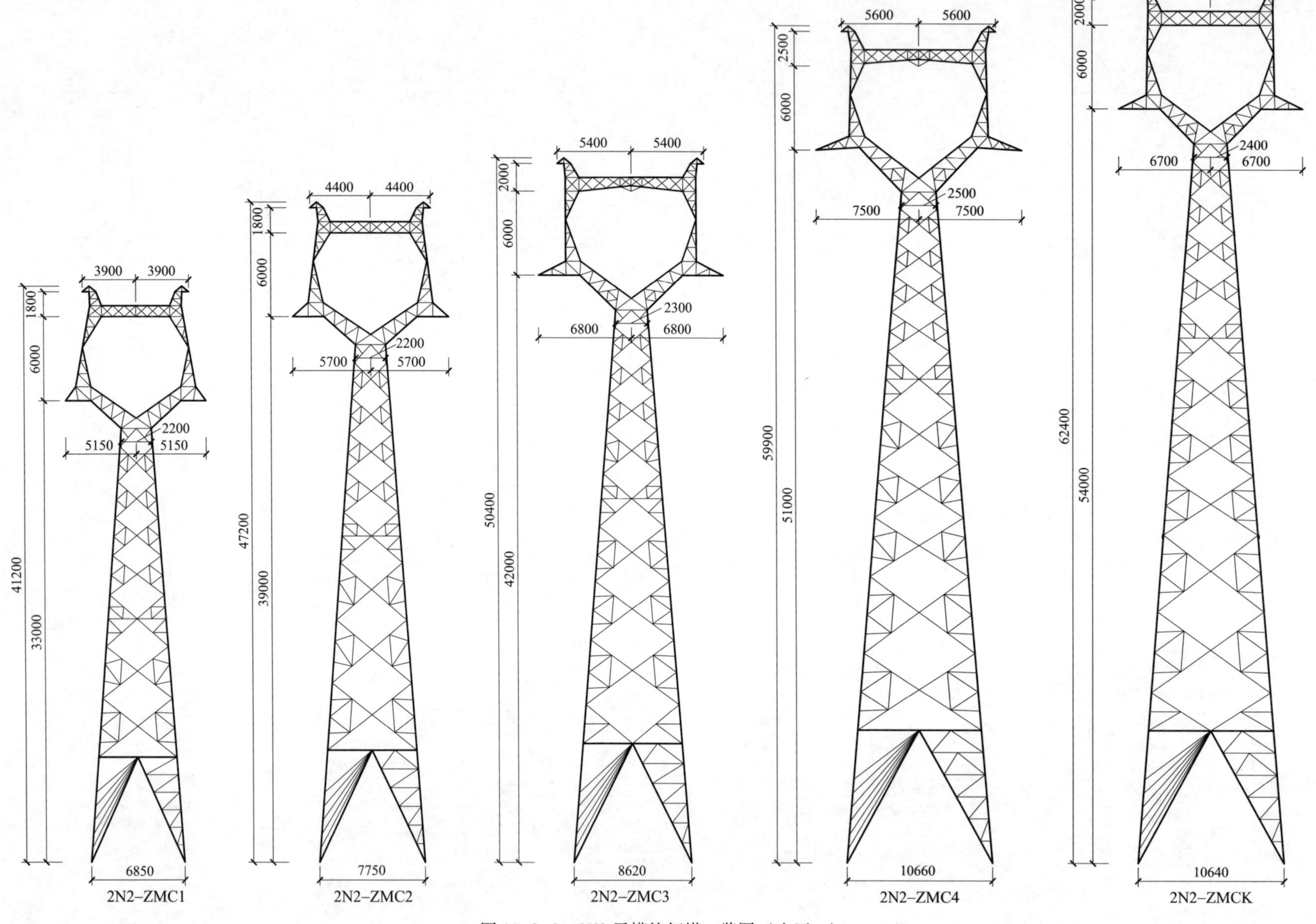

图 11-2-3　2N2 子模块杆塔一览图（山区一）

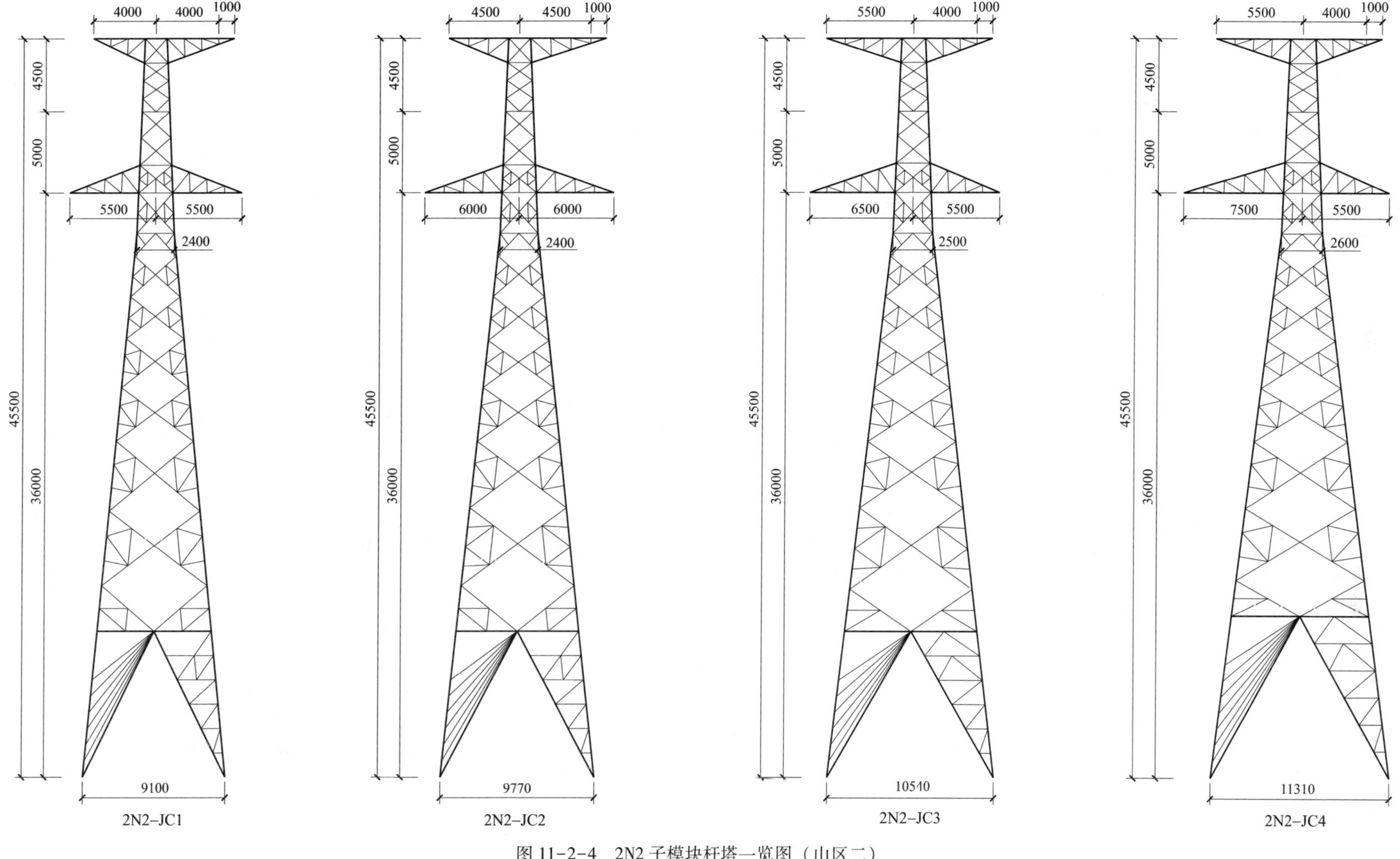

图 11-2-4　2N2 子模块杆塔一览图（山区二）

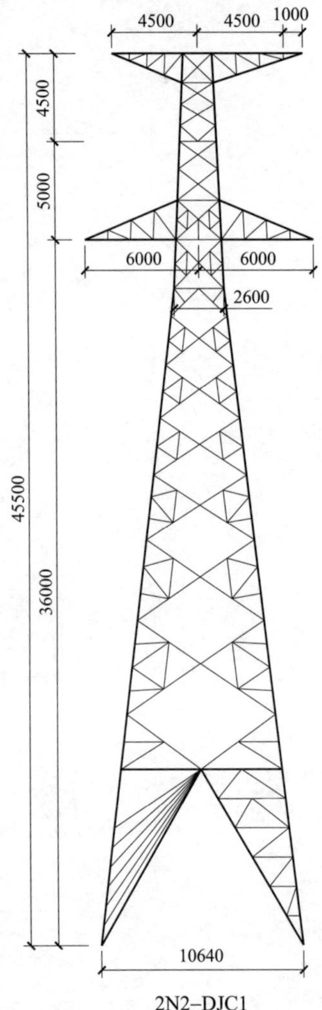

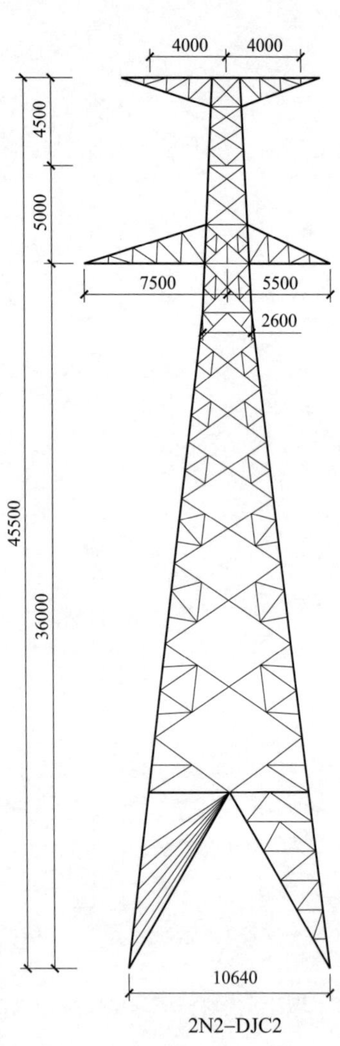

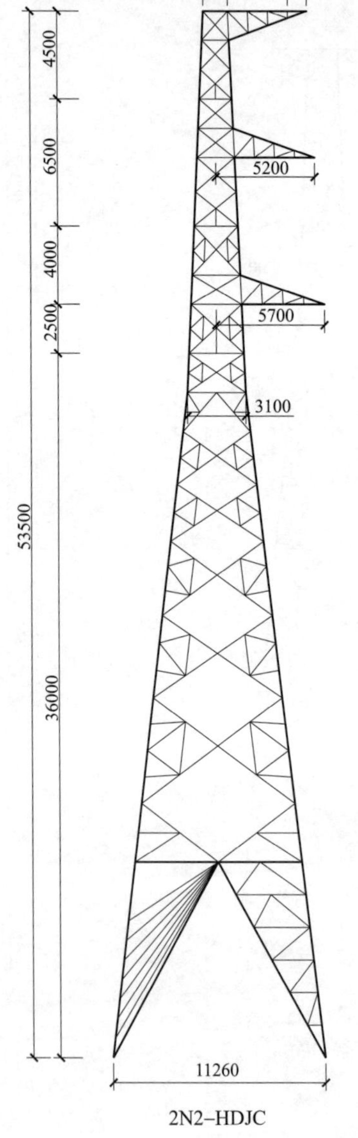

图 11-2-5　2N2 子模块杆塔一览图（山区三）

11.2.3 2N2-ZM1 杆塔单线图

2N2-ZM1 杆塔单线图见图 11-2-6。

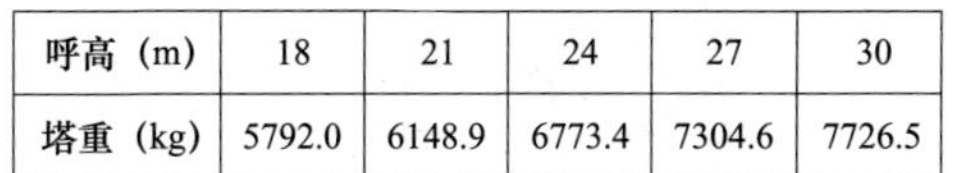

呼高（m）	18	21	24	27	30
塔重（kg）	5792.0	6148.9	6773.4	7304.6	7726.5

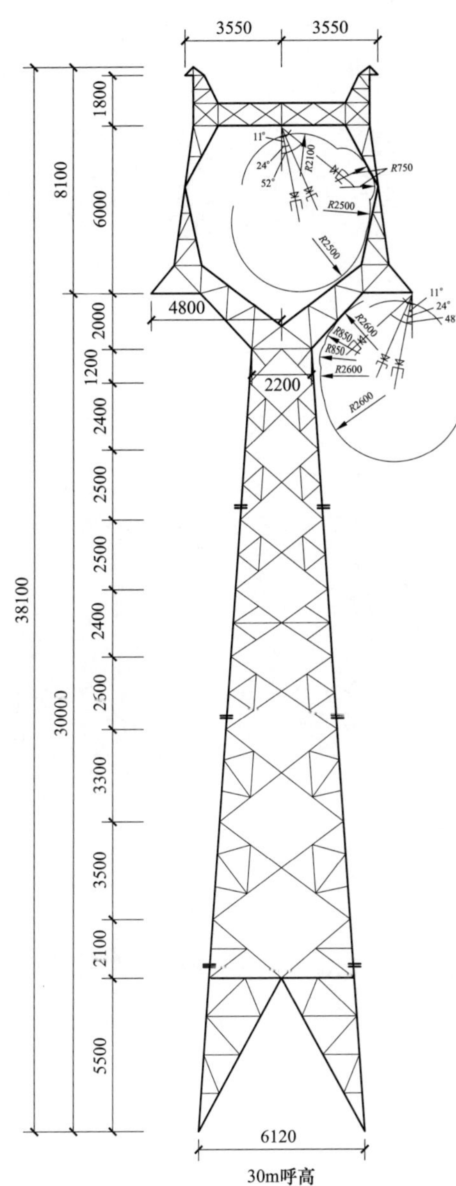

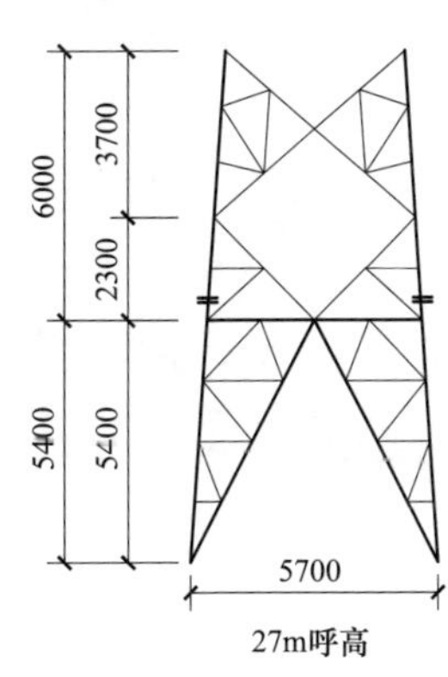

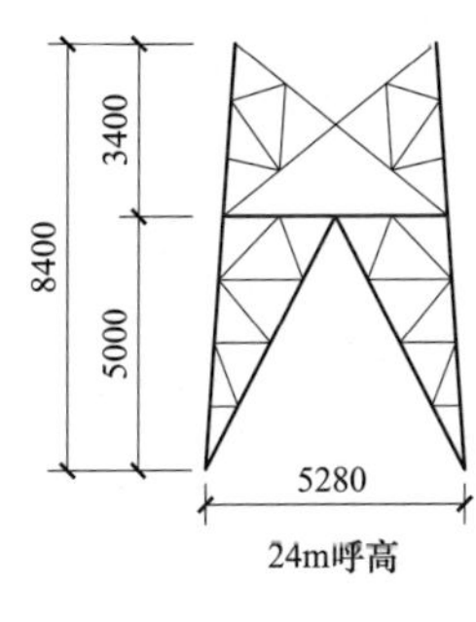

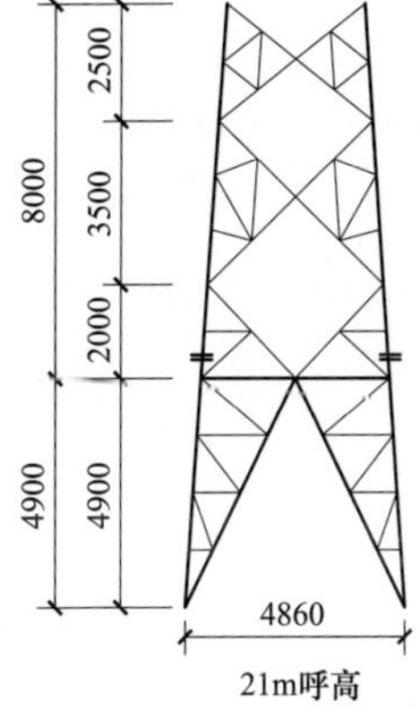

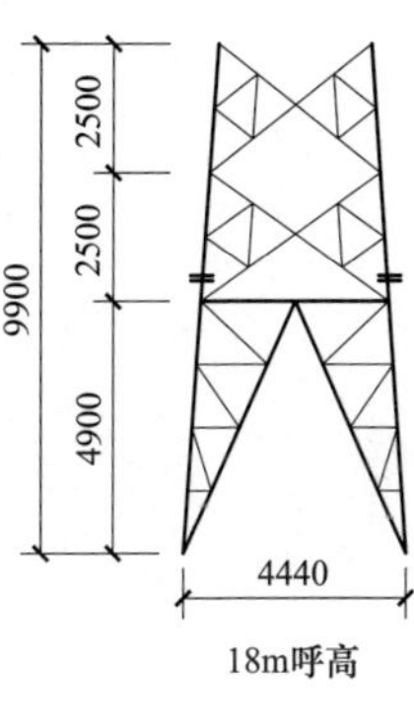

图 11-2-6 2N2-ZM1 杆塔单线图

11.2.4 2N2-ZM2 杆塔单线图

2N2-ZM2 杆塔单线图见图 11-2-7。

呼高（m）	21	24	27	30	33	36
塔重（kg）	6536.8	7014.2	7769.1	8300.8	8849.3	9494.1

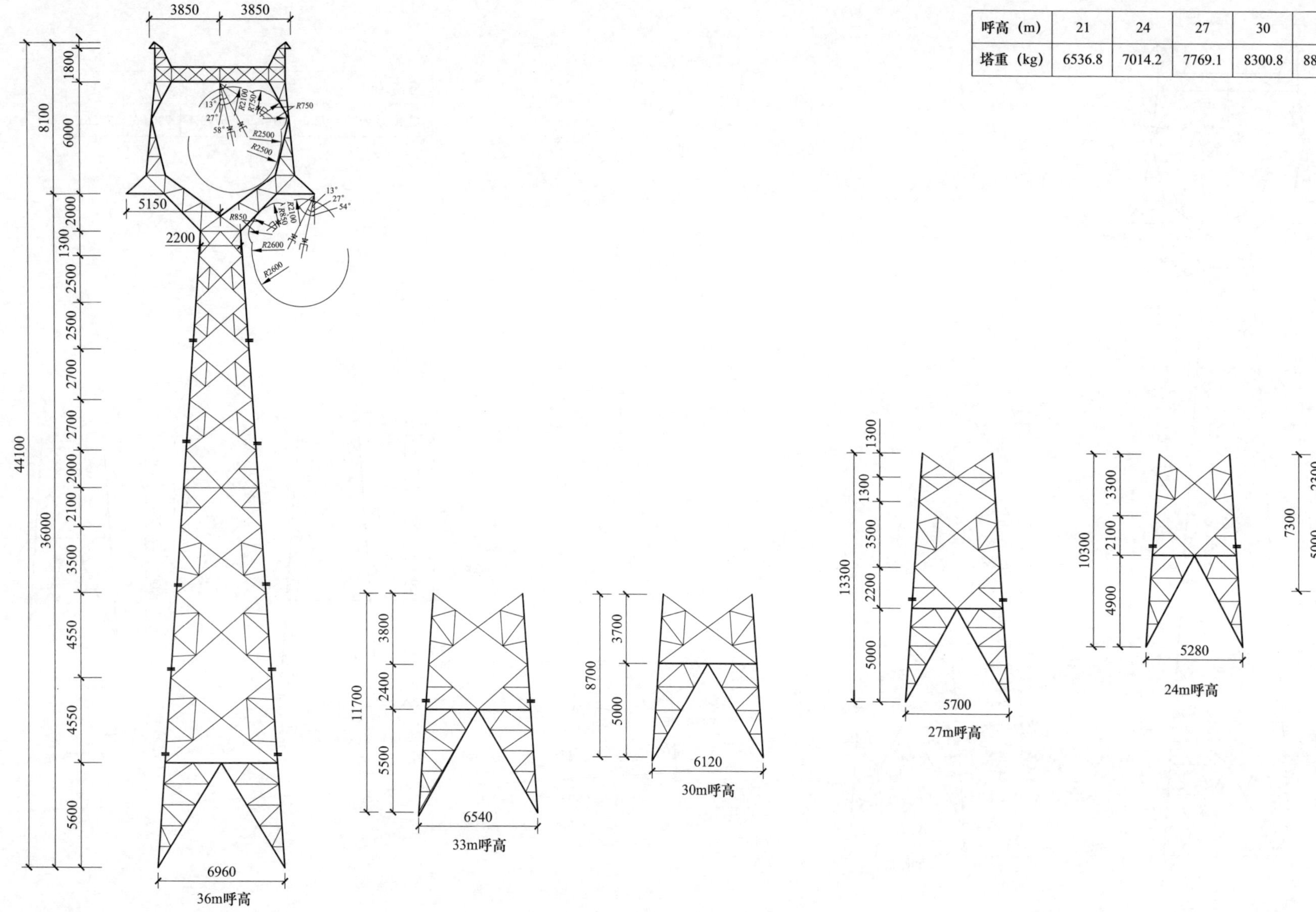

图 11-2-7 2N2-ZM2 杆塔单线图

11.2.5 2N2-ZM3 杆塔单线图

2N2-ZM3 杆塔单线图见图 11-2-8。

呼高（m）	24	27	30	33	36	39	42
塔重（kg）	7554.2	8304.1	8994.3	9585.8	10286.6	10960.2	11901.7

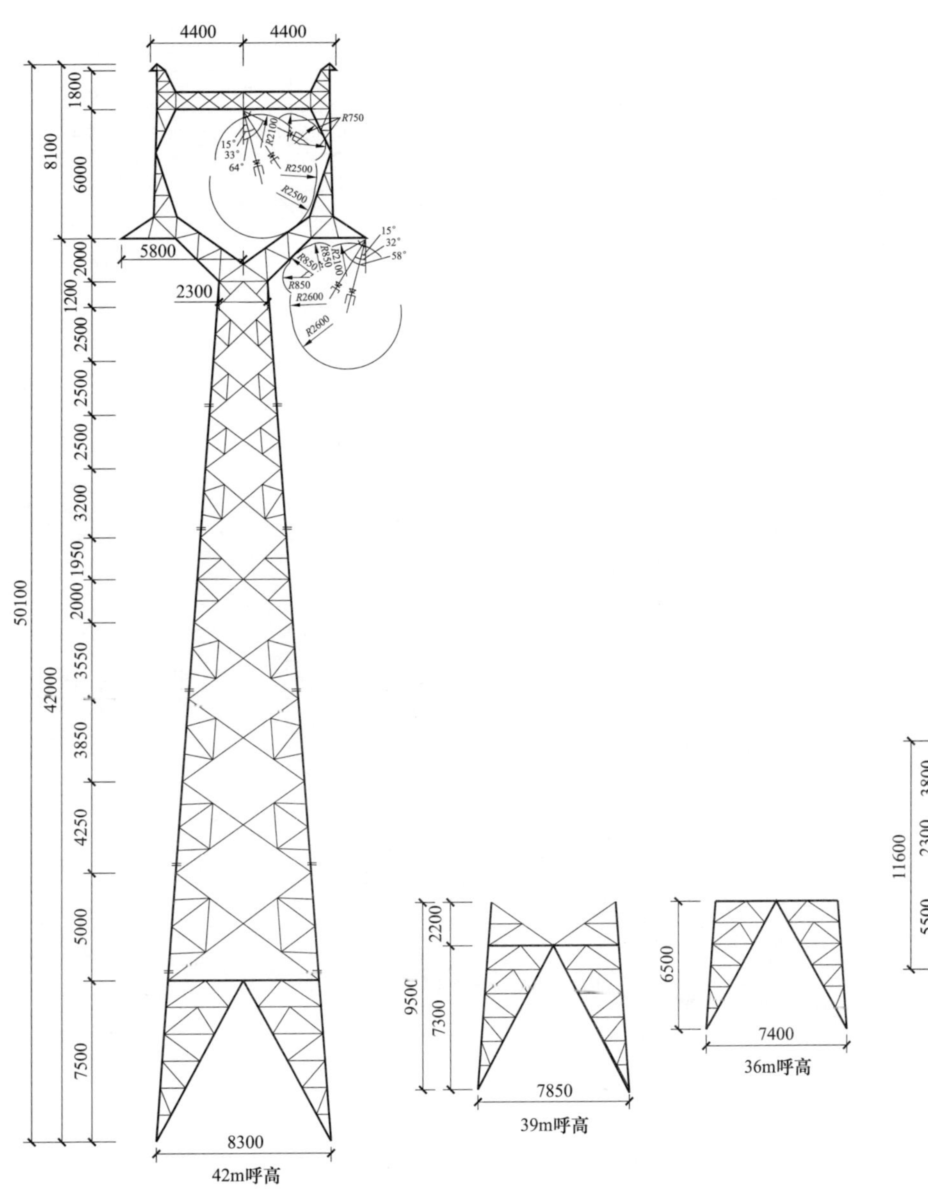

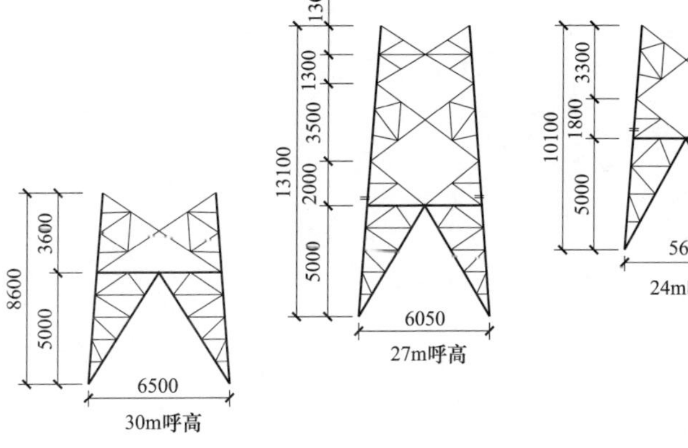

图 11-2-8 2N2-ZM3 杆塔单线图

11.2.6 2N2-ZMK 杆塔单线图

2N2-ZMK 杆塔单线图见图 11-2-9。

呼高（m）	39	42	45	48	51	54
塔重（kg）	11207.7	12244.7	13041.5	14090.8	15106.2	16502.4

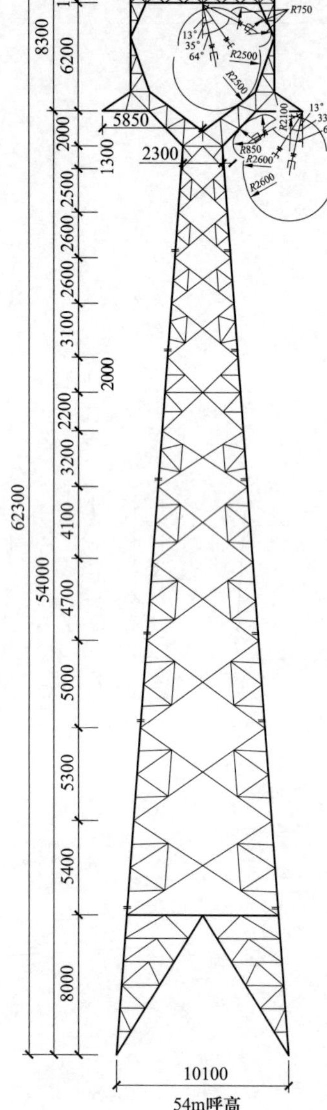

5300
5300
2900
10400
7500
9650
51m呼高

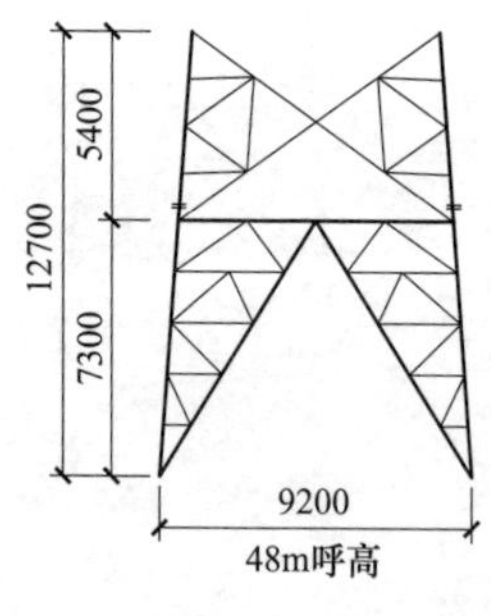

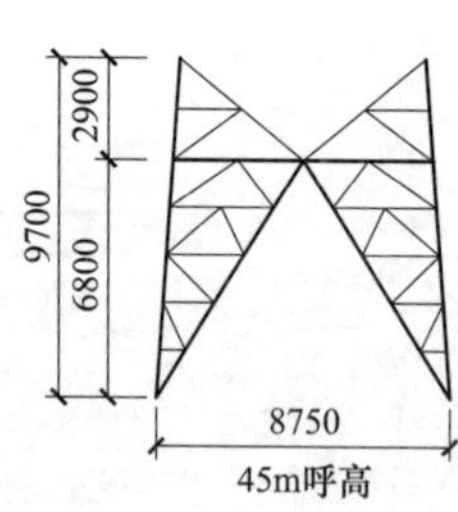

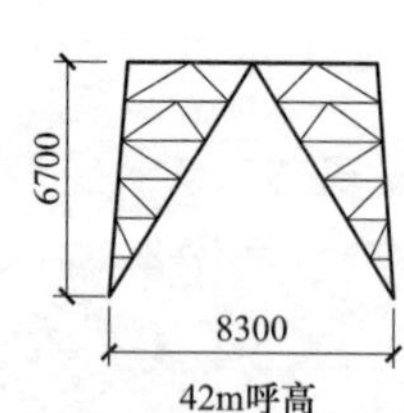

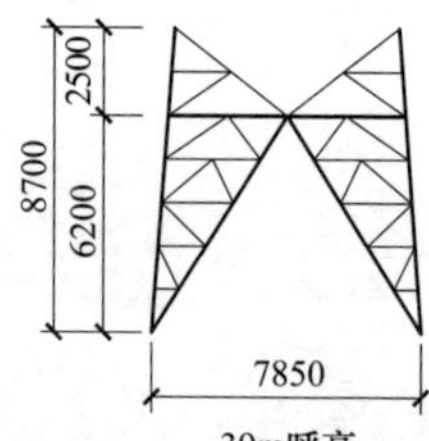

图 11-2-9 2N2-ZMK 杆塔单线图

11.2.7 2N2-J1 杆塔单线图

2N2-J1 杆塔单线图见图 11-2-10。

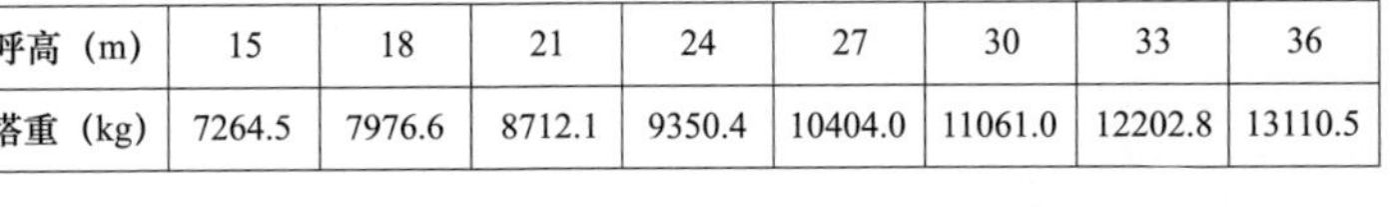

呼高（m）	15	18	21	24	27	30	33	36
塔重（kg）	7264.5	7976.6	8712.1	9350.4	10404.0	11061.0	12202.8	13110.5

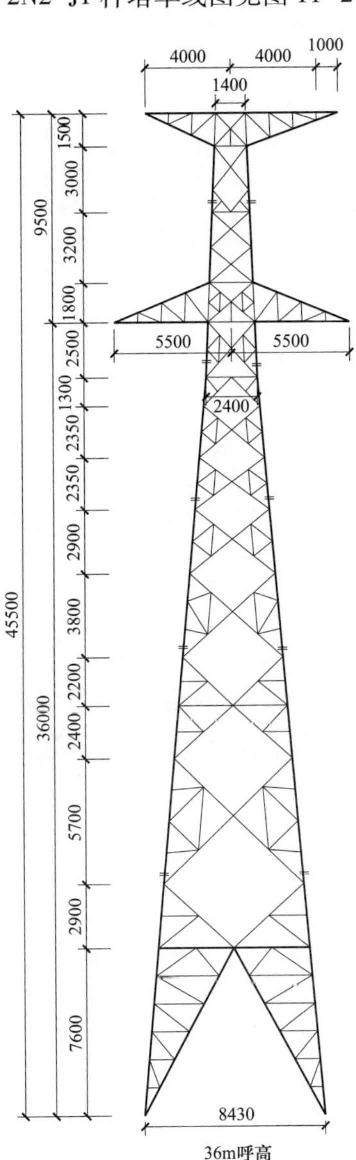

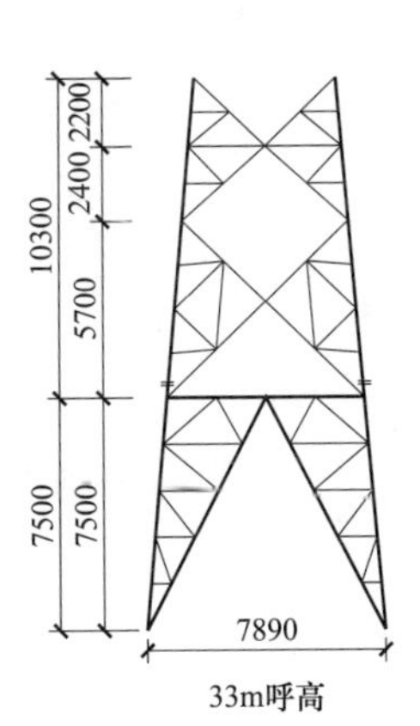

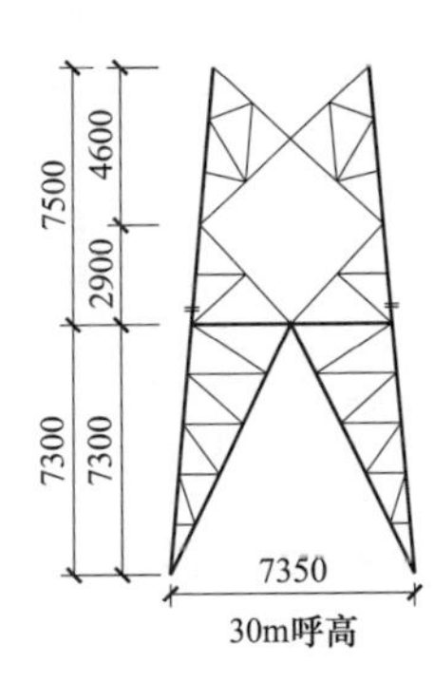

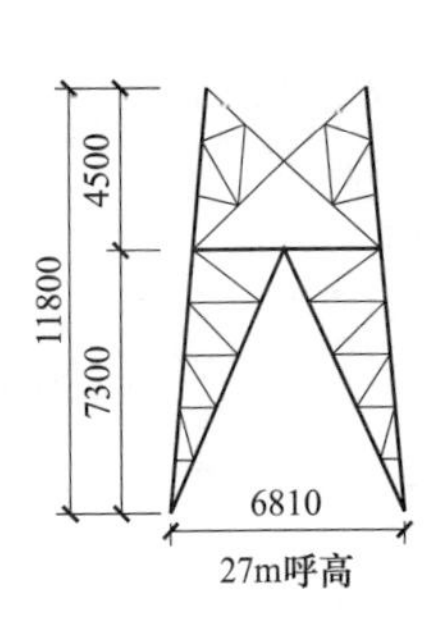

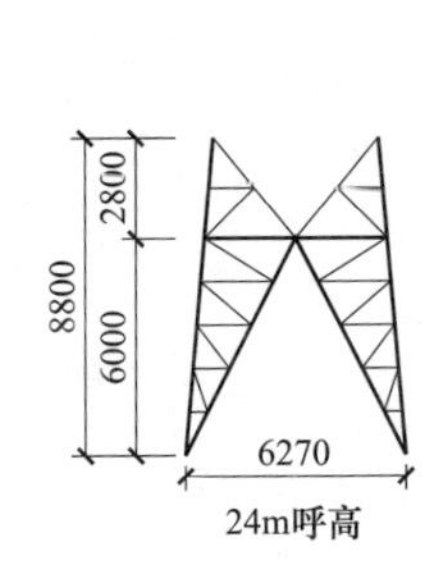

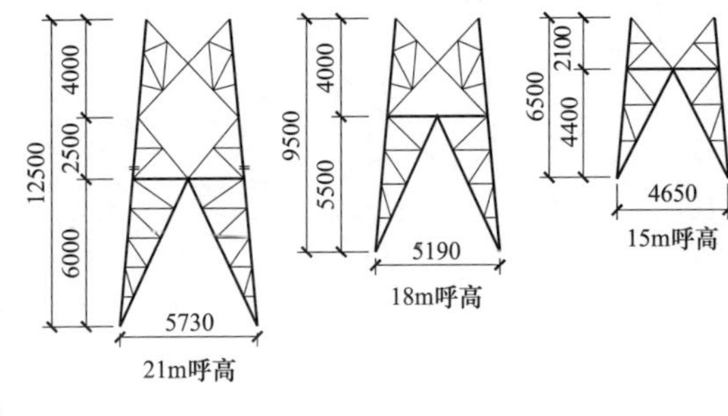

图 11-2-10 2N2-J1 杆塔单线图

11.2.8 2N2-J2 杆塔单线图

2N2-J2 杆塔单线图见图 11-2-11。

呼高（m）	15	18	21	24	27	30	33	36
塔重（kg）	7888.3	8678.0	9544.3	10371.0	11303.7	12103.7	13391.8	14207.4

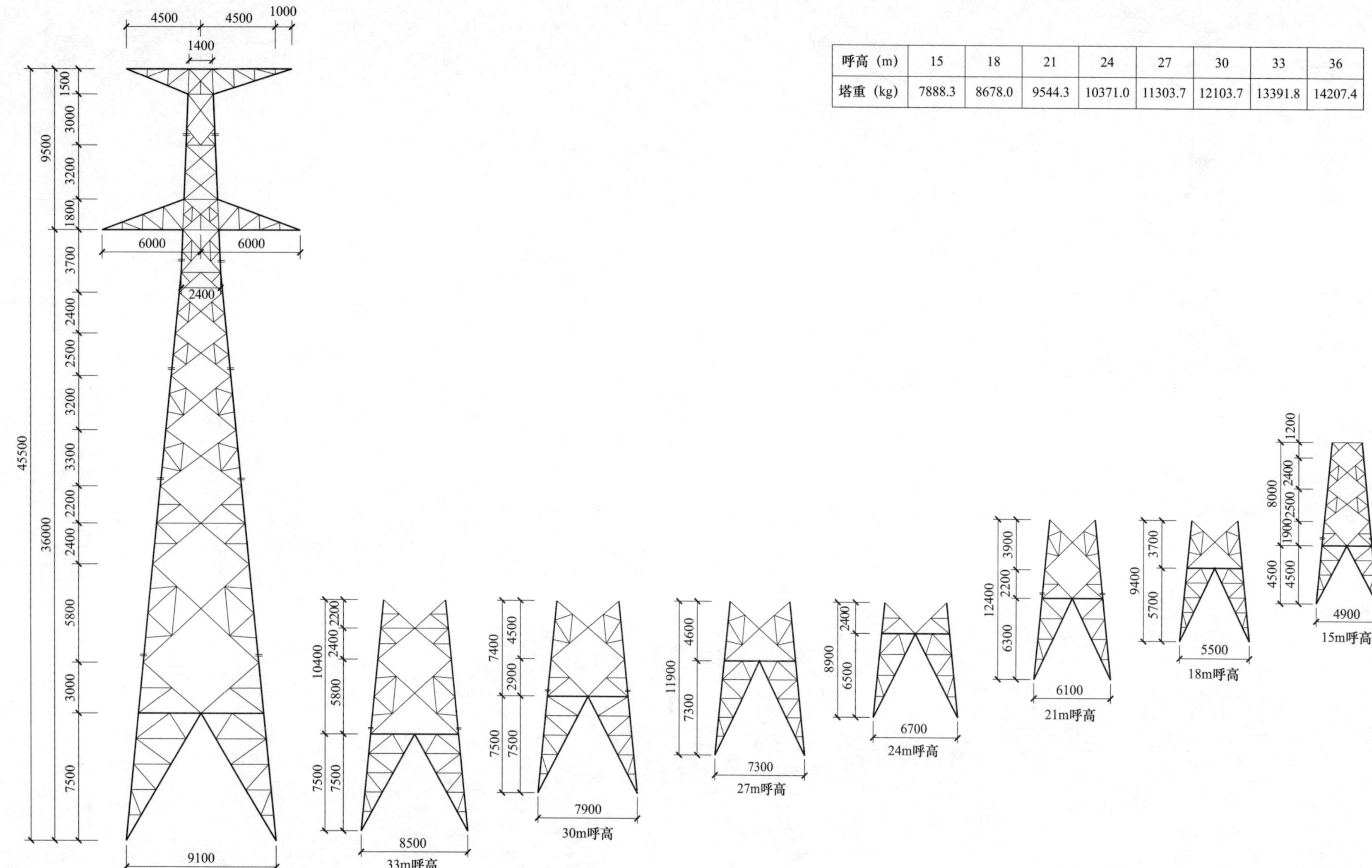

图 11-2-11 2N2-J2 杆塔单线图

11.2.9 2N2-J3 杆塔单线图

2N2-J3 杆塔单线图见图 11-2-12。

呼高（m）	15	18	21	24	27	30	33	36
塔重（kg）	8868.9	9731.3	10644.3	11668.3	12792.9	13613.4	15017.0	16049.0

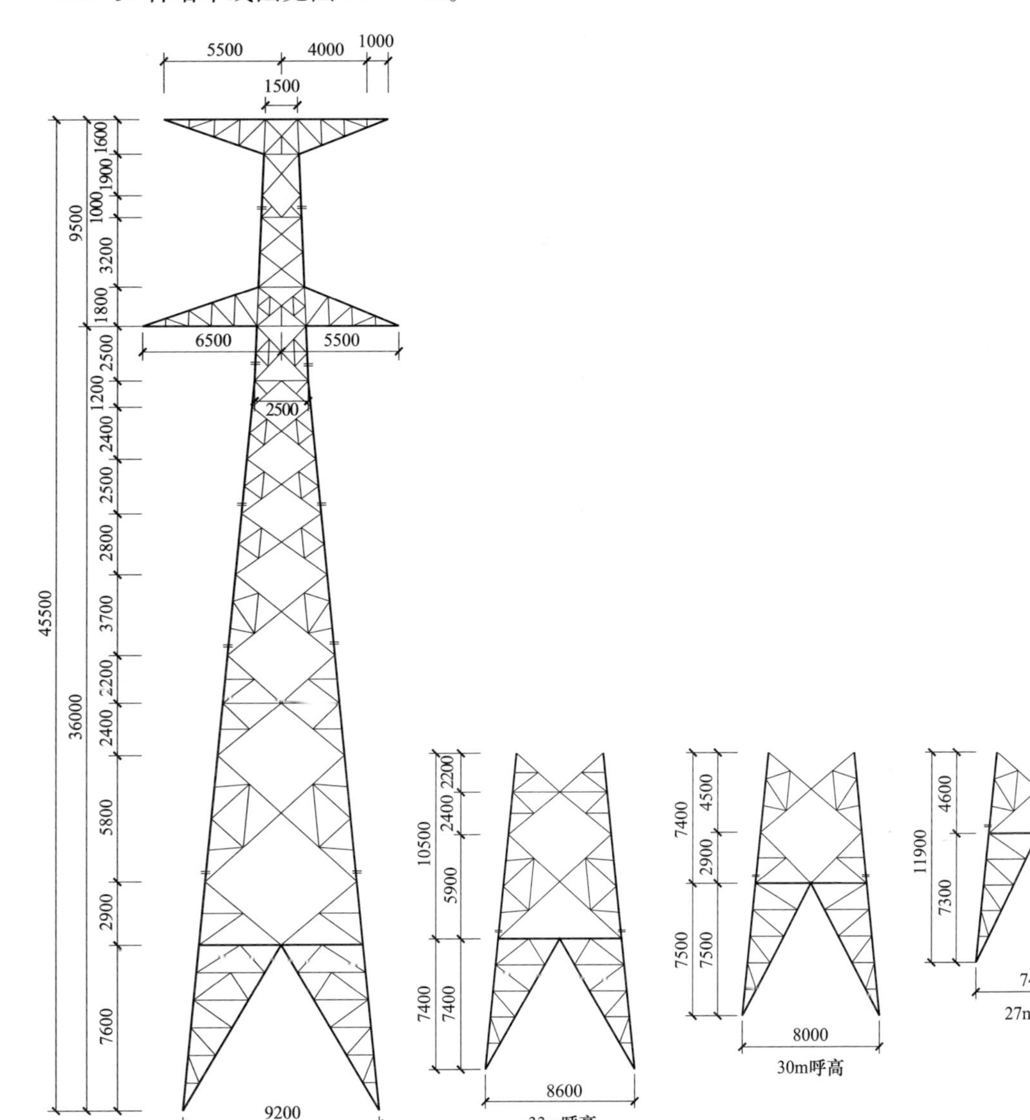

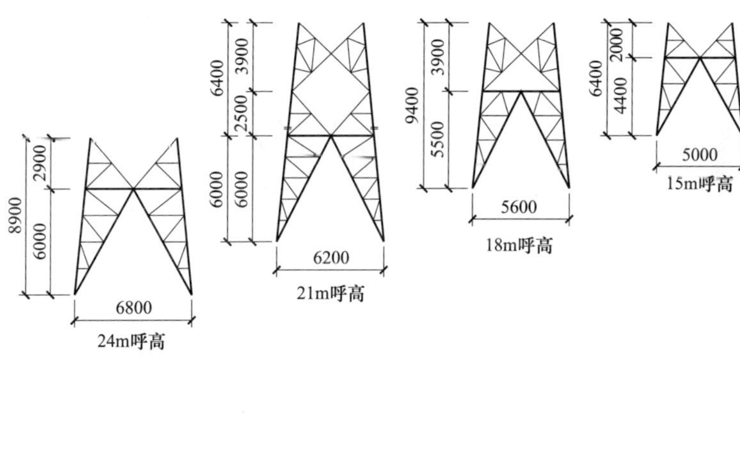

图 11-2-12 2N2-J3 杆塔单线图

11.2.10 2N2-J4 杆塔单线图

2N2-J4 杆塔单线图见图 11-2-13。

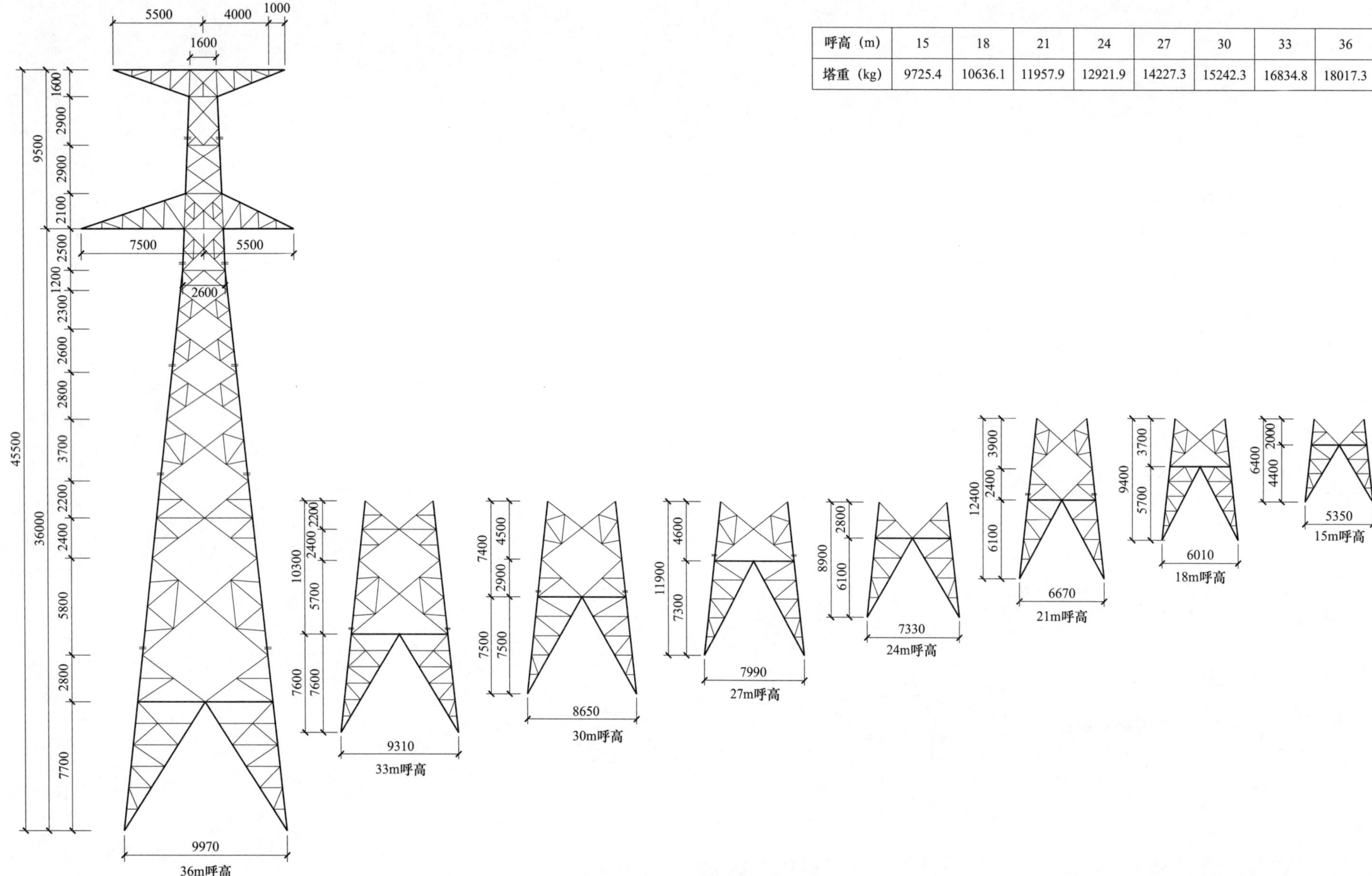

呼高（m）	15	18	21	24	27	30	33	36
塔重（kg）	9725.4	10636.1	11957.9	12921.9	14227.3	15242.3	16834.8	18017.3

图 11-2-13 2N2-J4 杆塔单线图

11.2.11 2N2-ZMC1 杆塔单线图

2N2-ZMC1 杆塔单线图见图 11-2-14。

呼高（m）	18	21	24	27	30	33
塔重（kg）	6375.0	6812.0	7245.0	8193.0	8677.0	9437.0

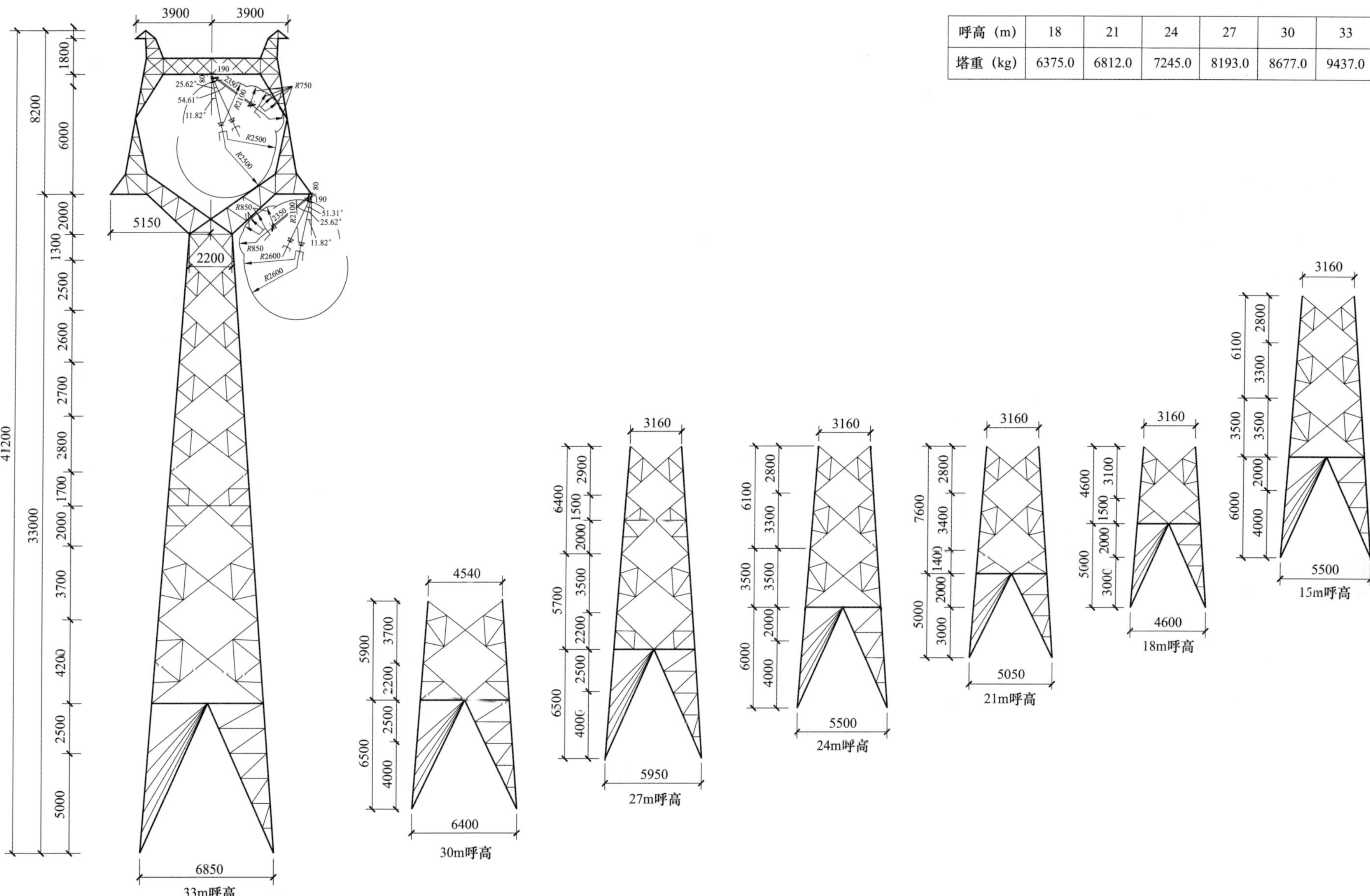

图 11-2-14 2N2-ZMC1 杆塔单线图

11.2.12 2N2-ZMC2 杆塔单线图

2N2-ZMC2 杆塔单线图见图 11-2-15。

呼高（m）	21	24	27	30	33	36	39
塔重（kg）	7418.0	7937.0	8822.0	9438.0	10098.0	10769.0	11632.0

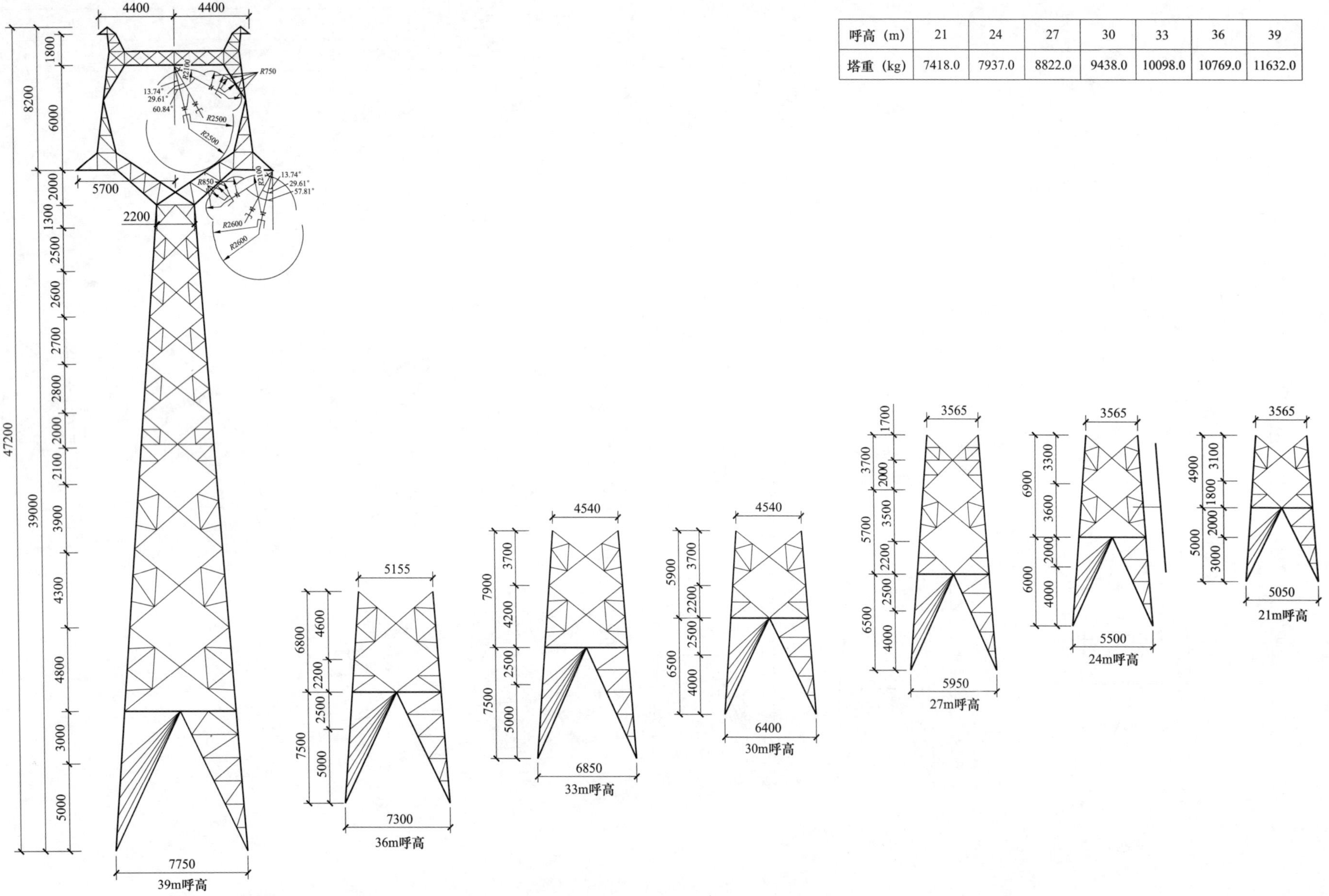

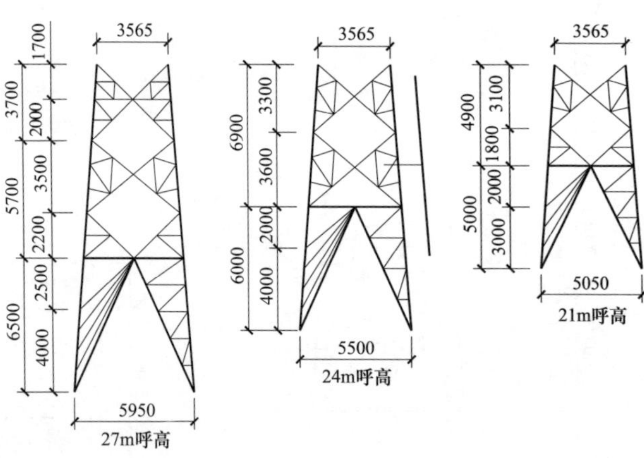

图 11-2-15 2N2-ZMC2 杆塔单线图

11.2.13 2N2-ZMC3 杆塔单线图

2N2-ZMC3 杆塔单线图见图 11-2-16。

呼高（m）	24	27	30	33	36	39	42
塔重（kg）	8856.0	9538.0	10382.0	11024.0	11803.0	12599.0	13373.0

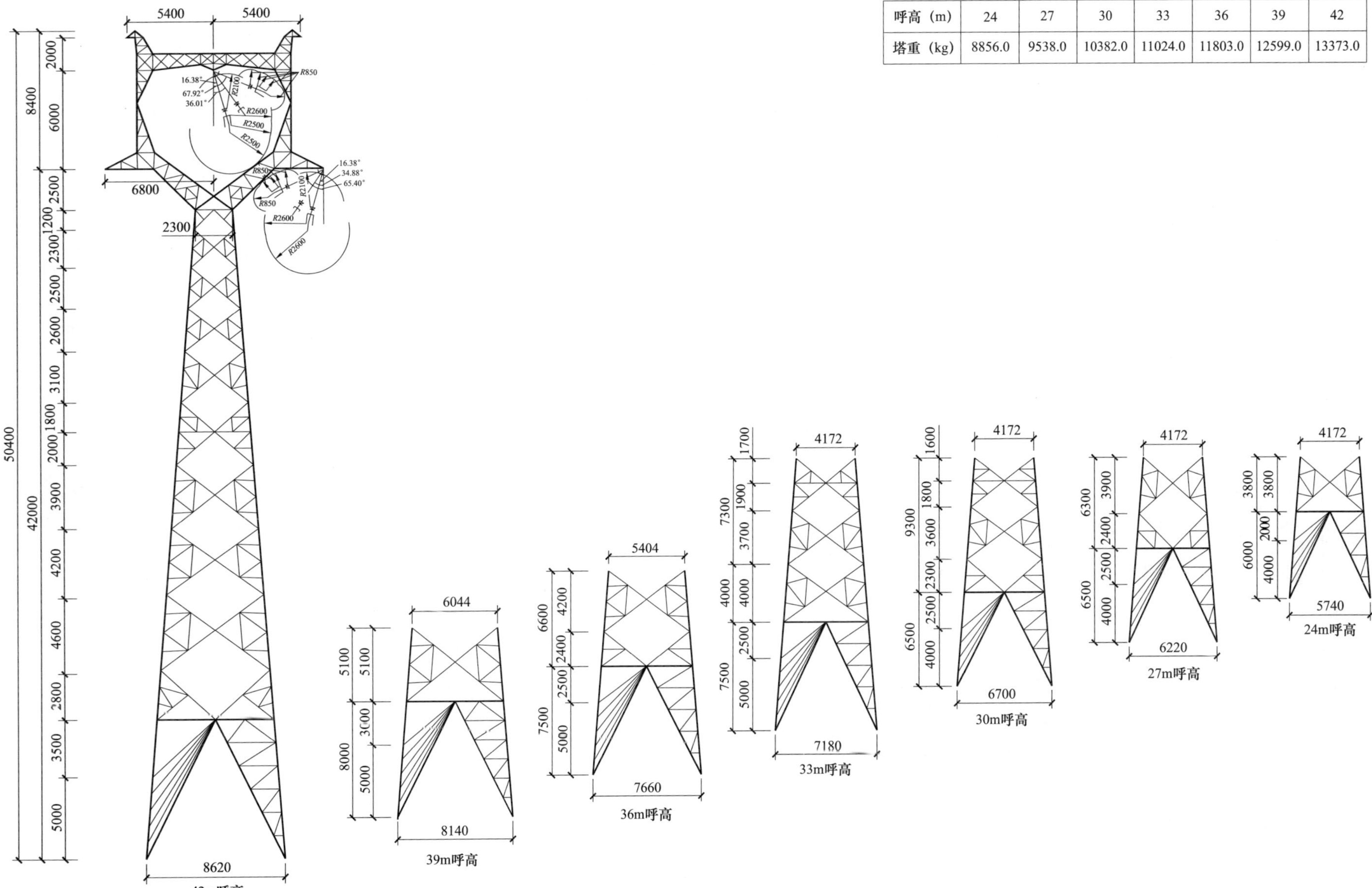

图 11-2-16 2N2-ZMC3 杆塔单线图

11. 2. 14　2N2-ZMC4 杆塔单线图

2N2-ZMC4 杆塔单线图见图 11-2-17。

呼高（m）	24	27	30	33	36	39	42	45	48	51
塔重（kg）	9933.0	10643.0	11333.0	12374.0	13086.0	13859.0	14748.0	15856.0	16958.0	18242.0

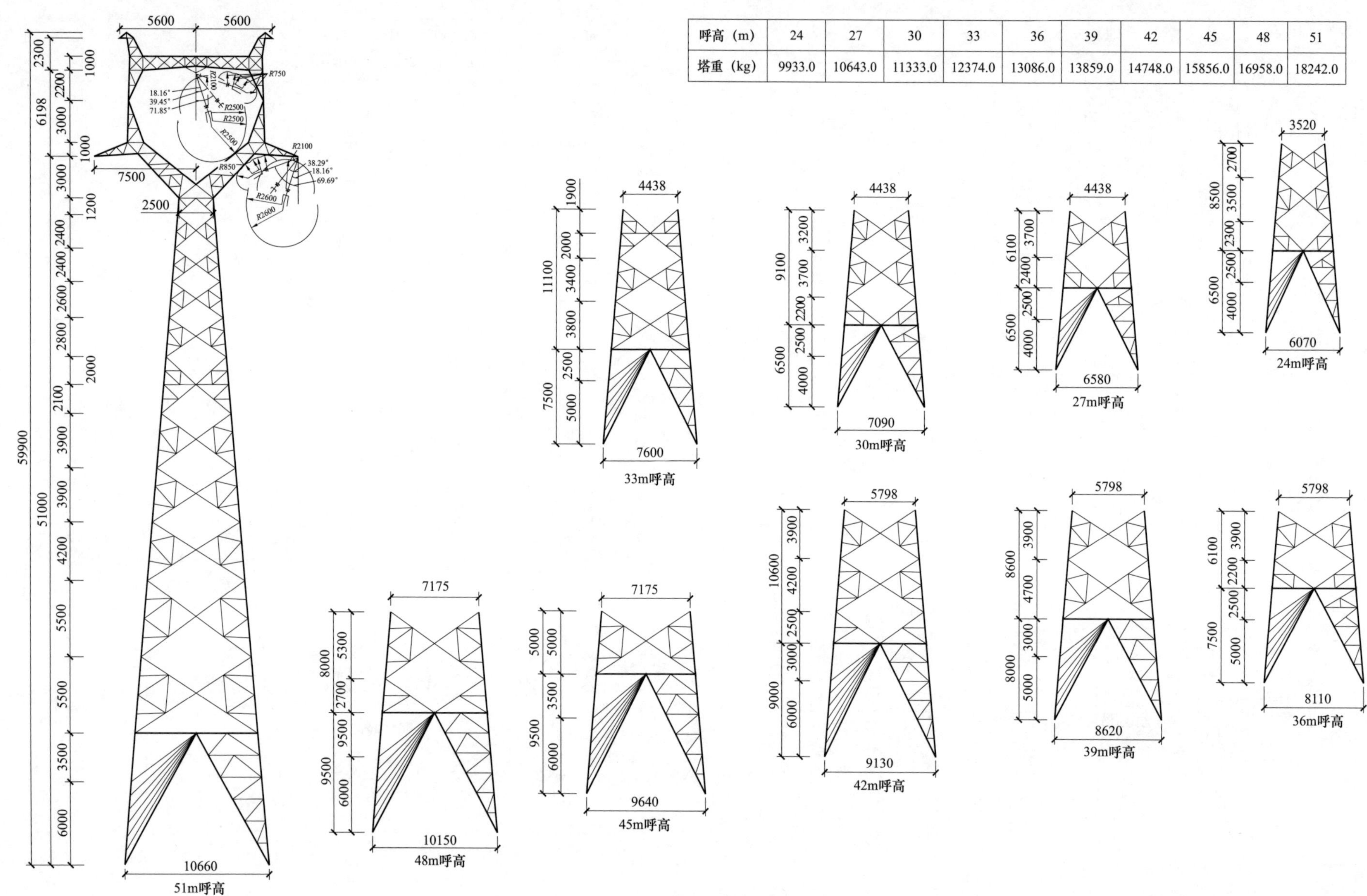

图 11-2-17　2N2-ZMC4 杆塔单线图

11.2.15 2N2-ZMCK 杆塔单线图

2N2-ZMCK 杆塔单线图见图 11-2-18。

呼高（m）	42	45	48	51	54
塔重（kg）	13175.0	14224.0	15092.0	16473.0	17606.0

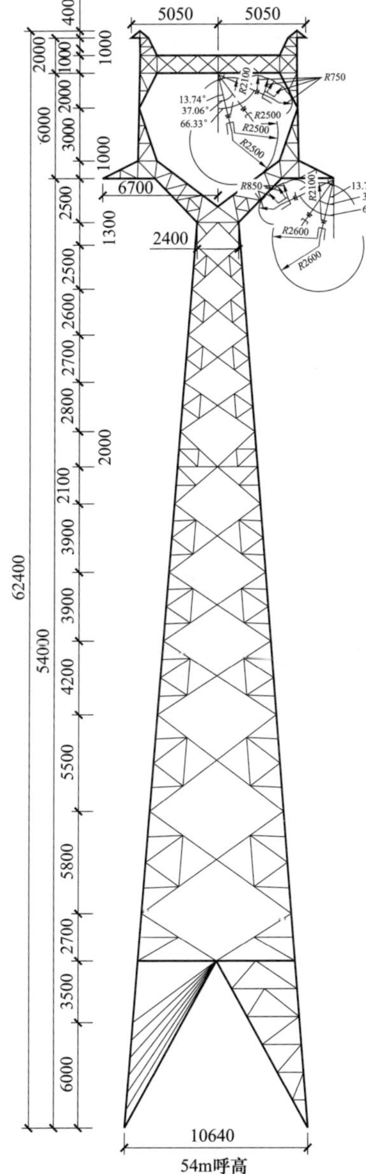

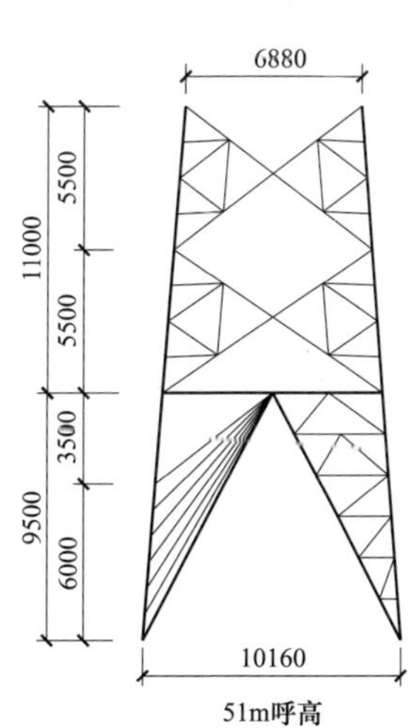

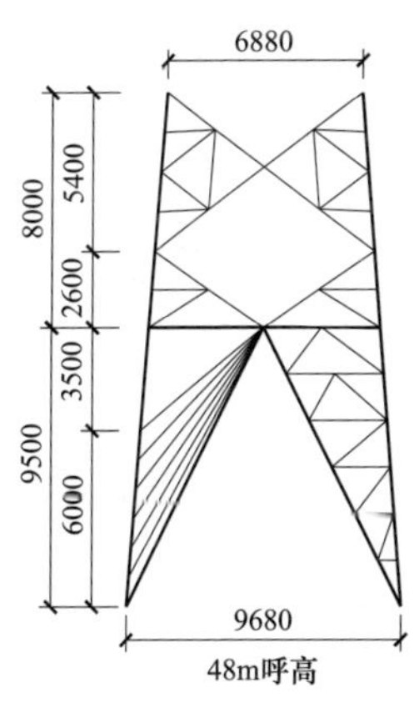

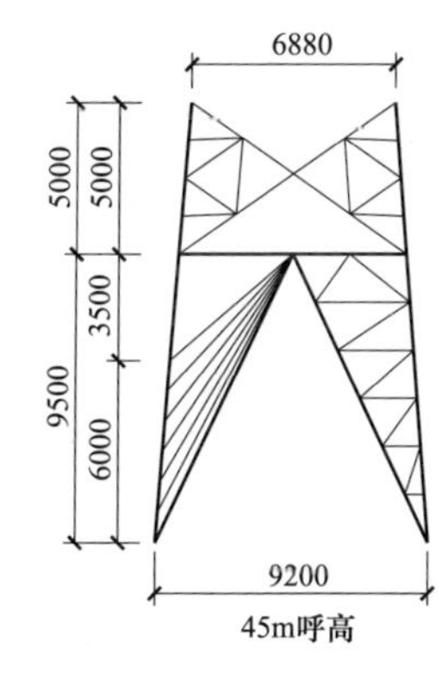

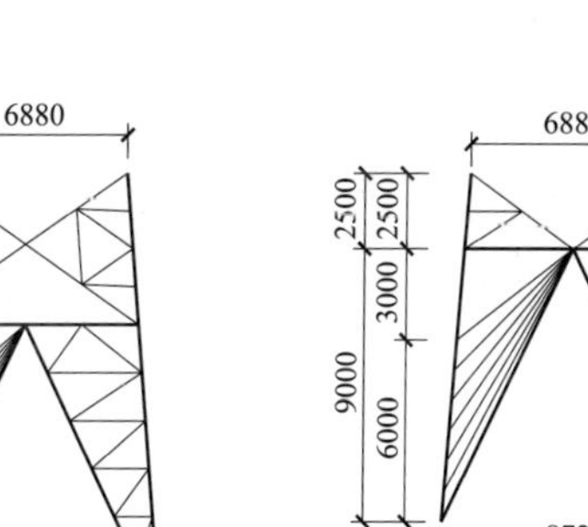

图 11-2-18 2N2-ZMCK 杆塔单线图

11.2.16 2N2-JC1 杆塔单线图

2N2-JC1 杆塔单线图见图 11-2-19。

呼高（m）	15	18	21	24	27	30	33	36
塔重（kg）	8213.0	8984.0	9799.0	10625.0	11557.0	12288.0	13407.0	14161.0

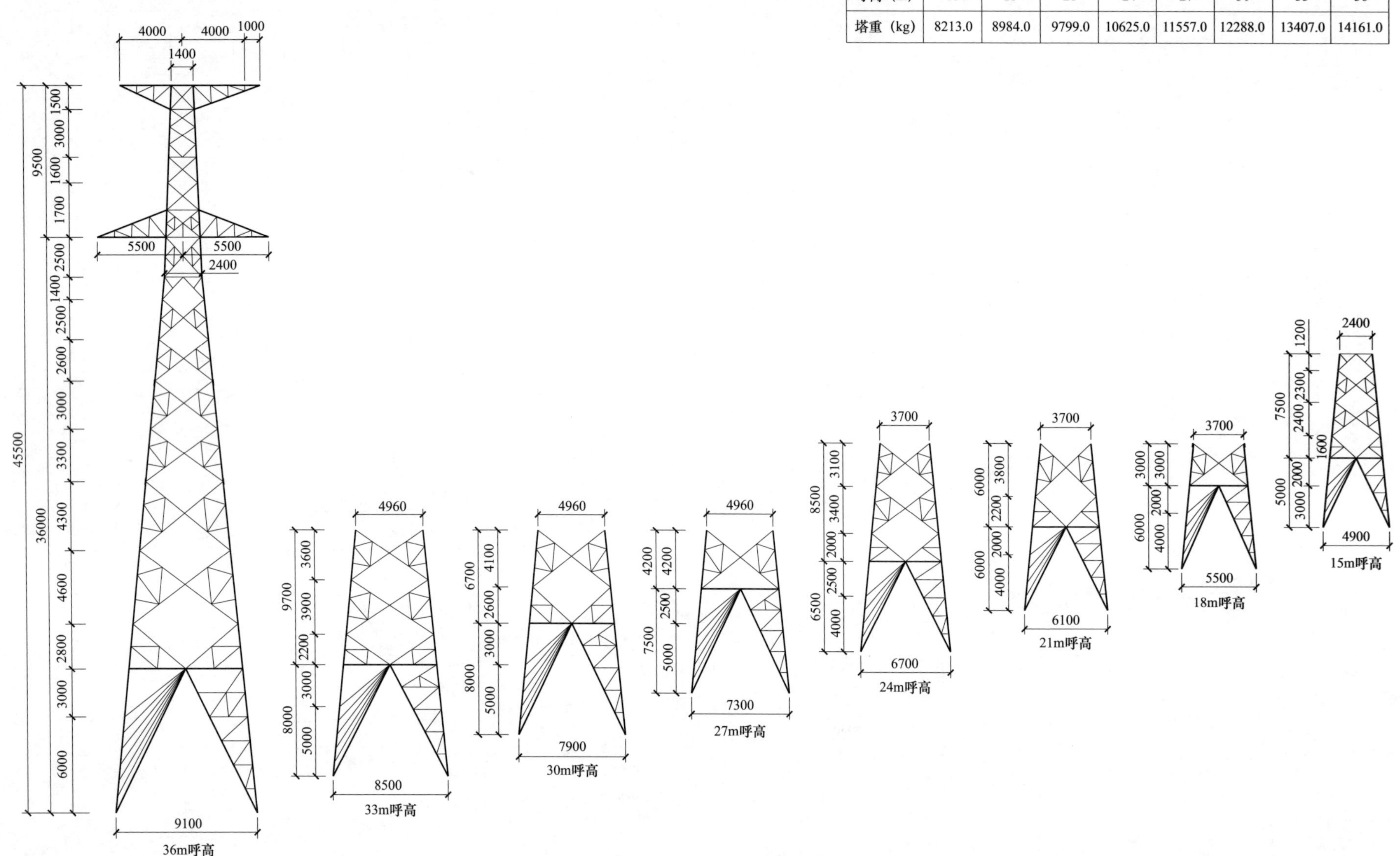

图 11-2-19 2N2-JC1 杆塔单线图

11.2.17 2N2-JC2 杆塔单线图

2N2-JC2 杆塔单线图见图 11-2-20。

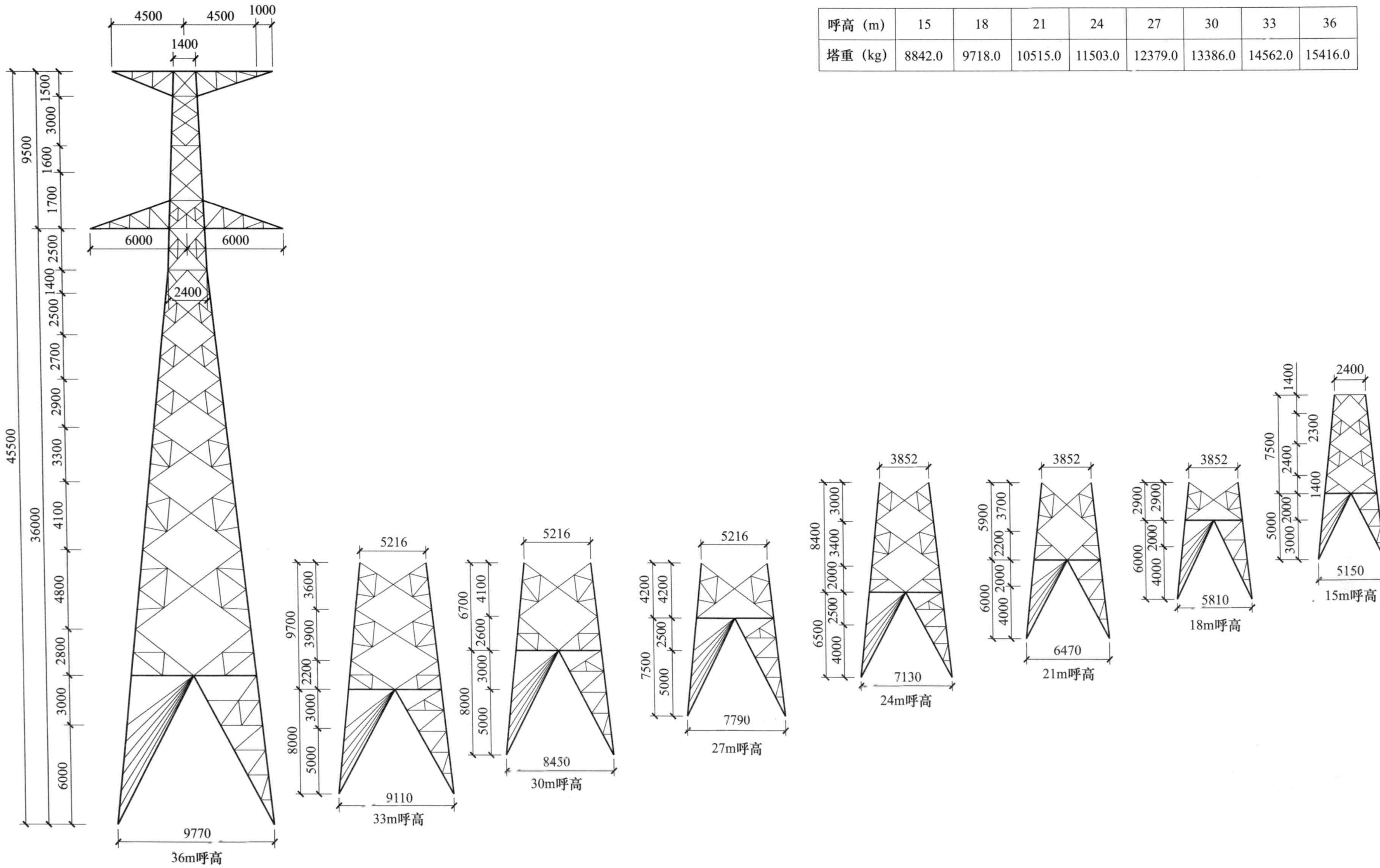

呼高（m）	15	18	21	24	27	30	33	36
塔重（kg）	8842.0	9718.0	10515.0	11503.0	12379.0	13386.0	14562.0	15416.0

图 11-2-20 2N2-JC2 杆塔单线图

11.2.18 2N2-JC3 杆塔单线图

2N2-JC3 杆塔单线图见图 11-2-21。

呼高（m）	15	18	21	24	27	30	33	36
塔重（kg）	9809.0	10777.0	11806.0	12773.0	13902.0	14812.0	16145.0	17228.0

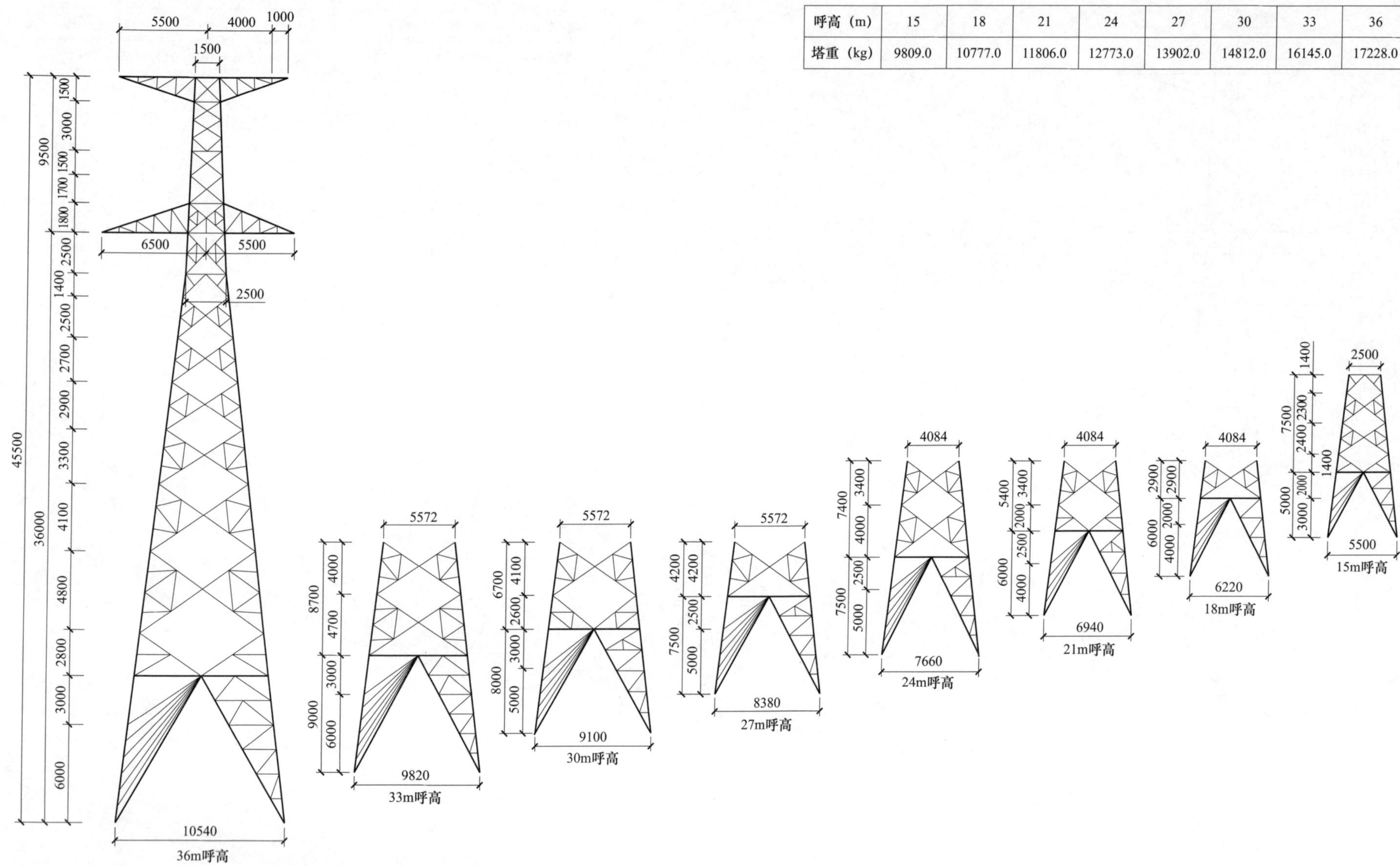

图 11-2-21 2N2-JC3 杆塔单线图

11.2.19 2N2-JC4 杆塔单线图

2N2-JC4 杆塔单线图见图 11-2-22。

呼高 (m)	15	18	21	24	27	30	33	36
塔重 (kg)	10902.0	12193.0	13217.0	14533.0	15766.0	17065.0	18302.0	19580.0

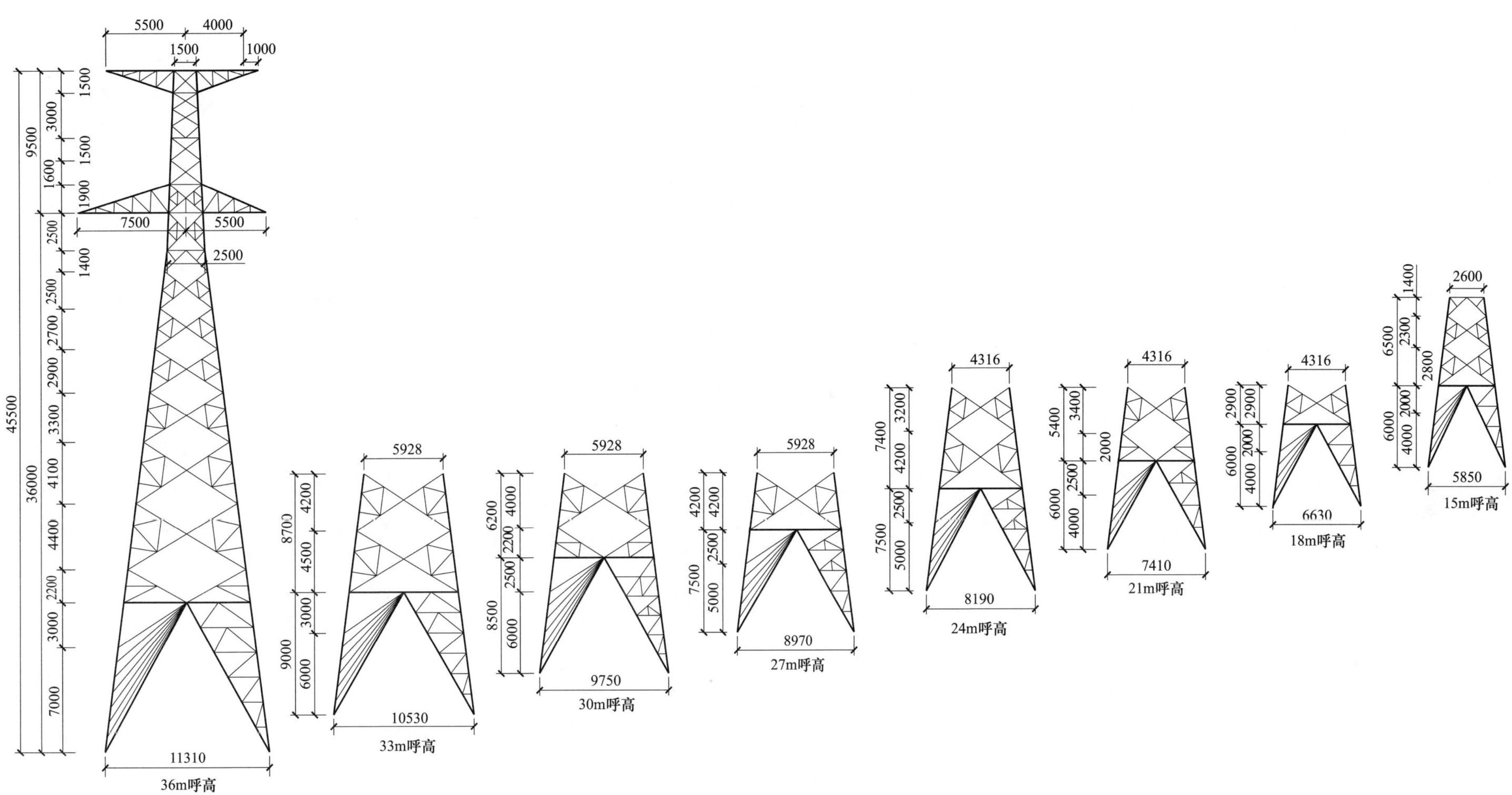

图 11-2-22 2N2-JC4 杆塔单线图

11.2.20 2N2-DJC1 杆塔单线图

2N2-DJC1 杆塔单线图见图 11-2-23。

呼高（m）	15	18	21	24	27	30	33	36
塔重（kg）	10799.0	12153.0	13114.0	14376.0	15571.0	16626.0	18147.0	19364.0

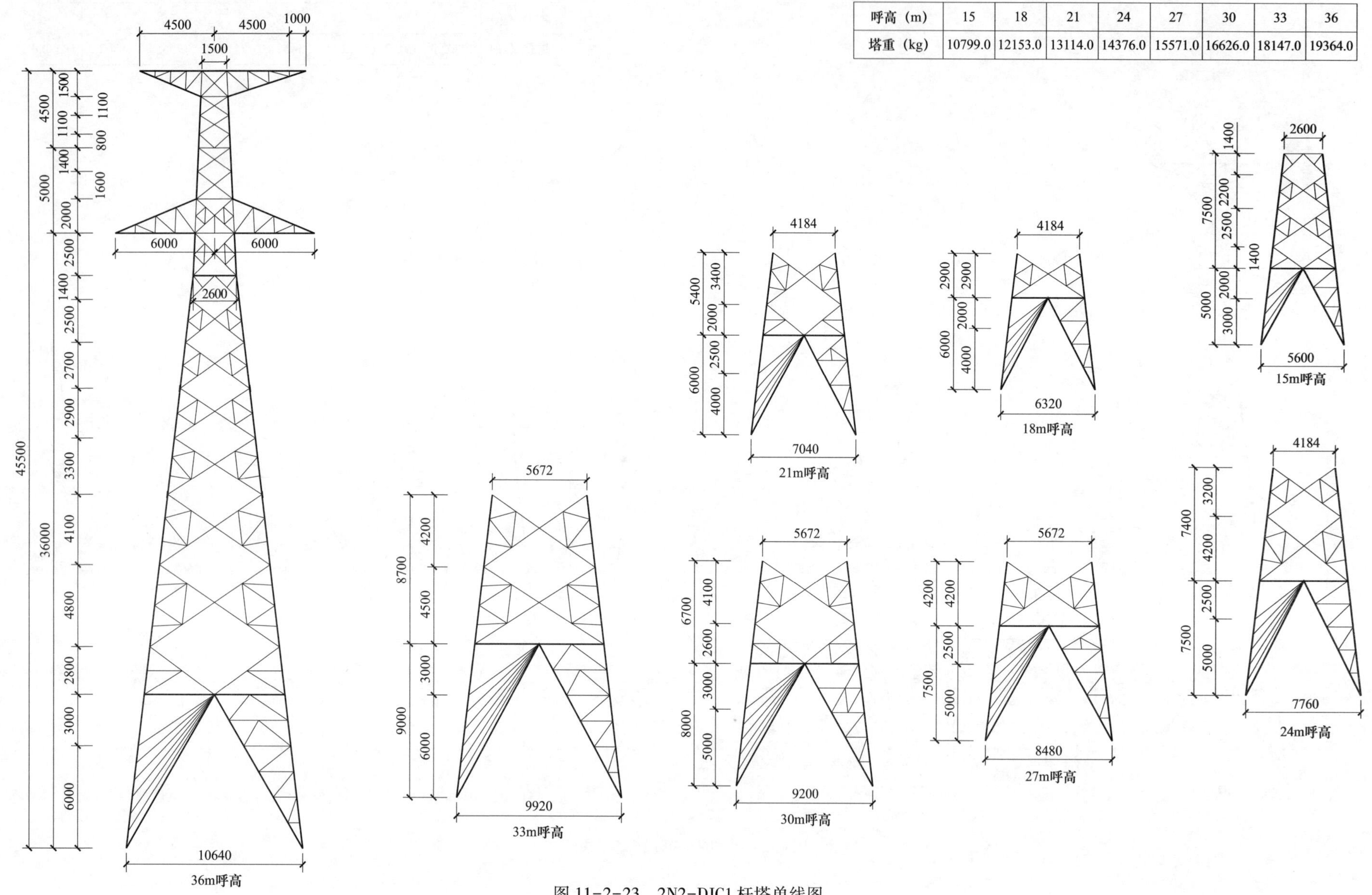

图 11-2-23 2N2-DJC1 杆塔单线图

11. 2. 21　2N2-DJC2 杆塔单线图

2N2-DJC2 杆塔单线图见图 11-2-24。

呼高（m）	15	18	21	24	27	30	33	36
塔重（kg）	11077.0	12431.0	13392.0	14653.0	15849.0	16904.0	18425.0	19642.0

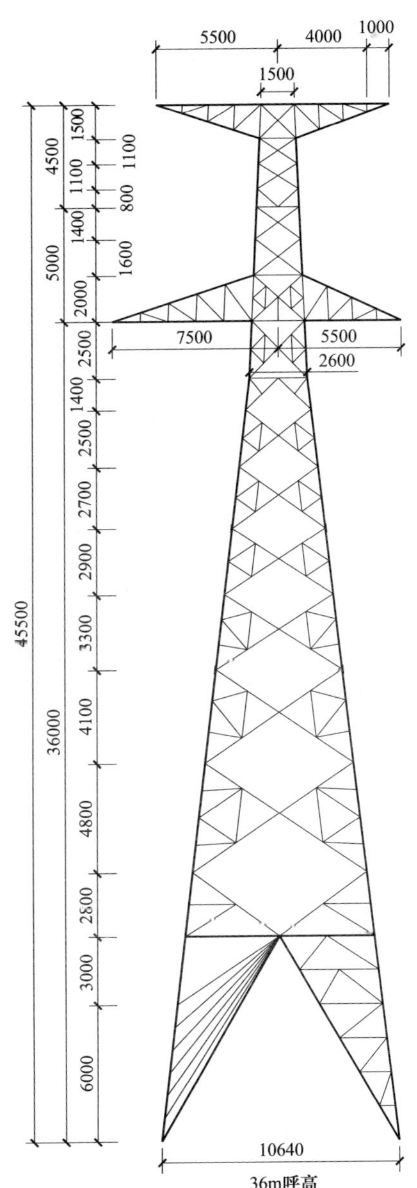

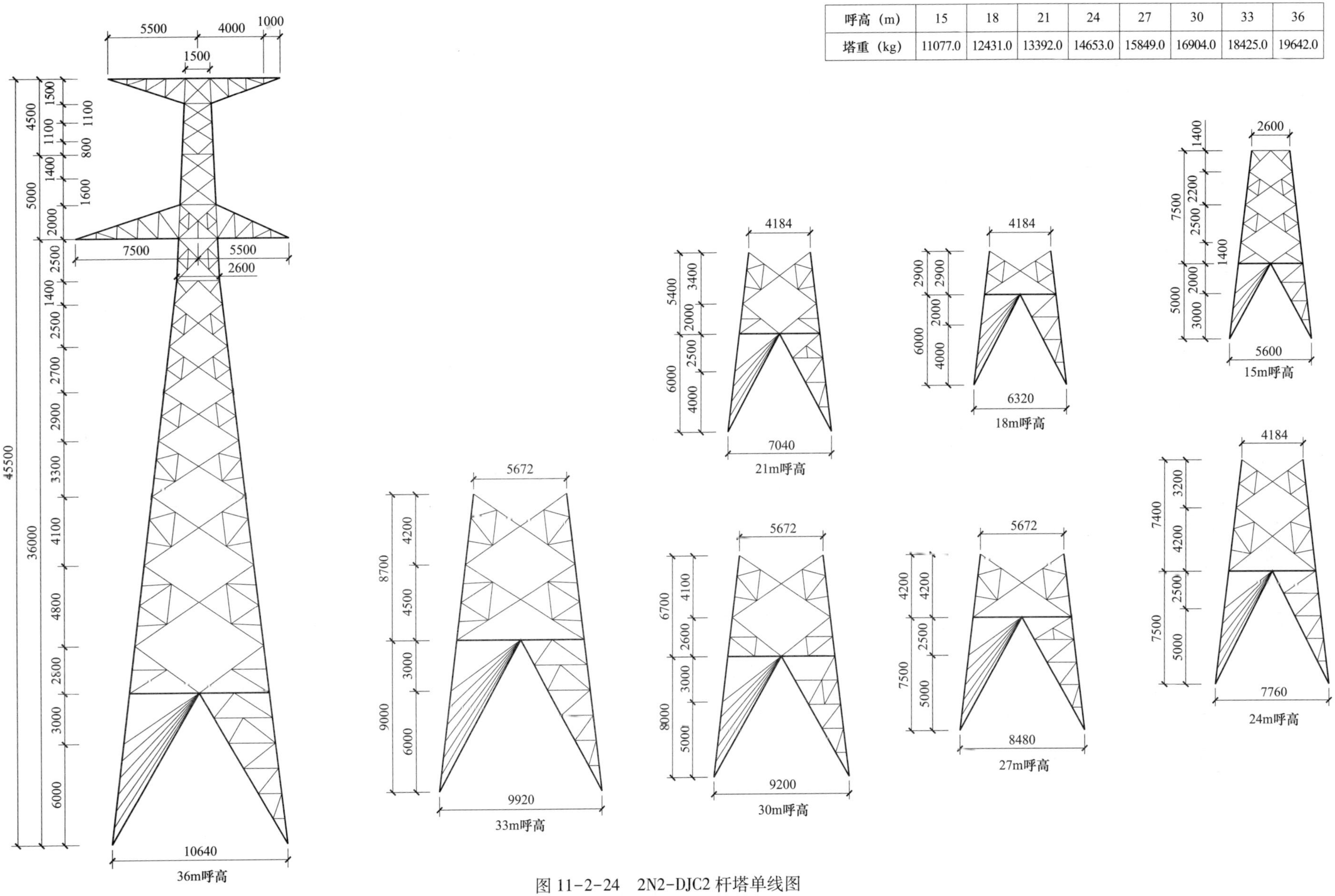

图 11-2-24　2N2-DJC2 杆塔单线图

11.2.22 2N2-HDJC 杆塔单线图

2N2-HDJC 杆塔单线图见图 11-2-25。

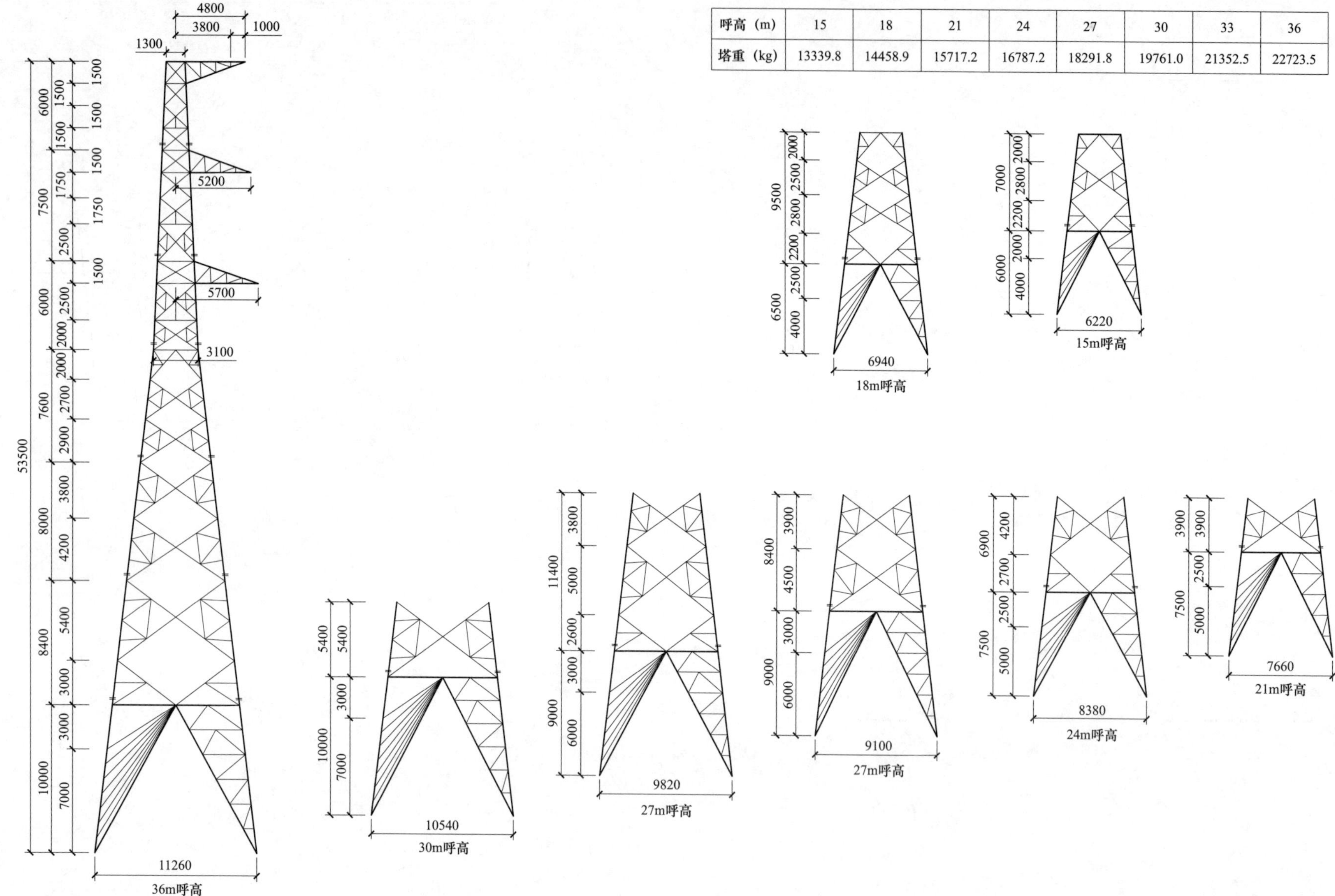

呼高（m）	15	18	21	24	27	30	33	36
塔重（kg）	13339.8	14458.9	15717.2	16787.2	18291.8	19761.0	21352.5	22723.5

图 11-2-25 2N2-HDJC 杆塔单线图

11.3 2N3 子模块

11.3.1 2N3 子模块说明

（1）该子模块电压等级 220kV，海拔 1000m 以内、设计风速 27m/s（离地 10m）、覆冰厚度 10mm，导线 2×JL/G1A-240/30 兼 1×JL/G1A-400/35 的单回路铁塔。地线采用 JLB20A-150。该子模块直线塔按平地、山区各一套设计，耐张塔由 2N4 子模块兼。悬垂串按 I 型布置。该子模块共计 9 种塔型。

（2）使用条件。2N3 子模块的气象条件、杆塔设计条件、杆塔塔重及基础作用力分别见表 11-3-1～表 11-3-3。

表 11-3-1　2N3 子模块的气象条件

项目	气温（℃）	风速（m/s）	覆冰厚度（mm）
最高气温	40	0	0
最低气温	-40	0	0
覆冰	-5	10	10
基本风速	-5	27	0
安装情况	-10	10	0
年平均气温	10	0	0
雷电过电压	15	10	0
操作过电压	10	15	0
带电作业	15	10	0

表 11-3-2　2N3 子模块的杆塔设计条件

塔型名称	呼高范围（m）	计算呼高（m）	水平档距（m）	垂直档距（m）	允许转角（°）
ZM1	18～30	27	350	450	—
ZM2	21～36	33	410	550	—
ZM3	24～42	39	500	650	—
ZMK	39～54	51	410	550	—
ZMC1	18～33	27	380	600	—

续表 11-3-2

塔型名称	呼高范围（m）	计算呼高（m）	水平档距（m）	垂直档距（m）	允许转角（°）
ZMC2	21～39	33	480	800	—
ZMC3	24～42	39	600	1000	—
ZMC4	24～51	42	850	1200	—
ZMCK	42～54	51	480	800	—

表 11-3-3　2N3 子模块的杆塔塔重及基础作用力

塔型名称	塔重范围（kg）	基础作用力范围（kN）					
		T_{max}	T_x	T_y	N_{max}	N_x	N_y
ZM1	6411.4～8378.6	193～247	21～25	16～20	243～309	25～30	20～25
ZM2	6817.9～9956.3	228～295	26～32	21～27	284～369	30～38	25～32
ZM3	8327.9～12450.5	282～366	32～42	28～37	357～460	38～47	31～42
ZMK	11754.4～16867.0	391～465	43～49	36～48	467～577	51～58	43～56
ZMC1	6729.5～9663.7	243～290	29～37	25～32	291～385	35～44	25～38
ZMC2	7838.0～12133.2	264～368	40～51	33～43	332～475	45～60	40～51
ZMC3	9385.7～13936.9	376～452	45～58	43～50	454～565	58～69	48～59
ZMC4	10248.5～19088.8	436～563	60～76	55～70	526～710	78～93	63～84
ZMCK	13954.0～18335.1	478～518	65～70	60～63	590～670	80～84	73～78

11.3.2 2N3 子模块杆塔一览图

2N3 子模块杆塔一览图见图 11-3-1、图 11-3-2。

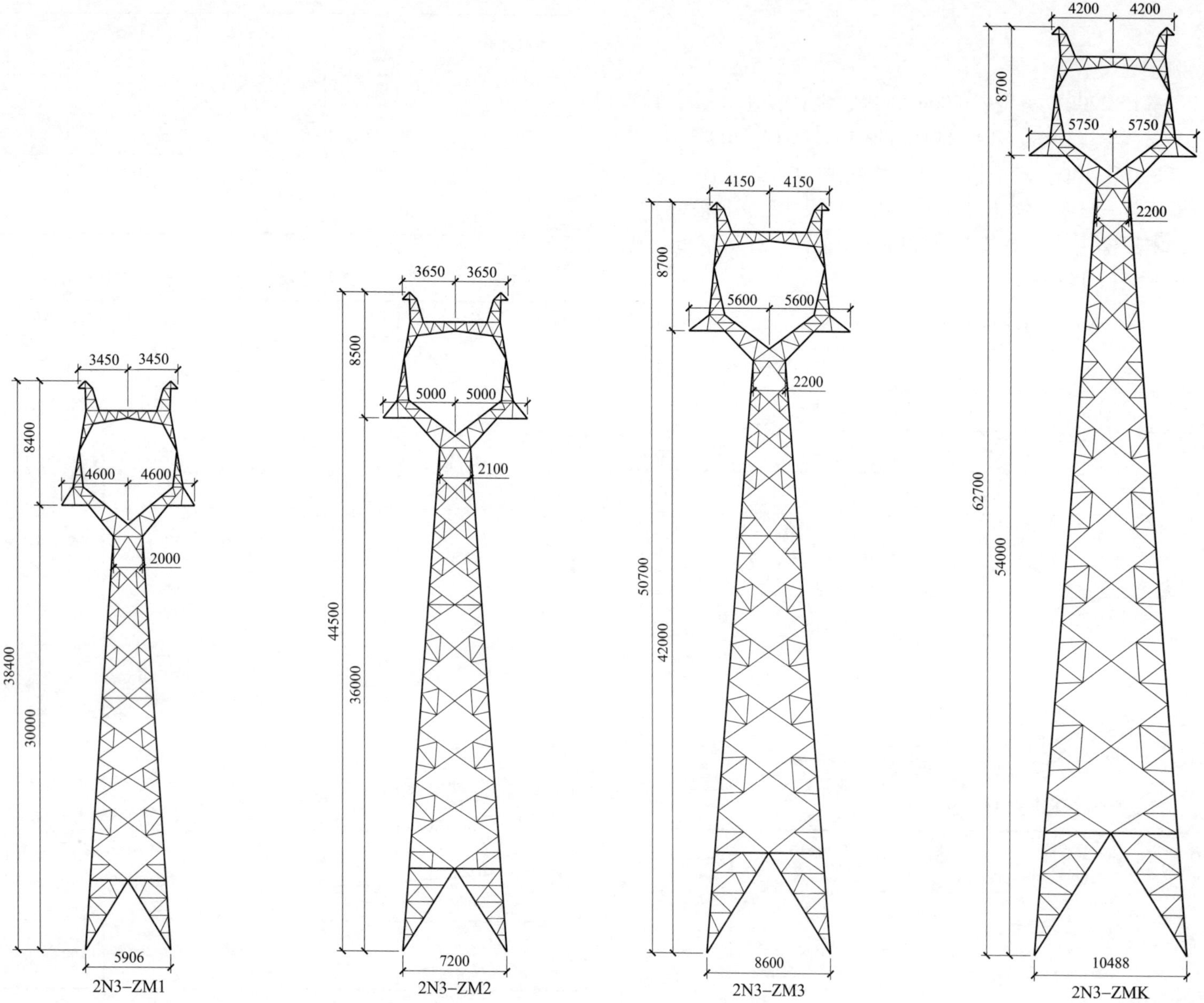

3450 3450
8400
4600 4600
2000
38400
30000
5906
2N3-ZM1
3650 3650
8500
5000 5000
2100
44500
36000
7200
2N3-ZM2
4150 4150
8700
5600 5600
2200
50700
42000
8600
2N3-ZM3
4200 4200
8700
5750 5750
2200
62700
54000
10488
2N3-ZMK

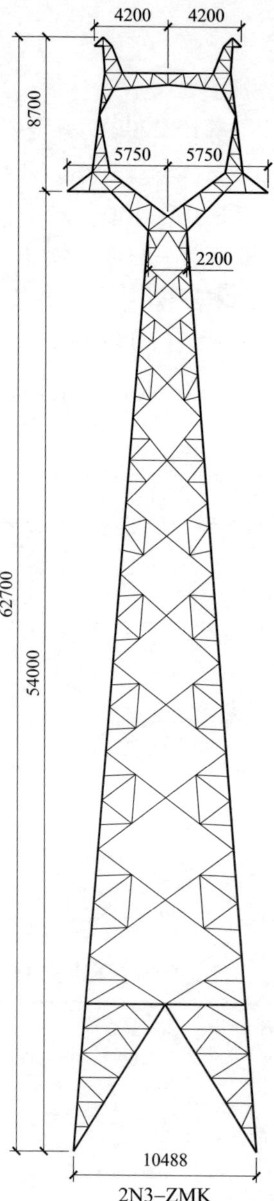

图 11-3-1　2N3 子模块杆塔一览图（平地）

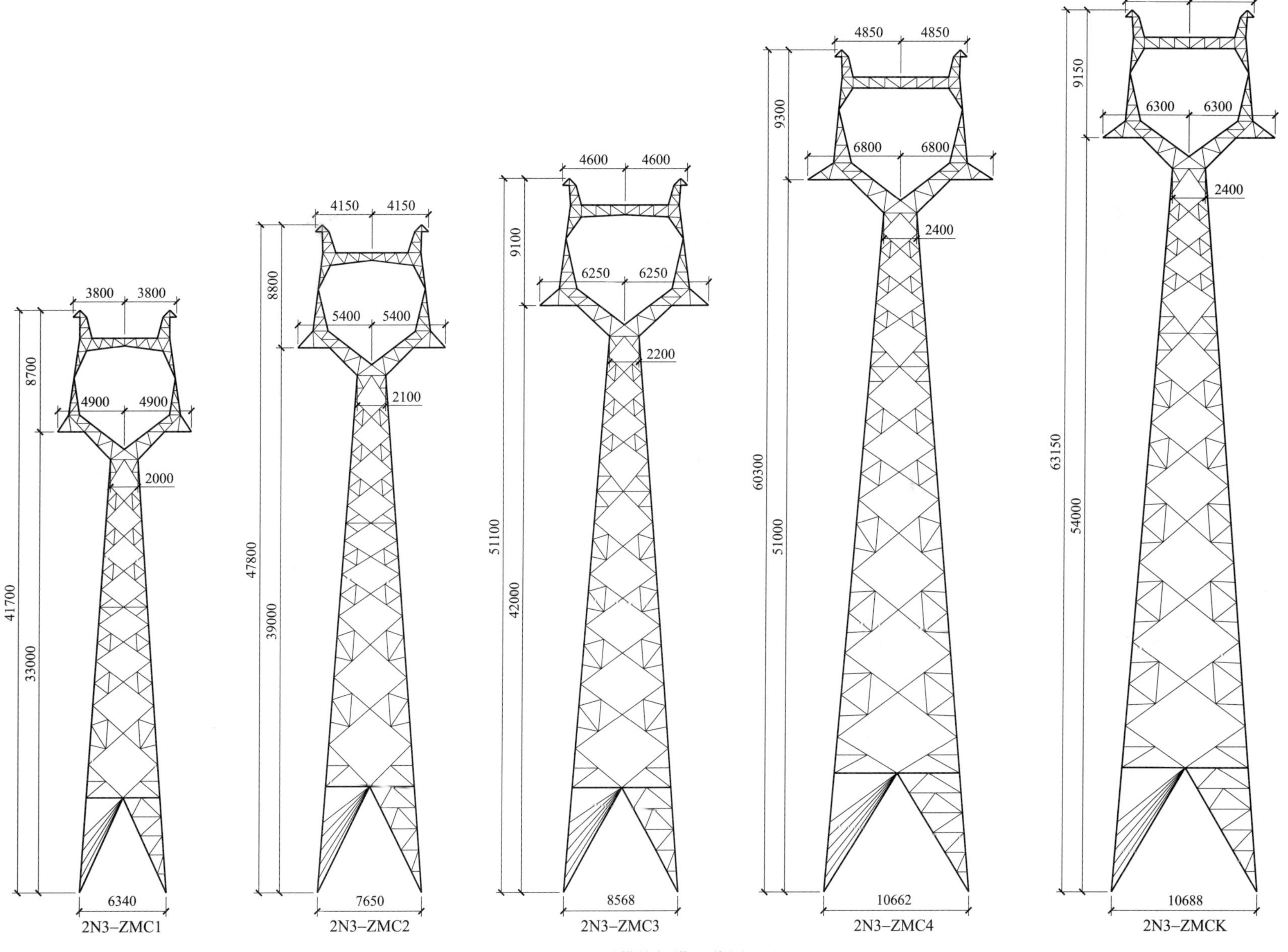

图 11-3-2　2N3 子模块杆塔一览图（山区）

11.3.3 2N3-ZM1 杆塔单线图

2N3-ZM1 杆塔单线图见图 11-3-3。

呼高（m）	18	21	24	27	30
塔重（kg）	6411.4	6785.3	7353.9	7824.1	8378.6

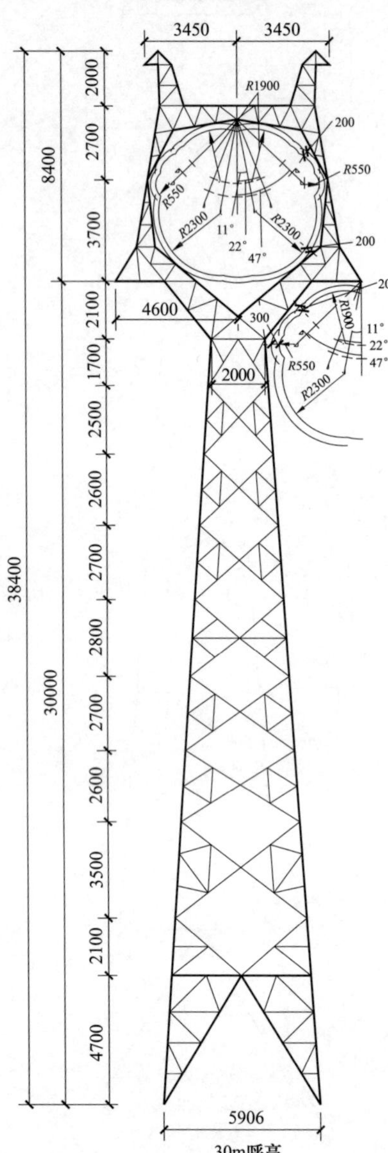

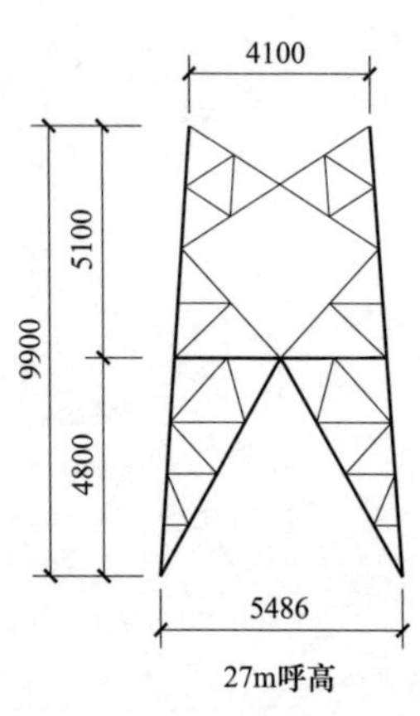

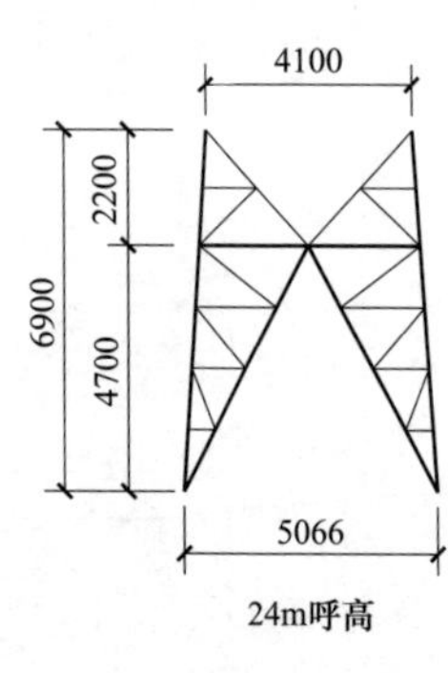

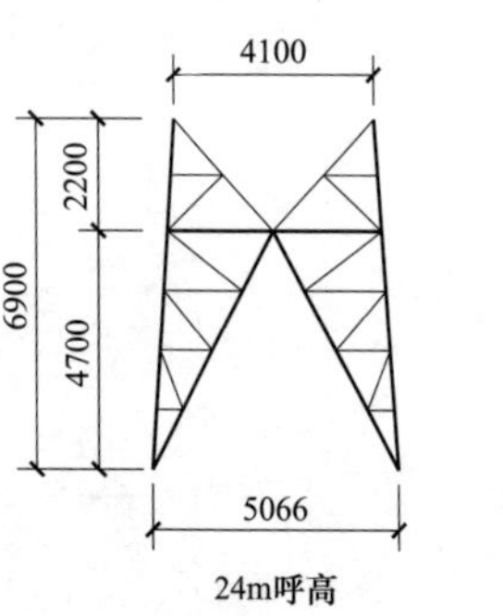

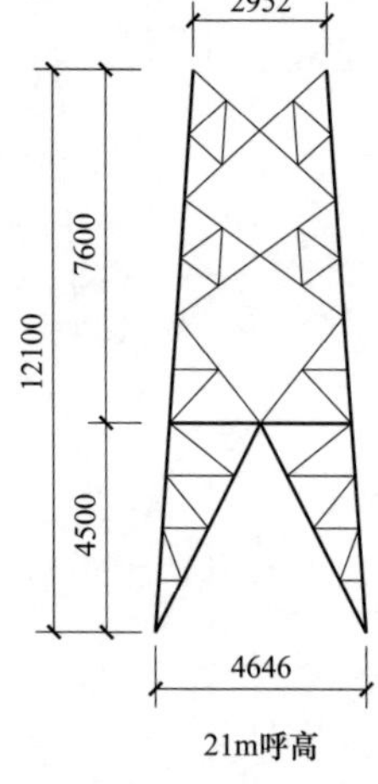

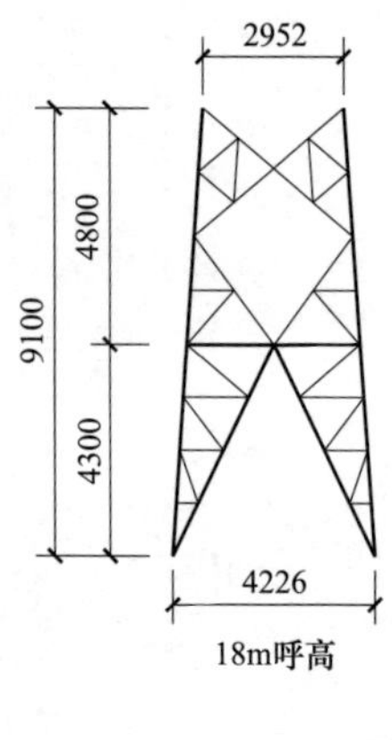

图 11-3-3 2N3-ZM1 杆塔单线图

11.3.4 2N3-ZM2 杆塔单线图

2N3-ZM2 杆塔单线图见图 11-3-4。

呼高（m）	21	24	27	30	33	36
塔重（kg）	6817.9	7445.6	8073.3	8700.9	9328.6	9956.3

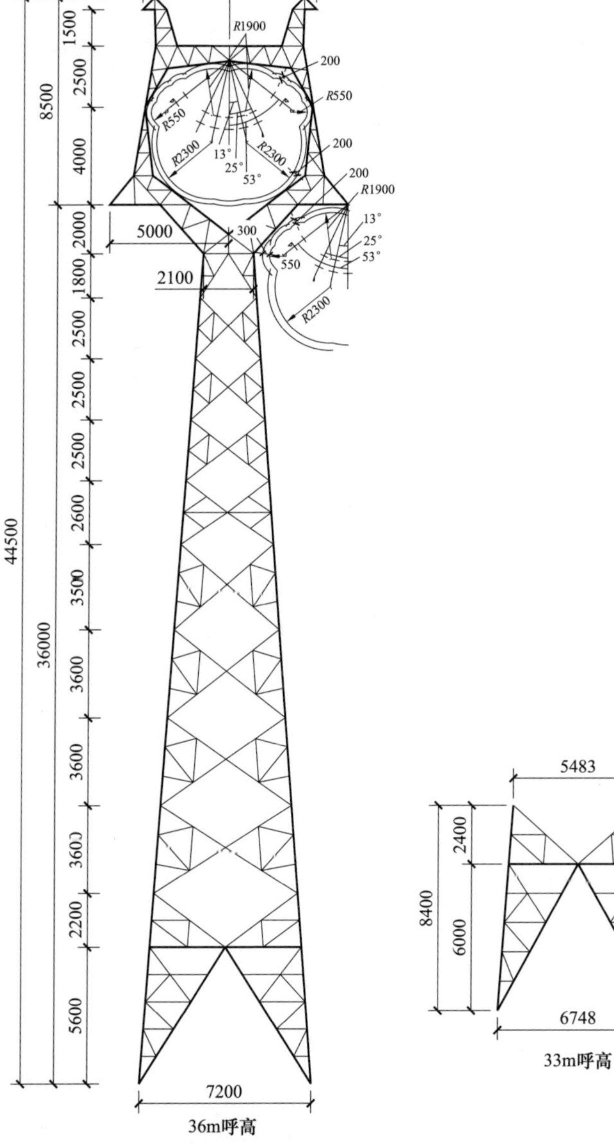

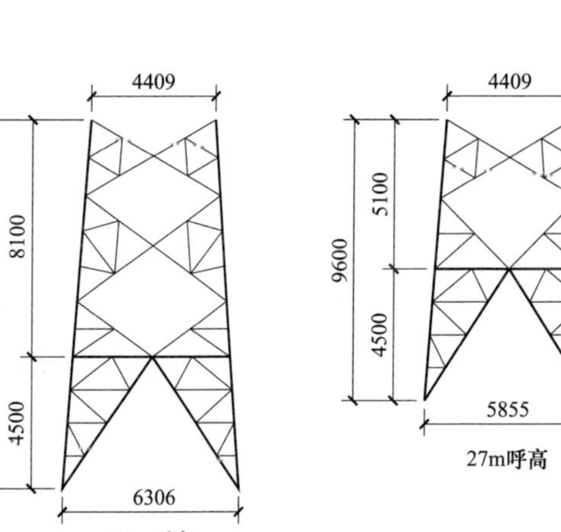

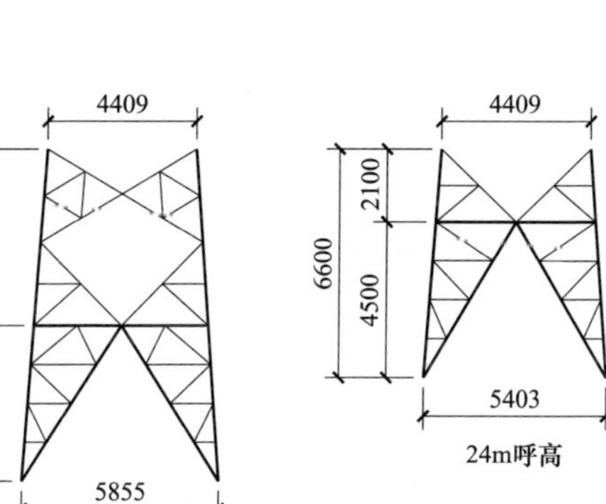

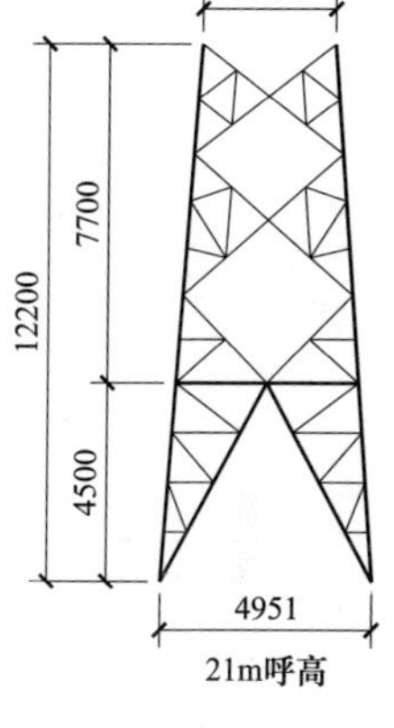

图 11-3-4 2N3-ZM2 杆塔单线图

11.3.5 2N3-ZM3 杆塔单线图

2N3-ZM3 杆塔单线图见图 11-3-5。

呼高（m）	24	27	30	33	36	39	42
塔重（kg）	8327.9	9015.0	9702.1	10389.2	11076.3	11763.4	12450.5

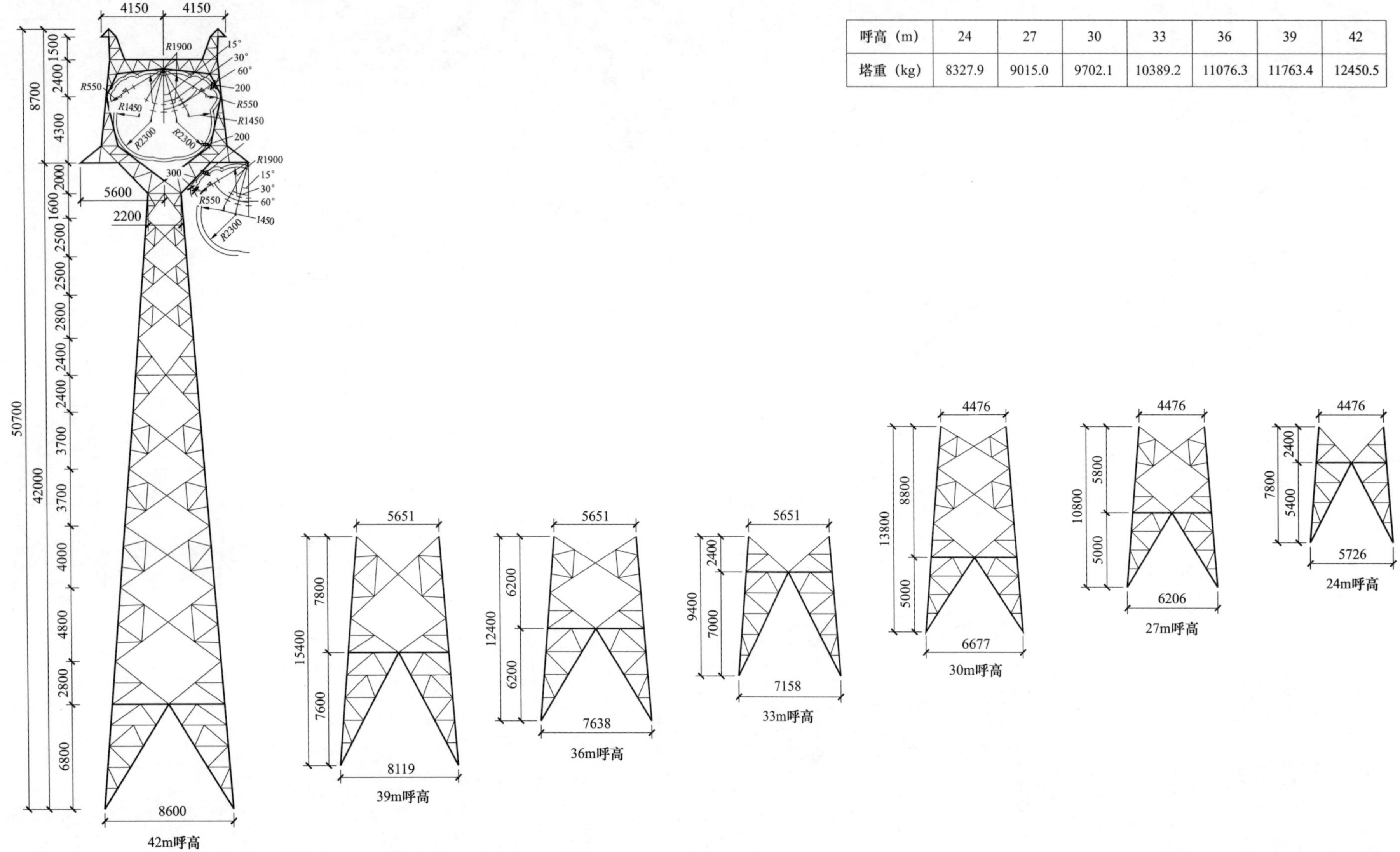

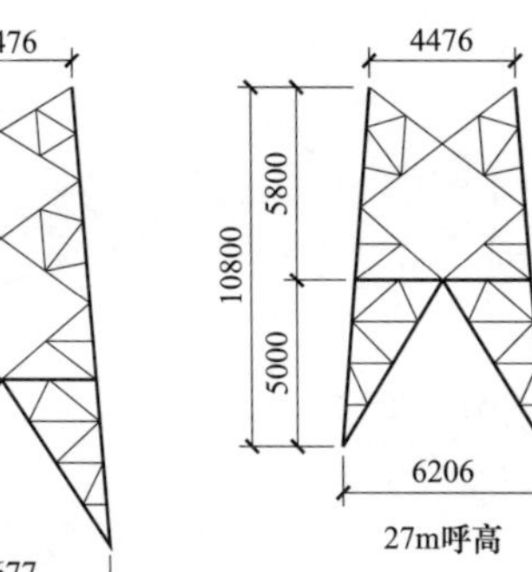

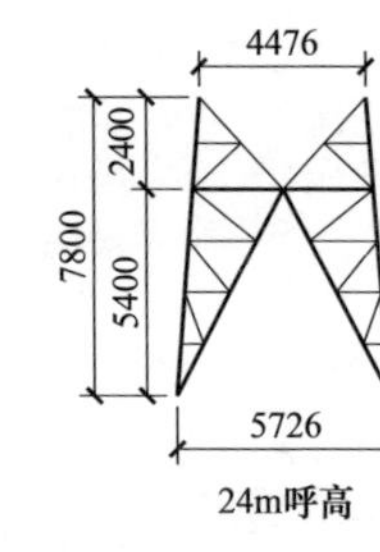

图 11-3-5 2N3-ZM3 杆塔单线图

11.3.6 2N3-ZMK 杆塔单线图

2N3-ZMK 杆塔单线图见图 11-3-6。

呼高（m）	39	42	45	48	51	54
塔重（kg）	11754.4	12776.9	13799.4	14822.0	15844.5	16867.0

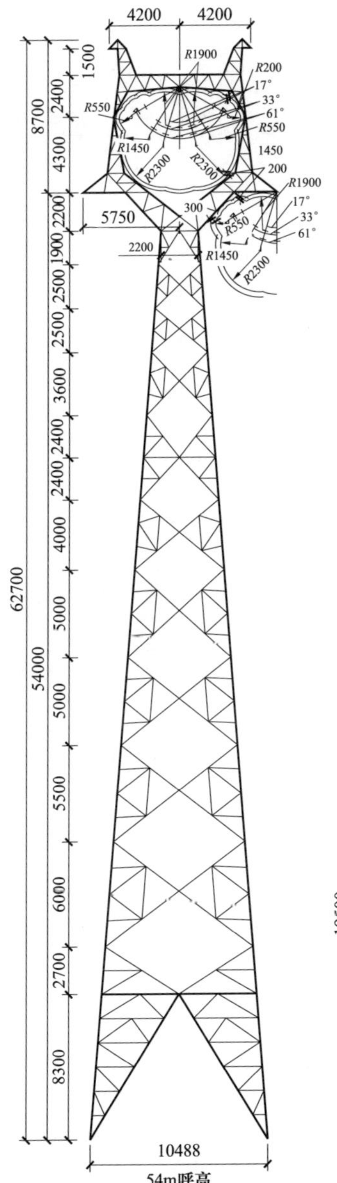

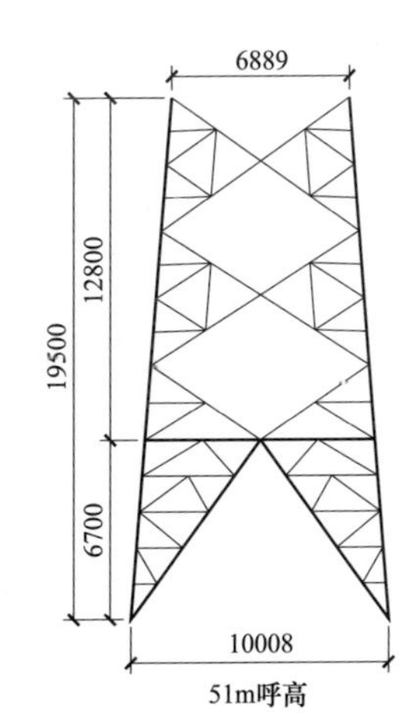

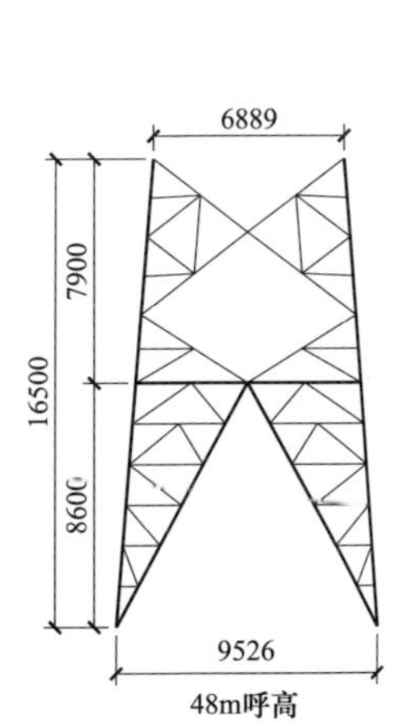

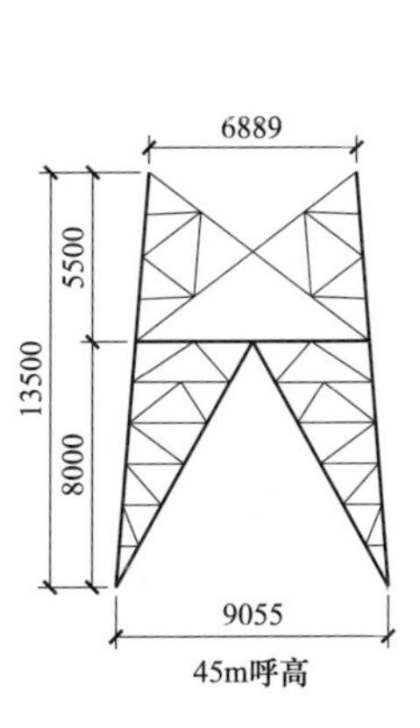

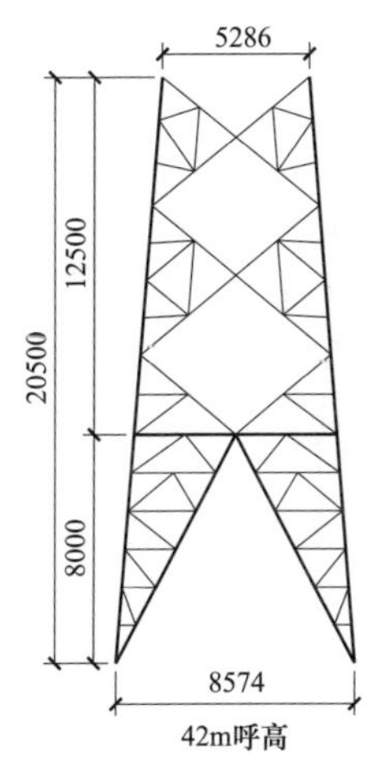

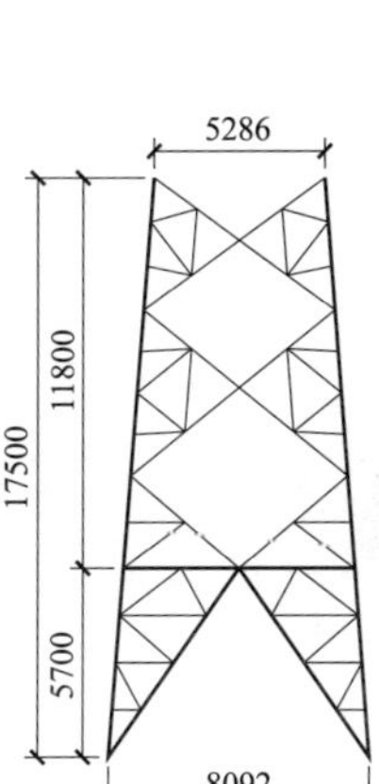

图 11-3-6 2N3-ZMK 杆塔单线图

11.3.7 2N3-ZMC1 杆塔单线图

2N3-ZMC1 杆塔单线图见图 11-3-7。

呼高（m）	18	21	24	27	30	33
塔重（kg）	6729.5	7316.3	7903.2	8490.0	9076.9	9633.7

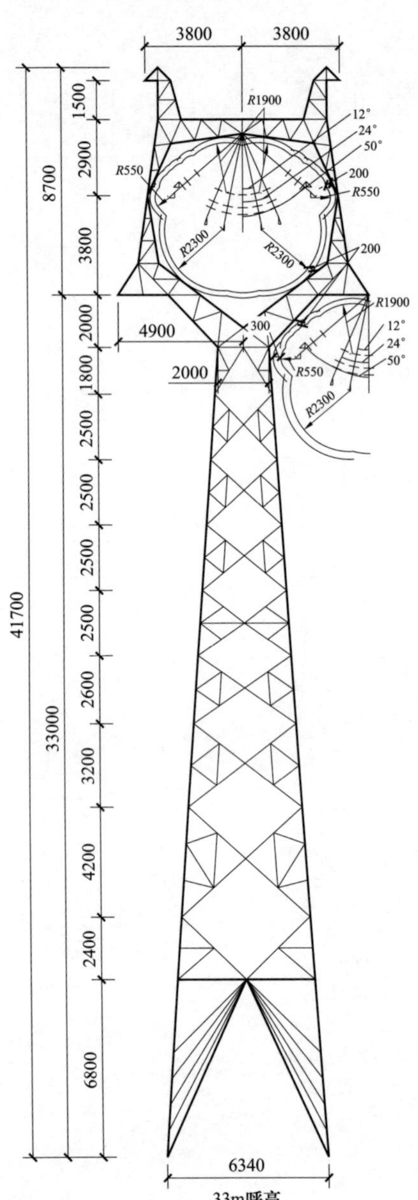

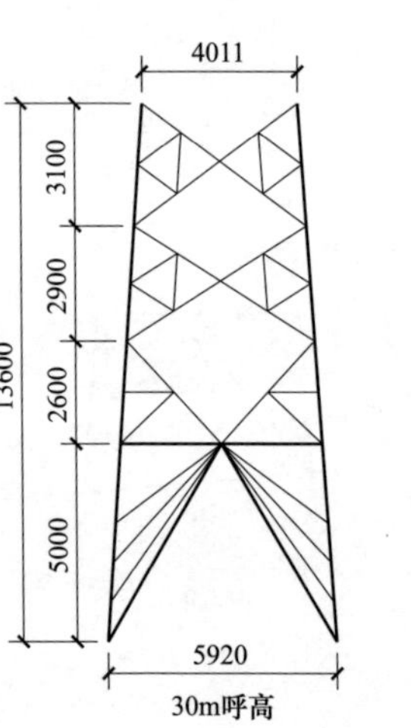

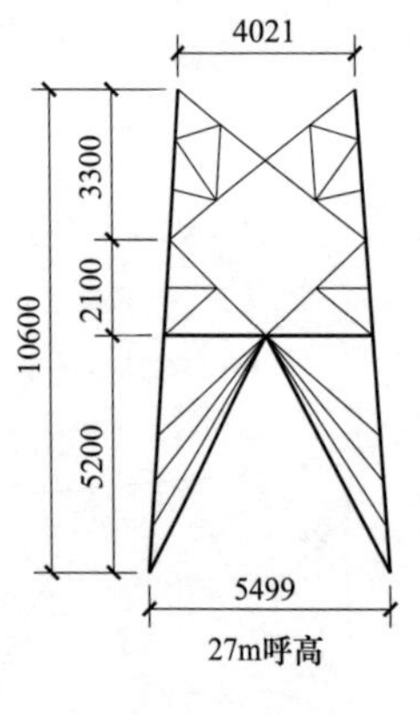

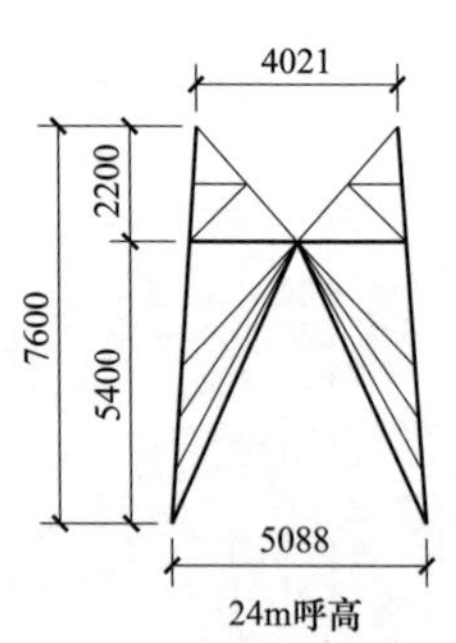

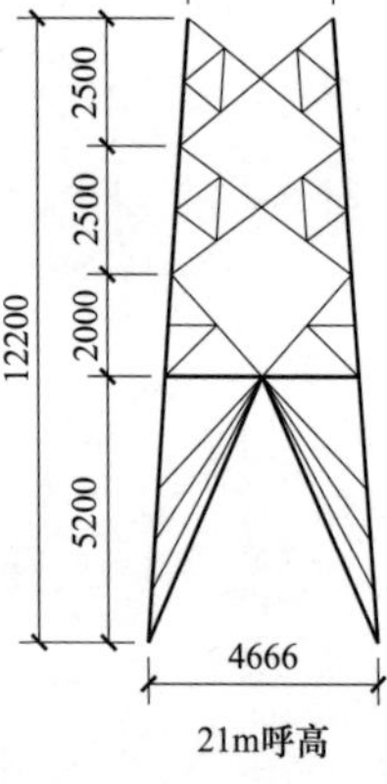

图 11-3-7 2N3-ZMC1 杆塔单线图

11.3.8 2N3-ZMC2 杆塔单线图

2N3-ZMC2 杆塔单线图见图 11-3-8。

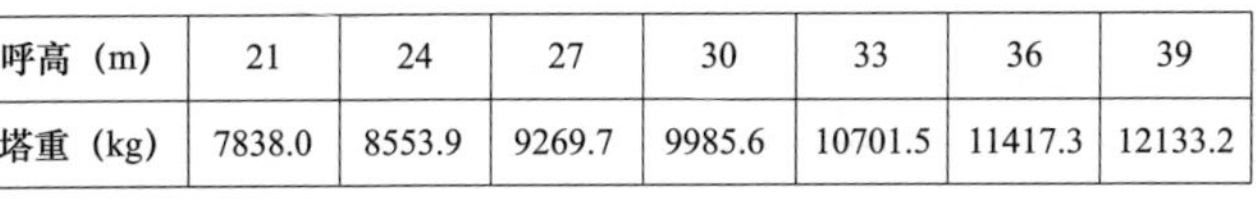

呼高（m）	21	24	27	30	33	36	39
塔重（kg）	7838.0	8553.9	9269.7	9985.6	10701.5	11417.3	12133.2

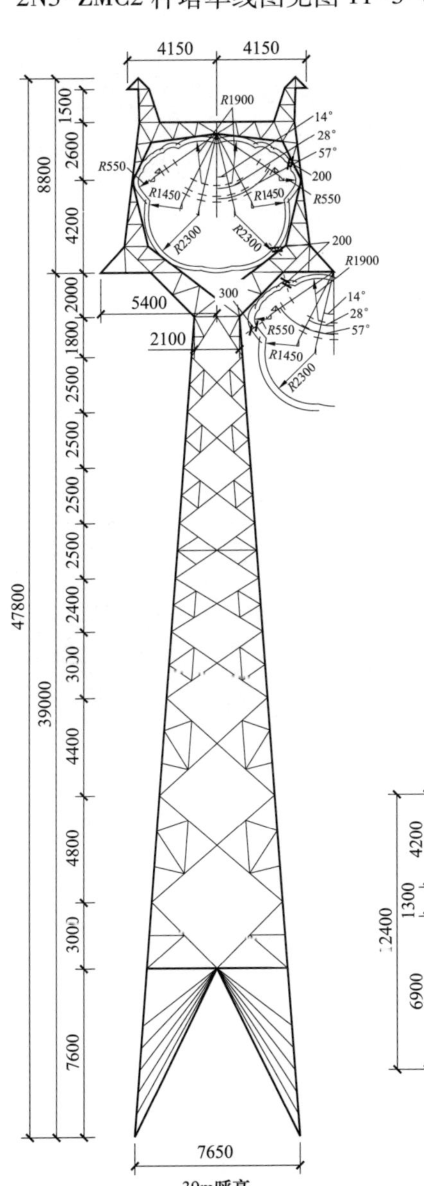

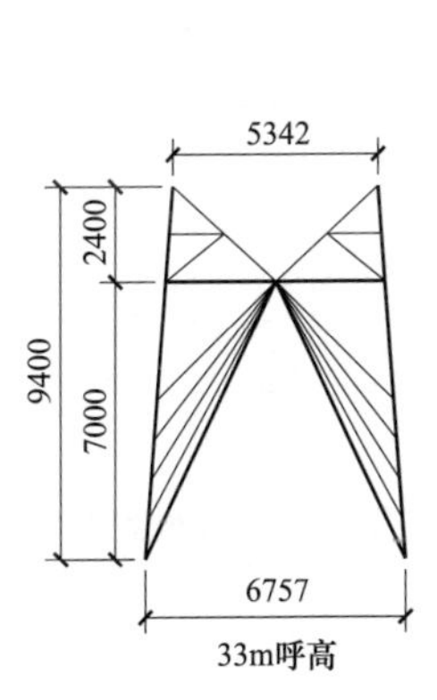

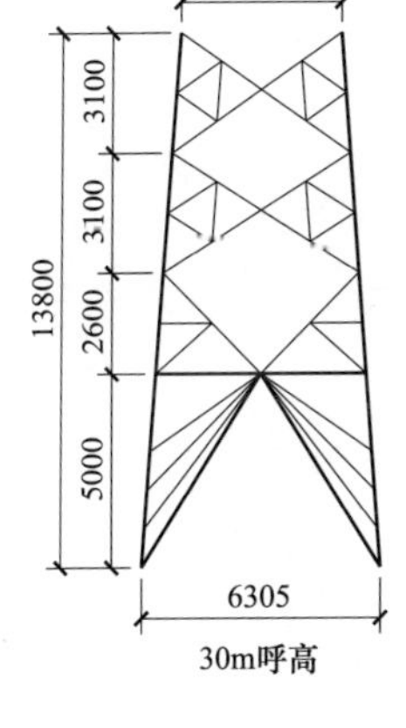

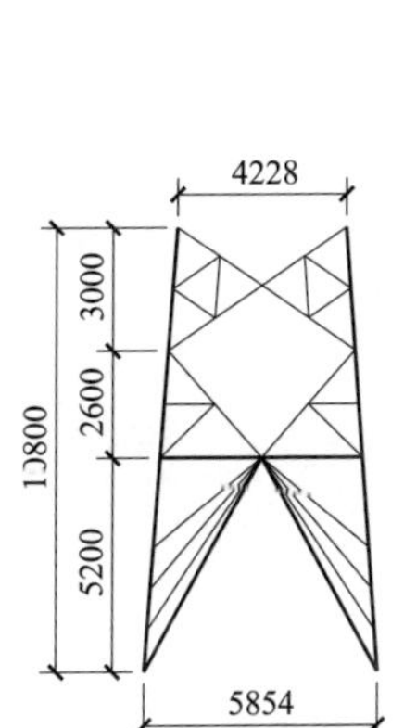

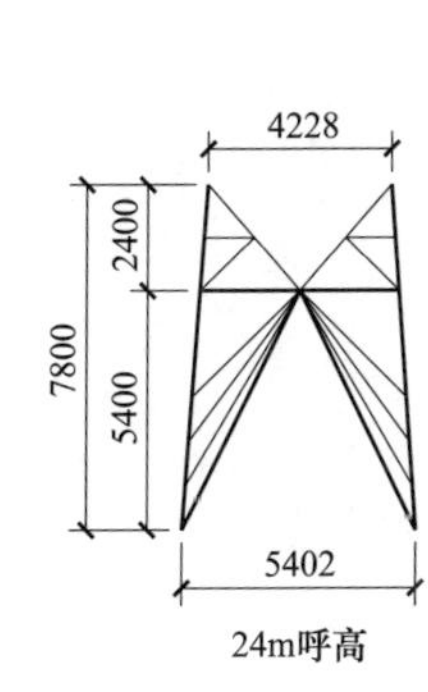

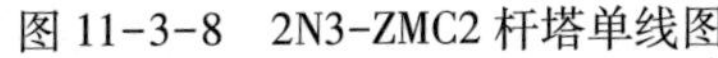
图 11-3-8 2N3-ZMC2 杆塔单线图

11.3.9 2N3-ZMC3 杆塔单线图

2N3-ZMC3 杆塔单线图见图 11-3-9。

呼高（m）	24	27	30	33	36	39	42
塔重（kg）	9385.7	10144.2	10902.8	11661.3	12419.8	13178.4	13936.9

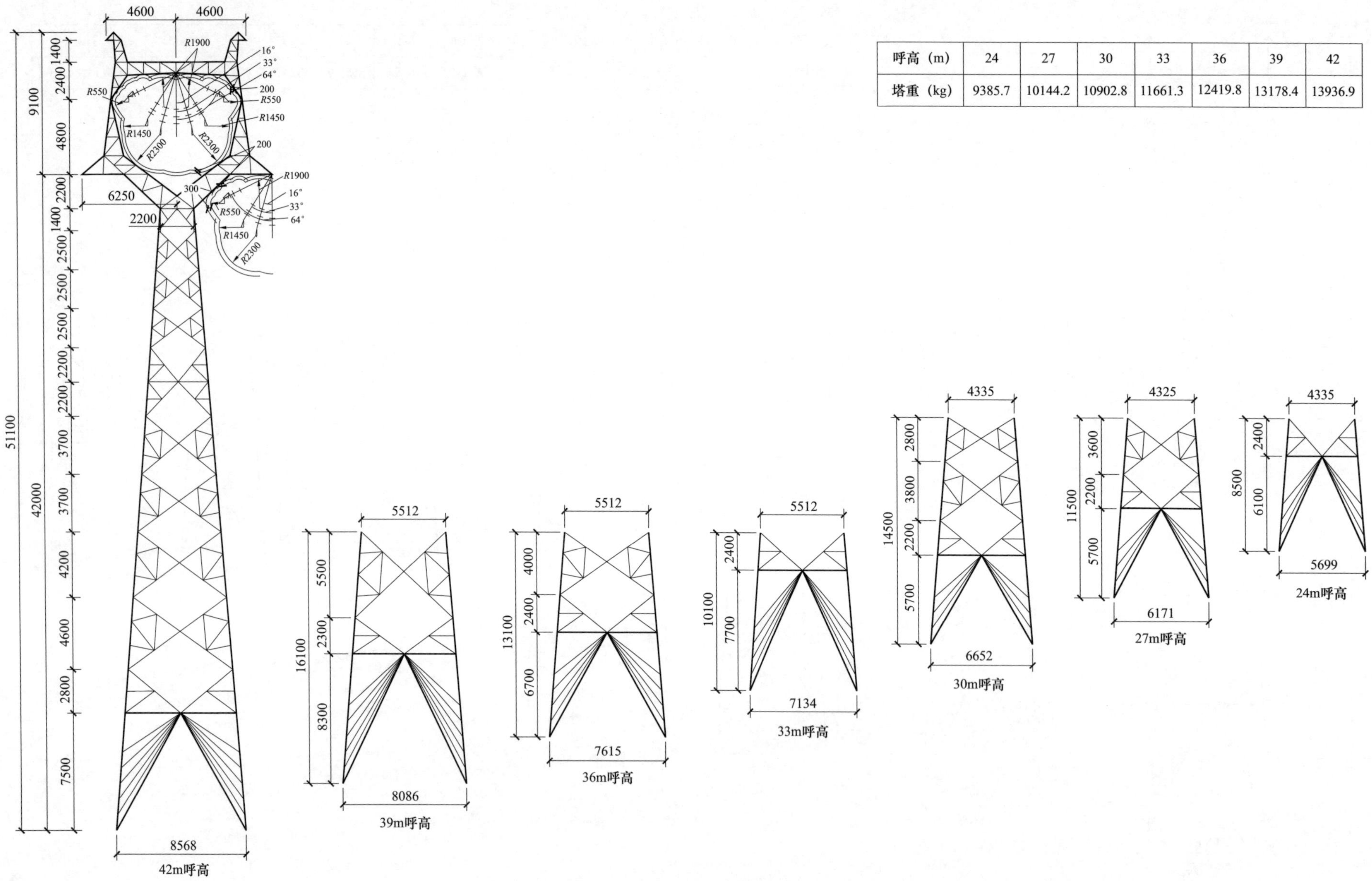

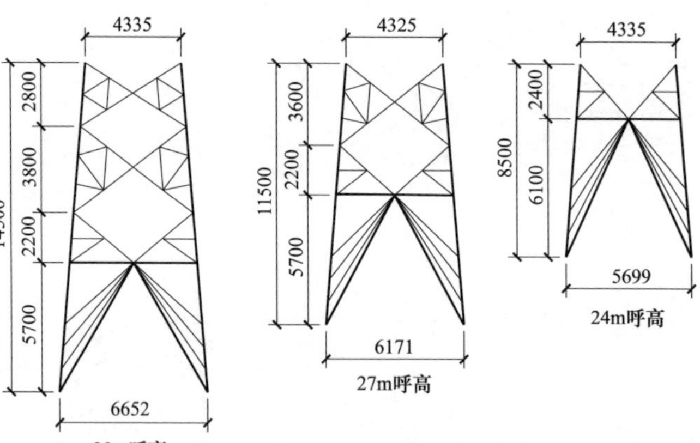

图 11-3-9 2N3-ZMC3 杆塔单线图

11.3.10 2N3-ZMC4 杆塔单线图

2N3-ZMC4 杆塔单线图见图 11-3-10。

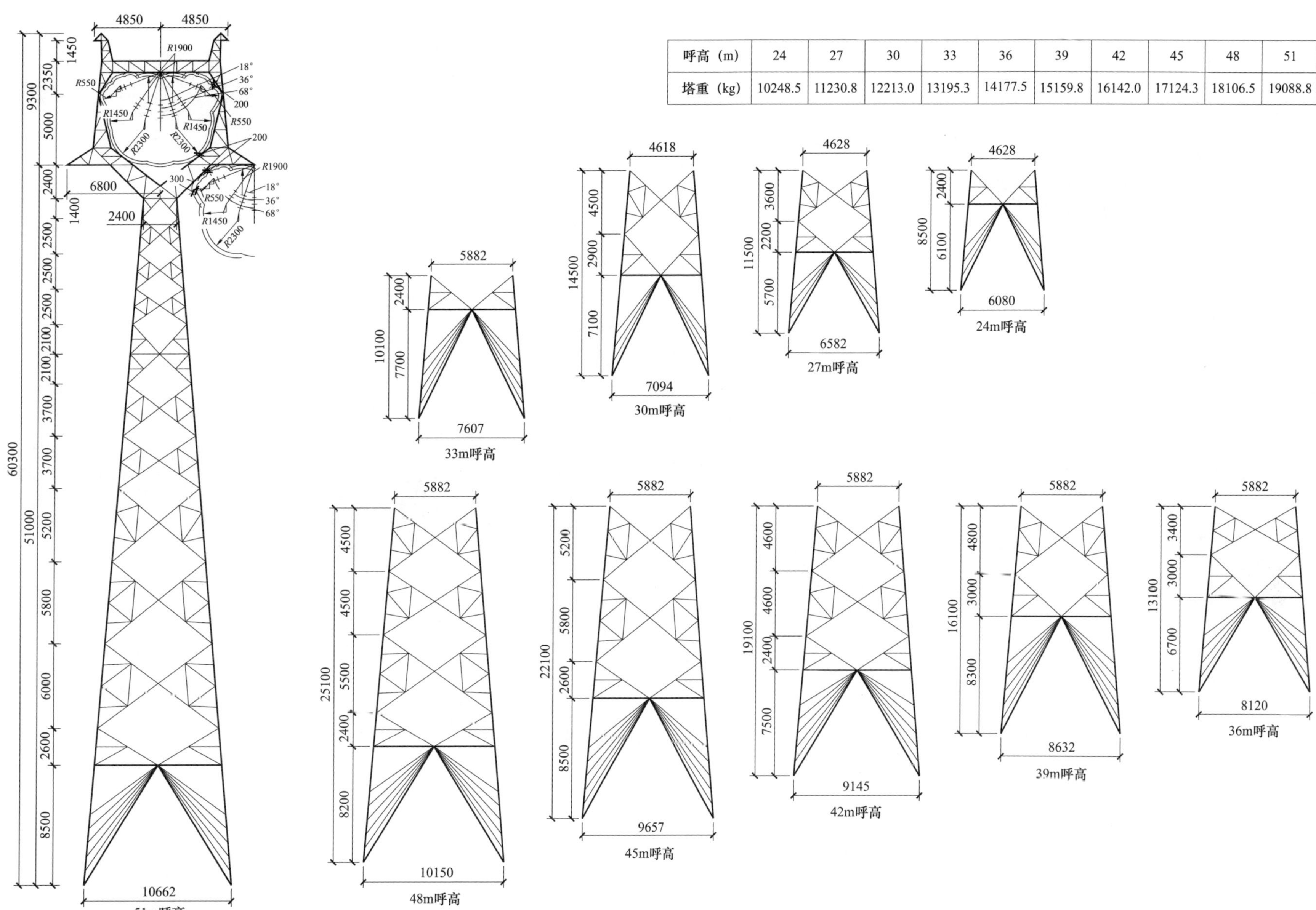

呼高（m）	24	27	30	33	36	39	42	45	48	51
塔重（kg）	10248.5	11230.8	12213.0	13195.3	14177.5	15159.8	16142.0	17124.3	18106.5	19088.8

图 11-3-10 2N3-ZMC4 杆塔单线图

11.3.11 2N3-ZMCK 杆塔单线图

2N3-ZMCK 杆塔单线图见图 11-3-11。

呼高（m）	42	45	48	51	54
塔重（kg）	13954.0	15049.3	16144.6	17239.8	18335.1

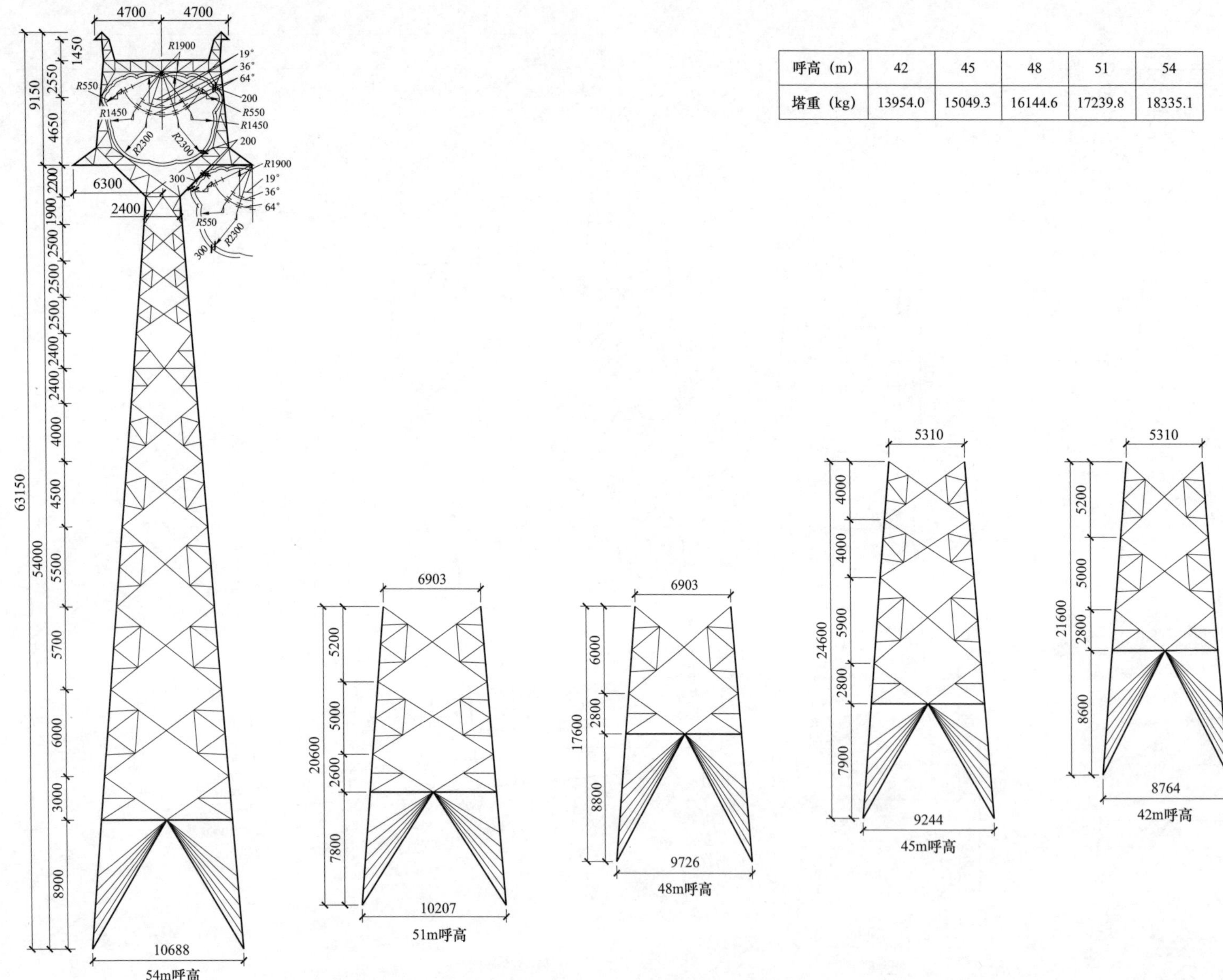

图 11-3-11 2N3-ZMCK 杆塔单线图

11.4　2N4 子模块

11.4.1　2N4 子模块说明

（1）该子模块电压等级 220kV，海拔 1000m 以内、设计风速 29m/s（离地 10m）、覆冰厚度 10mm，导线 2×JL/G1A-240/30 兼 JL/G1A-400/35 的单回路铁塔。地线采用 JLB20A-150。该子模块按平地、山区各一套设计，并规划 1 种换位塔。悬垂串按 I 型布置。该子模块共计 20 种塔型。

（2）使用条件。2N4 子模块的气象条件、杆塔设计条件、杆塔塔重及基础作用力分别见表 11-4-1～表 11-4-3。

表 11-4-1　　2N4 子模块的气象条件

项目	气温（℃）	风速（m/s）	覆冰厚度（mm）
最高气温	40	0	0
最低气温	-40	0	0
覆冰	-5	10	10
基本风速	-5	29	0
安装情况	-15	10	0
年平均气温	5	0	0
雷电过电压	15	10	0
操作过电压	5	15	0
带电作业	15	10	0

表 11-4-2　　2N4 子模块的杆塔设计条件

塔型名称	呼高范围（m）	计算呼高（m）	水平档距（m）	垂直档距（m）	允许转角（°）
ZM1	18～30	27	350	450	—
ZM2	21～36	33	410	550	—
ZM3	24～42	39	500	650	—
ZMK	39～54	51	410	550	—
J1	15～36	36	400	550	0～20
J2	15～36	36	400	550	20～40
J3	15～36	36	400	550	40～60

续表 11-4-2

塔型名称	呼高范围（m）	计算呼高（m）	水平档距（m）	垂直档距（m）	允许转角（°）
J4	15～36	36	400	550	60～90
ZMC1	18～33	27	380	600	—
ZMC2	21～39	33	480	800	—
ZMC3	24～42	39	600	1000	—
ZMC4	24～51	42	850	1200	—
ZMCK	42～54	51	480	800	—
JC1	15～36	36	450	1200	0～20
JC2	15～36	36	450	800	20～40
JC3	15～36	36	450	800	40～60
JC4	15～36	36	450	800	60～90
DJC1	15～36	36	350	650	0～40
DJC2	15～36	36	350	650	40～90
HDJC	15～36	36	350	650	0～90

表 11-4-3　　2N4 子模块的杆塔塔重及基础作用力

塔型名称	塔重范围（kg）	基础作用力范围（kN）					
		T_{max}	T_x	T_y	N_{max}	N_x	N_y
ZM1	6566.9～8570.0	237～298	25～30	21～26	285～356	29～34	24～30
ZM2	7386.8～10733.7	277～351	31～37	26～32	331～424	35～43	30～38
ZM3	8382.4～13328.9	327～417	37～47	31～41	390～508	42～54	37～48
ZMK	12278.2～17178.7	413～488	47～54	41～54	491～592	54～61	48～61
J1	8291.1～15014.8	478～597	61～72	51～56	607～707	66～81	63～70
J2	9161.1～16918.6	639～767	87～99	67～82	759～870	93～110	77～92

续表 11-4-3

塔型名称	塔重范围（kg）	基础作用力范围（kN）					
		T_{max}	T_x	T_y	N_{max}	N_x	N_y
J3	10416. 8～19150. 2	876～985	115～127	94～107	965～1099	125～140	101～118
J4	11420. 2～22008. 1	1097～1238	151～153	119～138	1203～1371	164～168	129～151
ZMC1	7144. 6～10178. 0	298～357	41～44	35～37	357～430	46～50	40～43
ZMC2	8691. 1～12705. 8	367～437	53～57	46～49	439～527	59～64	51～55
ZMC3	10043. 8～14904. 9	441～505	58～66	51～58	527～615	67～76	59～67
ZMC4	11454. 0～20140. 9	543～682	73～87	63～76	649～832	83～102	72～89
ZMCK	14860. 5～18763. 4	524～550	75～78	64～67	635～675	86～88	75～76

续表 11-4-3

塔型名称	塔重范围（kg）	基础作用力范围（kN）					
		T_{max}	T_x	T_y	N_{max}	N_x	N_y
JC1	8560. 8～15281. 6	508～708	91～102	68～99	692～957	99～135	84～125
JC2	9900. 6～17591. 4	621～829	126～137	99～113	875～1034	136～153	112～129
JC3	10885. 2～20084. 0	844～1062	111～155	119～139	1054～1227	167～170	143～155
JC4	11753. 5～22650. 8	1246～1318	161～195	152～178	1322～1531	188～212	188～196
DJC1	12097. 4～22876. 7	1188～1282	132～148	145～161	1295～1467	176～188	166～183
DJC2	12384. 5～23265. 3	1317～1496	176～197	157～182	1478～1660	187～215	193～201
HDJC	14133. 6～24417. 8	1446～1680	181～212	167～202	1661～1853	198～226	193～216

11. 4. 2　2N4 子模块杆塔一览图

2N4 子模块杆塔一览图见图 11-4-1～图 11-4-5。

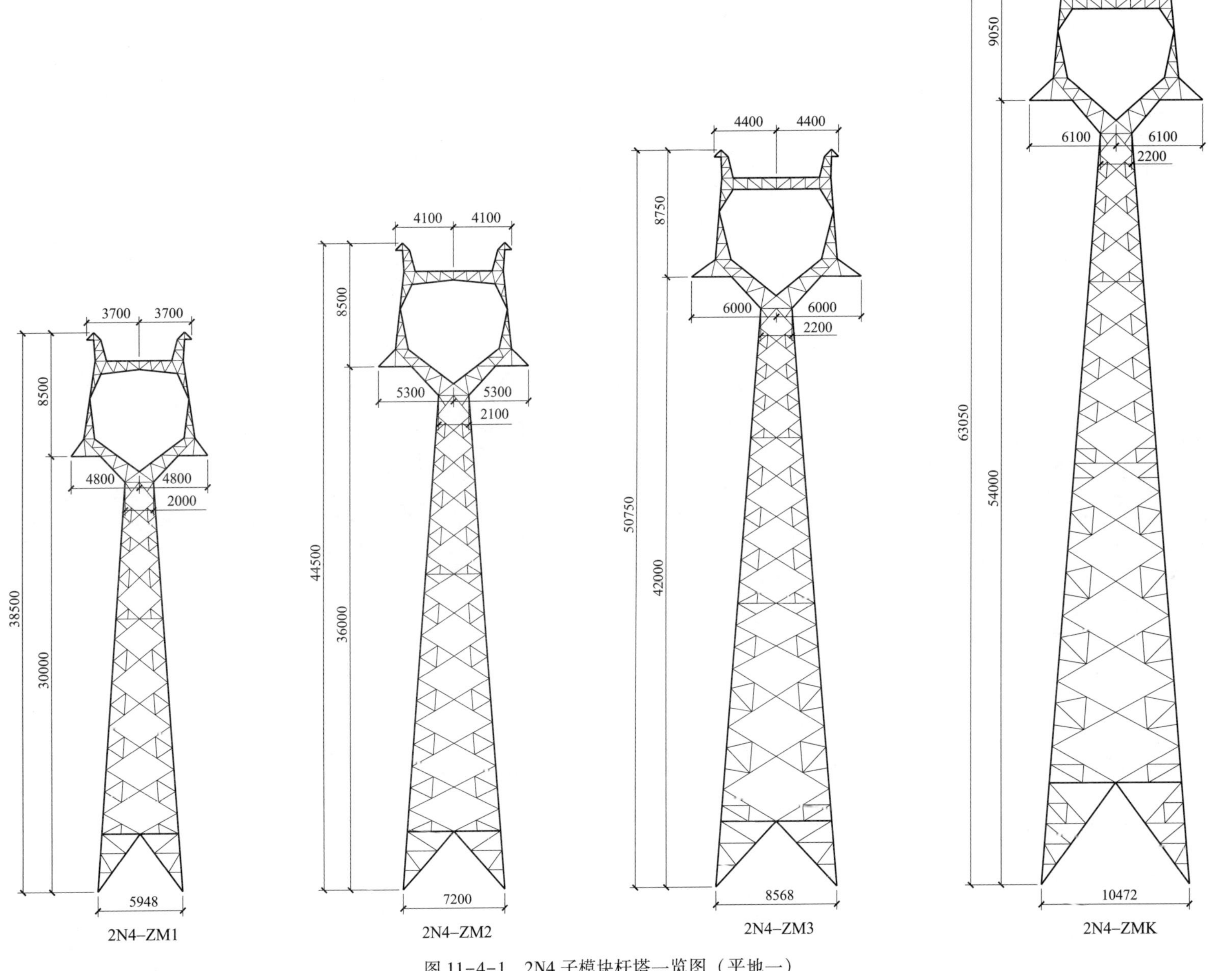

图 11-4-1　2N4 子模块杆塔一览图（平地一）

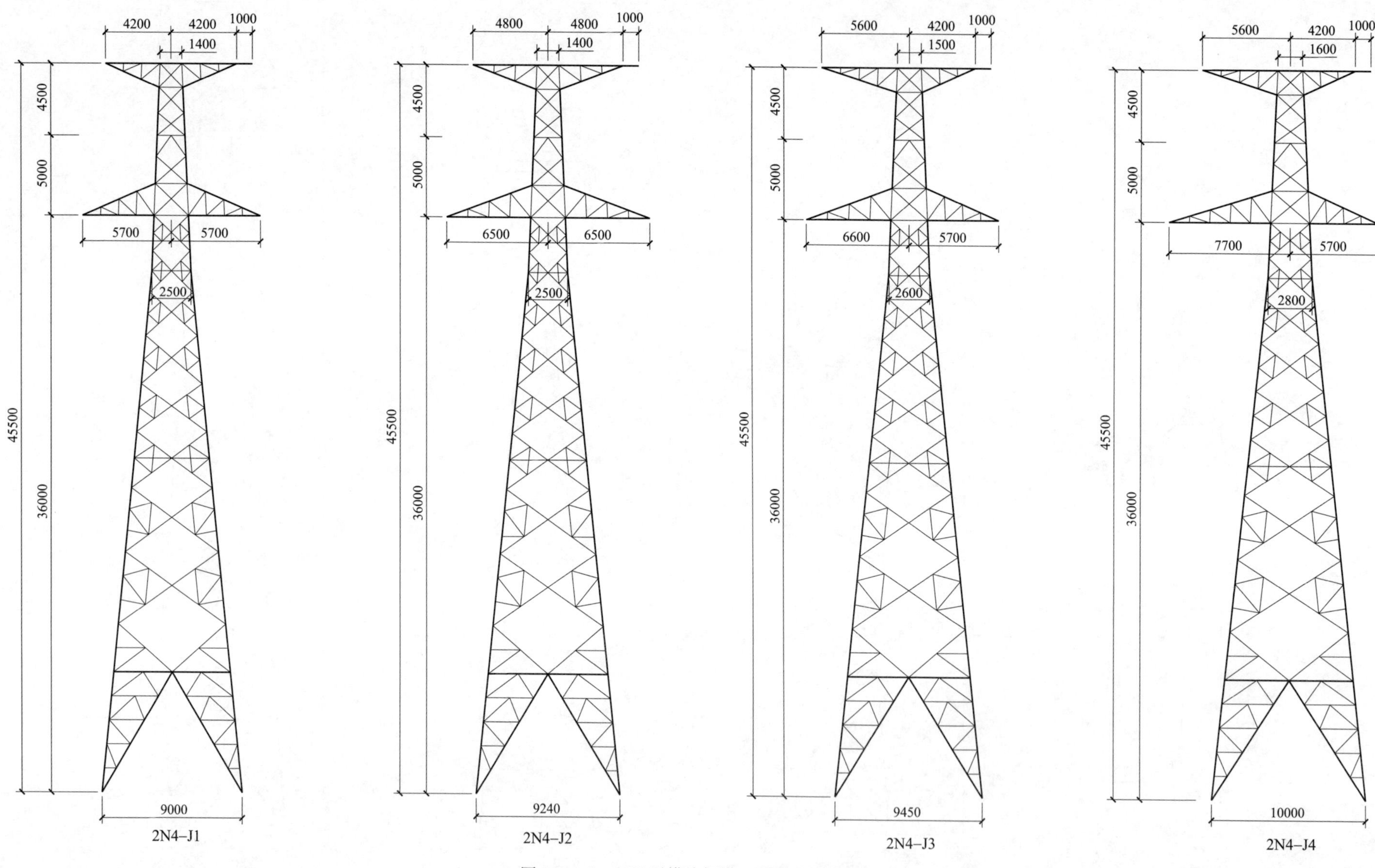

图 11-4-2　2N4 子模块杆塔一览图（平地二）

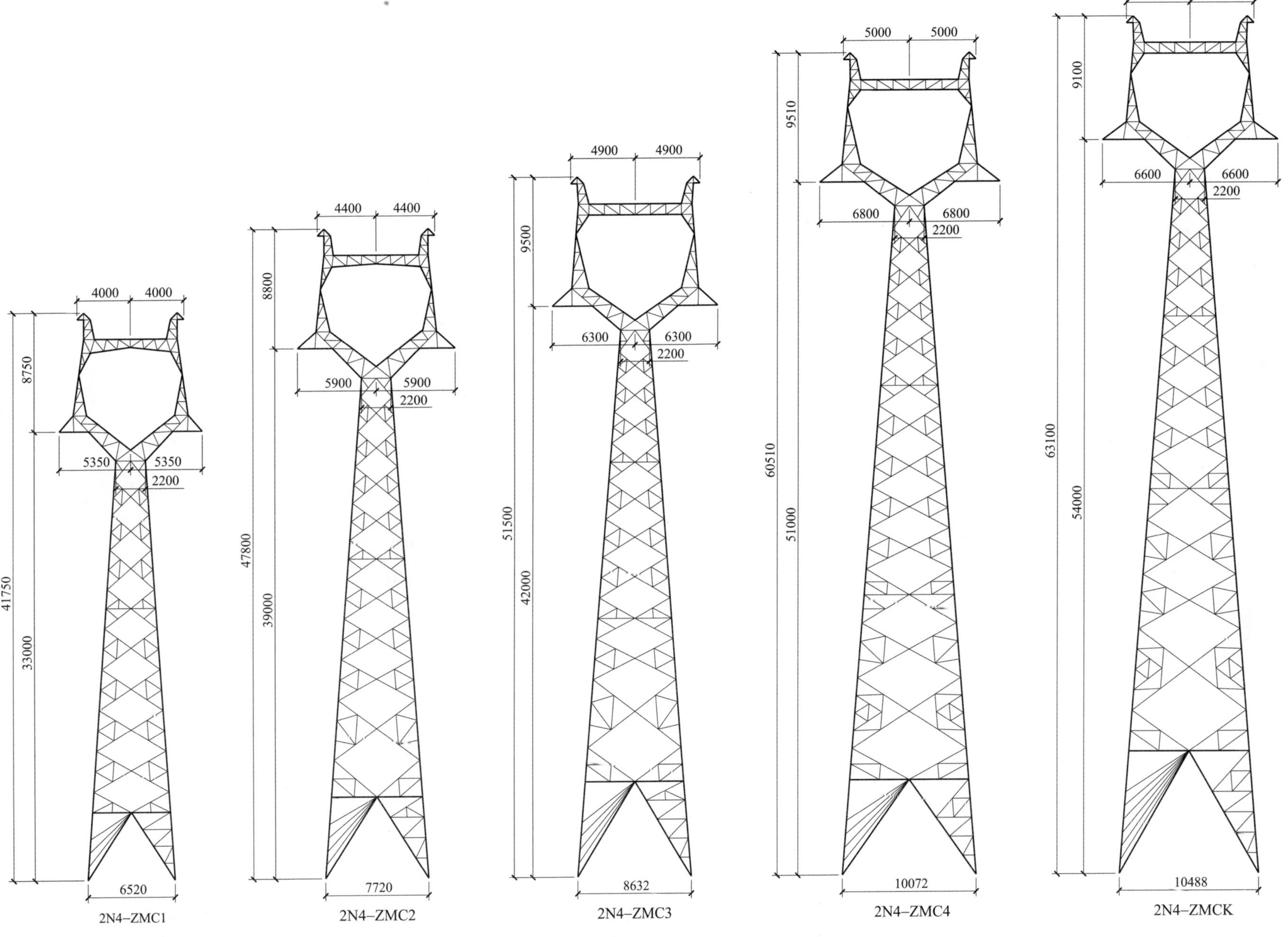

图 11-4-3　2N4 子模块杆塔一览图（山区一）

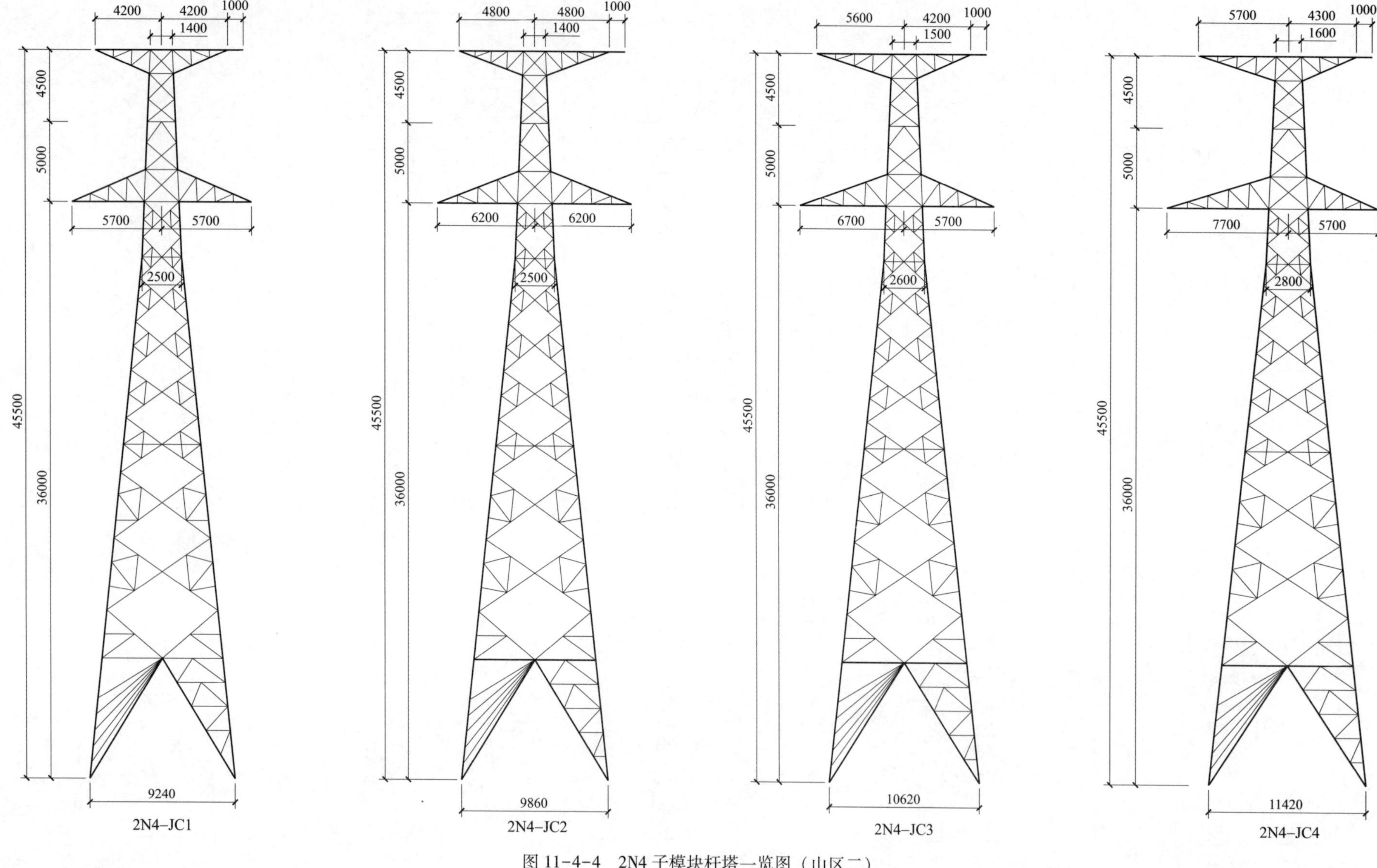

图 11-4-4　2N4 子模块杆塔一览图（山区二）

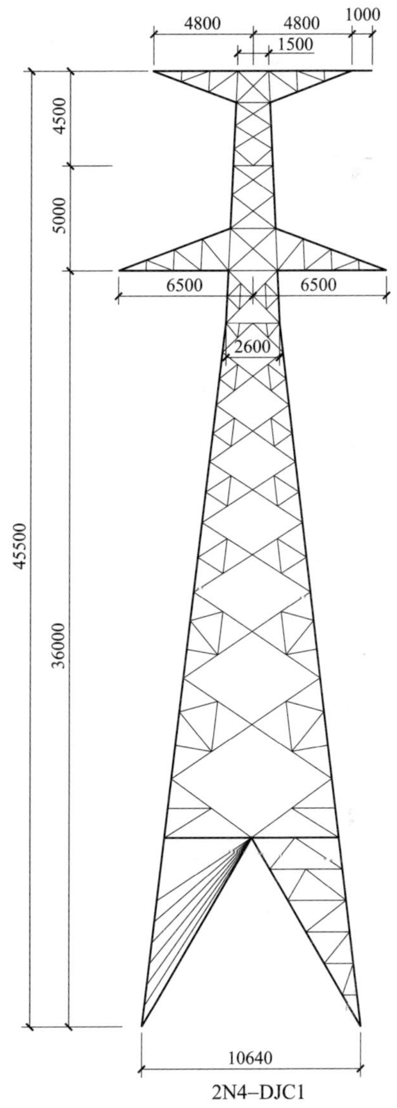

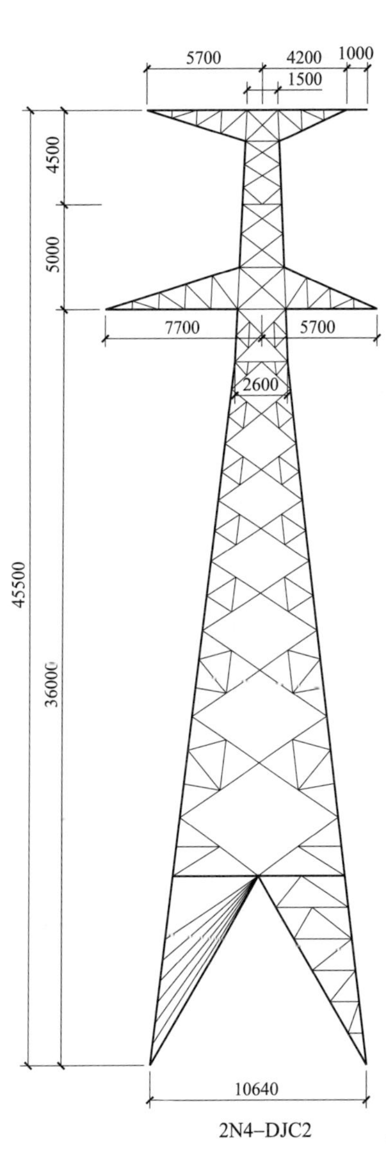

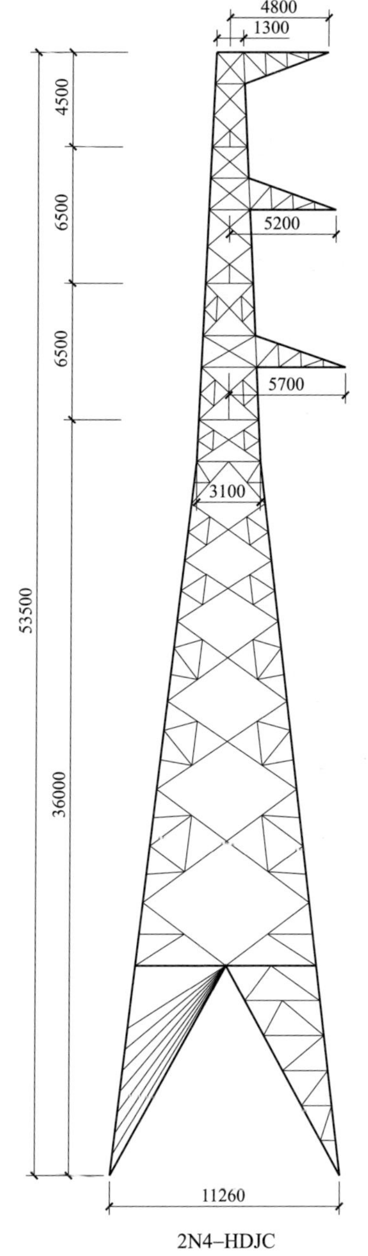

图 11-4-5　2N4 子模块杆塔一览图（山区三）

11.4.3 2N4-ZM1 杆塔单线图

2N4-ZM1 杆塔单线图见图 11-4-6。

呼高（m）	18	21	24	27	30
塔重（kg）	6566.9	7067.7	7568.5	8069.2	8570.0

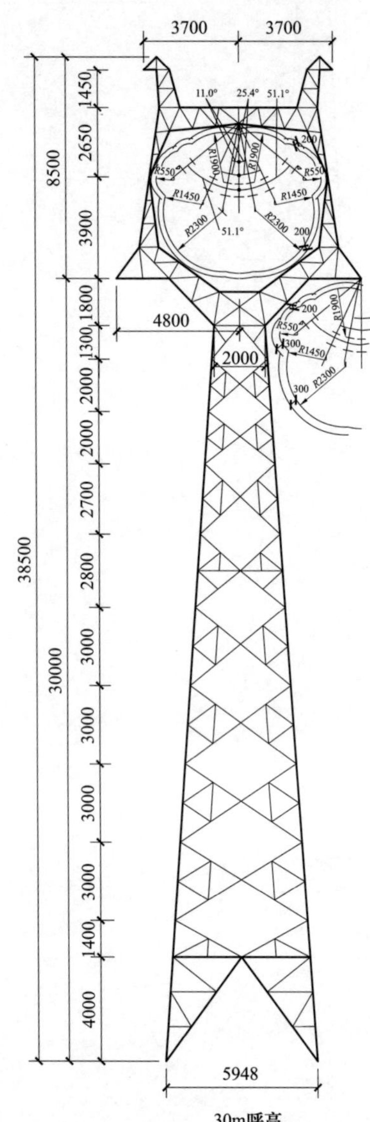

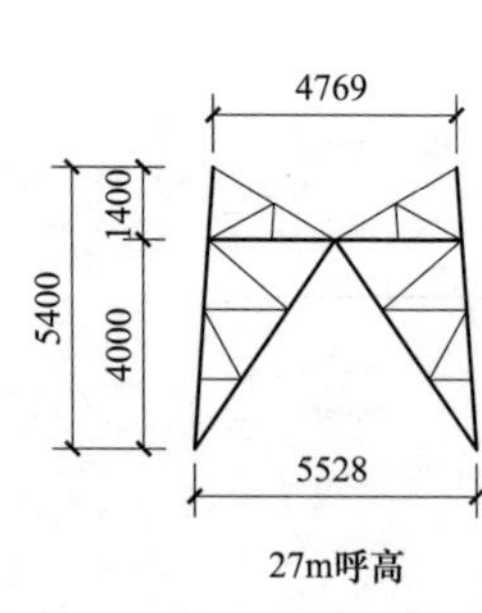

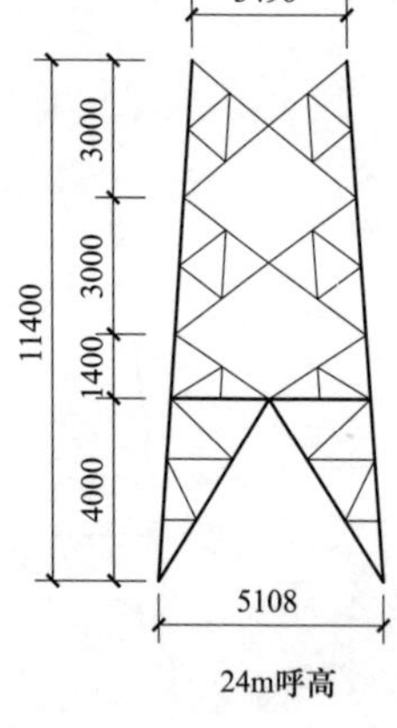

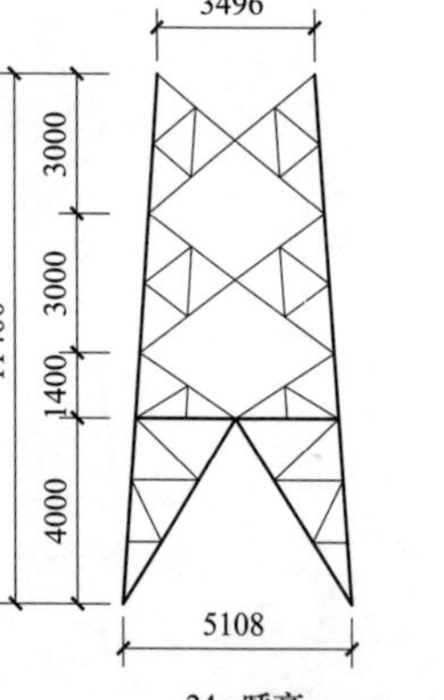

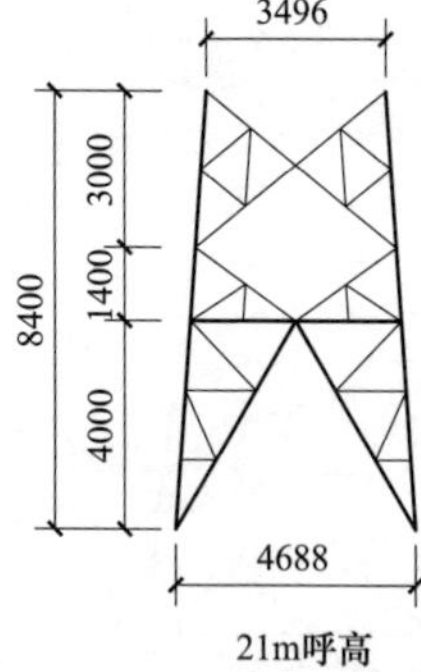

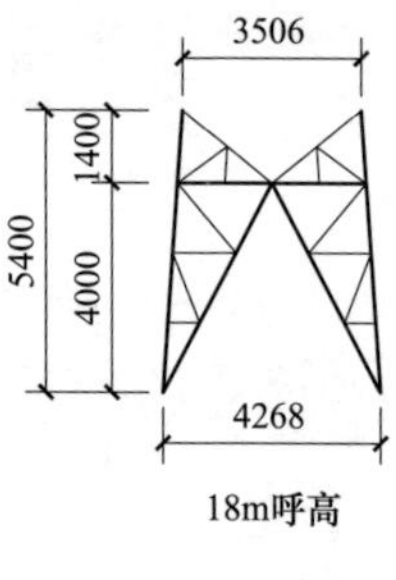

图 11-4-6 2N4-ZM1 杆塔单线图

11.4.4 2N4-ZM2 杆塔单线图

2N4-ZM2 杆塔单线图见图 11-4-7。

呼高（m）	21	24	27	30	33	36
塔重（kg）	7386.8	8056.2	8725.6	9394.9	10064.3	10733.7

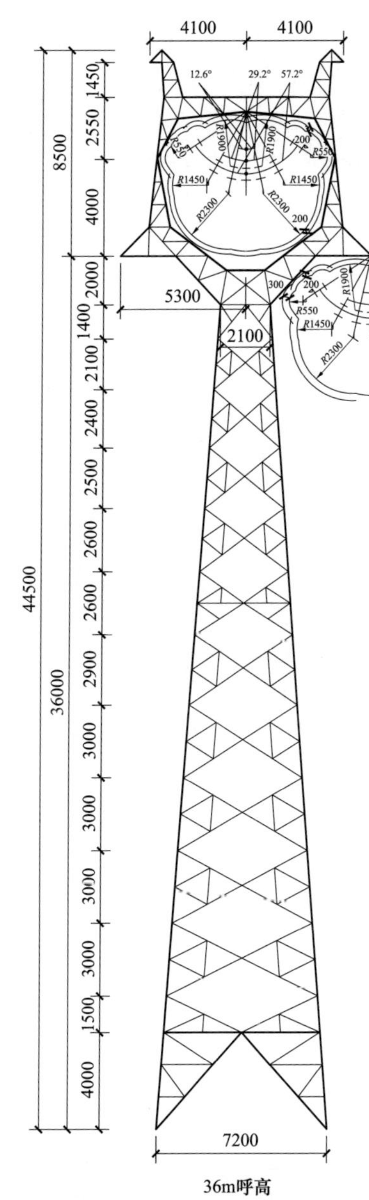

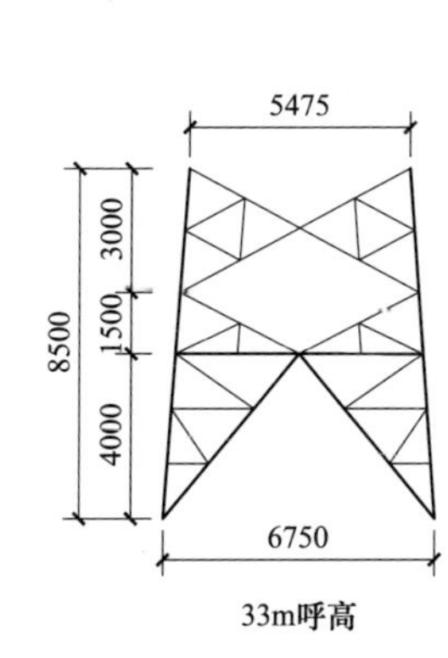

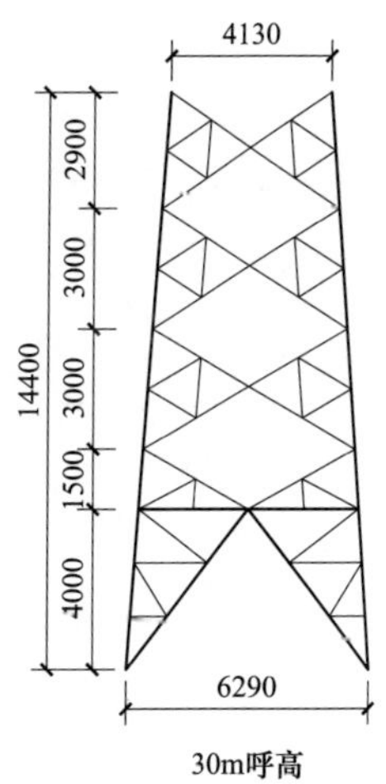

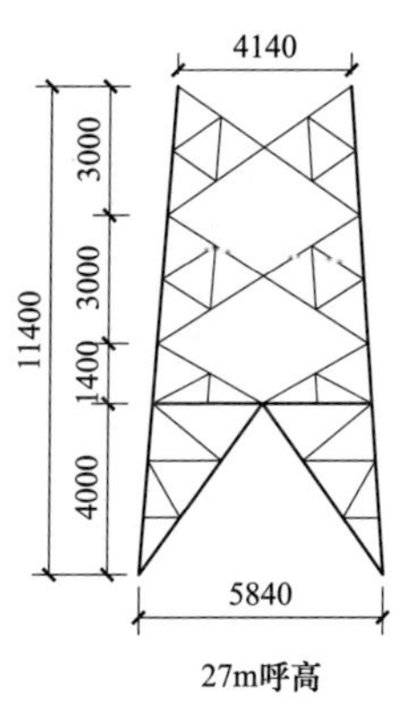

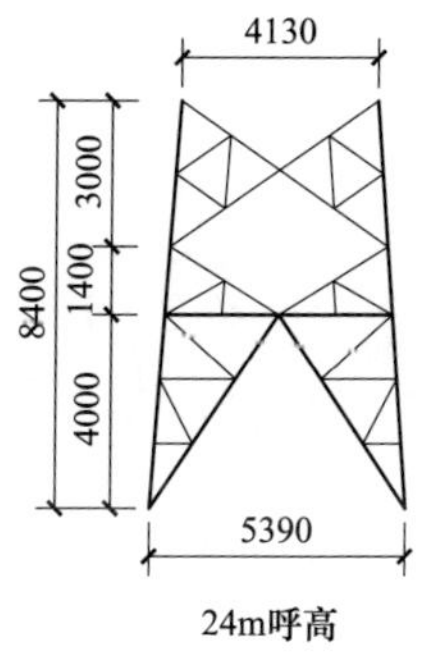

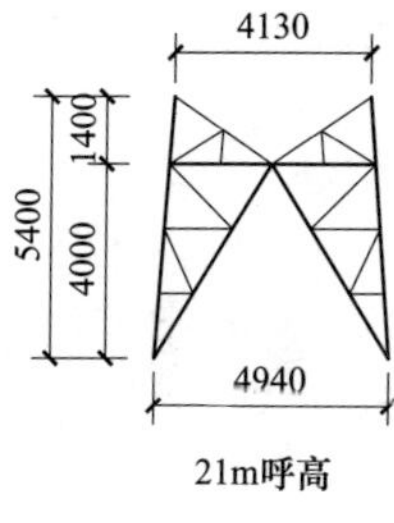

图 11-4-7 2N4-ZM2 杆塔单线图

11.4.5 2N4-ZM3 杆塔单线图

2N4-ZM3 杆塔单线图见图 11-4-8。

呼高（m）	24	27	30	33	36	39	42
塔重（kg）	8382.4	9206.8	10031.2	10855.7	11680.1	12504.5	13328.9

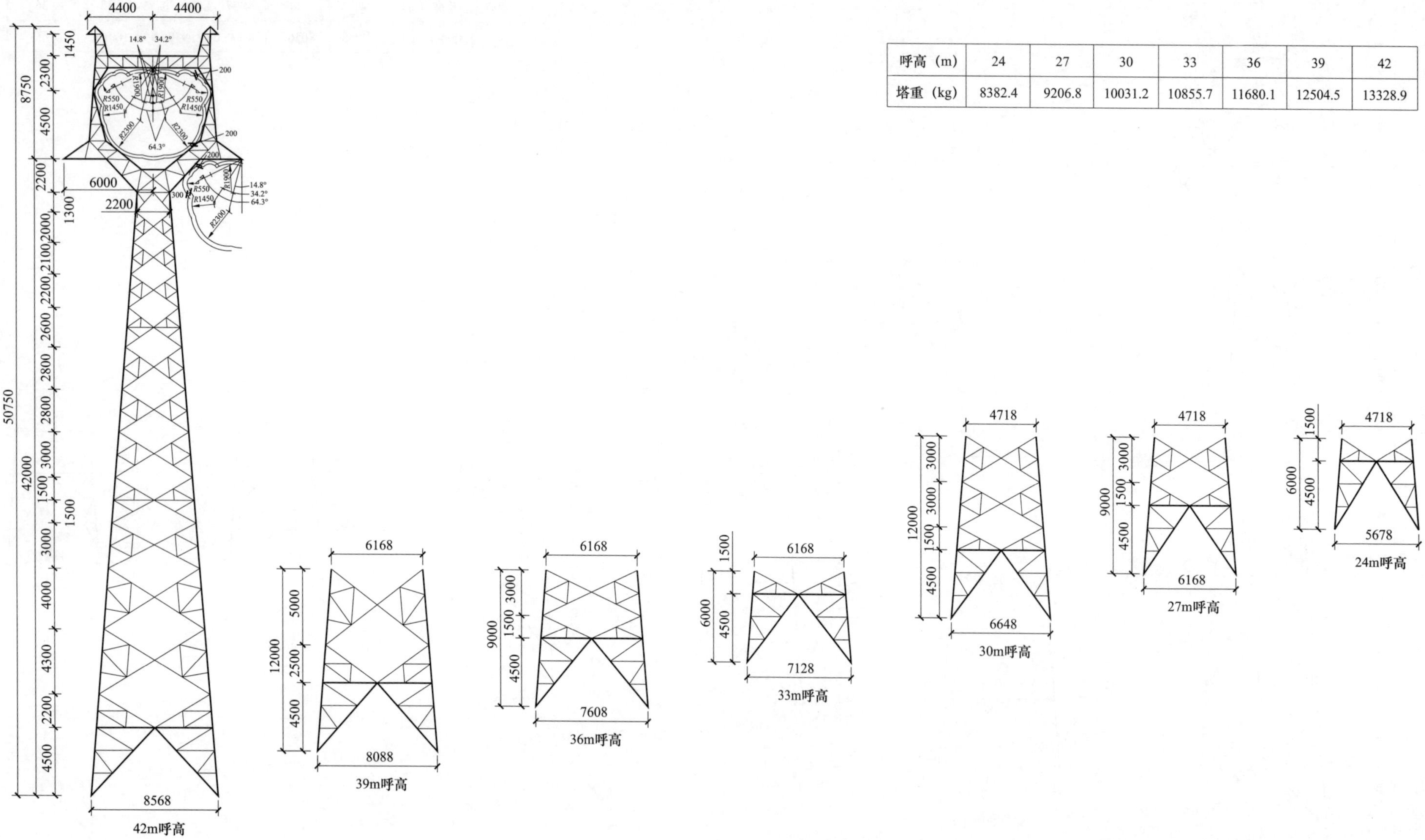

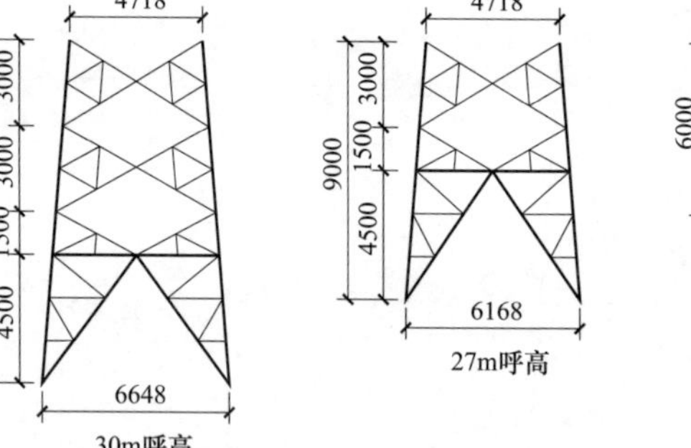

图 11-4-8 2N4-ZM3 杆塔单线图

11.4.6 2N4-ZMK 杆塔单线图

2N4-ZMK 杆塔单线图见图 11-4-9。

呼高（m）	39	42	45	48	51	54
塔重（kg）	12278.2	13258.3	14238.4	15218.5	16198.1	17178.7

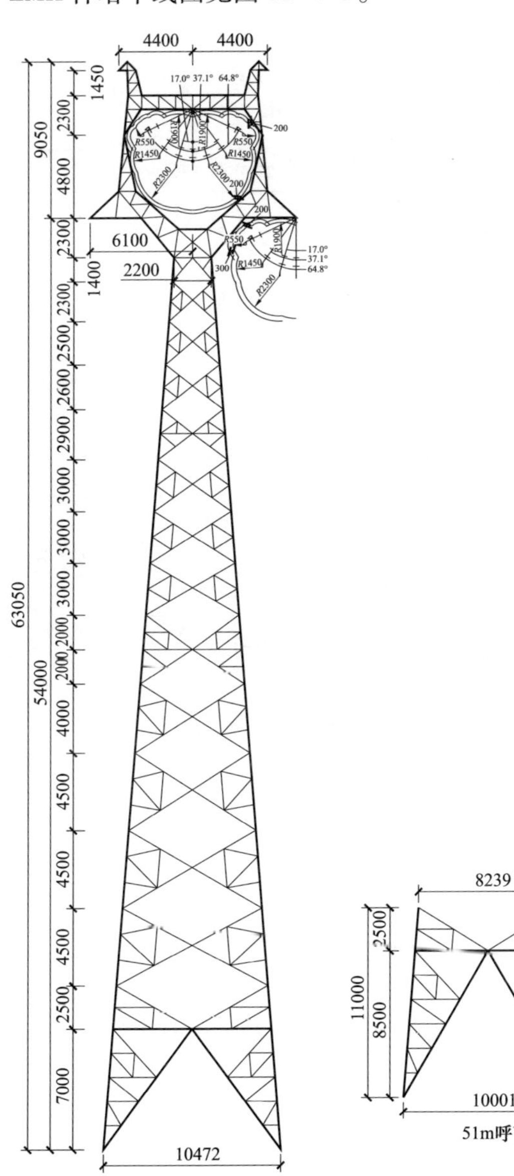

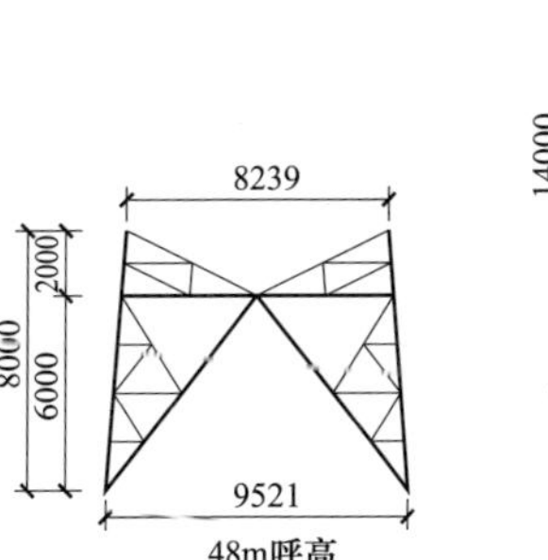

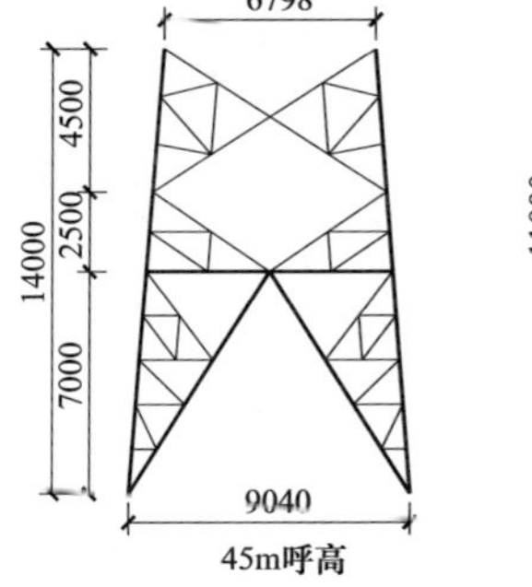

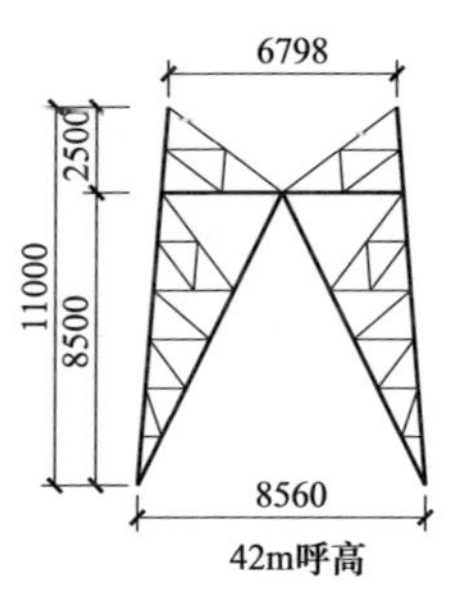

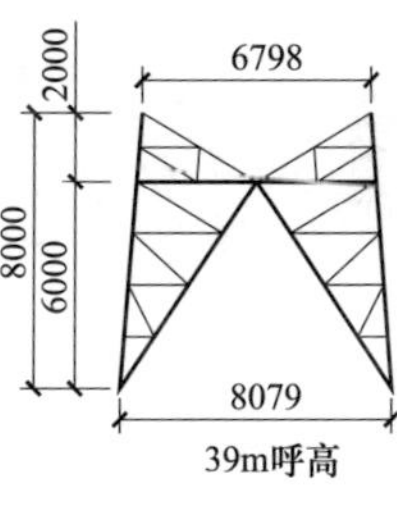

图 11-4-9 2N4-ZMK 杆塔单线图

11.4.7 2N4-J1 杆塔单线图

2N4-J1 杆塔单线图见图 11-4-10。

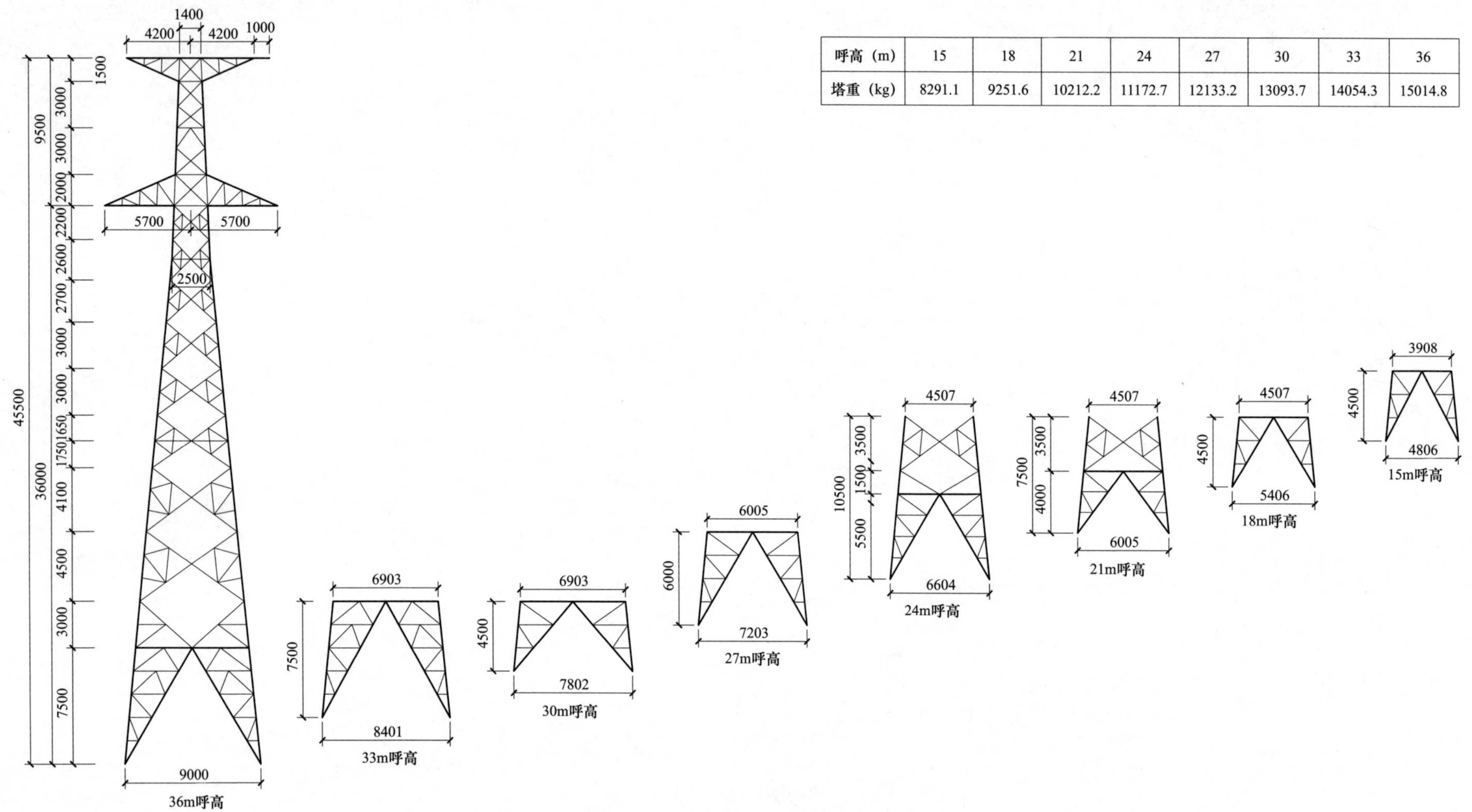

呼高（m）	15	18	21	24	27	30	33	36
塔重（kg）	8291.1	9251.6	10212.2	11172.7	12133.2	13093.7	14054.3	15014.8

图 11-4-10 2N4-J1 杆塔单线图

11.4.8 2N4-J2 杆塔单线图

2N4-J2 杆塔单线图见图 11-4-11。

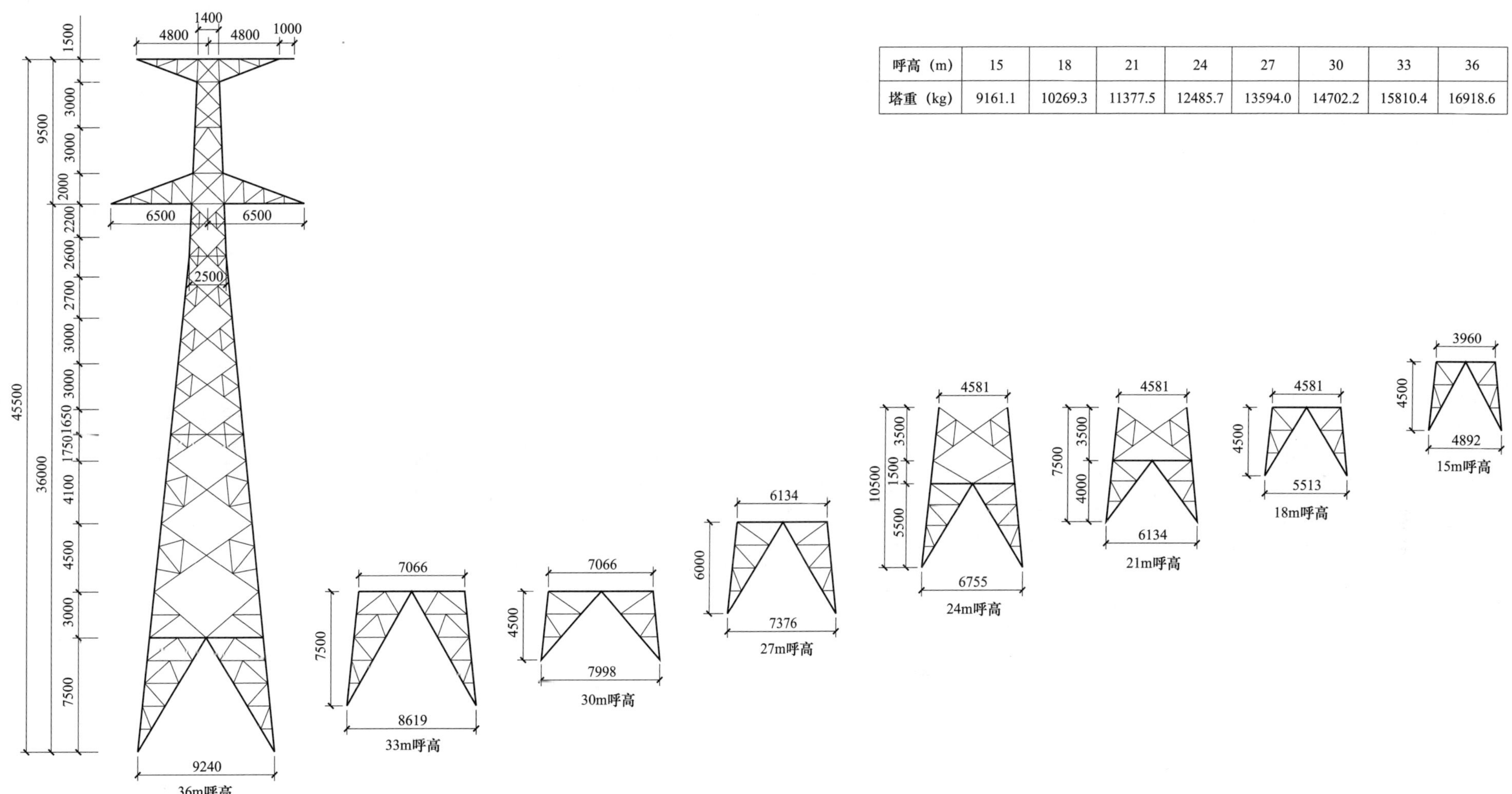

呼高（m）	15	18	21	24	27	30	33	36
塔重（kg）	9161.1	10269.3	11377.5	12485.7	13594.0	14702.2	15810.4	16918.6

图 11-4-11 2N4-J2 杆塔单线图

11.4.9 2N4-J3 杆塔单线图

2N4-J3 杆塔单线图见图 11-4-12。

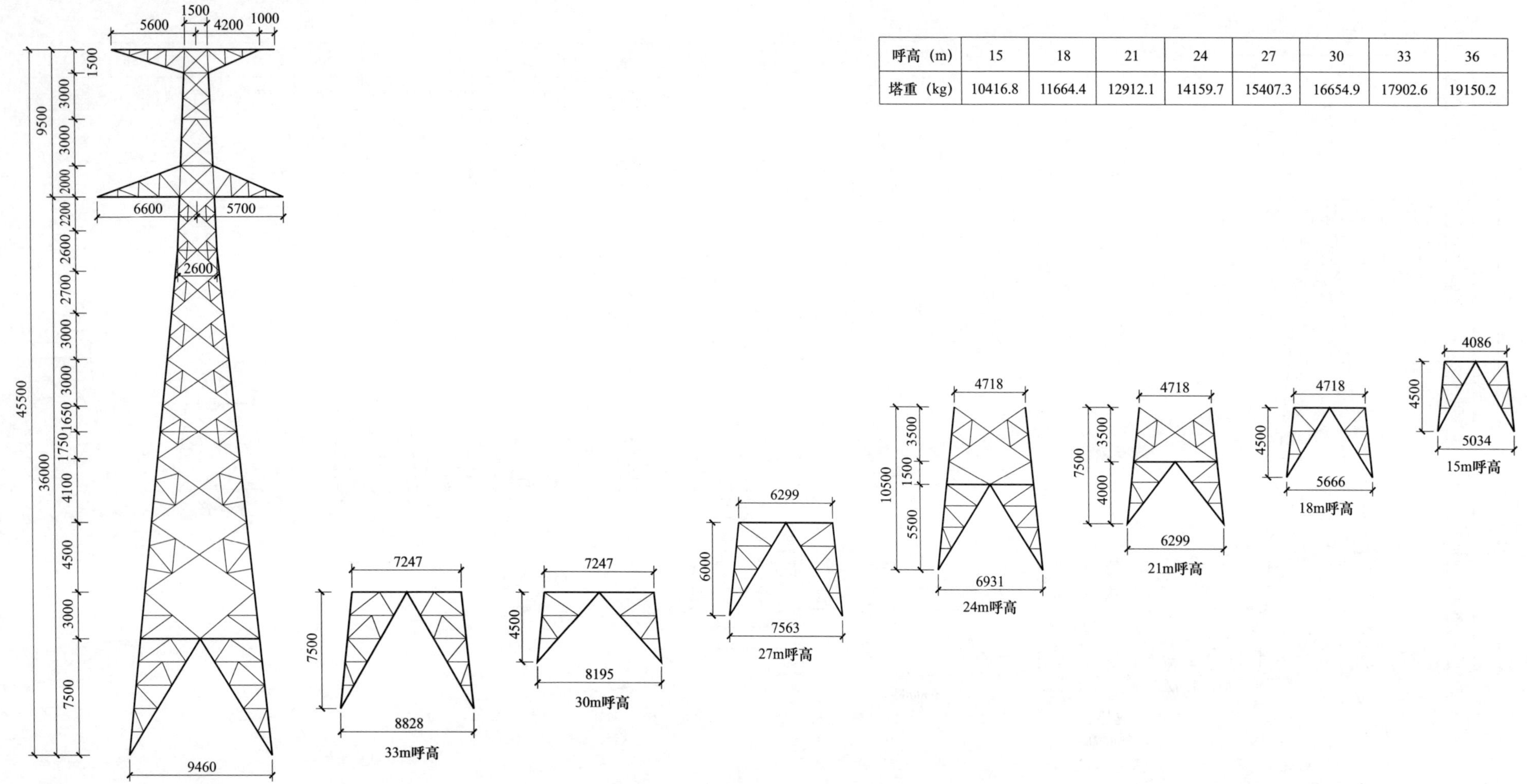

呼高（m）	15	18	21	24	27	30	33	36
塔重（kg）	10416.8	11664.4	12912.1	14159.7	15407.3	16654.9	17902.6	19150.2

图 11-4-12 2N4-J3 杆塔单线图

11.4.10 2N4-J4 杆塔单线图

2N4-J4 杆塔单线图见图 11-4-13。

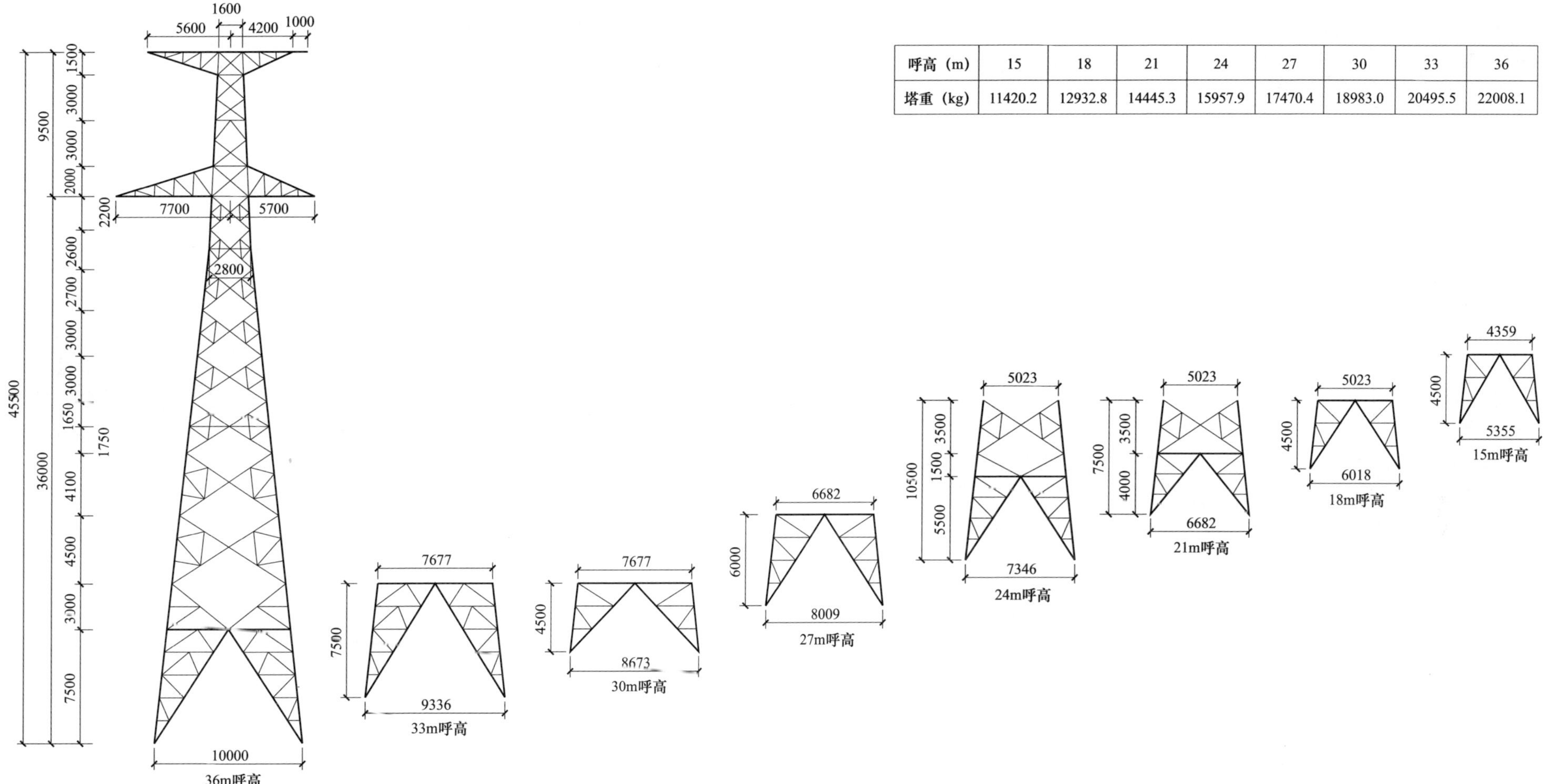

呼高（m）	15	18	21	24	27	30	33	36
塔重（kg）	11420.2	12932.8	14445.3	15957.9	17470.4	18983.0	20495.5	22008.1

图 11-4-13 2N4-J4 杆塔单线图

11.4.11 2N4-ZMC1 杆塔单线图

2N4-ZMC1 杆塔单线图见图 11-4-14。

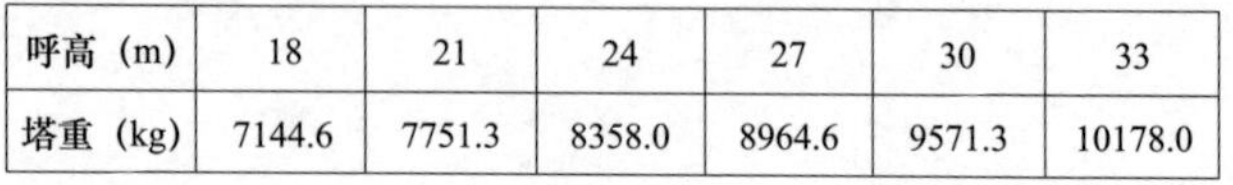

呼高（m）	18	21	24	27	30	33
塔重（kg）	7144.6	7751.3	8358.0	8964.6	9571.3	10178.0

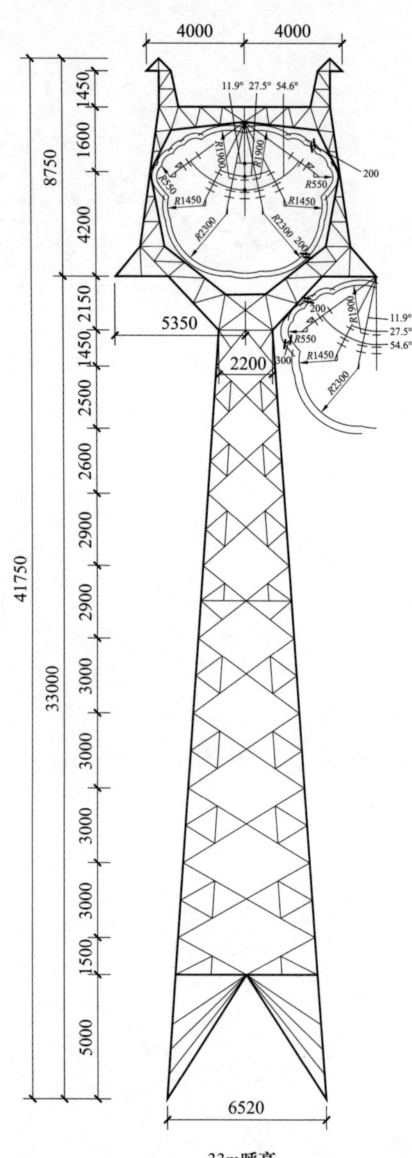

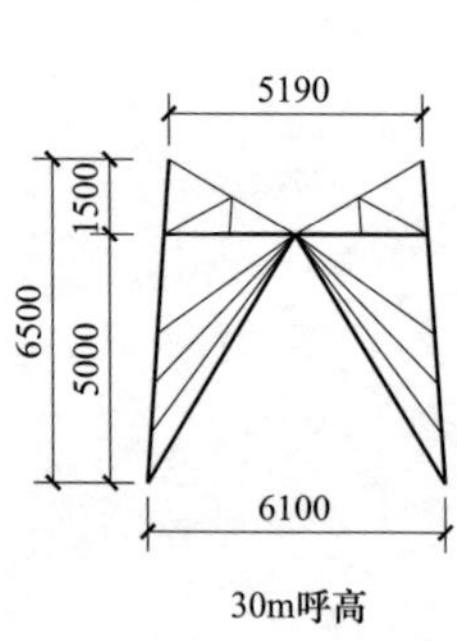

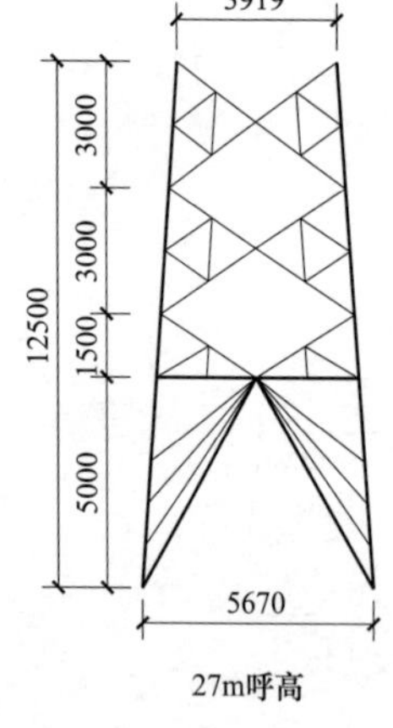

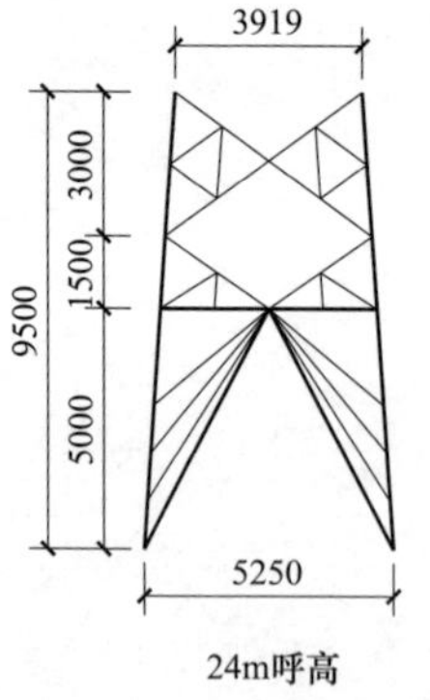

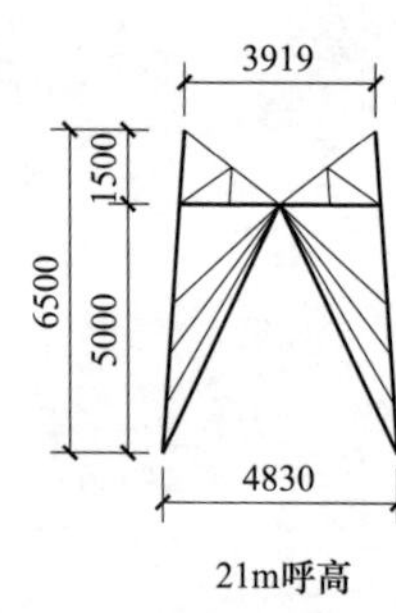

图 11-4-14 2N4-ZMC1 杆塔单线图

11.4.12 2N4-ZMC2 杆塔单线图

2N4-ZMC2 杆塔单线图见图 11-4-15。

呼高（m）	21	24	27	30	33	36	39
塔重（kg）	8691.1	9360.2	10029.3	10698.5	11367.6	12036.7	12705.8

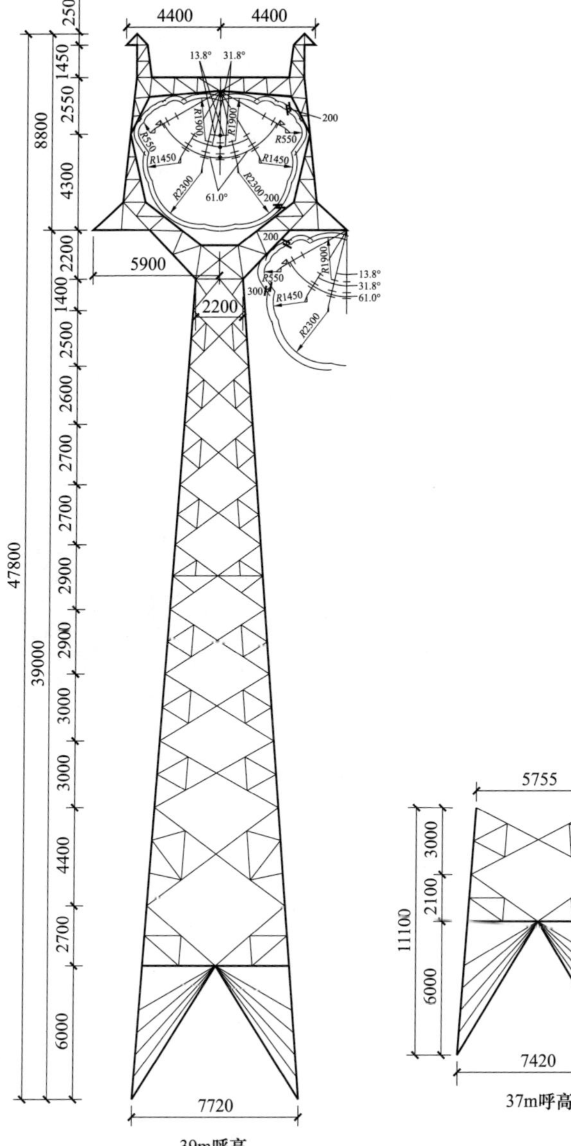

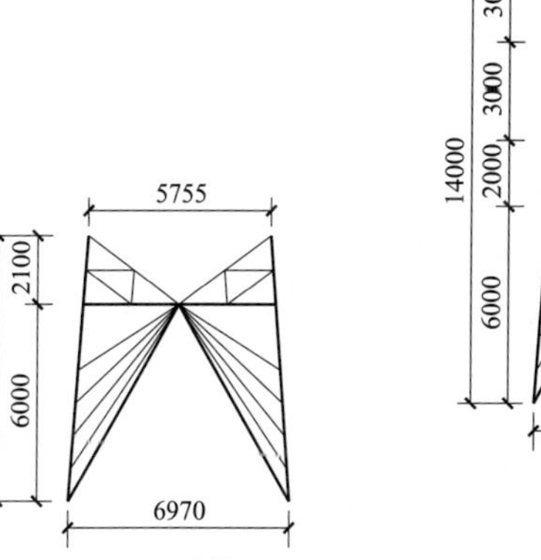

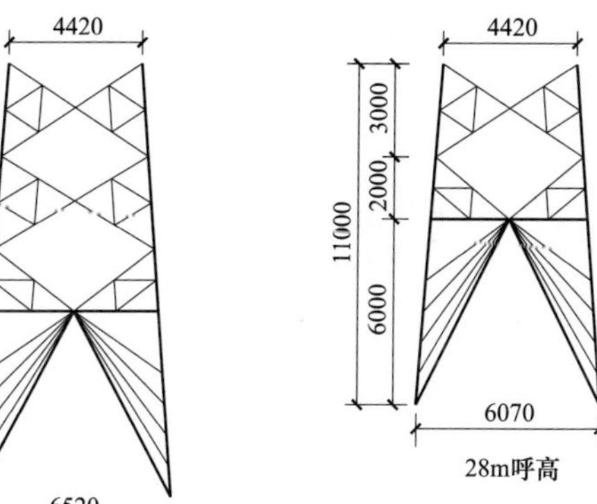

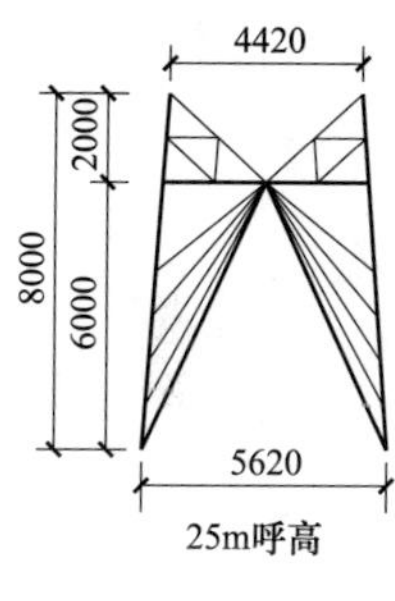

图 11-4-15 2N4-ZMC2 杆塔单线图

11.4.13 2N4-ZMC3 杆塔单线图

2N4-ZMC3 杆塔单线图见图 11-4-16。

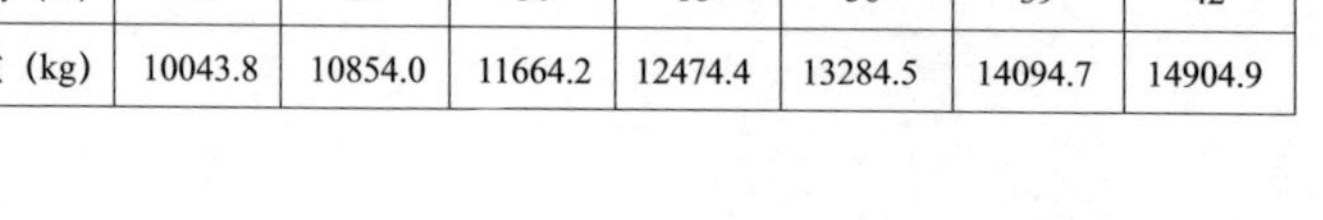

呼高（m）	24	27	30	33	36	39	42
塔重（kg）	10043.8	10854.0	11664.2	12474.4	13284.5	14094.7	14904.9

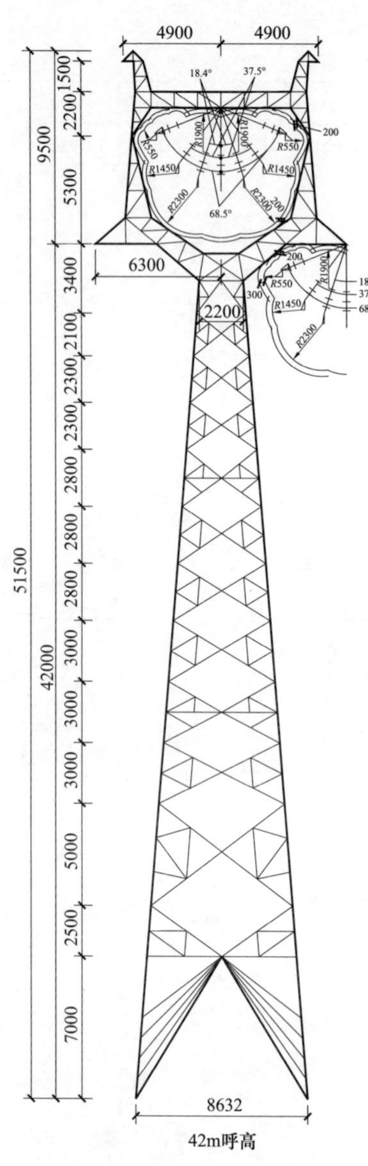

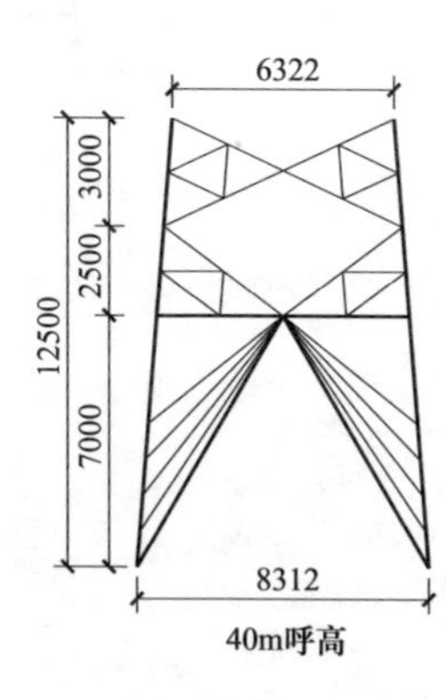

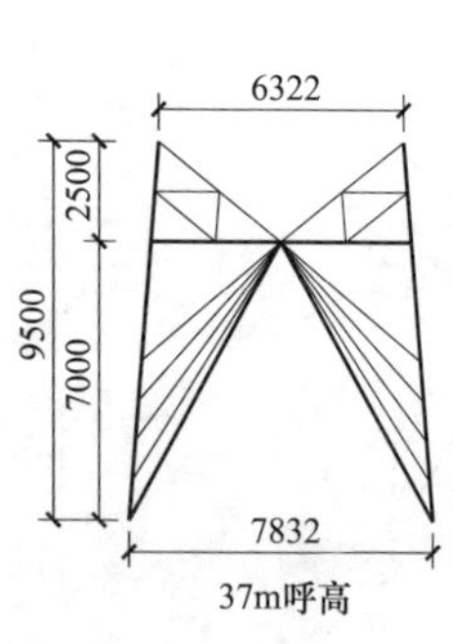

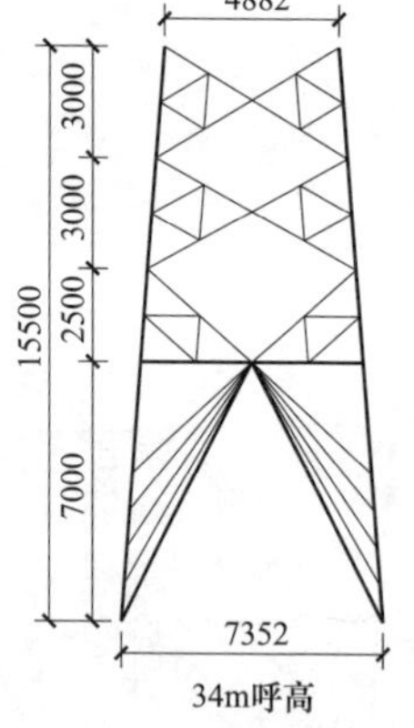

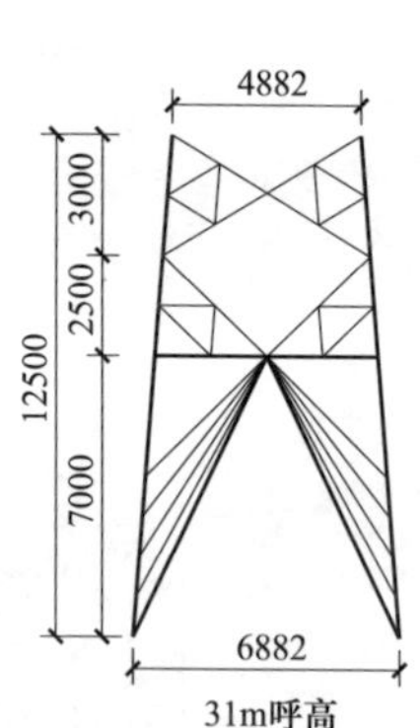

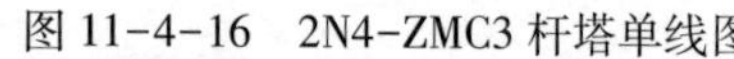
图 11-4-16 2N4-ZMC3 杆塔单线图

11.4.14　2N4-ZMC4 杆塔单线图

2N4-ZMC4 杆塔单线图见图 11-4-17。

呼高（m）	24	27	30	33	36	39	42	45	48	51
塔重（kg）	11454.0	12419.2	13384.4	14349.6	15314.8	16280.1	17245.3	18210.5	19175.7	20140.9

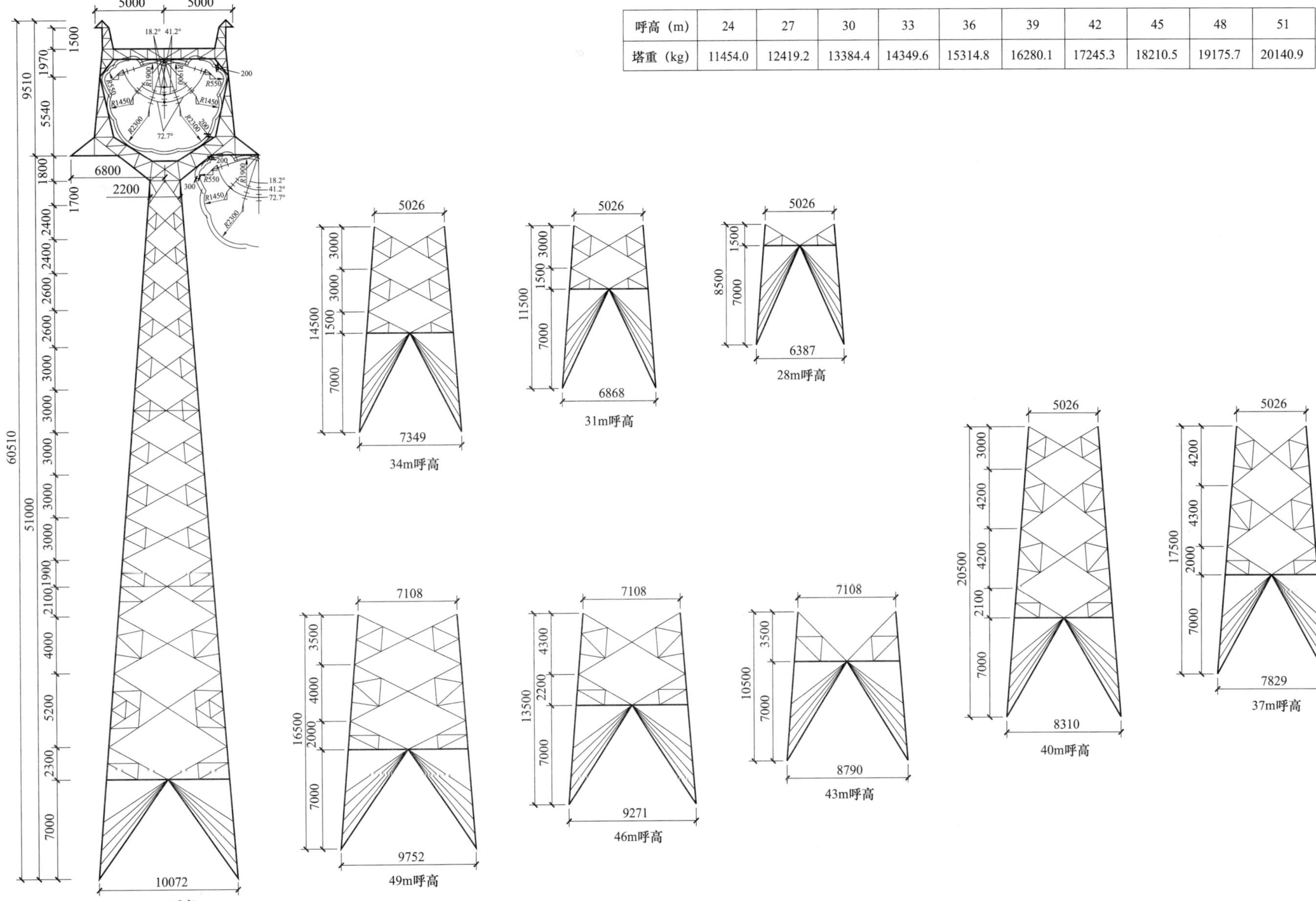

图 11-4-17　2N4-ZMC4 杆塔单线图

11.4.15 2N4-ZMCK 杆塔单线图

2N4-ZMCK 杆塔单线图见图 11-4-18。

呼高（m）	42	45	48	51	54
塔重（kg）	14860.5	15836.2	16812.0	17787.7	18763.4

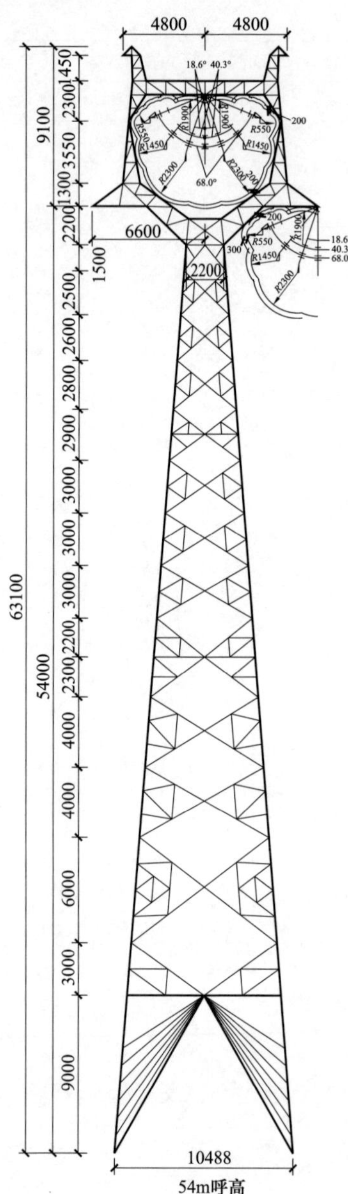

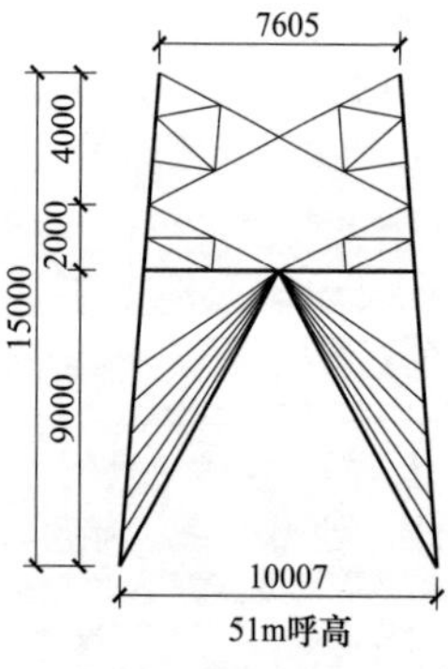

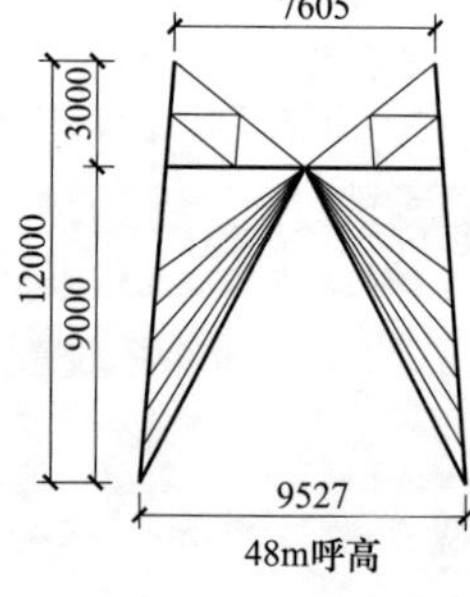

图 11-4-18 2N4-ZMCK 杆塔单线图

11.4.16 2N4-JC1 杆塔单线图

2N4-JC1 杆塔单线图见图 11-4-19。

呼高（m）	15	18	21	24	27	30	33	36
塔重（kg）	8560.8	9520.9	10481.0	11441.1	12401.3	13361.4	14321.5	15281.6

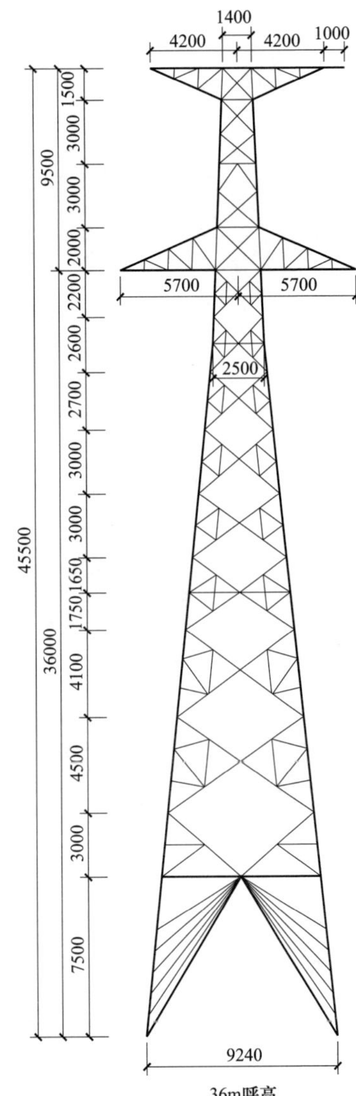

7066
7500
8619
33m呼高

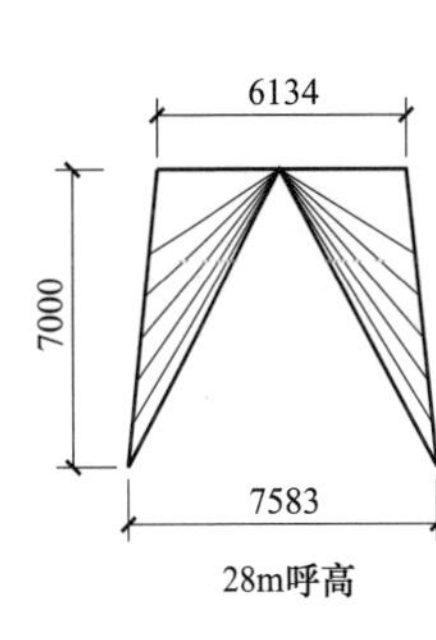

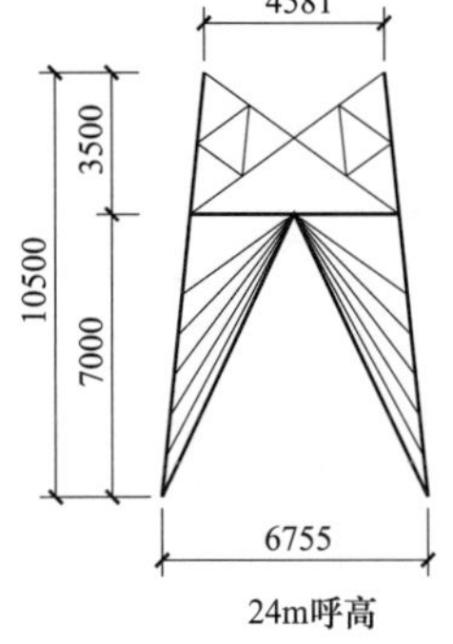

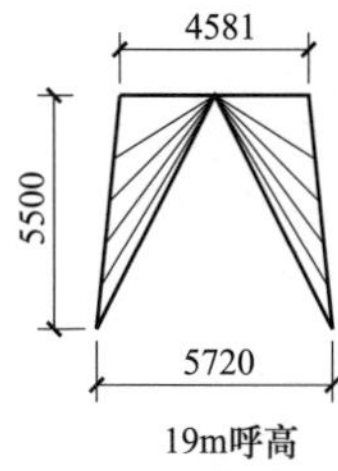

图 11-4-19 2N4-JC1 杆塔单线图

11.4.17 2N4-JC2 杆塔单线图

2N4-JC2 杆塔单线图见图 11-4-20。

呼高（m）	15	18	21	24	27	30	33	36
塔重（kg）	9900.6	10999.3	12098.0	13196.7	14295.3	15394.0	16492.7	17591.4

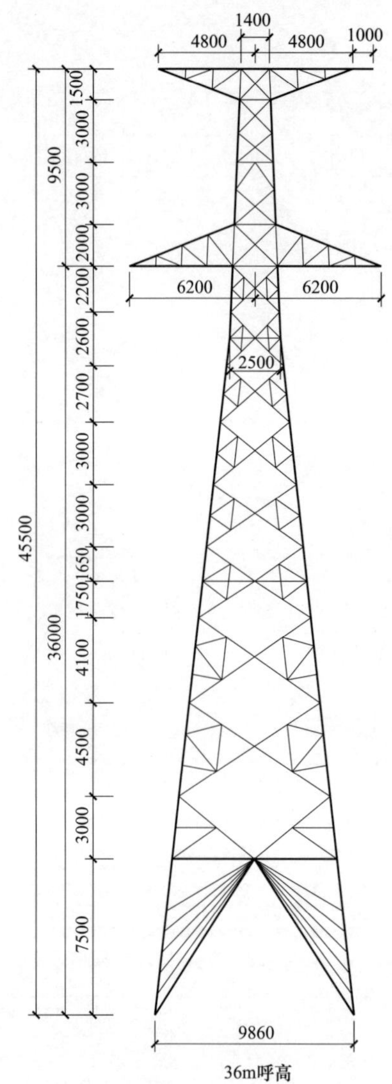

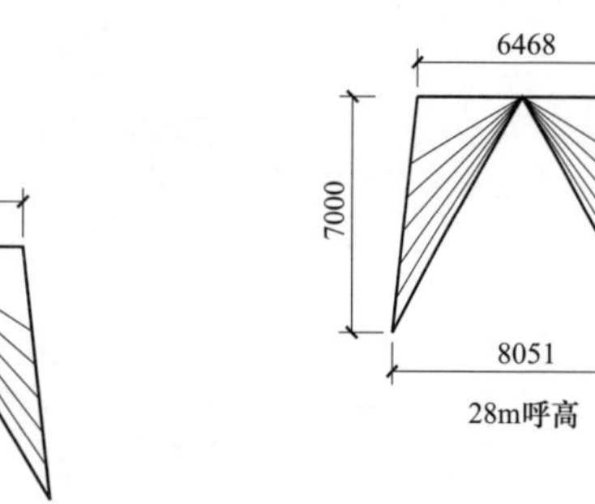

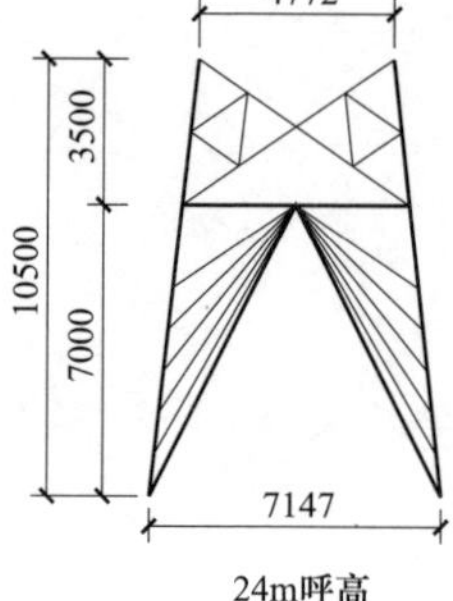

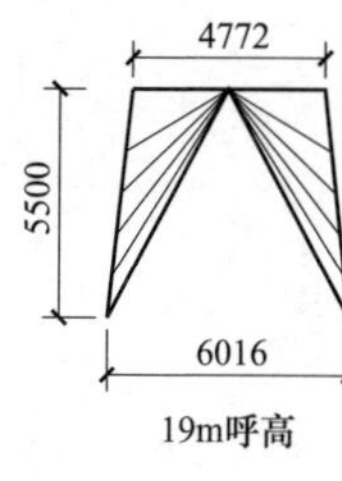

图 11-4-20 2N4-JC2 杆塔单线图

11.4.18 2N4-JC3 杆塔单线图

2N4-JC3 杆塔单线图见图 11-4-21。

呼高（m）	15	18	21	24	27	30	33	36
塔重（kg）	10885.2	12199.3	13513.4	14827.5	16141.7	17455.8	18769.9	20084.0

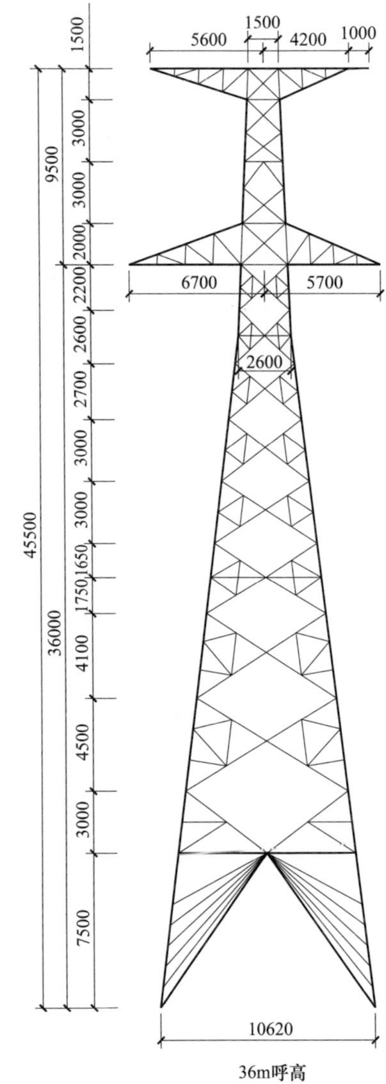

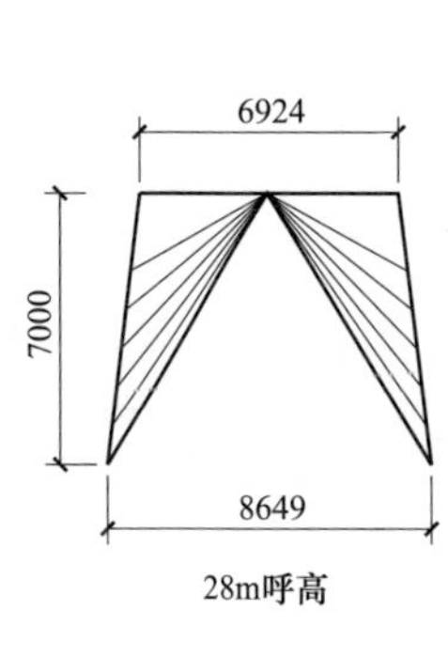

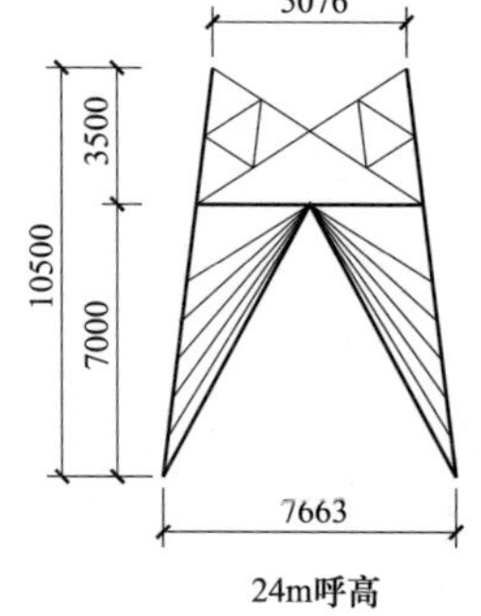

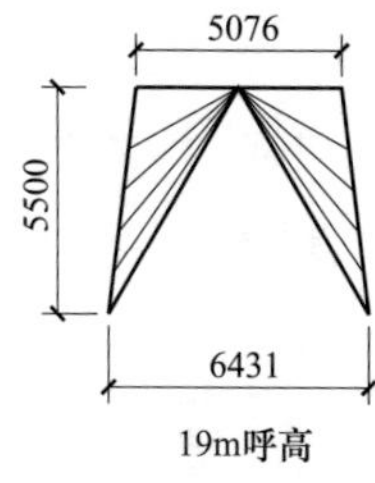

图 11-4-21 2N4-JC3 杆塔单线图

11.4.19 2N4-JC4 杆塔单线图

2N4-JC4 杆塔单线图见图 11-4-22。

呼高（m）	15	18	21	24	27	30	33	36
塔重（kg）	11753.5	13310.3	14867.0	16423.8	17980.5	19537.3	21094.0	22650.8

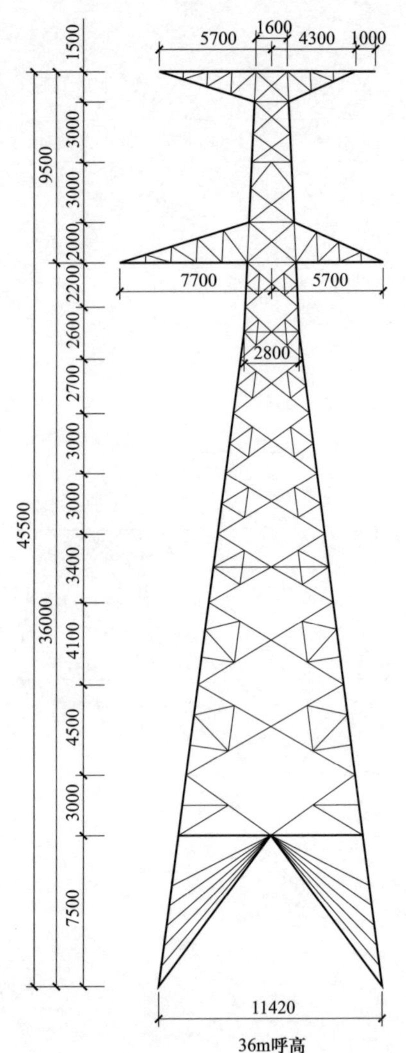

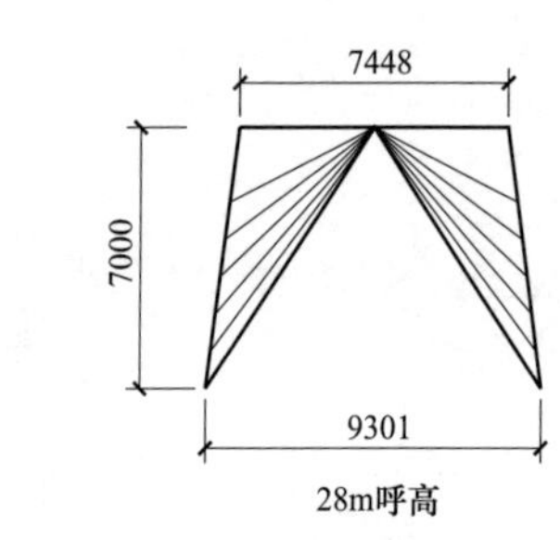

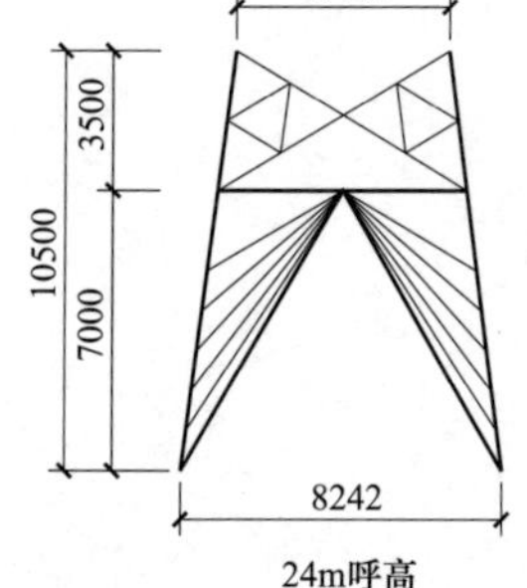

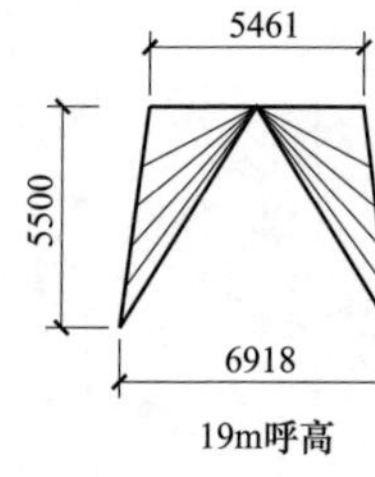

图 11-4-22 2N4-JC4 杆塔单线图

11.4.20　2N4-DJC1 杆塔单线图

2N4-DJC1 杆塔单线图见图 11-4-23。

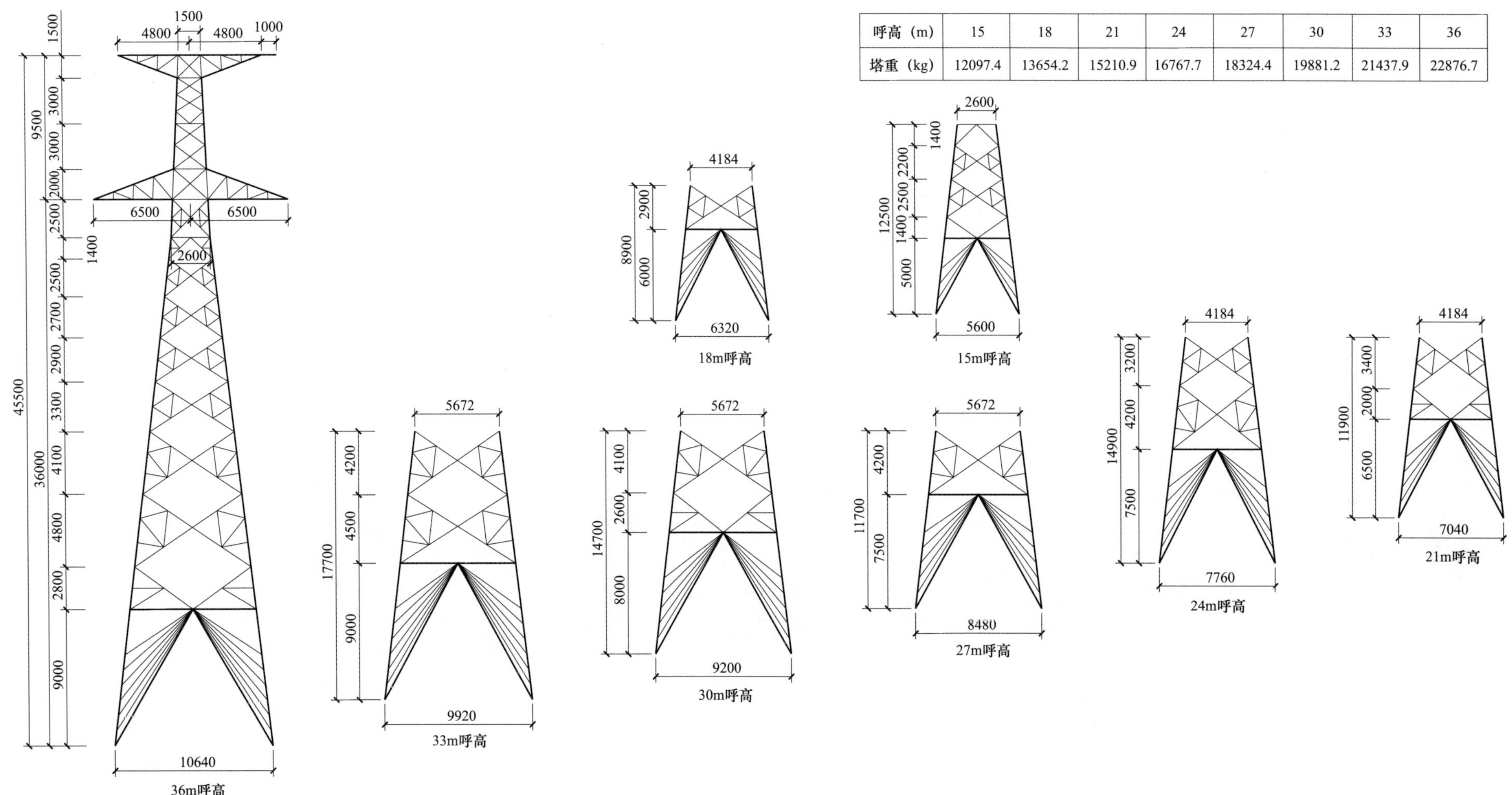

呼高（m）	15	18	21	24	27	30	33	36
塔重（kg）	12097.4	13654.2	15210.9	16767.7	18324.4	19881.2	21437.9	22876.7

图 11-4-23　2N4-DJC1 杆塔单线图

11.4.21 2N4-DJC2 杆塔单线图

2N4-DJC2 杆塔单线图见图 11-4-24。

呼高（m）	15	18	21	24	27	30	33	36
塔重（kg）	12384.5	13938.9	15493.3	17047.7	18602.1	20156.5	21710.9	23265.3

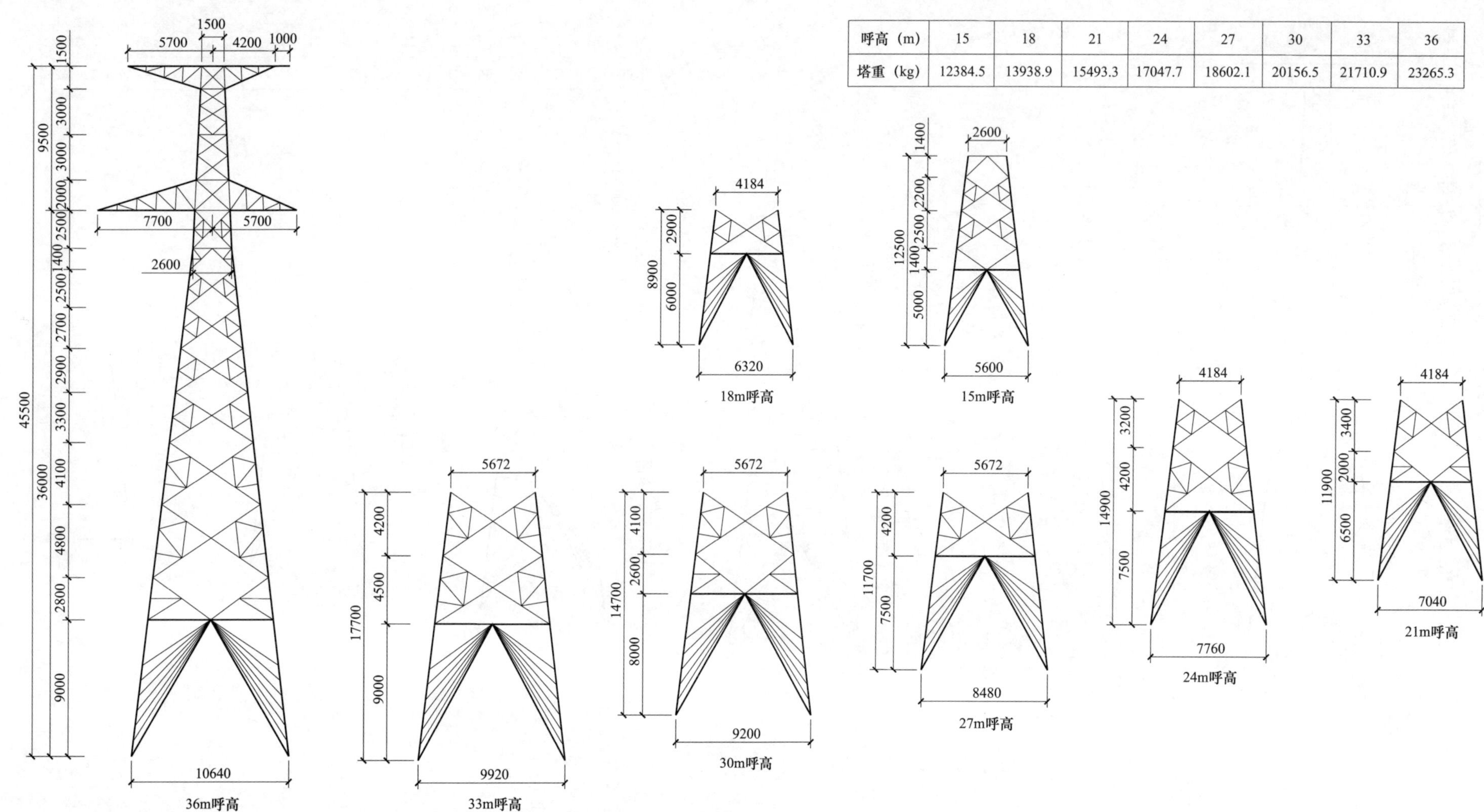

图 11-4-24 2N4-DJC2 杆塔单线图

11.4.22　2N4-HDJC 杆塔单线图

2N4-HDJC 杆塔单线图见图 11-4-25。

呼高（m）	15	18	21	24	27	30	33	36
塔重（kg）	14133.6	15602.8	17071.9	18541.1	20010.3	21479.5	22948.6	24417.8

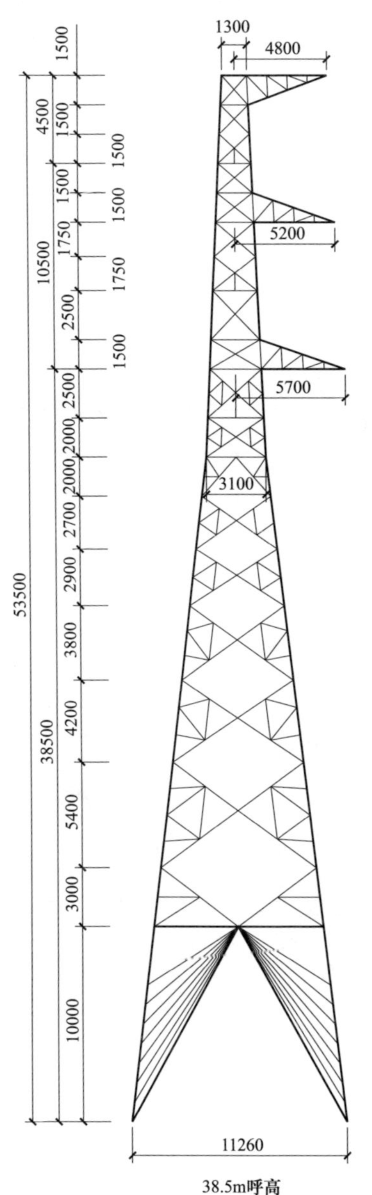

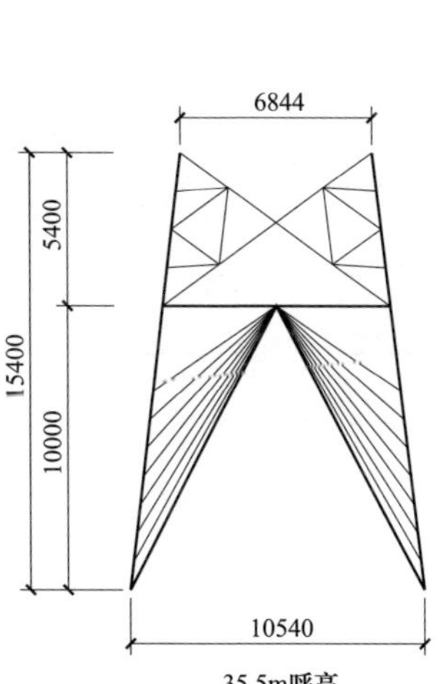

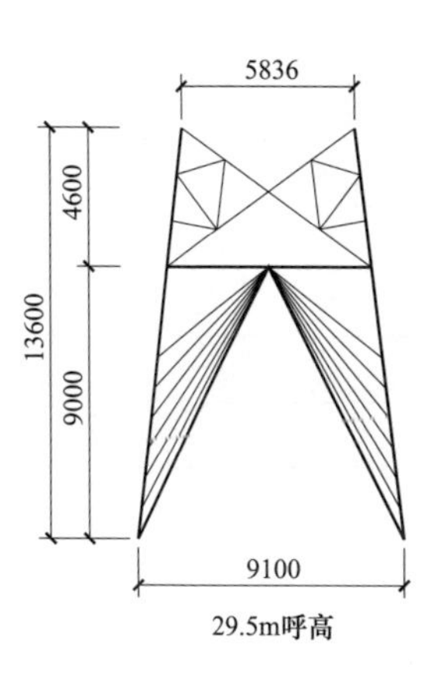

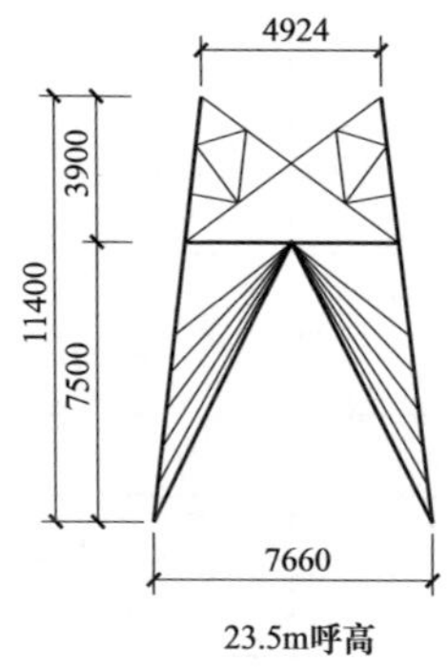

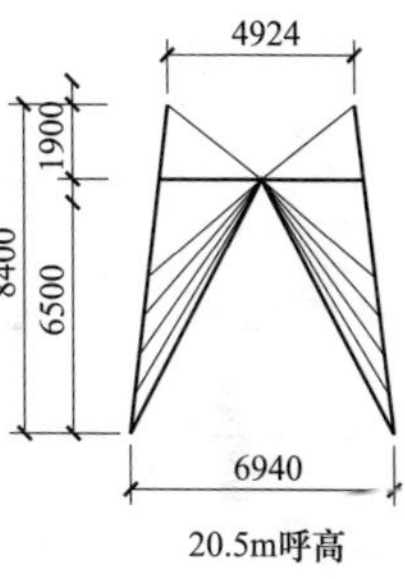

图 11-4-25　2N4-HDJC 杆塔单线图

第 12 章　1A　模　块

12.1　1A12 子模块

12.1.1　1A12 子模块说明

（1）该子模块电压等级 110kV，海拔 1000m 以内、设计风速 25m/s（离地 10m）、覆冰厚度 10mm，导线 JL/G1A－300/40 的单回路杆塔。地线采用 JLB20A－100。该子模块按山区设计，耐张塔由 1A13 子模块兼。悬垂串按Ⅰ型布置。该子模块共计 4 种塔型。

（2）使用条件。1A12 子模块的气象条件、杆塔设计条件、杆塔塔重及基础作用力分别见表 12-1-1～表 12-1-3。

表 12-1-1　　1A12 子模块的气象条件

项目	气温（℃）	风速（m/s）	覆冰厚度（mm）
最高气温	40	0	0
最低气温	-20	0	0
覆冰	-5	10	10
基本风速	-5	25	0
安装情况	-10	10	0
年平均气温	5	0	0
雷电过电压	15	10	0
操作过电压	15	15	0
带电作业	15	10	0

表 12-1-2　　1A12 子模块的杆塔设计条件

塔型名称	呼高范围（m）	计算呼高（m）	水平档距（m）	垂直档距（m）	允许转角（°）
ZMC1	15～24	21	350	450	—
ZMC2	15～30	24	400	600	—
ZMC3	15～36	30	500	700	—
ZMCK	39～51	51	400	600	—

表 12-1-3　　1A12 子模块的杆塔塔重及基础作用力

塔型名称	塔重范围（kg）	基础作用力范围（kN）					
		T_{max}	T_x	T_y	N_{max}	N_x	N_y
ZMC1	3597.5～4800.3	117～139	17～19	10～16	173～194	21～26	7～12
ZMC2	3714.8～5828.0	118～182	14～24	11～21	176～226	22～28	18～24
ZMC3	3949.6～7311.4	142～238	17～29	13～25	180～293	20～33	20～29
ZMCK	7954.3～11292.5	296～374	42～52	36～46	351～445	46～58	39～51

12.1.2 1A12 子模块杆塔一览图

1A12 子模块杆塔一览图见图 12-1-1。

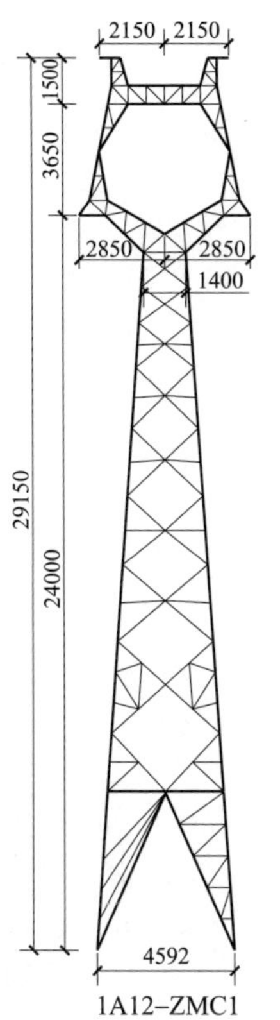

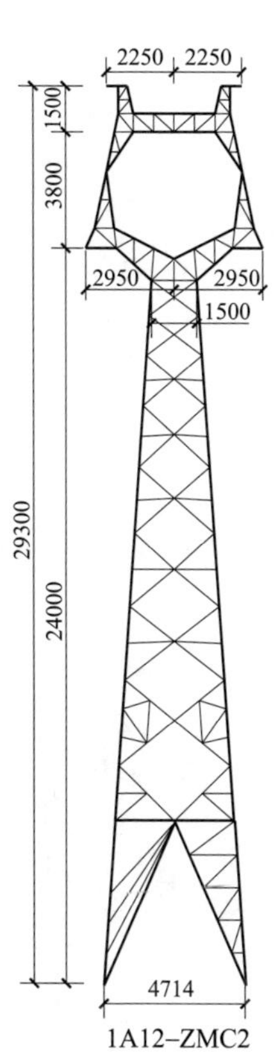

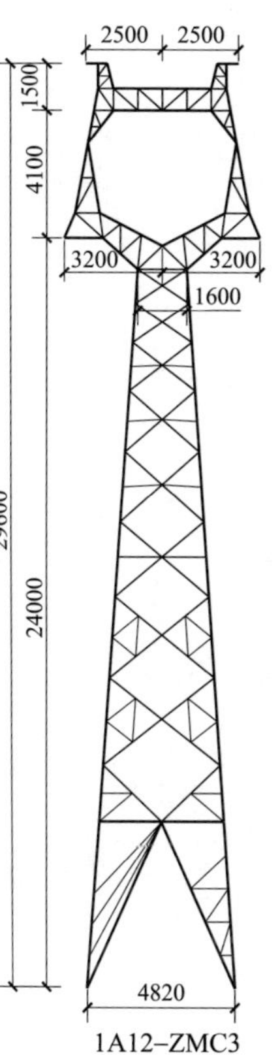

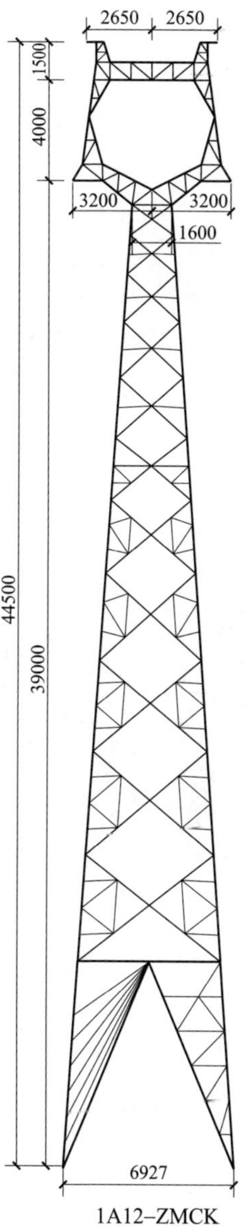

图 12-1-1 1A12 子模块杆塔一览图

12.1.3 1A12-ZMC1 杆塔单线图

1A12-ZMC1 杆塔单线图见图 12-1-2。

呼高（m）	15	18	21	24
塔重（kg）	3597.5	4028.6	4383.7	4820.3

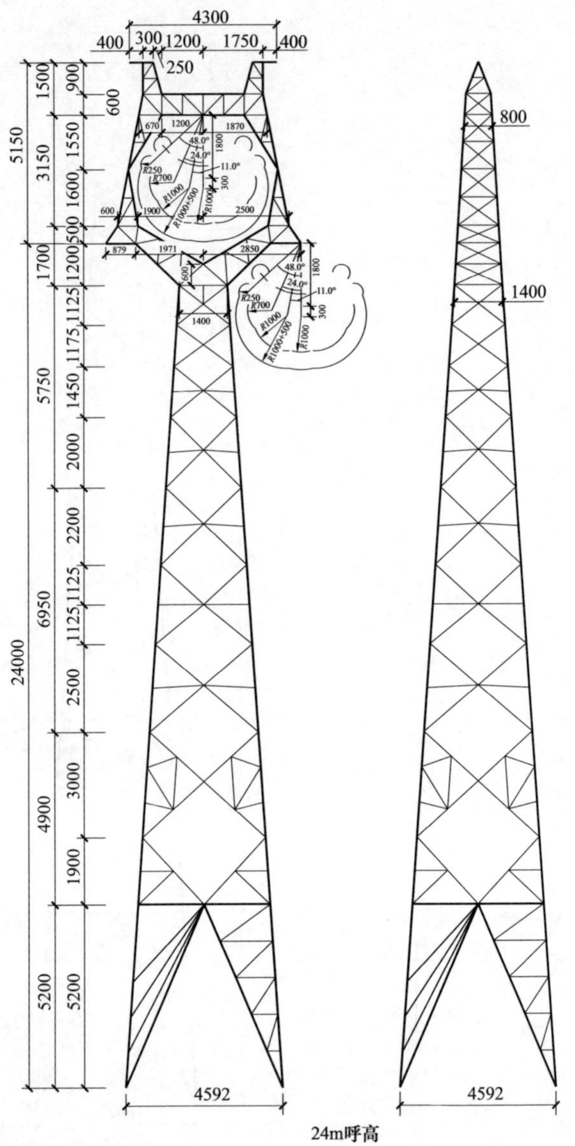

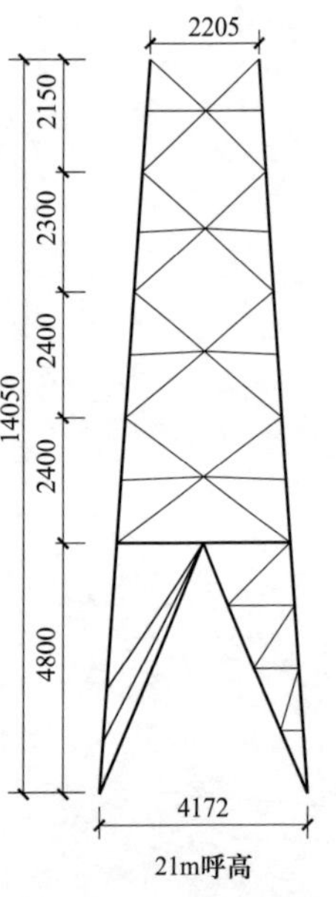

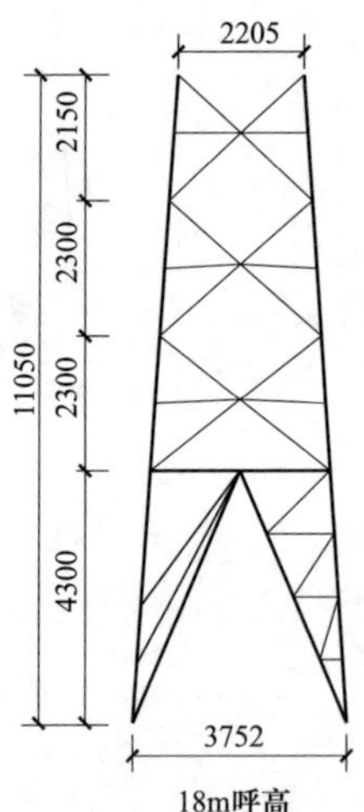

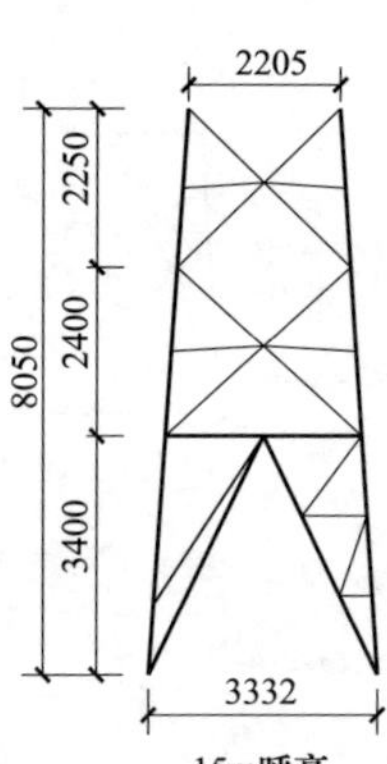

图 12-1-2 1A12-ZMC1 杆塔单线图

12.1.4 1A12-ZMC2 杆塔单线图

1A12-ZMC2 杆塔单线图见图 12-1-3。

呼高（m）	15	18	21	24	27	30
塔重（kg）	3714.8	4162.7	4576.5	4926.0	5304.5	5828.0

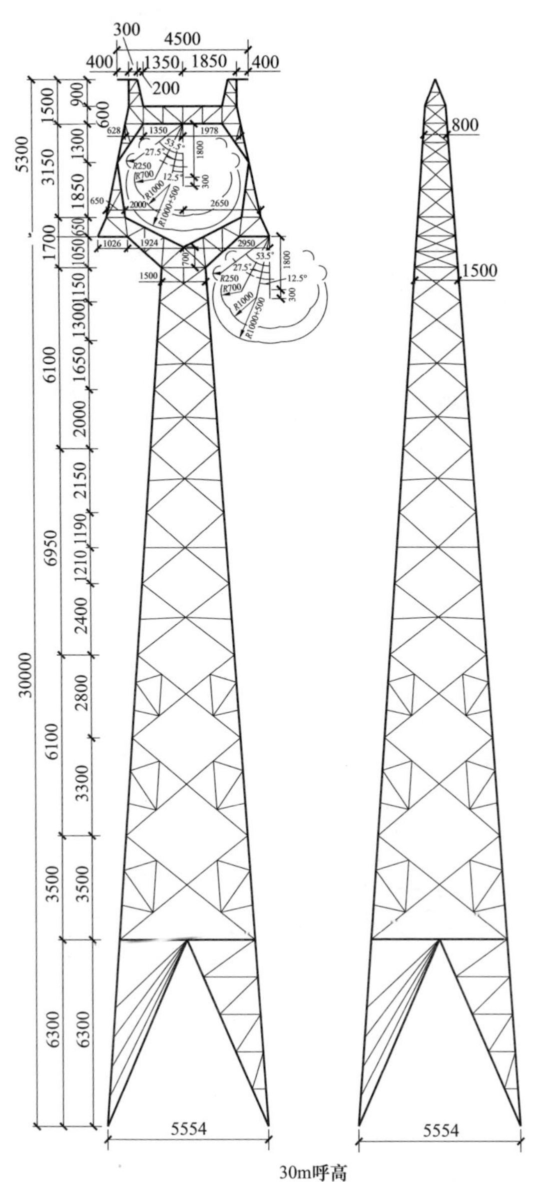

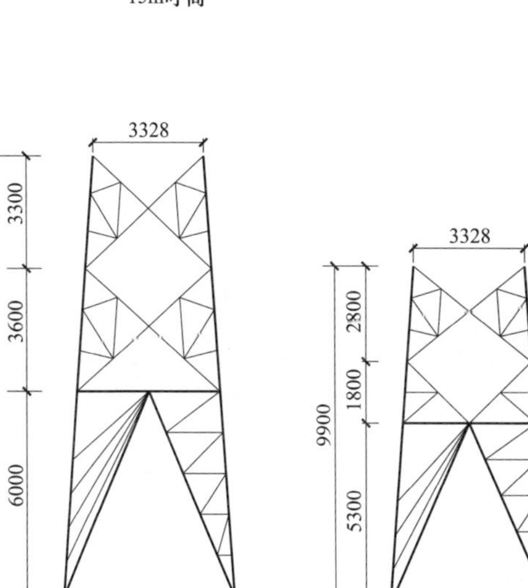

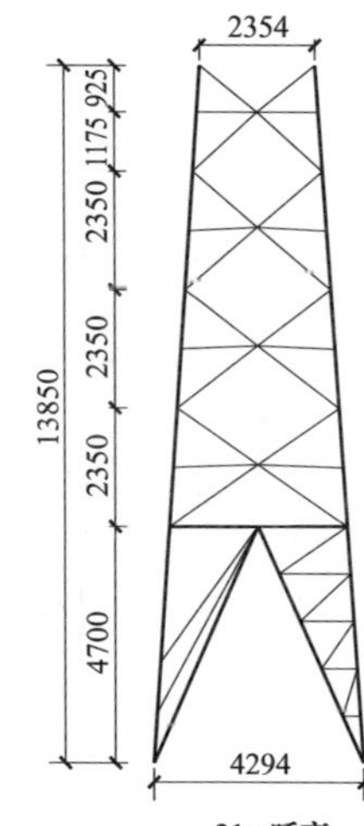

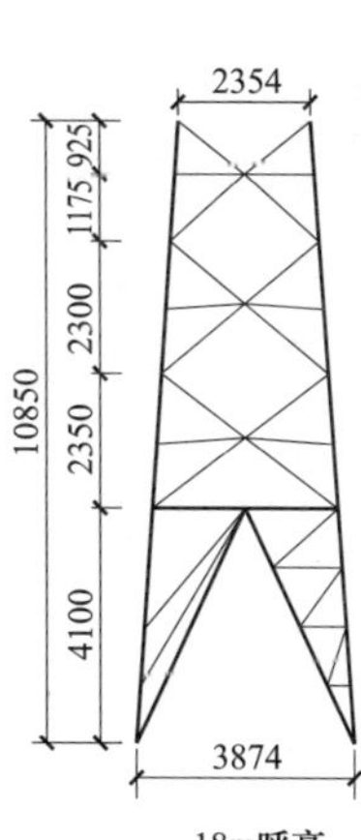

图 12-1-3 1A12-ZMC2 杆塔单线图

12.1.5 1A12-ZMC3 杆塔单线图

1A12-ZMC3 杆塔单线图见图 12-1-4。

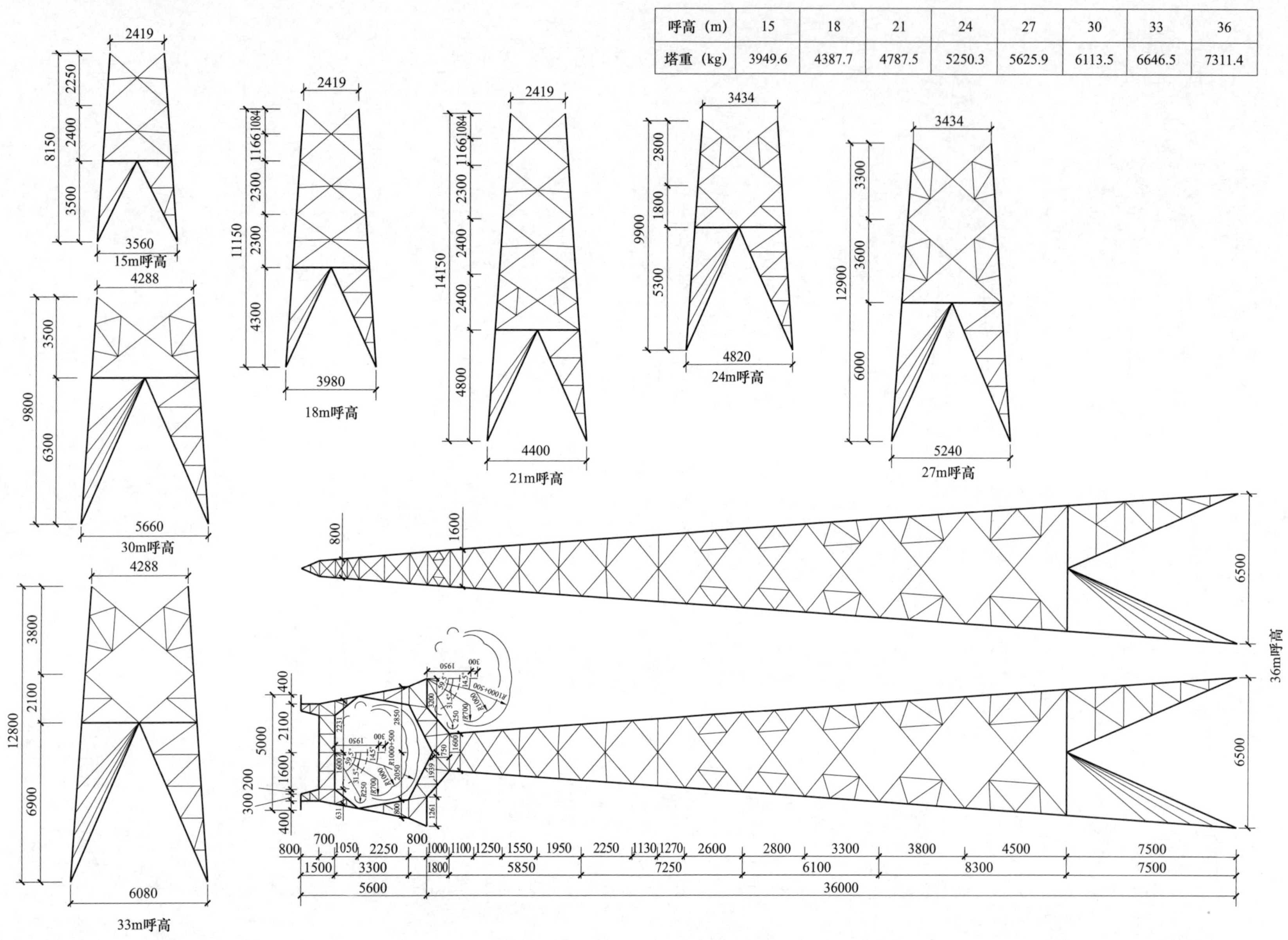

呼高（m）	15	18	21	24	27	30	33	36
塔重（kg）	3949.6	4387.7	4787.5	5250.3	5625.9	6113.5	6646.5	7311.4

图 12-1-4 1A12-ZMC3 杆塔单线图

12.1.6 1A12-ZMCK 杆塔单线图

1A12-ZMCK 杆塔单线图见图 12-1-5。

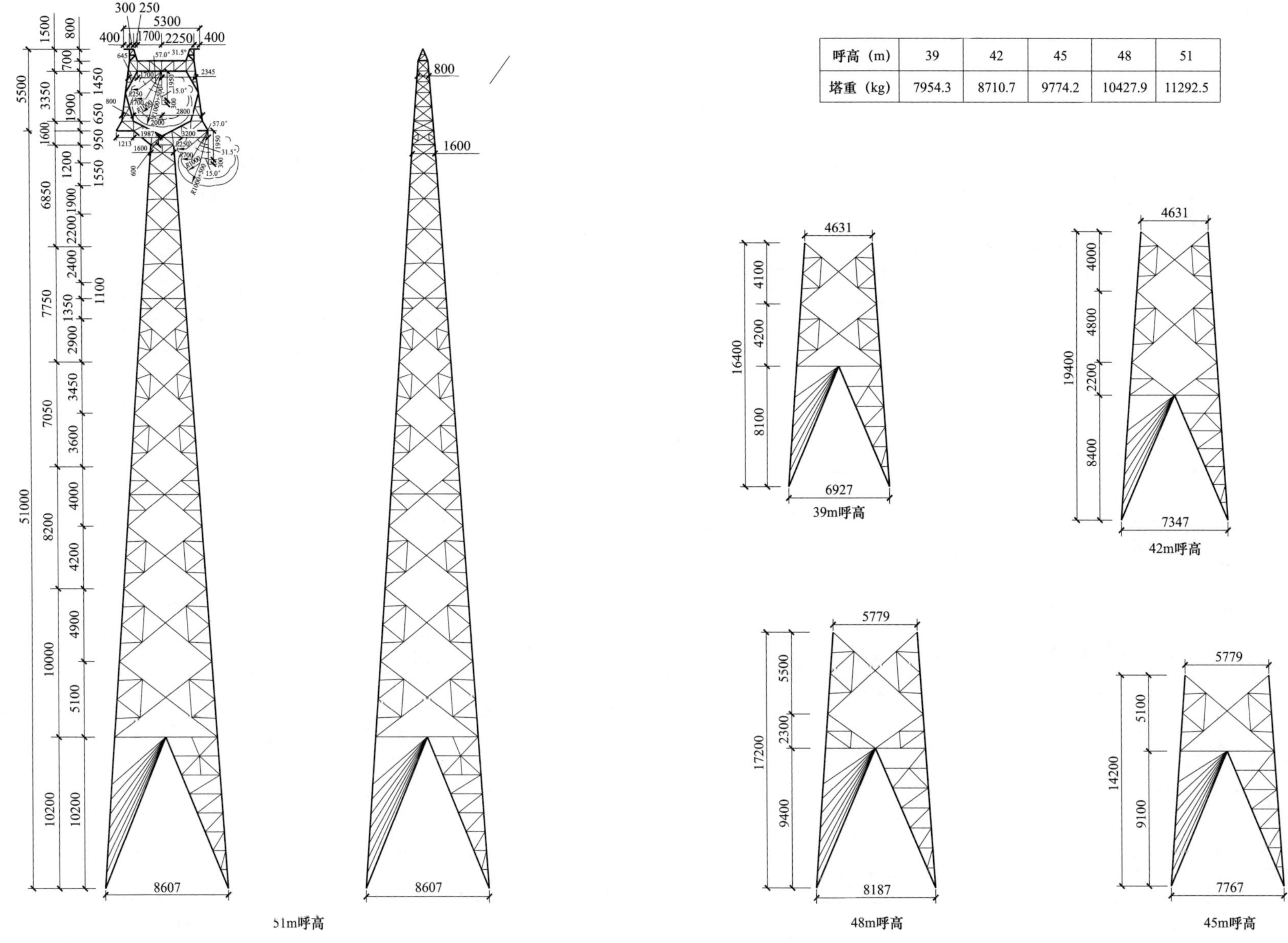

图 12-1-5 1A12-ZMCK 杆塔单线图

12.2　1A13 子模块

12.2.1　1A13 子模块说明

（1）该子模块电压等级 110kV，海拔 1000m 以内、设计风速 27m/s（离地 10m）、覆冰厚度 10mm，导线 JL/G1A-300/40 的单回路铁塔。地线采用 JLB20A-100。该子模块按山区设计。悬垂串按 I 型布置。该子模块共计 8 种塔型。

（2）使用条件。1A13 子模块的气象条件、杆塔设计条件、杆塔塔重及基础作用力分别见表 12-2-1～表 12-2-3。

表 12-2-1　　1A13 子模块的气象条件

项目	气温（℃）	风速（m/s）	覆冰厚度（mm）
最高气温	40	0	0
最低气温	-20	0	0
覆冰	-5	10	10
基本风速	-5	27	0
安装情况	-10	10	0
年平均气温	5	0	0
雷电过电压	15	10	0
操作过电压	15	15	0
带电作业	15	10	0

表 12-2-2　　1A13 子模块的杆塔设计条件

塔型名称	呼高范围（m）	计算呼高（m）	水平档距（m）	垂直档距（m）	允许转角（°）
ZMC1	15～24	21	350	450	—
ZMC2	15～30	24	400	600	—
ZMC3	15～36	30	500	700	—
ZMCK	39～51	51	400	600	—
JC1	15～24	24	400	500	0～20
JC2	15～24	24	400	500	20～40
JC3	15～24	24	400	500	40～60
JC4	15～24	24	400	500	60～90

表 12-2-3　　1A13 子模块的杆塔塔重及基础作用力

塔型名称	塔重范围（kg）	基础作用力范围（kN）					
		T_{max}	T_x	T_y	N_{max}	N_x	N_y
ZMC1	3623.6～4808.4	117～138	17～19	14～16	113～191	21～25	7～11
ZMC2	3801.0～5997.7	119～186	20～25	14～21	176～230	21～28	18～24
ZMC3	3998.0～7403.4	142～242	17～32	15～27	181～297	24～37	23～31
ZMCK	8328.4～11913.6	288～359	39～52	34～46	342～429	43～58	37～51
JC1	5086.3～6968.6	443～479	45～49	55～57	512～562	59～63	56～60
JC2	5499.1～7565.3	558～616	66～76	62～75	605～672	73～83	64～79
JC3	6050.6～8513.1	726～798	89～94	81～88	777～867	96～102	83～92
JC4	6722.9～9540.8	941～1045	119～126	105～116	1002～1131	129～136	107～121

12.2.2　1A13 子模块杆塔一览图

1A13 子模块杆塔一览图见图 12-2-1、图 12-2-2。

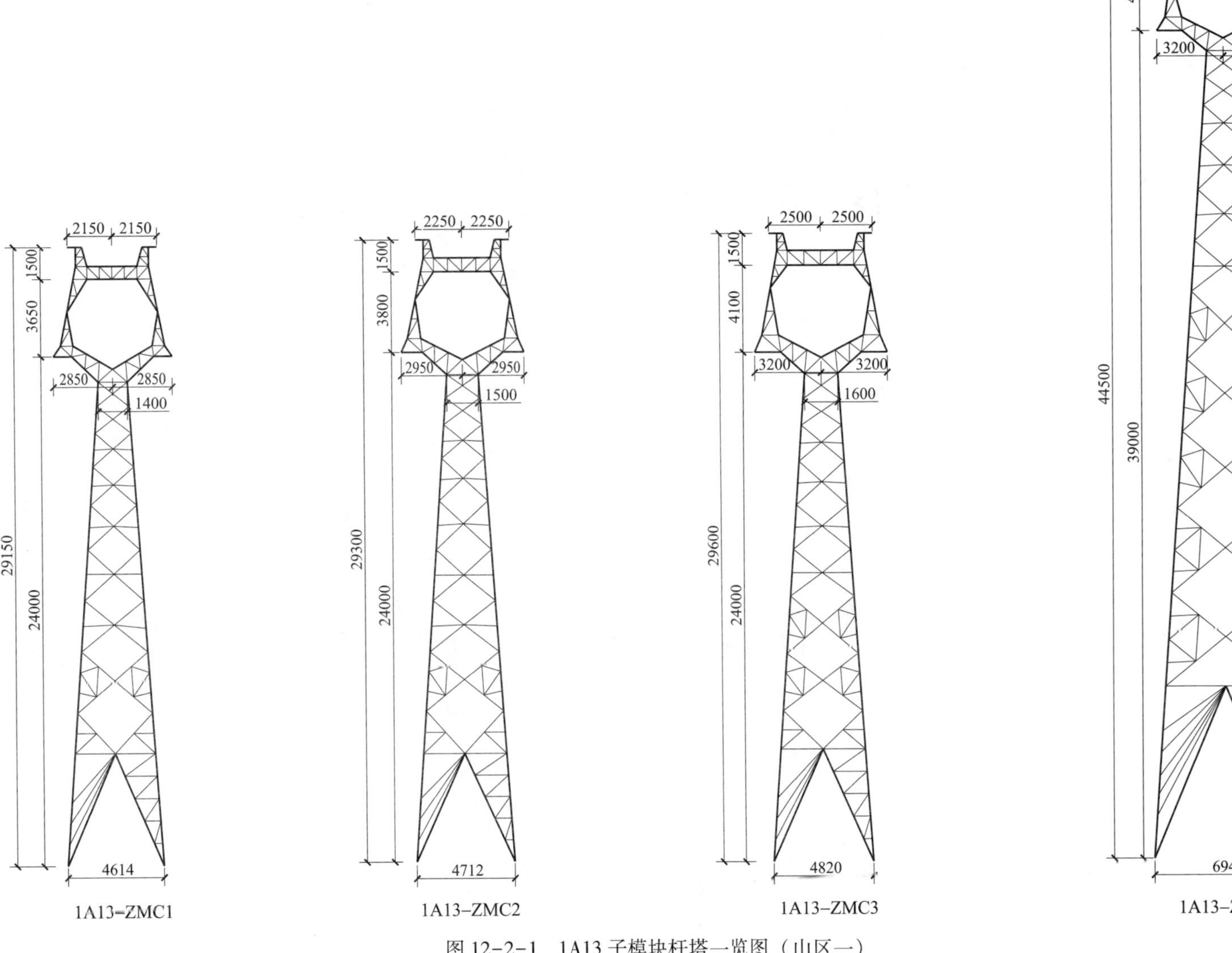

图 12-2-1　1A13 子模块杆塔一览图（山区一）

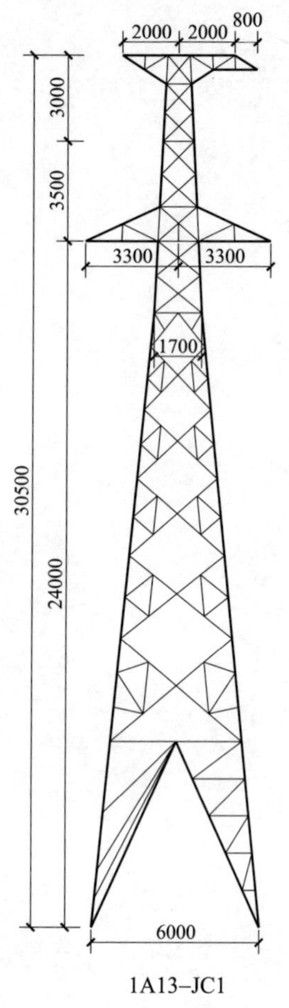

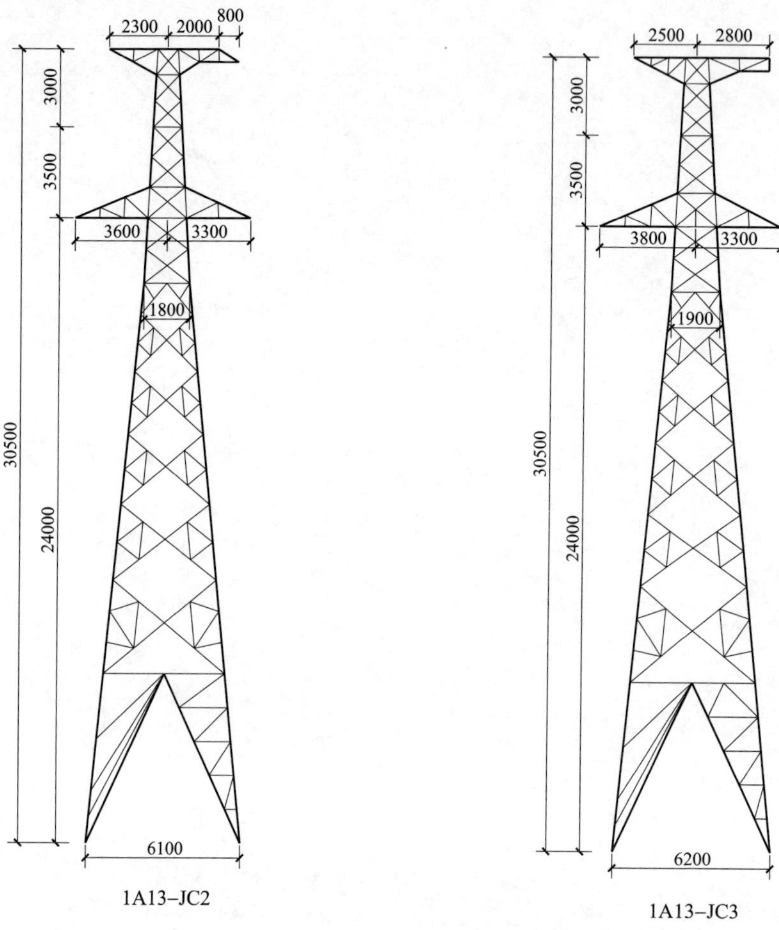

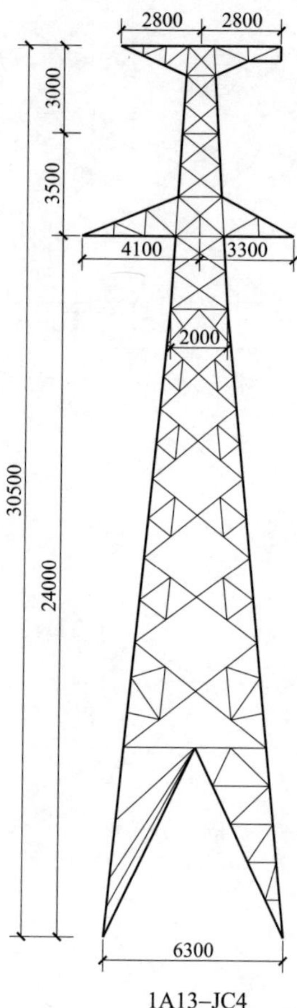

图 12-2-2　1A13 子模块一览图（山区二）

12.2.3 1A13-ZMC1 杆塔单线图

1A13-ZMC1 杆塔单线图见图 12-2-3。

呼高（m）	15	18	21	24
塔重（kg）	3623.6	4062.0	4453.0	4808.4

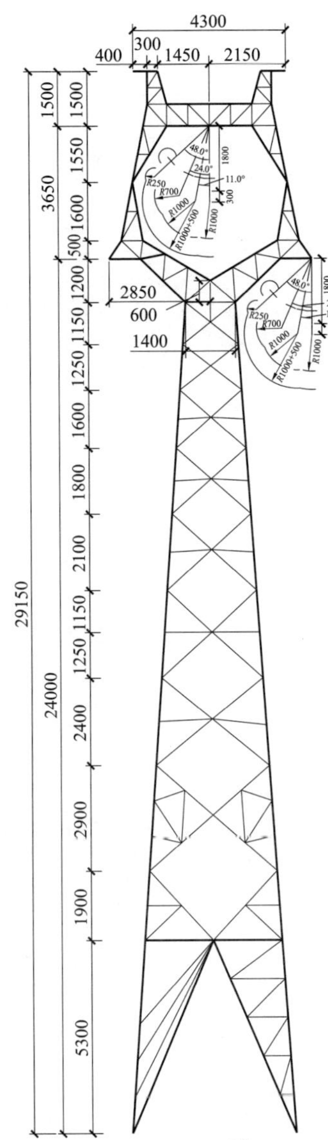

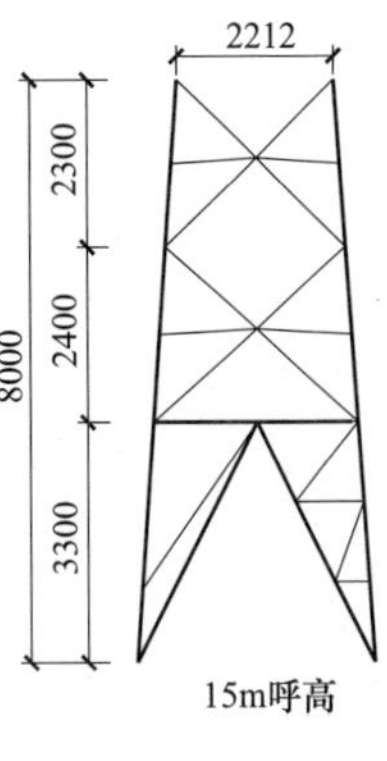

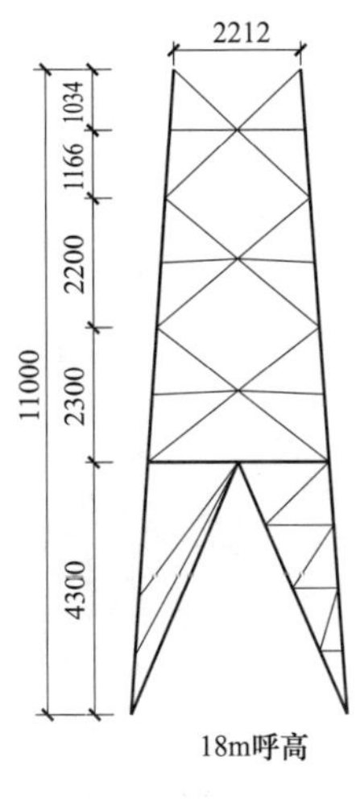

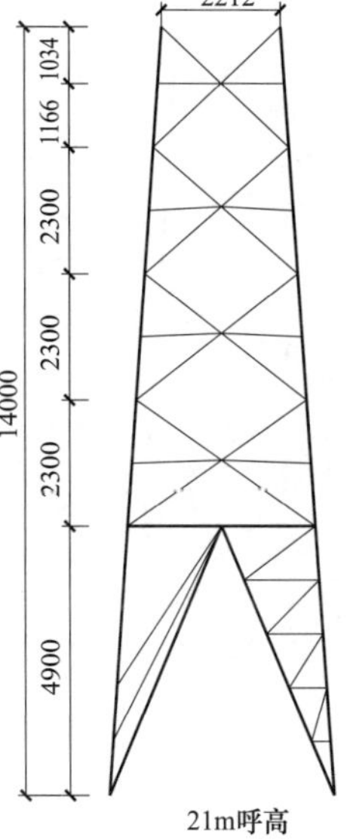

图 12-2-3 1A13-ZMC1 杆塔单线图

12.2.4 1A13-ZMC2 杆塔单线图

1A13-ZMC2 杆塔单线图见图 12-2-4。

呼高（m）	15	18	21	24	27	30
塔重（kg）	3801.0	4241.0	4655.0	5076.0	5514.0	5997.7

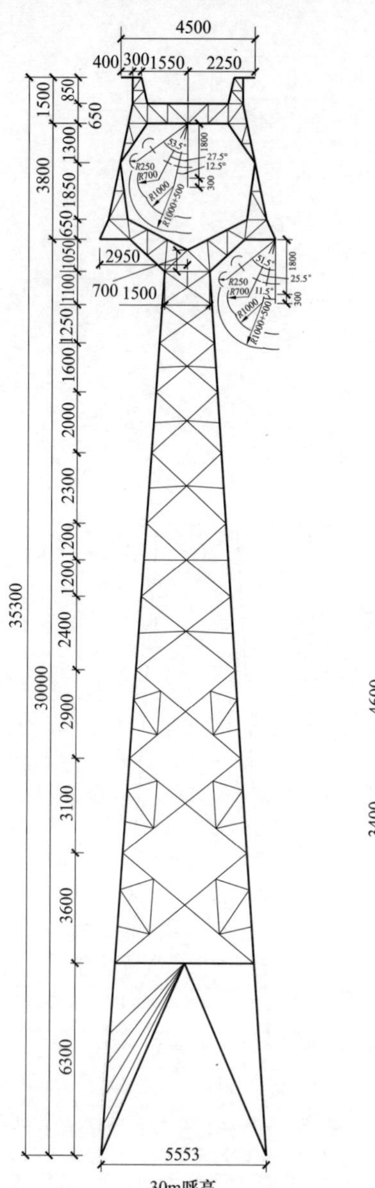

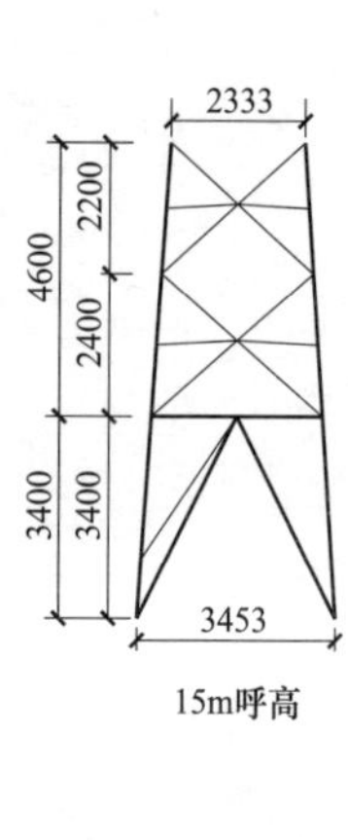

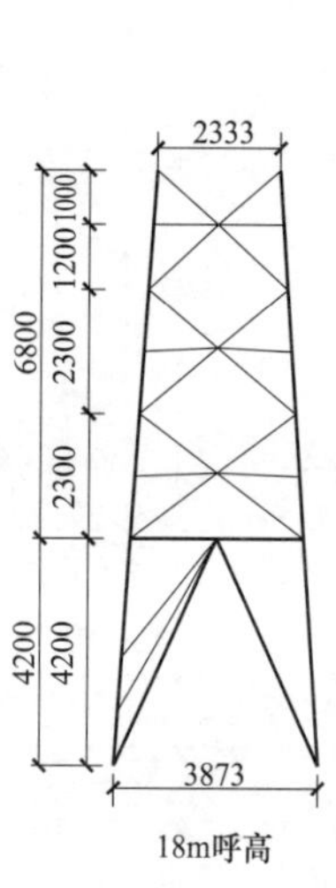

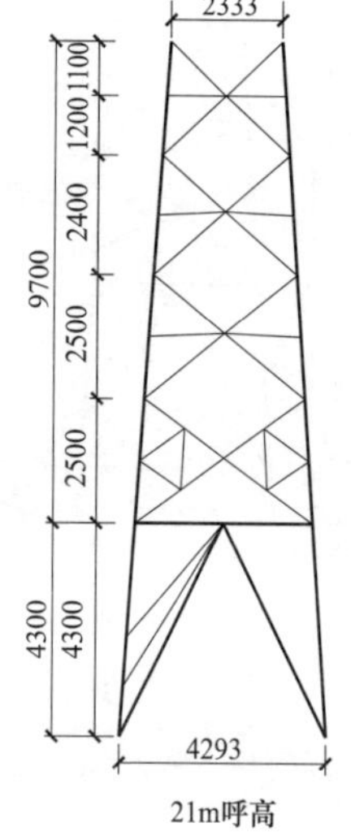

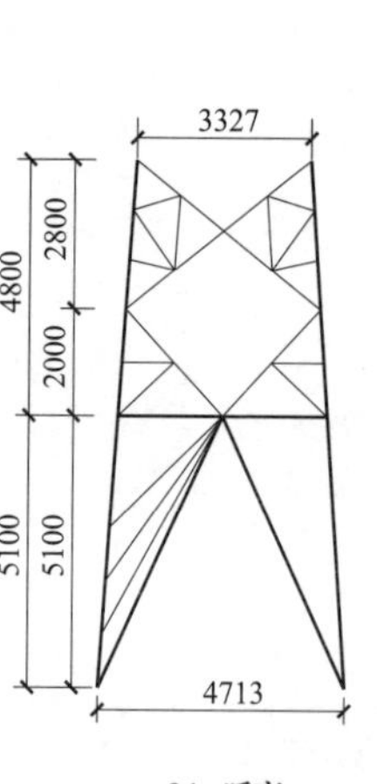

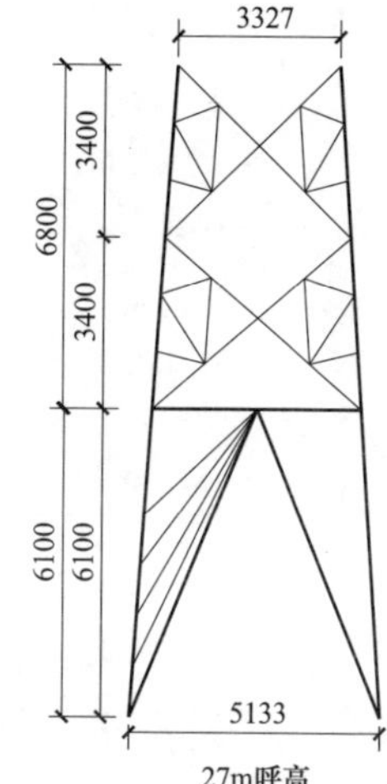

图 12-2-4 1A13-ZMC2 杆塔单线图

12.2.5 1A13-ZMC3 杆塔单线图

1A13-ZMC3 杆塔单线图见图 12-2-5。

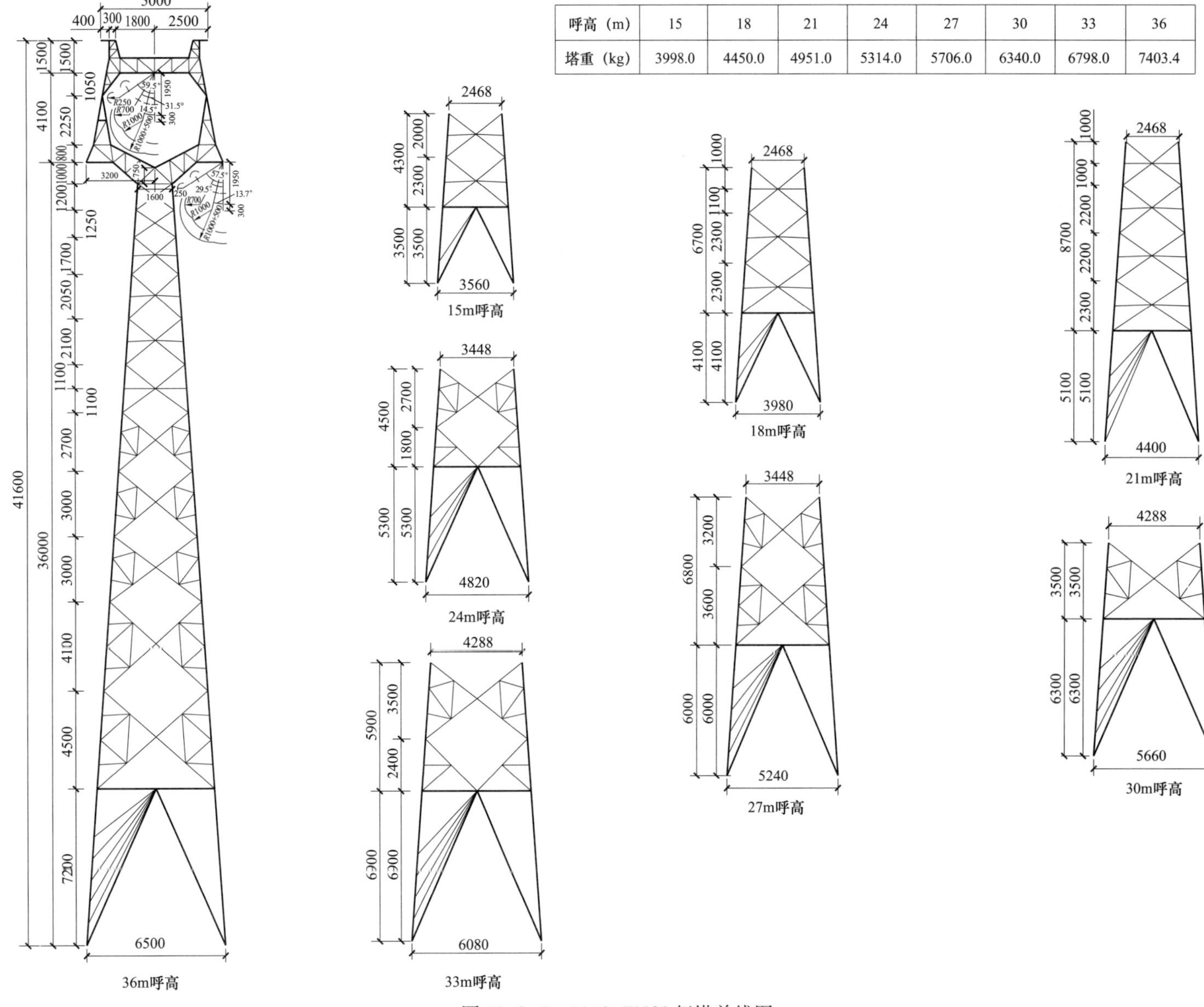

呼高（m）	15	18	21	24	27	30	33	36
塔重（kg）	3998.0	4450.0	4951.0	5314.0	5706.0	6340.0	6798.0	7403.4

图 12-2-5 1A13-ZMC3 杆塔单线图

12.2.6 1A13-ZMCK 杆塔单线图

1A13-ZMCK 杆塔单线图见图 12-2-6。

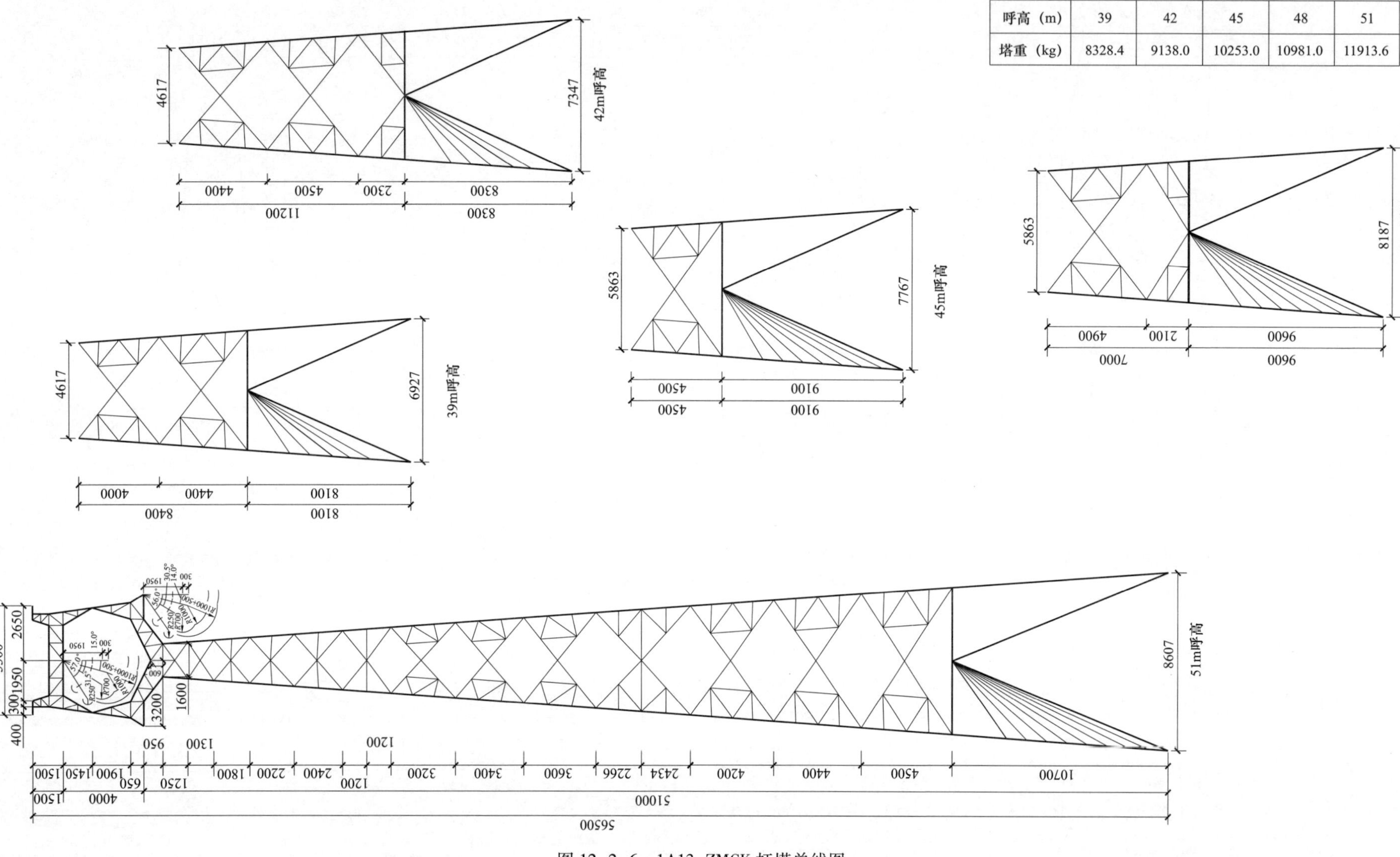

呼高（m）	39	42	45	48	51
塔重（kg）	8328.4	9138.0	10253.0	10981.0	11913.6

图 12-2-6 1A13-ZMCK 杆塔单线图

12.2.7 1A13-JC1 杆塔单线图

1A13-JC1 杆塔单线图见图 12-2-7。

呼高（m）	15	18	21	24
塔重（kg）	5086.3	5632.4	6224.8	6968.6

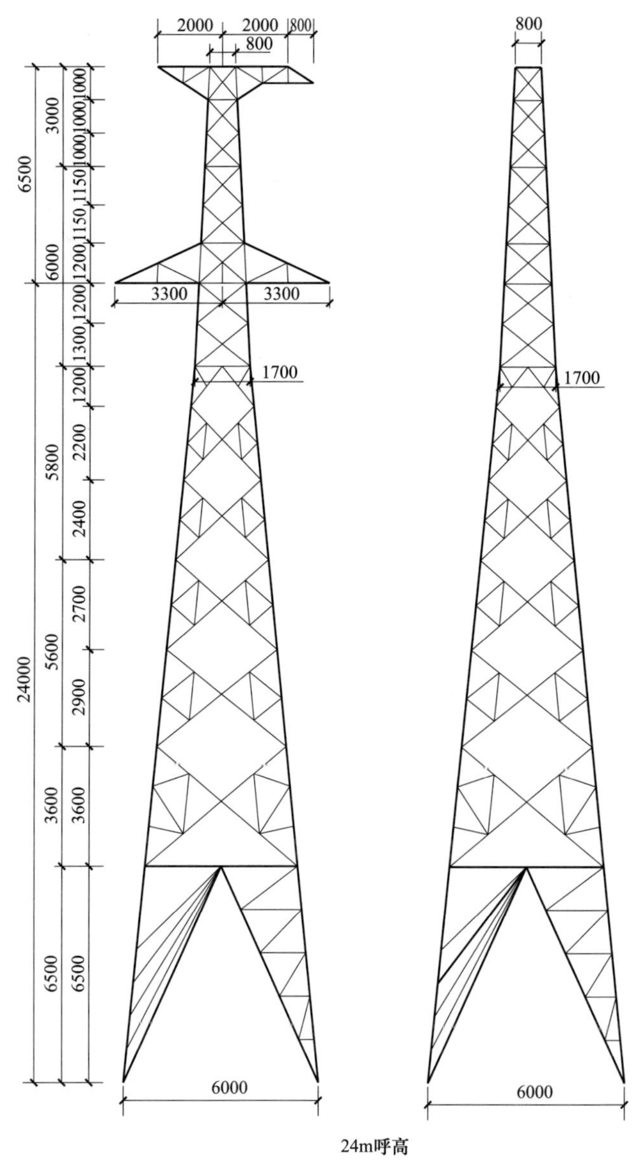

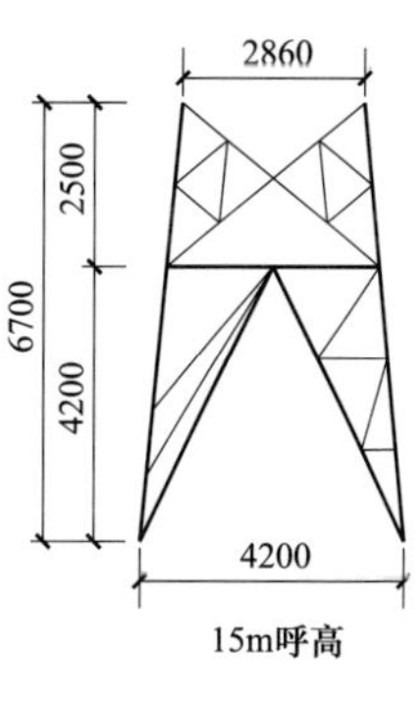

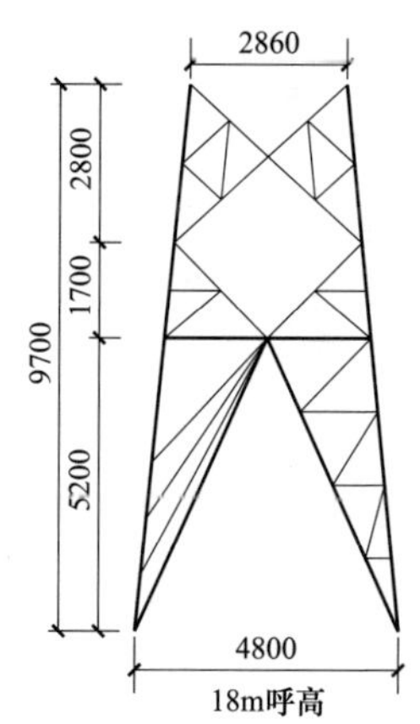

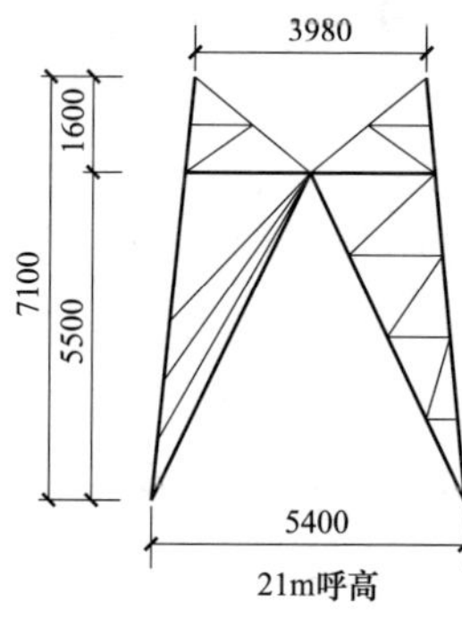

图 12-2-7 1A13-JC1 杆塔单线图

12.2.8 1A13-JC2 杆塔单线图

1A13-JC2 杆塔单线图见图 12-2-8。

呼高（m）	15	18	21	24
塔重（kg）	5499.1	6170.0	6847.0	7565.3

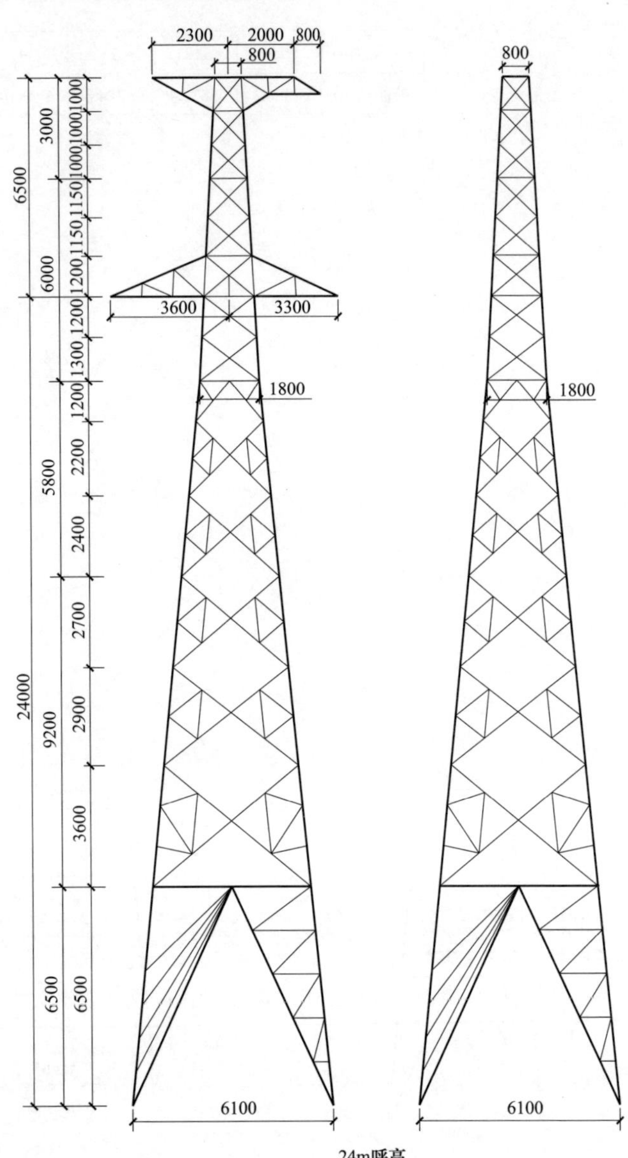

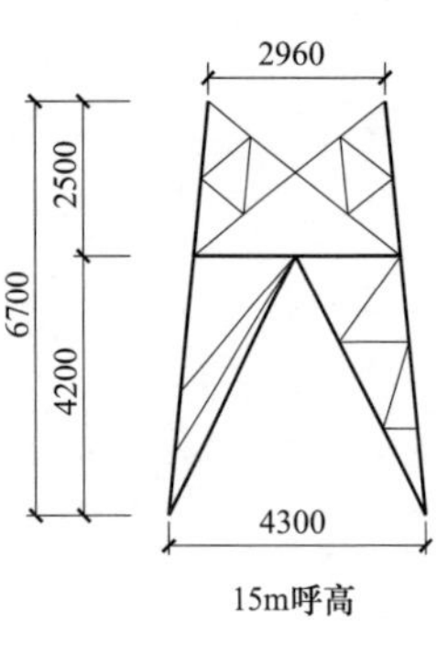

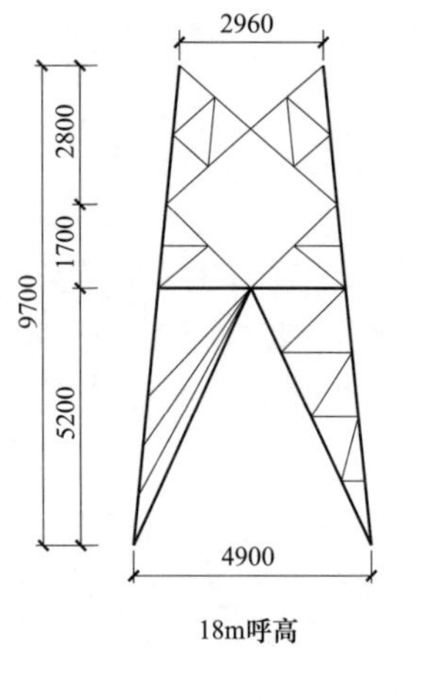

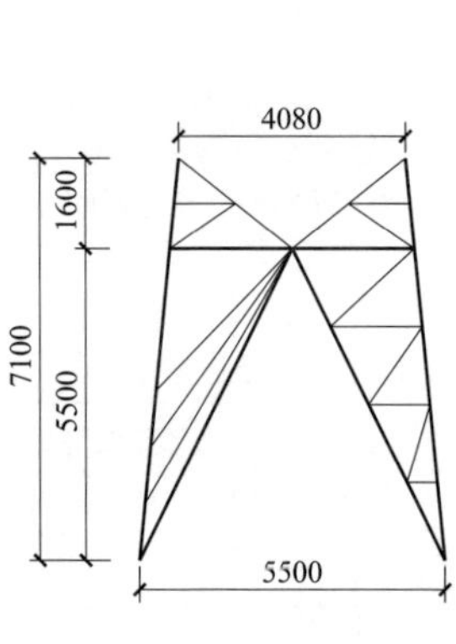

图 12-2-8 1A13-JC2 杆塔单线图

12.2.9　1A13-JC3 杆塔单线图

1A13-JC3 杆塔单线图见图 12-2-9。

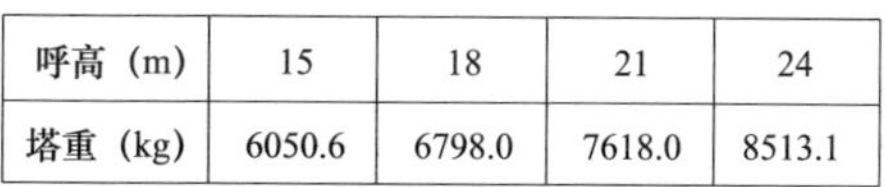

呼高（m）	15	18	21	24
塔重（kg）	6050.6	6798.0	7618.0	8513.1

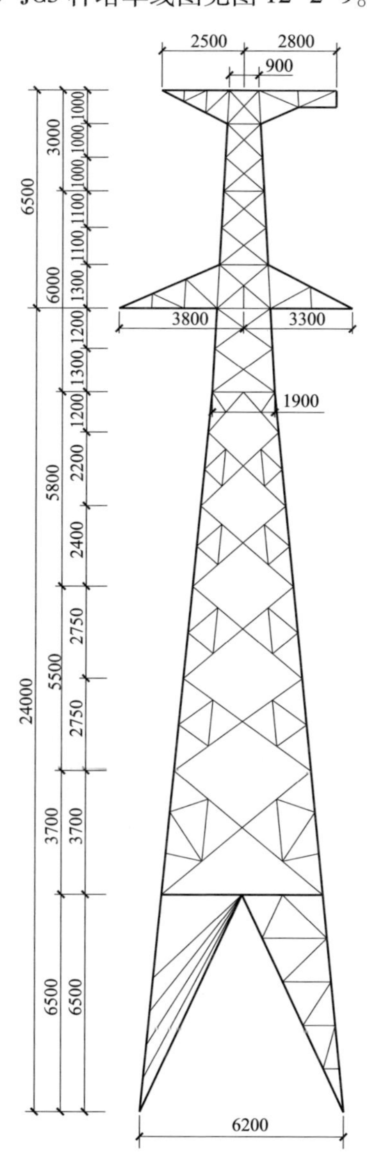

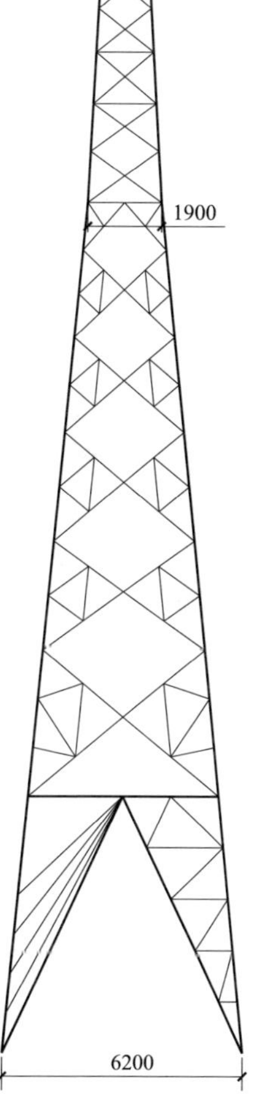

24m呼高

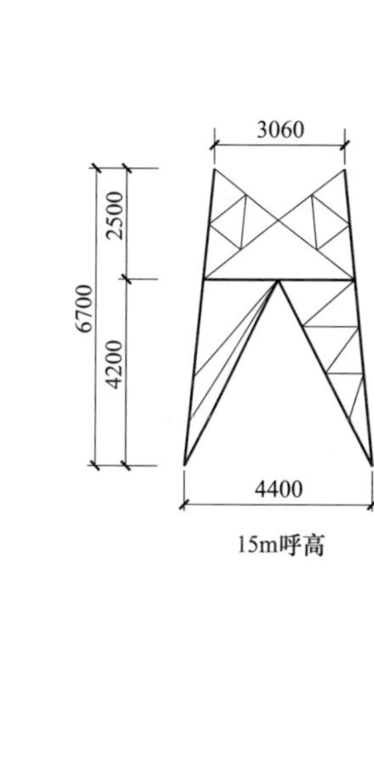

15m呼高

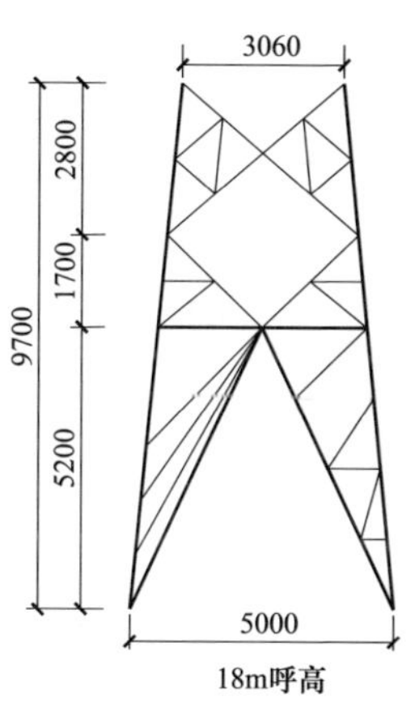

18m呼高

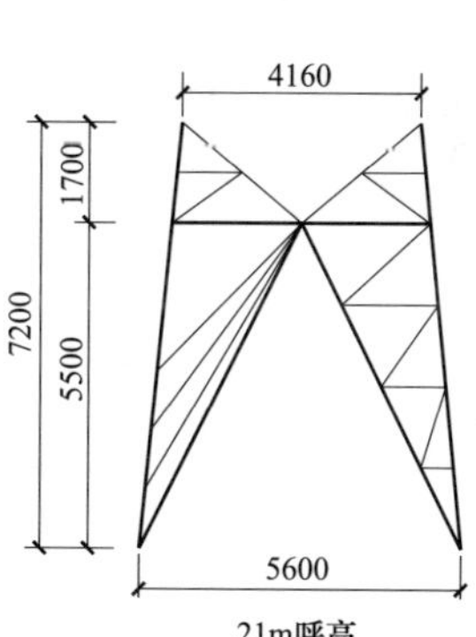

21m呼高

图 12-2-9　1A13-JC3 杆塔单线图

12.2.10 1A13-JC4 杆塔单线图

1A13-JC4 杆塔单线图见图 12-2-10。

呼高（m）	15	18	21	24
塔重（kg）	6722.9	7786.0	8620.0	9540.8

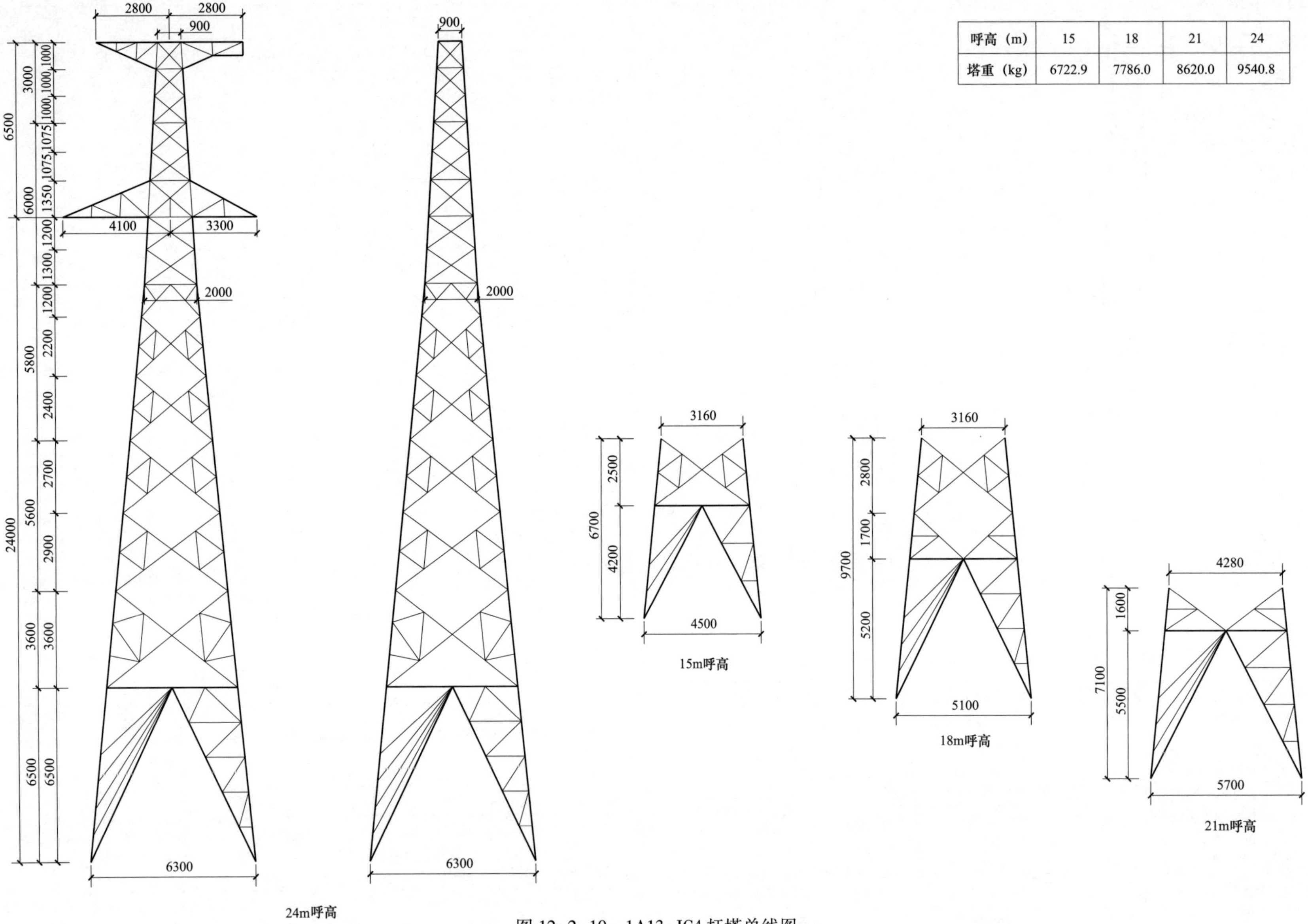

24m呼高

15m呼高

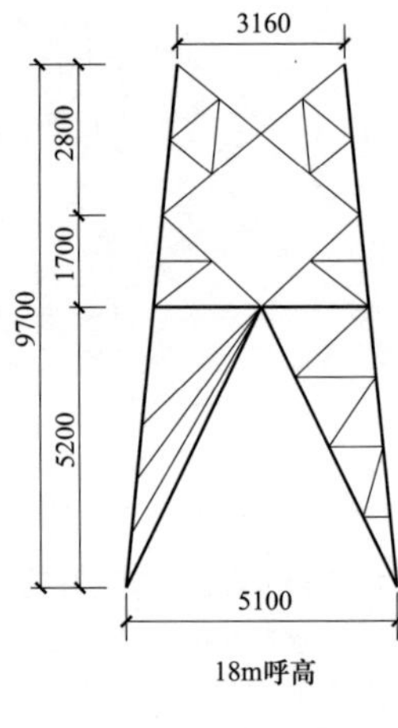

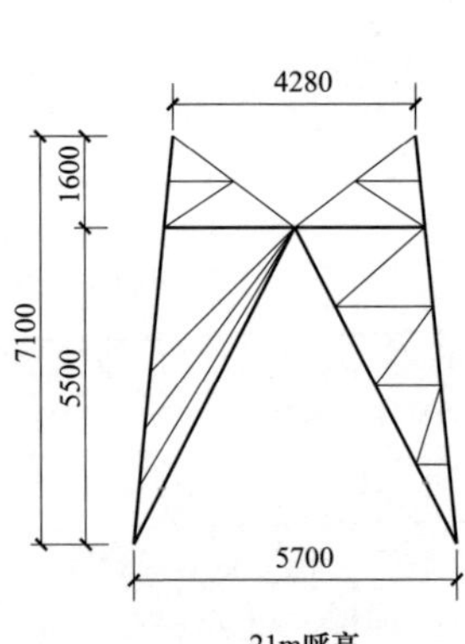

图 12-2-10 1A13-JC4 杆塔单线图

12.3 1A14 子模块

12.3.1 1A14 子模块说明

（1）该子模块电压等级 110kV，海拔 1000-2500m、设计风速 27m/s（离地 10m）、覆冰厚度 10mm，导线 JL/G1A-300/40 的单回路杆塔。地线采用 JLB20A-100。该子模块按山区设计，并规划 1 种换位塔。悬垂串按 I 型布置。该子模块共计 9 种塔型。

（2）使用条件。1A14 子模块的气象条件、杆塔设计条件、杆塔塔重及基础作用力分别见表 12-3-1～表 12-3-3。

表 12-3-1　　1A14 子模块的气象条件

项目	气温（℃）	风速（m/s）	覆冰厚度（mm）
最高气温	40	0	0
最低气温	-20	0	0
覆冰	-5	10	10
基本风速	-5	27	0
安装情况	-5	10	0
年平均气温	15	0	0
雷电过电压	15	10	0
操作过电压	15	15	0
带电作业	15	10	0

表 12-3-2　　1A14 子模块的杆塔设计条件

塔型名称	呼高范围（m）	计算呼高（m）	水平档距（m）	垂直档距（m）	允许转角（°）
ZMC1	15～24	21	350	450	—
ZMC2	15～30	24	400	600	—
ZMC3	15～36	30	500	700	—
ZMCK	36～51	51	400	600	—
JC1	15～24	24	400	500	0～20
JC2	15～24	24	400	500	20～40
JC3	15～24	24	400	500	40～60
JC4	15～24	24	400	500	60～90
HDJC	15～24	24	300	450	0～40

表 12-3-3　　1A14 子模块的杆塔塔重及基础作用力

塔型名称	塔重范围（kg）	基础作用力范围（kN）					
		T_{max}	T_x	T_y	N_{max}	N_x	N_y
ZMC1	3818.7～5041.1	115～146	16～19	13～16	172～193	22～25	9～11
ZMC2	3965.7～6217.9	124～191	15～25	12～22	176～238	23～29	18～25
ZMC3	4244.6～7666.1	148～251	18～33	14～28	188～308	21～38	20～32
ZMCK	8522.9～12231.4	290～357	38～49	32～42	347～434	42～55	36～48
JC1	5464.4～7475.1	443～478	44～49	55～55	513～564	60～63	56～60
JC2	5826.5～7902.3	558～620	66～76	62～75	606～678	73～84	64～80
JC3	6418.6～9027.3	728～797	89～92	81～86	779～871	97～100	81～92
JC4	7037.9～9924.9	942～1043	119～122	105～114	1003～1133	129～133	107～120
HDJC	7476.1～10114.7	925～967	101～112	108～115	989～1044	114～120	105～110

12.3.2 1A14 子模块杆塔一览图

1A14 子模块杆塔一览图见图 12-3-1、图 12-3-2。

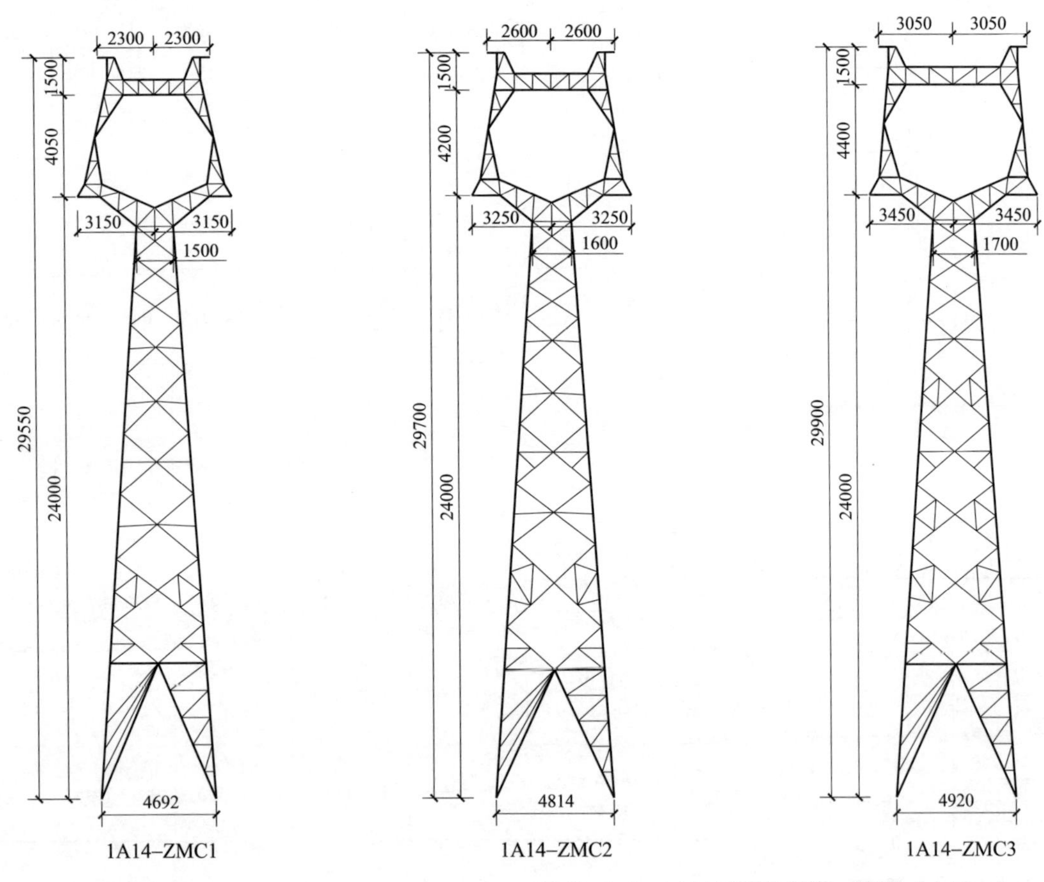

图 12-3-1　1A14 子模块杆塔一览图（山区一）

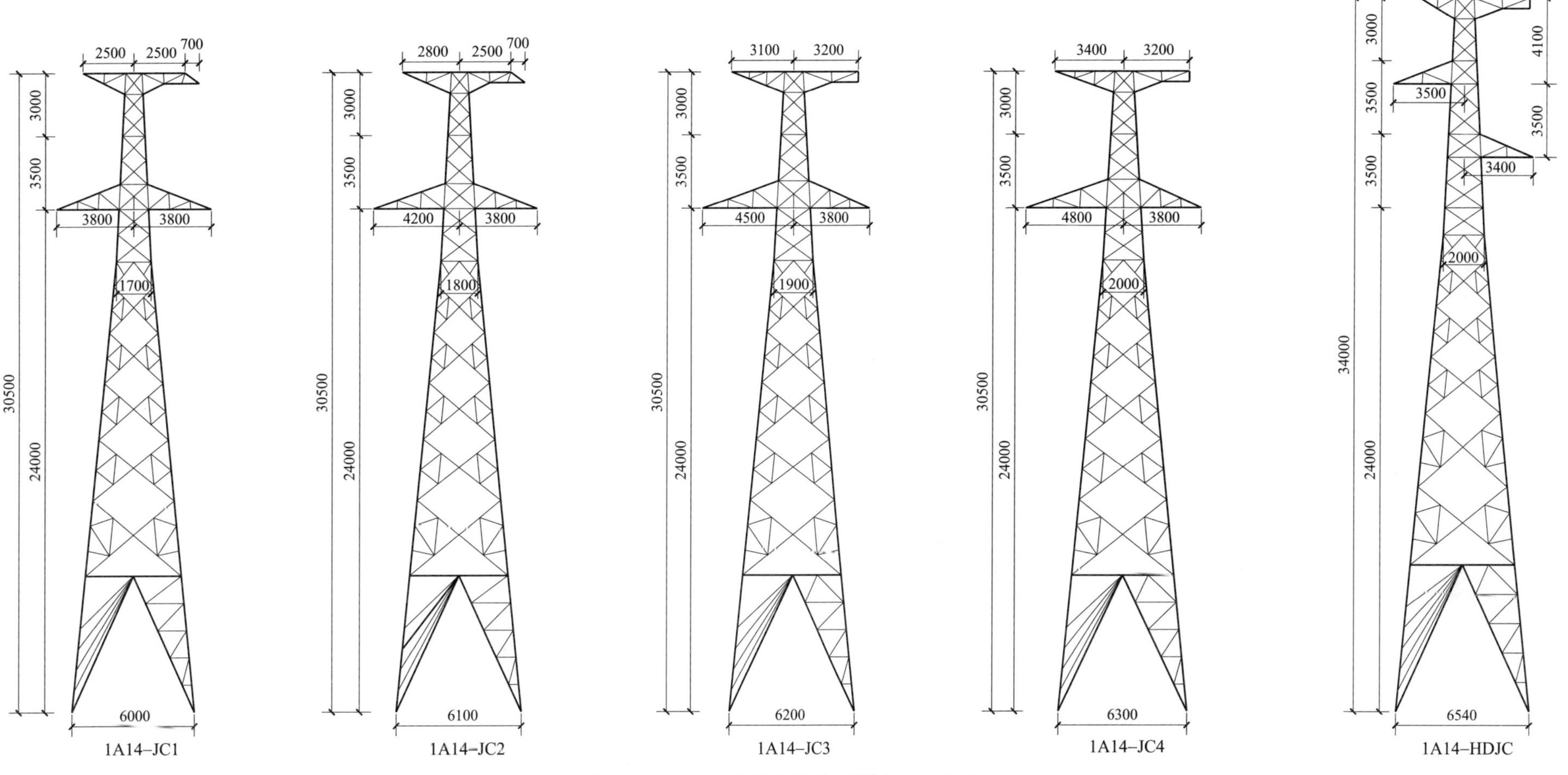

图 12-3-2　1A14 子模块杆塔一览图（山区二）

12.3.3 1A14-ZMC1 杆塔单线图

1A14-ZMC1 杆塔单线图见图 12-3-3。

呼高（m）	15	18	21	24
塔重（kg）	3818.7	4252.0	4599.0	5041.1

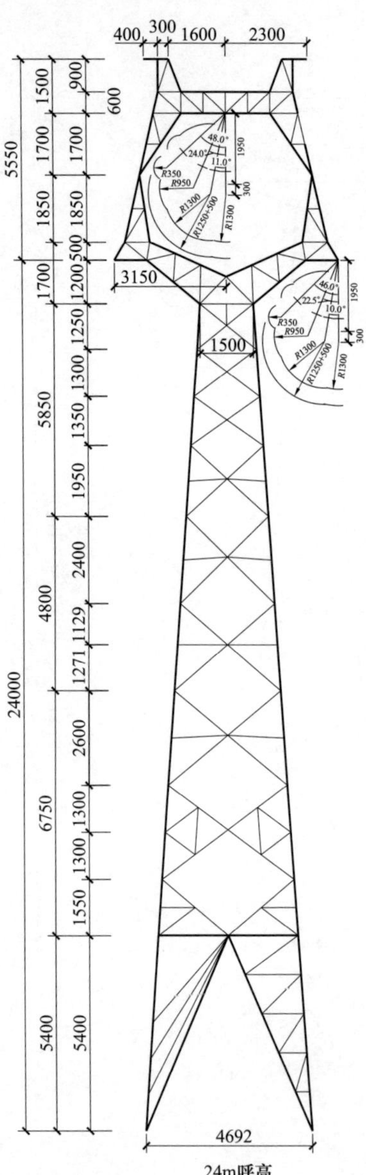

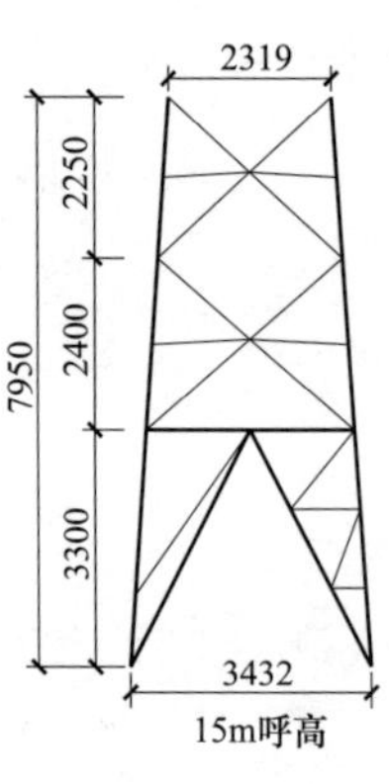

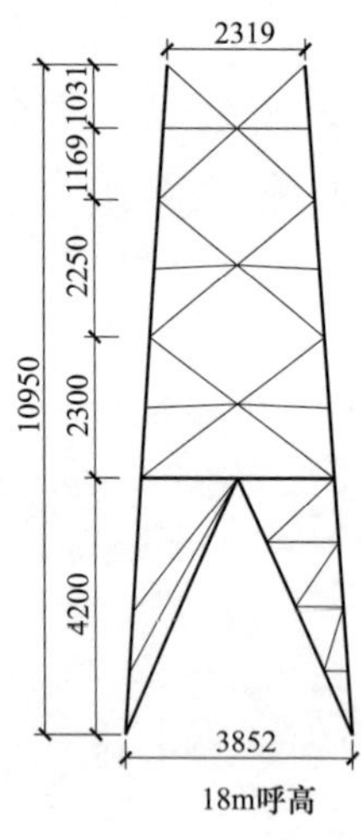

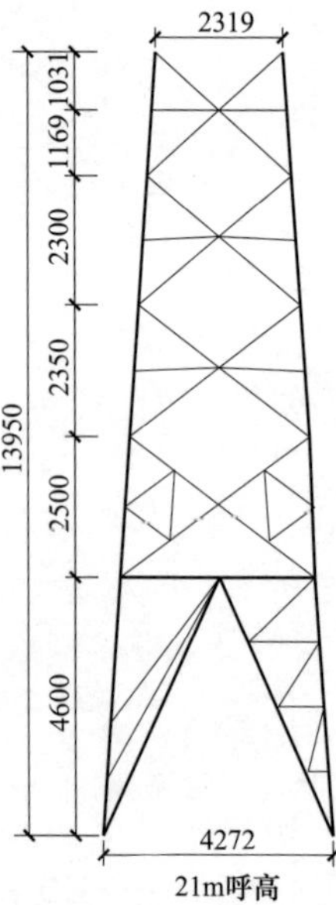

图 12-3-3 1A14-ZMC1 杆塔单线图

12.3.4 1A14-ZMC2 杆塔单线图

1A14-ZMC2 杆塔单线图见图 12-3-4。

呼高（m）	15	18	21	24	27	30
塔重（kg）	3965.7	4400.0	4753.0	5251.0	5783.0	6217.9

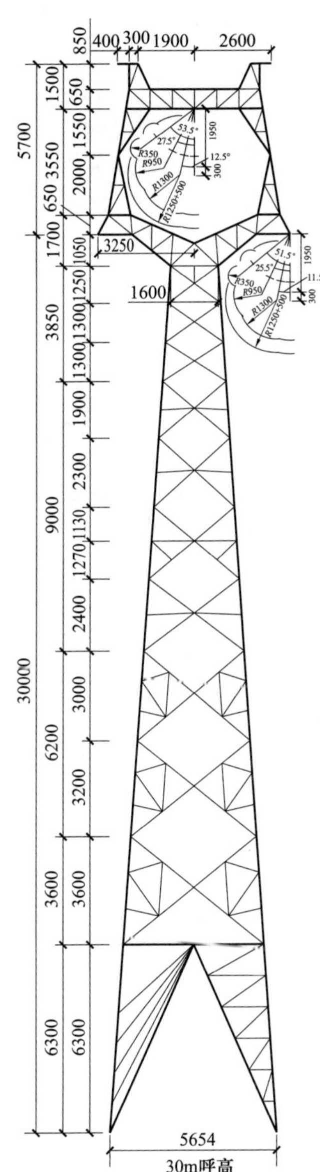

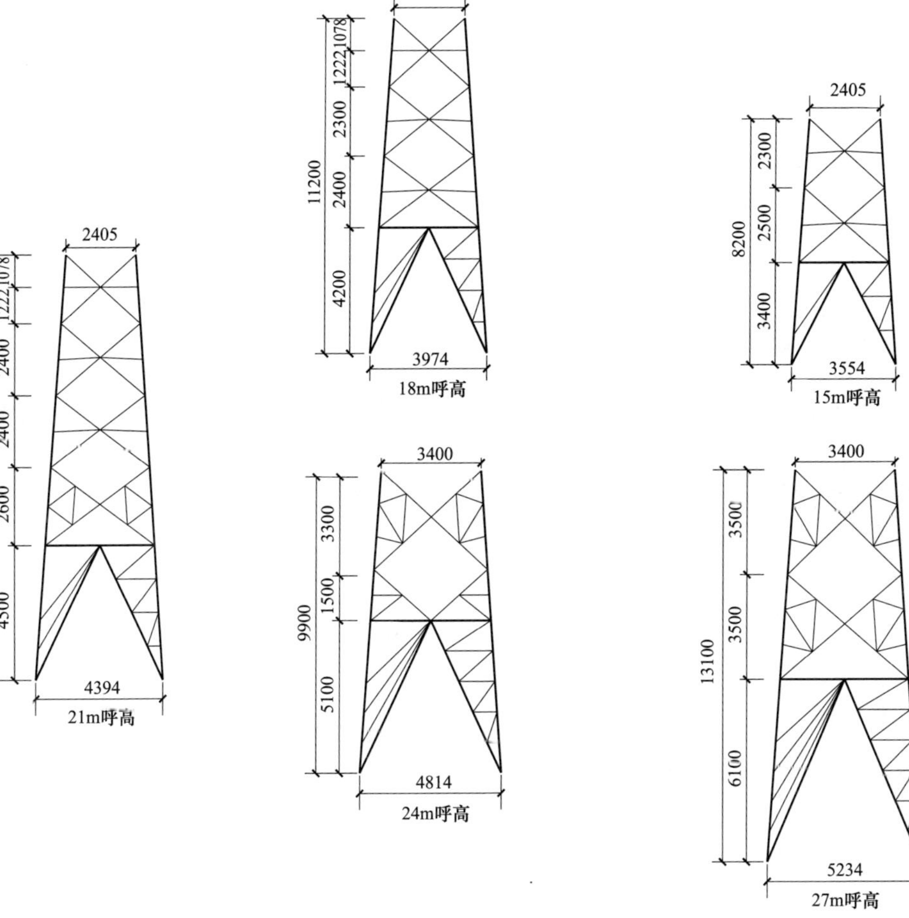

图 12-3-4 1A14-ZMC2 杆塔单线图

12.3.5 1A14-ZMC3 杆塔单线图

1A14-ZMC3 杆塔单线图见图 12-3-5。

呼高（m）	15	18	21	24	27	30	33	36
塔重（kg）	4244.6	4786.0	5254.0	5709.0	6161.0	6617.0	7124.0	7666.1

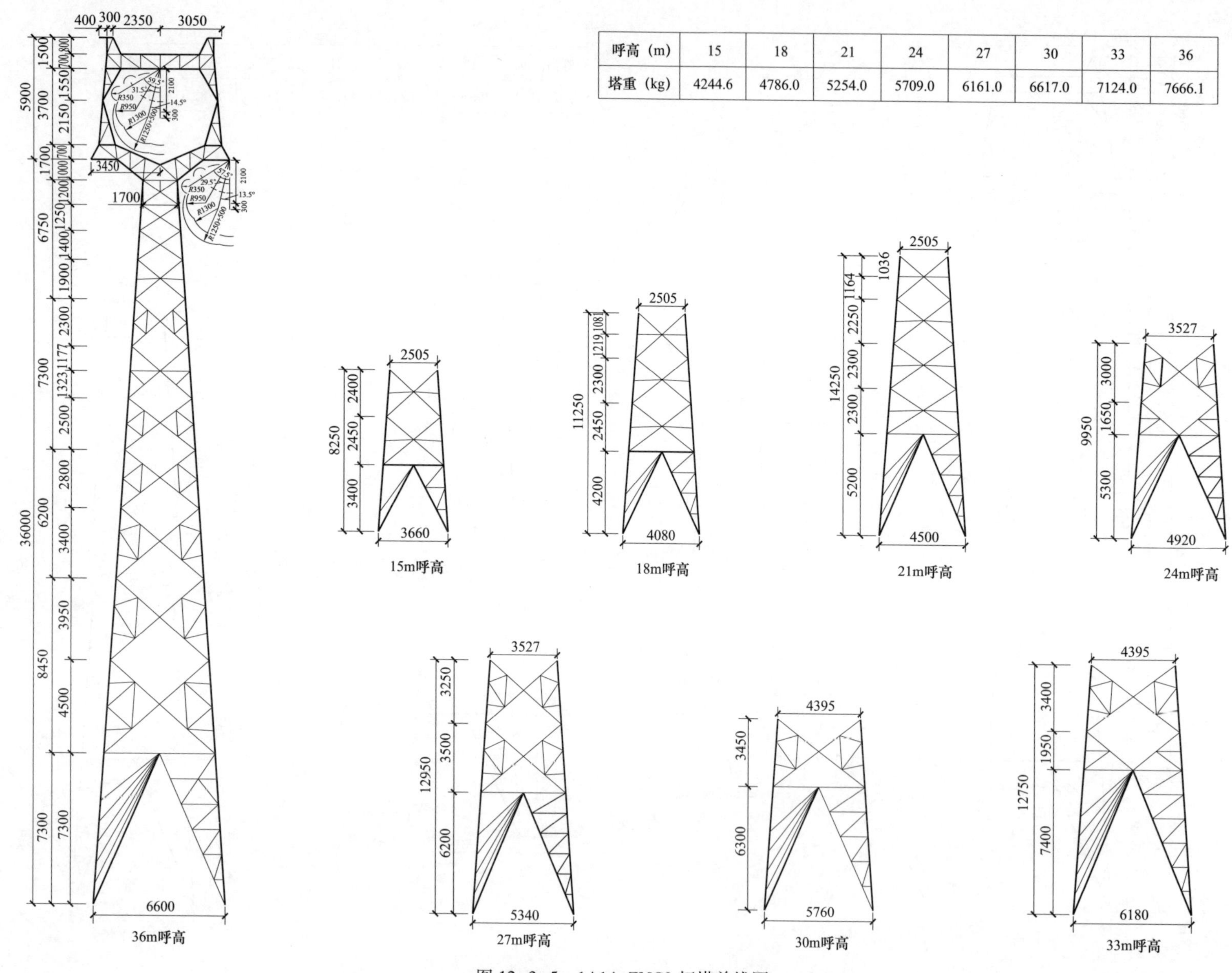

图 12-3-5 1A14-ZMC3 杆塔单线图

12.3.6 1A14-ZMCK 杆塔单线图

1A14-ZMCK 杆塔单线图见图 12-3-6。

呼高（m）	39	42	45	48	51
塔重（kg）	8522.9	9297.0	10483.0	11293.0	12231.4

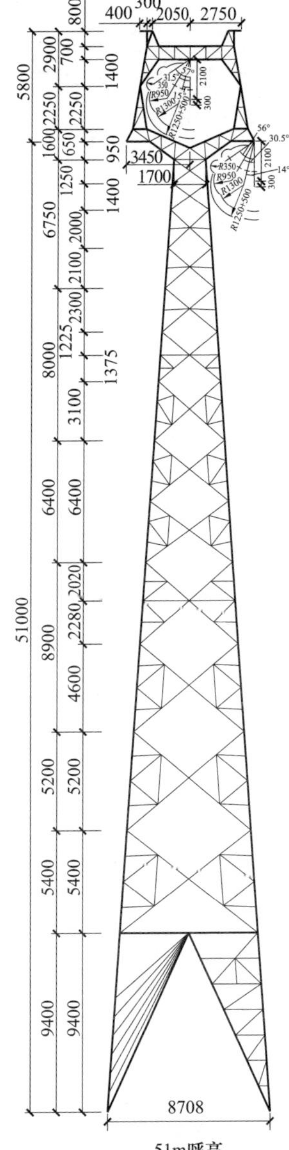

51m呼高

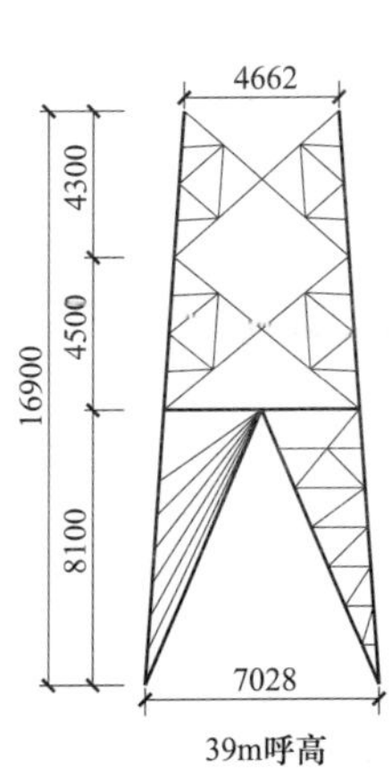

39m呼高

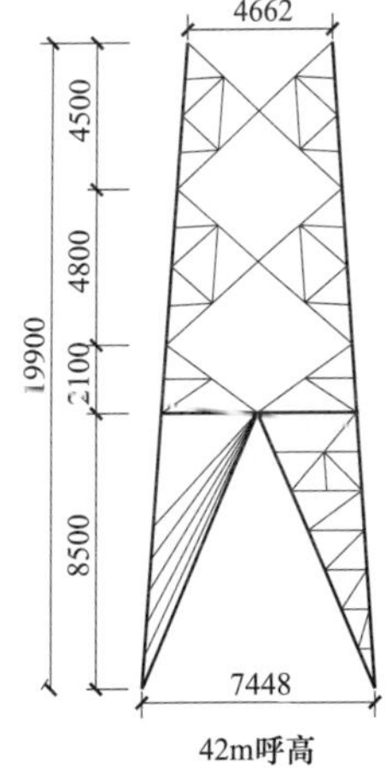

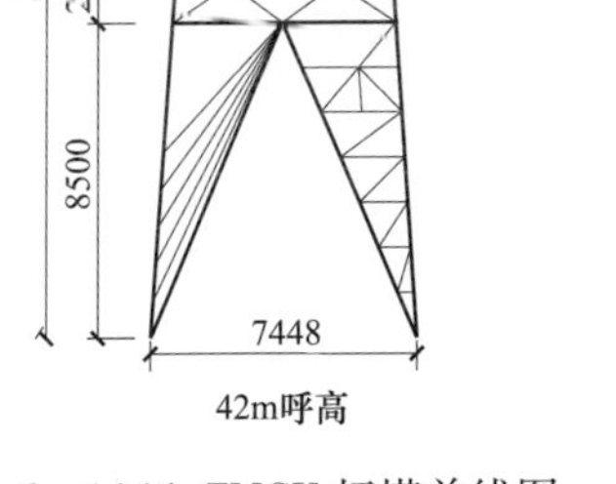

42m呼高

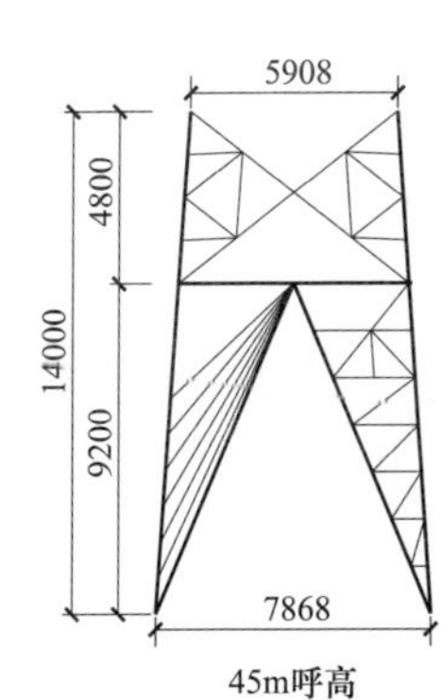

45m呼高

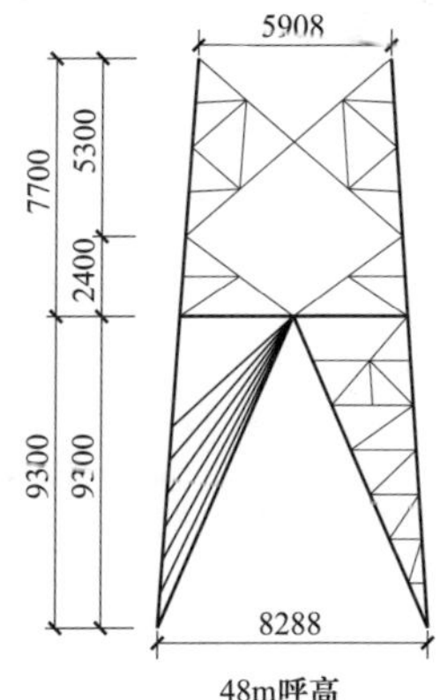

48m呼高

图 12-3-6 1A14-ZMCK 杆塔单线图

12.3.7 1A14-JC1 杆塔单线图

1A14-JC1 杆塔单线图见图 12-3-7。

呼高（m）	15	18	21	24
塔重（kg）	5464.4	6143.9	6714.4	7475.1

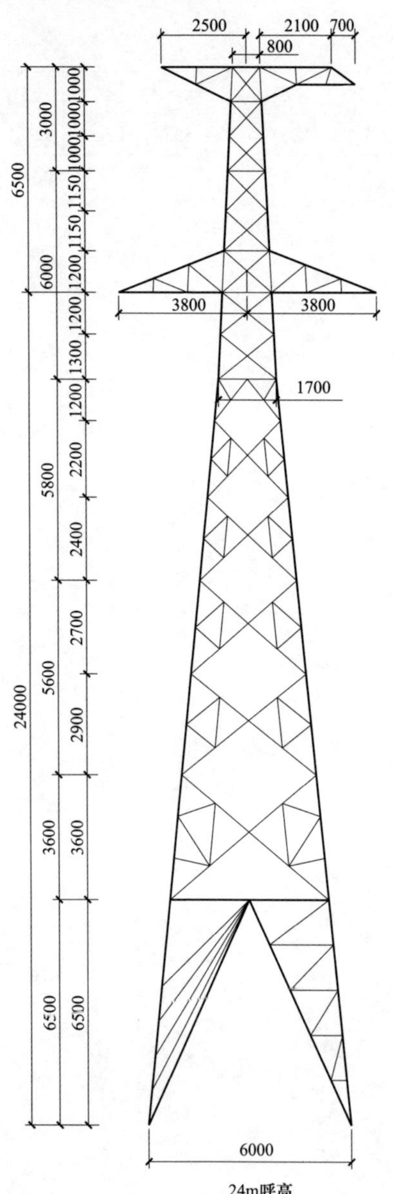

24m呼高

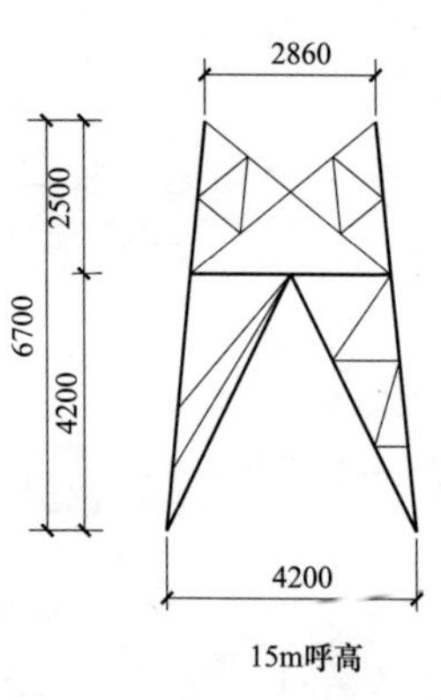

15m呼高

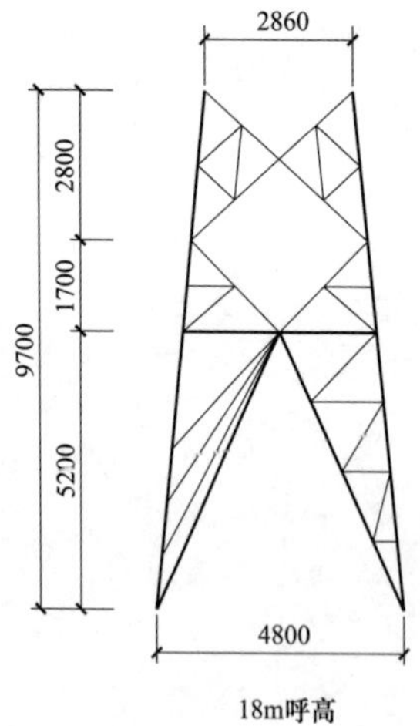

18m呼高

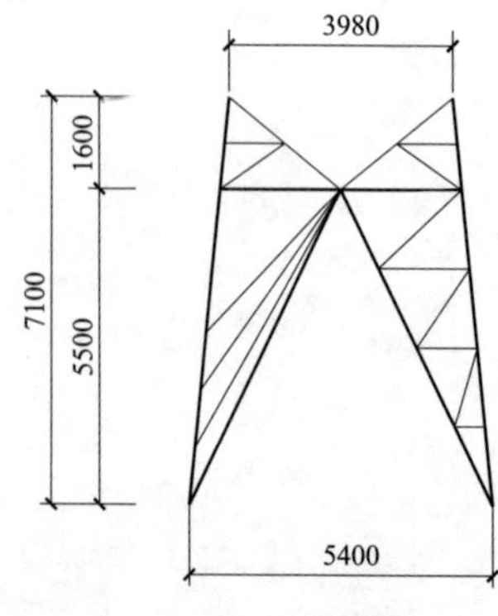

21m呼高

图 12-3-7 1A14-JC1 杆塔单线图

12.3.8 1A14-JC2 杆塔单线图

1A14-JC2 杆塔单线图见图 12-3-8。

呼高（m）	15	18	21	24
塔重（kg）	5826.5	6512.7	7112.0	7902.3

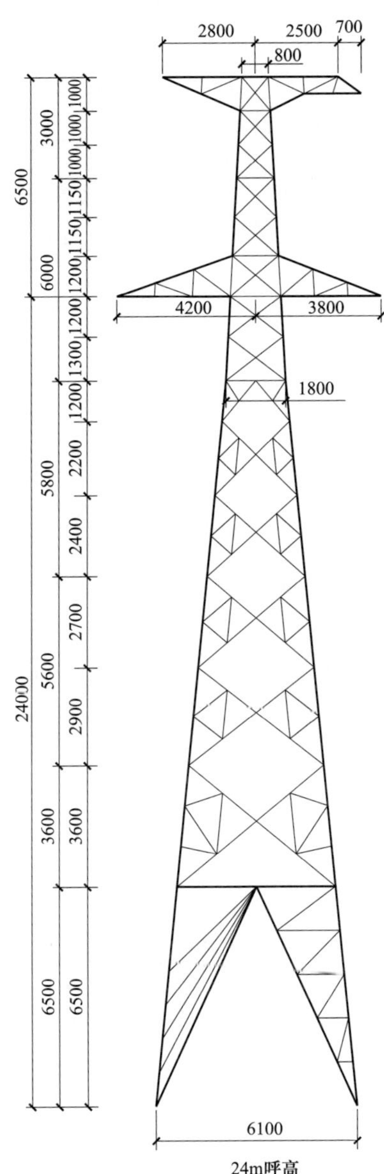

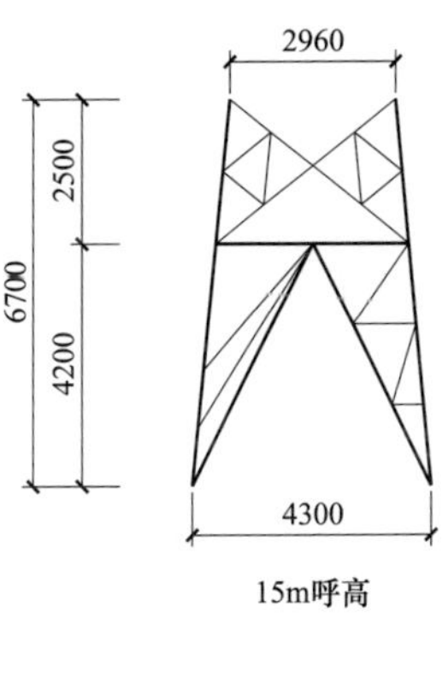

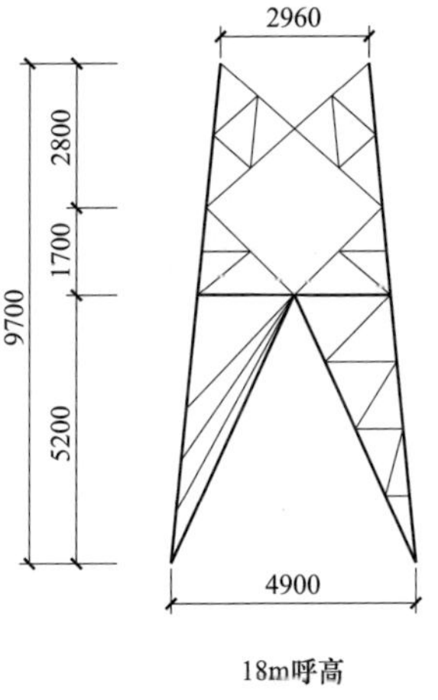

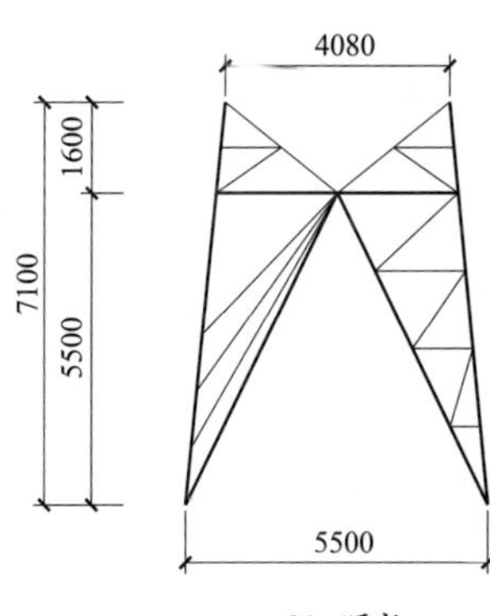

图 12-3-8 1A14-JC2 杆塔单线图

12.3.9 1A14-JC3 杆塔单线图

1A14-JC3 杆塔单线图见图 12-3-9。

呼高（m）	15	18	21	24
塔重（kg）	6418.6	7391.9	8119.1	9027.3

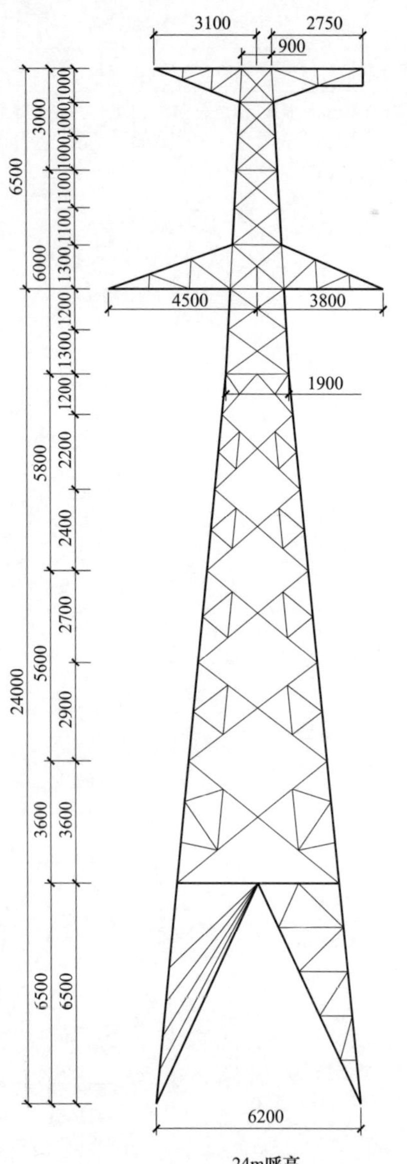

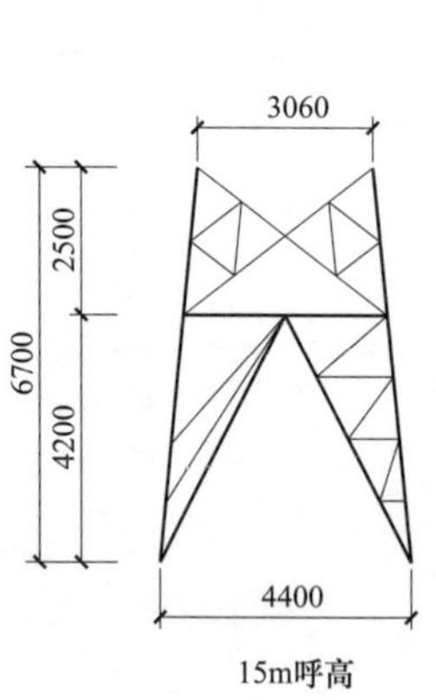

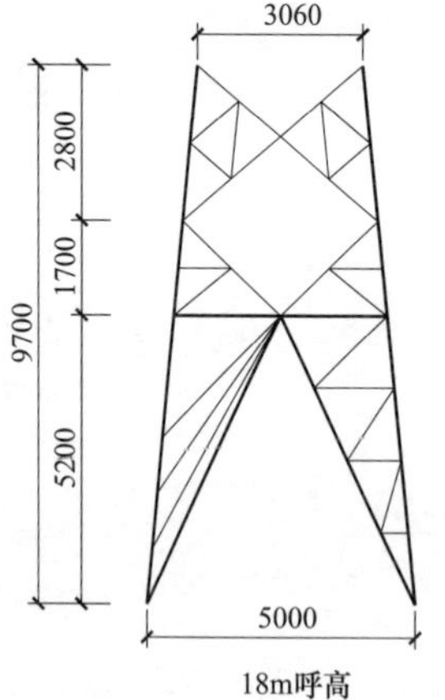

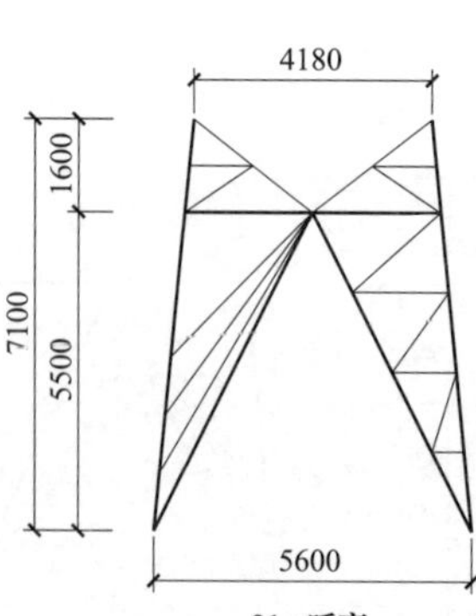

图 12-3-9 1A14-JC3 杆塔单线图

12.3.10 1A14-JC4 杆塔单线图

1A14-JC4 杆塔单线图见图 12-3-10。

呼高（m）	15	18	21	24
塔重（kg）	7032.7	8100.4	8906.5	9924.9

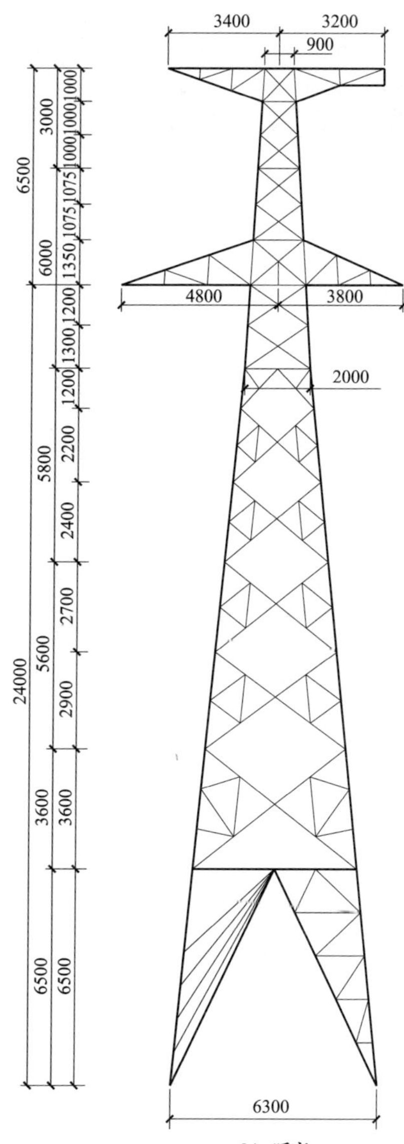

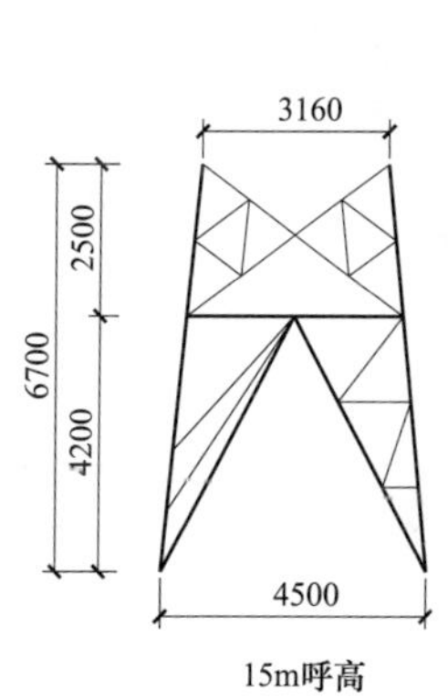

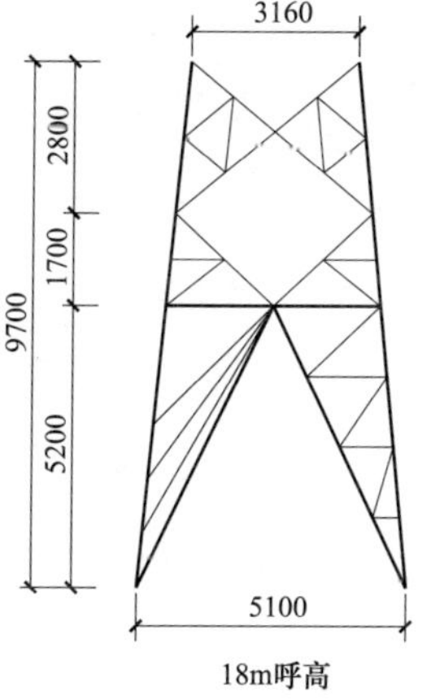

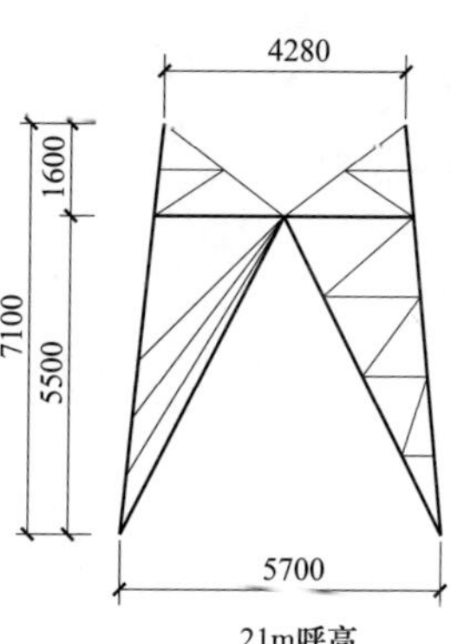

图 12-3-10 1A14-JC4 杆塔单线图

12.3.11 1A14-HDJC 杆塔单线图

1A14-HDJC 杆塔单线图见图 12-3-11。

呼高（m）	15	18	21	24
塔重（kg）	7476.1	8323.4	9139.2	10114.7

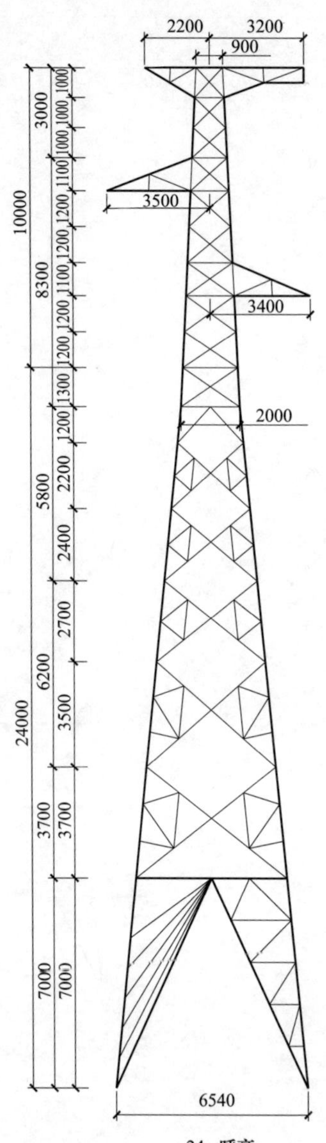

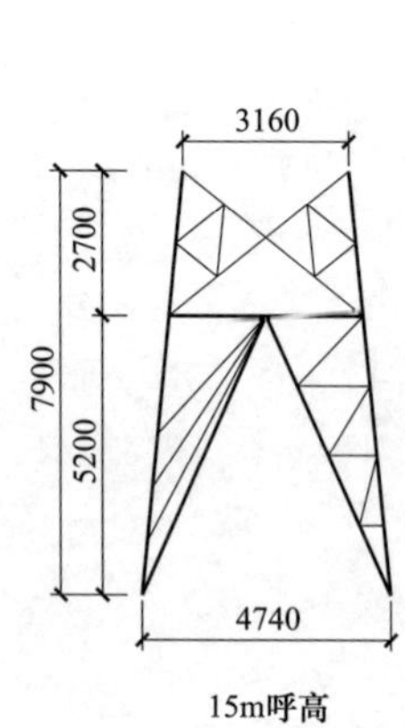

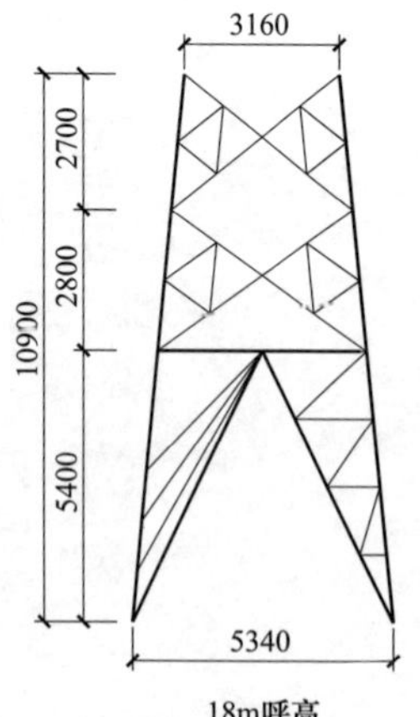

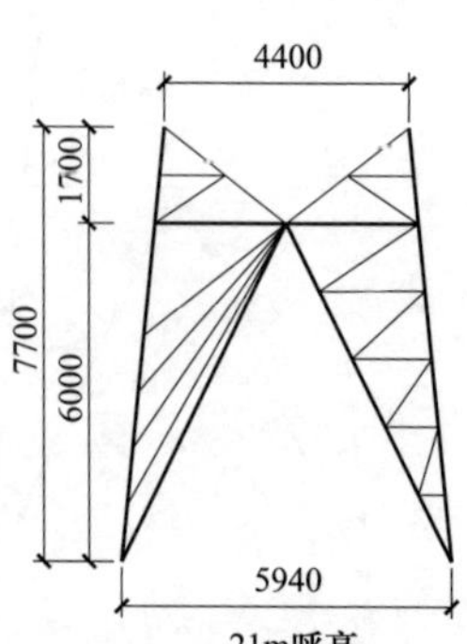

图 12-3-11 1A14-HDJC 杆塔单线图

第 13 章　1B　模　块

13.1　1B9 子模块

13.1.1　1B9 子模块说明

（1）该子模块电压等级 110kV，海拔 1000m 以内、设计风速 25m/s（离地 10m）、覆冰厚度 10mm，导线 2×JL/G1A-240/30 兼 1×JL/G1A-400/35 的单回路杆塔。地线采用 JLB20A-100。该子模块按山区设计，耐张塔由 1B10 子模块兼。悬垂串按 I 型布置。该子模块共计 4 种塔型。

（2）使用条件。1B9 子模块的气象条件、杆塔设计条件、杆塔塔重及基础作用力分别见表 13-1-1～表 13-1-3。

表 13-1-1　　1B9 子模块的气象条件

项目	气温（℃）	风速（m/s）	覆冰厚度（mm）
最高气温	40	0	0
最低气温	-20	0	0
覆冰	5	10	10
基本风速	-5	25	0
安装情况	-10	10	0
年平均气温	10	0	0
雷电过电压	15	10	0
操作过电压	10	15	0
带电作业	15	10	0

表 13-1-2　　1B9 子模块的杆塔设计条件

塔型名称	呼高范围（m）	计算呼高（m）	水平档距（m）	垂直档距（m）	允许转角（°）
ZMC1	15～24	21	350	450	—
ZMC2	15～30	27	400	600	—
ZMC3	15～36	33	500	700	—
ZMCK	39～51	51	400	600	—

表 13-1-3　　1B9 子模块的杆塔塔重及基础作用力

塔型名称	塔重范围（kg）	基础作用力范围（kN）					
		T_{max}	T_x	T_y	N_{max}	N_x	N_y
ZMC1	3832.9～5049.5	150～172	15～17	14～16	205～233	17～20	17～18
ZMC2	4097.7～6397.0	153～198	17～22	16～19	217～260	20～26	20～23
ZMC3	4228.9～7927.6	185～242	22～28	16～23	224～293	25～32	20～27
ZMCK	8809.9～12154.5	270～318	29～36	26～33	333～399	33～42	30～38

13.1.2 1B9 子模块杆塔一览图

1B9 子模块杆塔一览图见图 13-1-1。

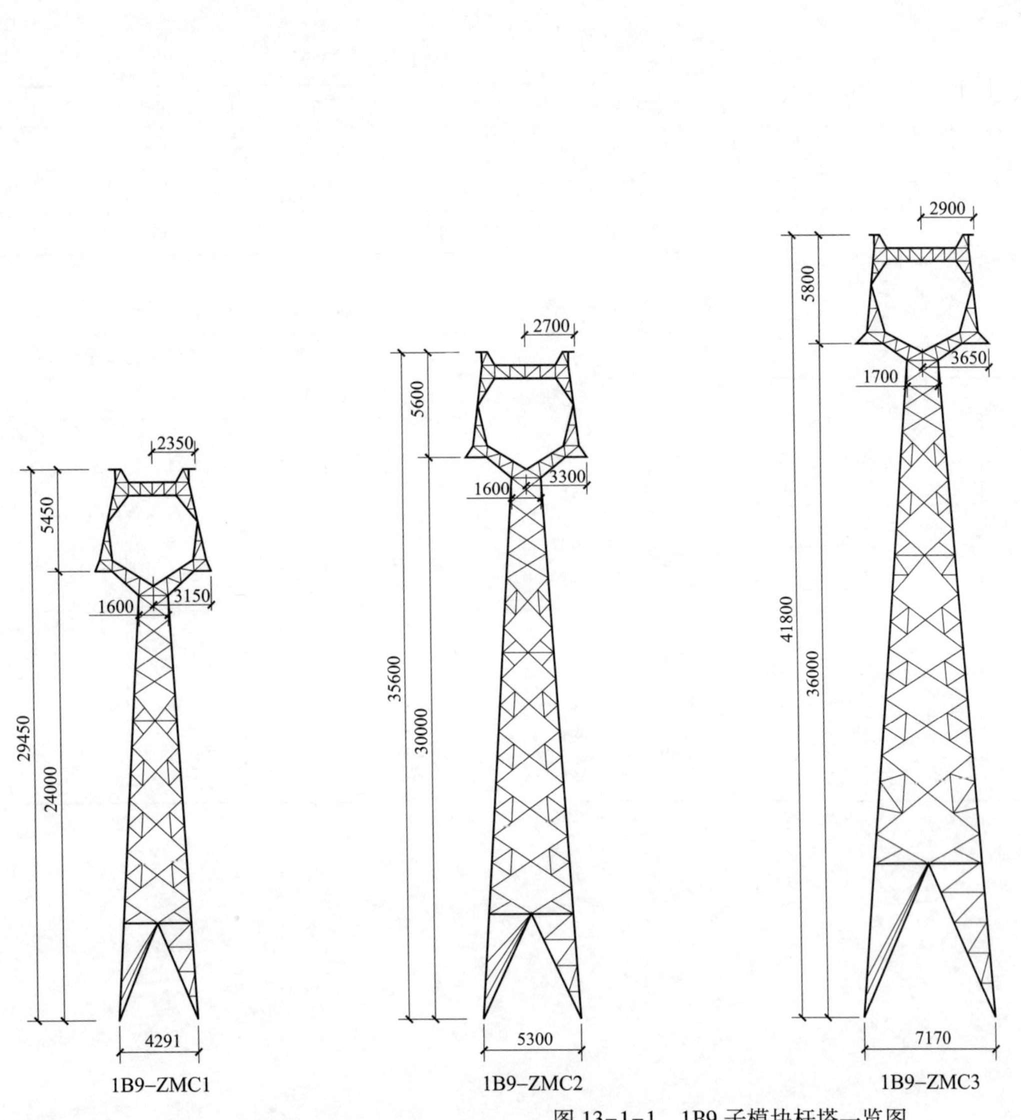

图 13-1-1 1B9 子模块杆塔一览图

13.1.3 1B9-ZMC1 杆塔单线图

1B9-ZMC1 杆塔单线图见图 13-1-2。

呼高（m）	15	18	21	24
塔重（kg）	3832.9	4305.6	4693.0	5049.5

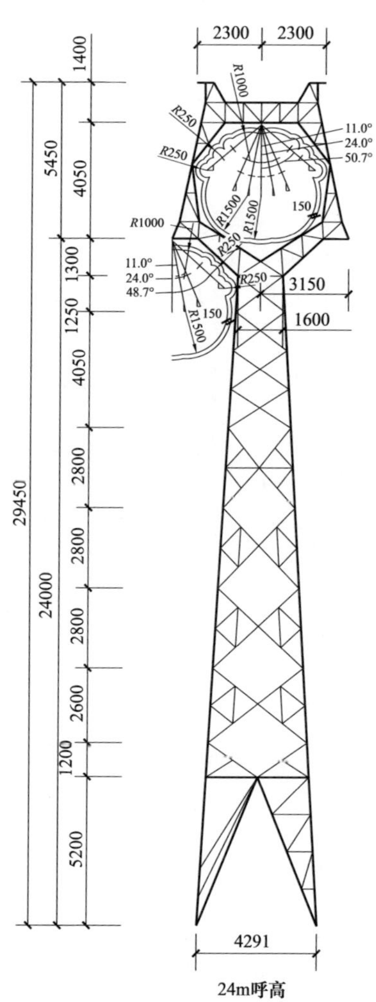

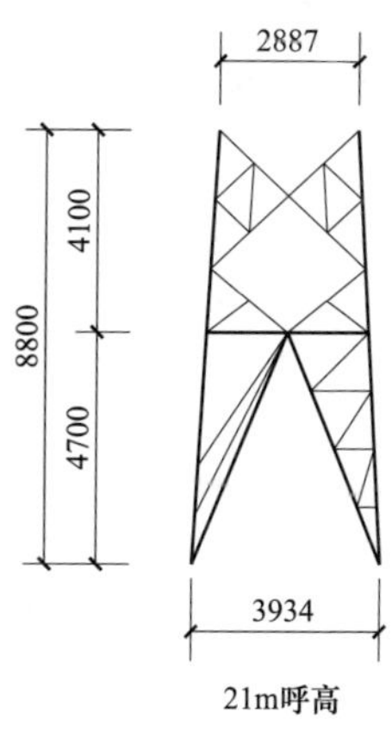

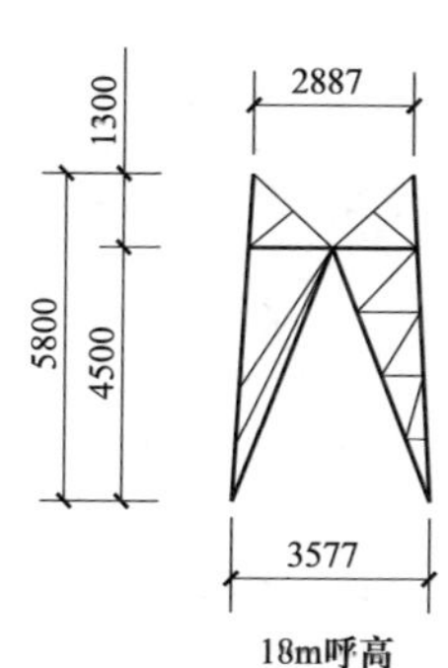

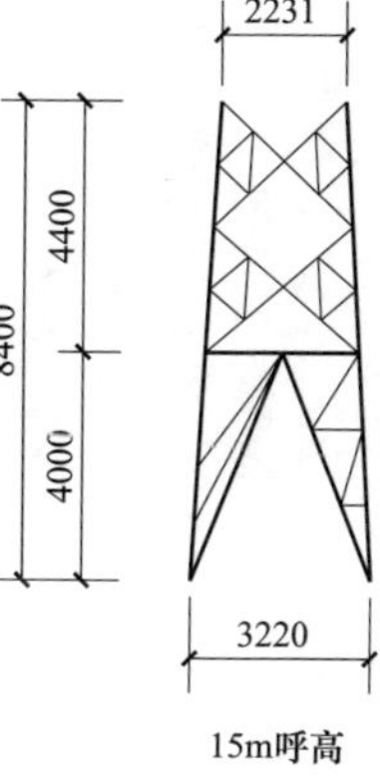

图 13-1-2 1B9-ZMC1 杆塔单线图

13.1.4 1B9-ZMC2 杆塔单线图

1B9-ZMC2 杆塔单线图见图 13-1-3。

呼高（m）	15	18	21	24	27	30
塔重（kg）	4097.7	4528.3	4715.9	5467.4	5931.3	6397.0

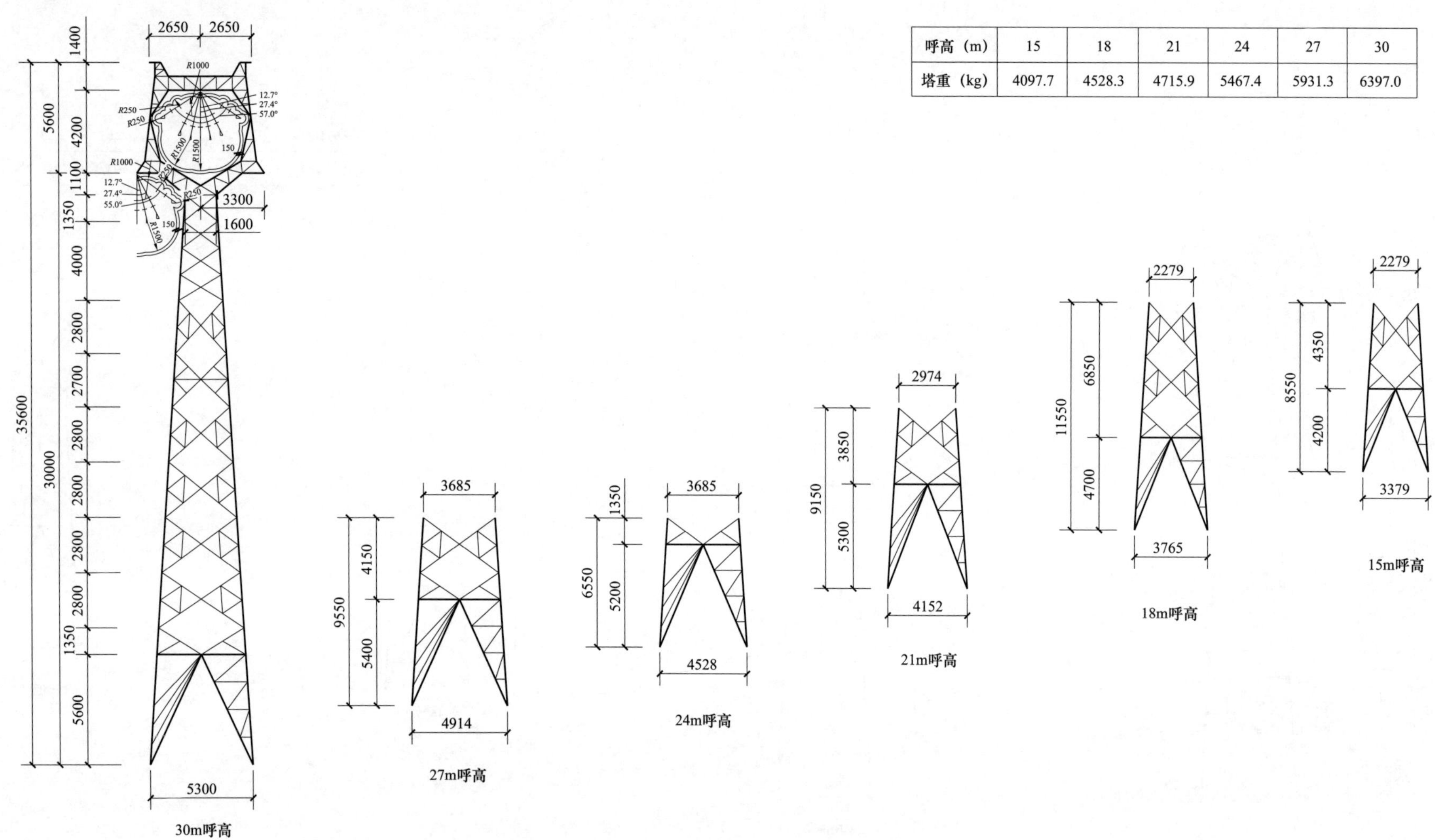

图 13-1-3 1B9-ZMC2 杆塔单线图

13.1.5 1B9-ZMC3 杆塔单线图

1B9-ZMC3 杆塔单线图见图 13-1-4。

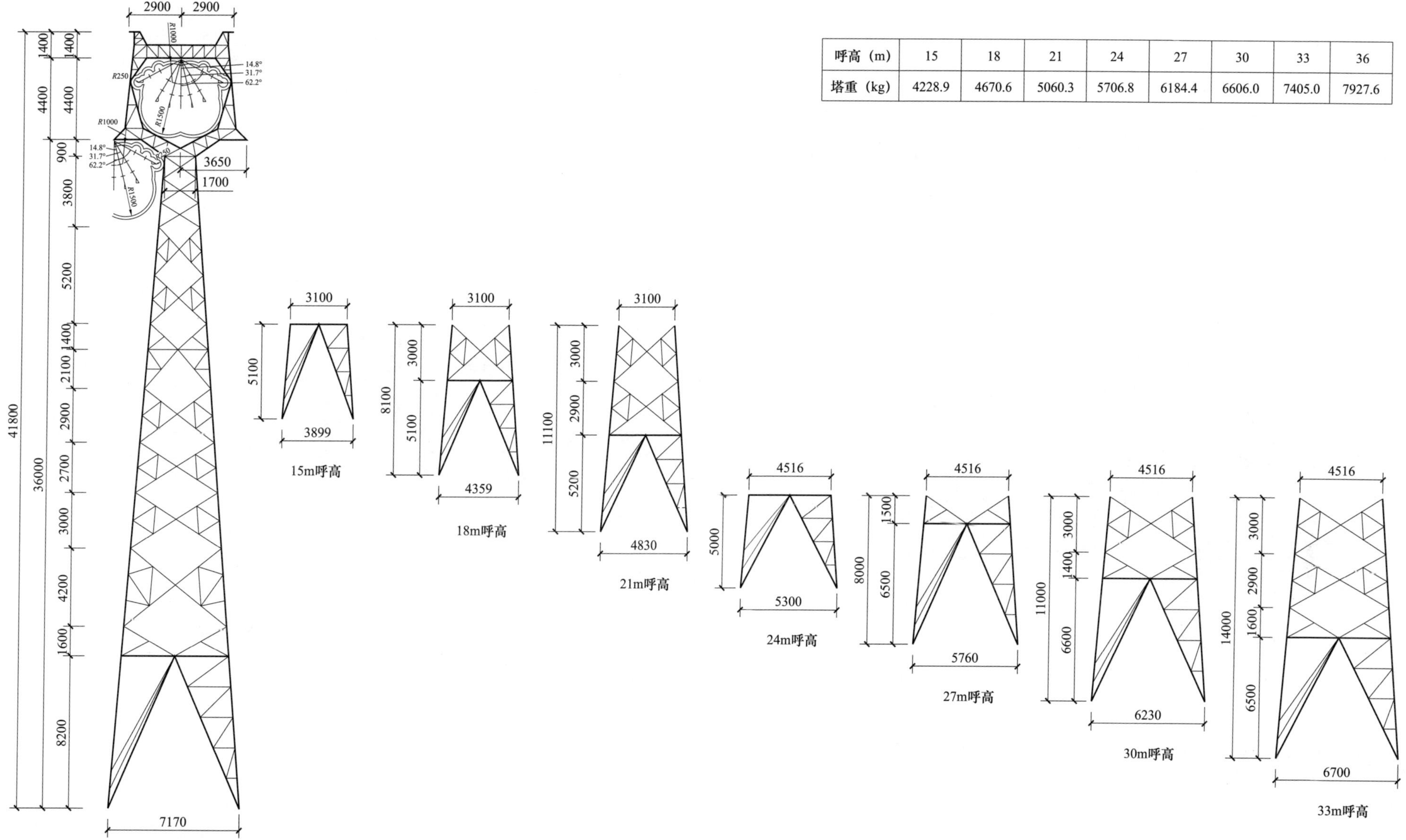

呼高（m）	15	18	21	24	27	30	33	36
塔重（kg）	4228.9	4670.6	5060.3	5706.8	6184.4	6606.0	7405.0	7927.6

图 13-1-4 1B9-ZMC3 杆塔单线图

13.1.6 1B9-ZMCK 杆塔单线图

1B9-ZMCK 杆塔单线图见图 13-1-5。

呼高（m）	39	42	45	48	51
塔重（kg）	8809.9	9519.0	10326.8	11003.9	12154.5

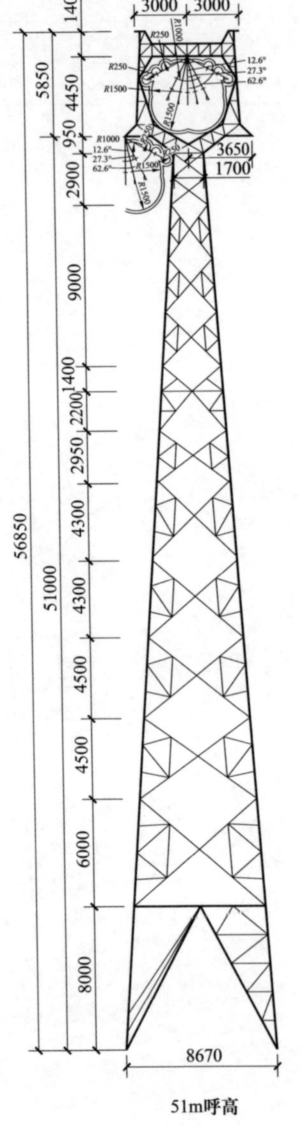

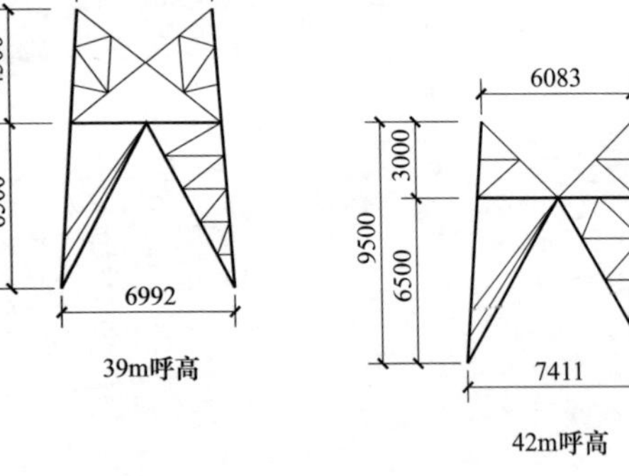

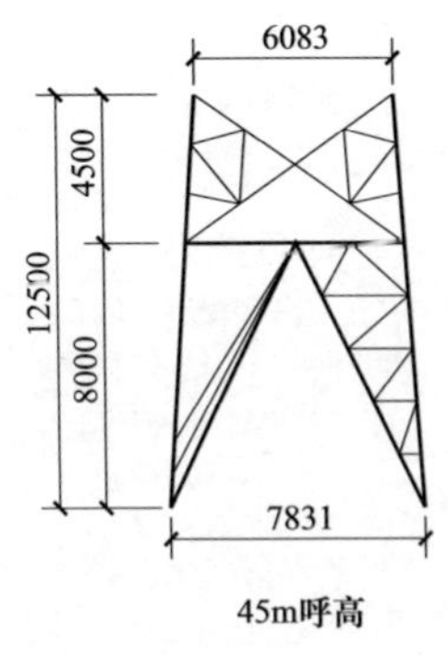

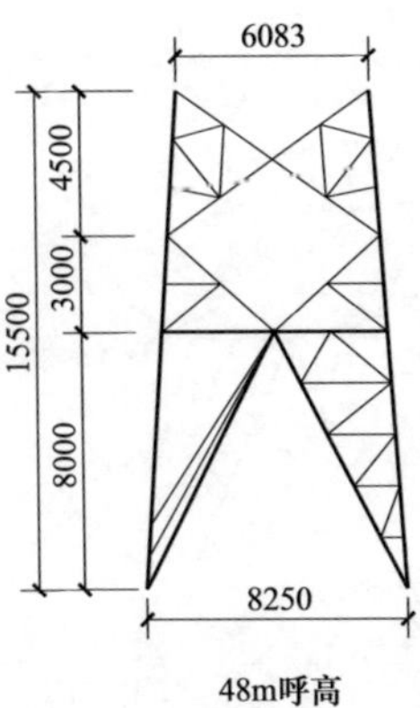

图 13-1-5 1B9-ZMCK 杆塔单线图

13.2 1B10 子模块

13.2.1 1B10 子模块说明

（1）该子模块电压等级 110kV，海拔 1000m 以内、设计风速 27m/s（离地 10m）、覆冰厚度 10mm，导线 2×JL/G1A-240/30 兼 1×JL/G1A-400/35 的单回路杆塔。地线采用 JLB20A-100。该子模块按山区设计。悬垂串按 I 型布置。该子模块共计 8 种塔型。

（2）使用条件。1B10 子模块的气象条件、杆塔设计条件、杆塔塔重及基础作用力分别见表 13-2-1～表 13-2-3。

表 13-2-1　　1B10 子模块的气象条件

项目	气温（℃）	风速（m/s）	覆冰厚度（mm）
最高气温	40	0	0
最低气温	-40	0	0
覆冰	-5	10	10
基本风速	-5	27	0
安装情况	-15	10	0
年平均气温	5	0	0
雷电过电压	15	10	0
操作过电压	5	15	0
带电作业	15	10	0

表 13-2-2　　1B10 子模块的杆塔设计条件

塔型名称	呼高范围（m）	计算呼高（m）	水平档距（m）	垂直档距（m）	允许转角（°）
ZMC1	15～24	21	350	450	—
ZMC2	15～30	27	400	600	—
ZMC3	15～36	33	500	700	—
ZMCK	39～51	51	400	600	—
JC1	15～24	24	400	500	0～20
JC2	15～24	24	400	500	20～40

续表 13-2-2

塔型名称	呼高范围（m）	计算呼高（m）	水平档距（m）	垂直档距（m）	允许转角（°）
JC3	15～24	24	400	500	40～60
JC4	15～24	24	400	500	60～90 兼 0～90

表 13-2-3　　1B10 子模块的杆塔塔重及基础作用力

塔型名称	塔重范围（kg）	基础作用力范围（kN）					
		T_{max}	T_x	T_y	N_{max}	N_x	N_y
ZMC1	3888.2～5134.3	149～179	17～19	15～16	204～232	19～22	18～20
ZMC2	4095.6～6399.2	148～199	18～23	16～20	212～261	20～27	20～25
ZMC3	4370.0～8672.4	177～247	23～35	18～32	225～342	27～42	21～39
ZMCK	9728.0～12625.9	258～285	35～42	31～38	360～422	40～50	37～46
JC1	5938.0～8062.9	557～564	73～69	68～67	648～664	72～73	86～82
JC2	6456.7～8703.7	649～653	81～79	87～81	676～746	86～93	91～85
JC3	6930.3～10002.5	828～838	114～107	106～98	918～942	128～121	114～108
JC4	8074.4～11337.5	1071～1080	149～145	152～145	1170～1193	176～167	145～143

13.2.2 1B10 子模块杆塔一览图

1B10 子模块杆塔一览图见图 13-2-1、图 13-2-2。

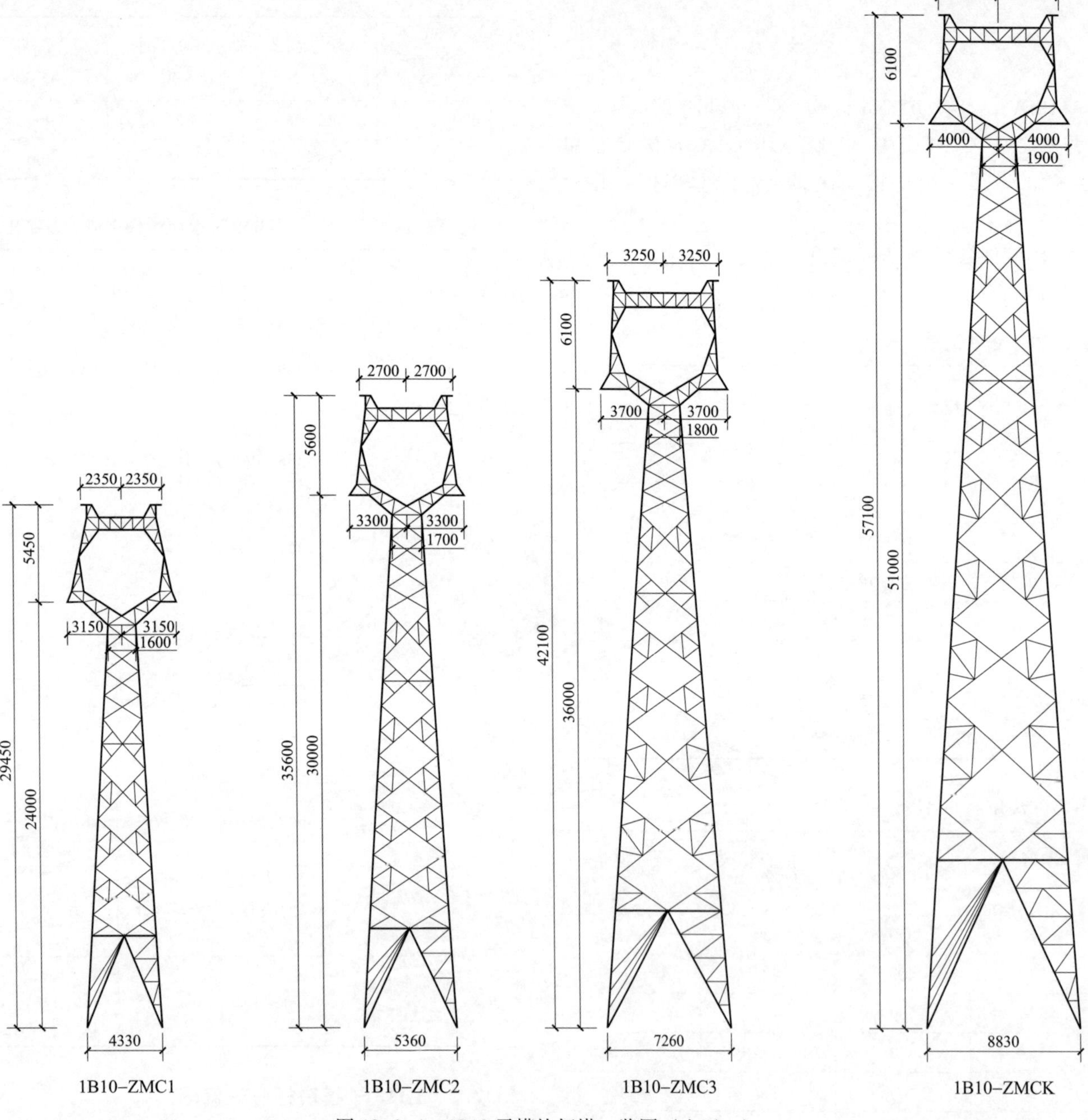

图 13-2-1　1B10 子模块杆塔一览图（山区一）

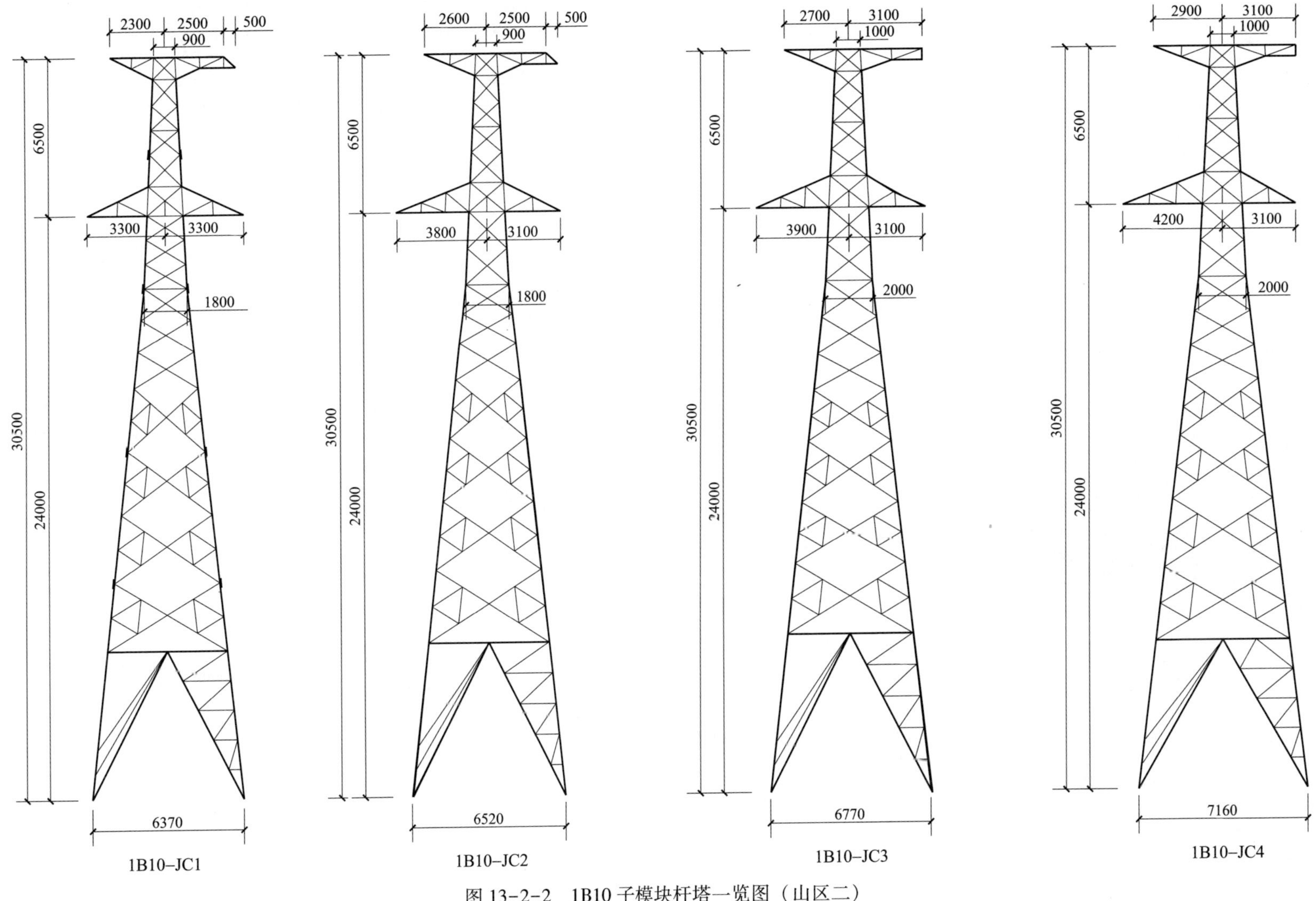

图 13-2-2　1B10 子模块杆塔一览图（山区二）

13.2.3 1B10-ZMC1 杆塔单线图

1B10-ZMC1 杆塔单线图见图 13-2-3。

呼高（m）	15	18	21	24
塔重（kg）	3888.2	4368.8	4774.4	5134.3

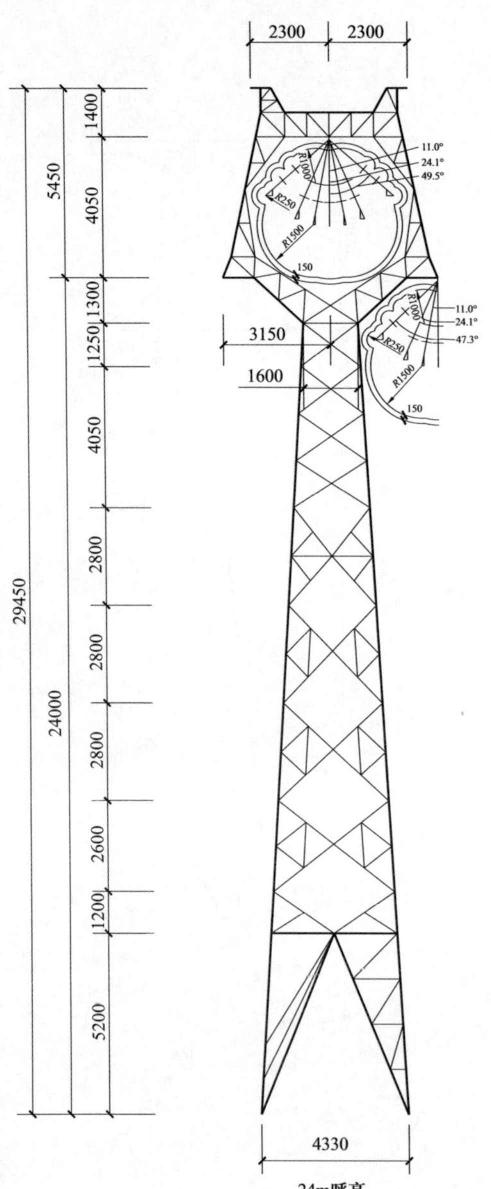

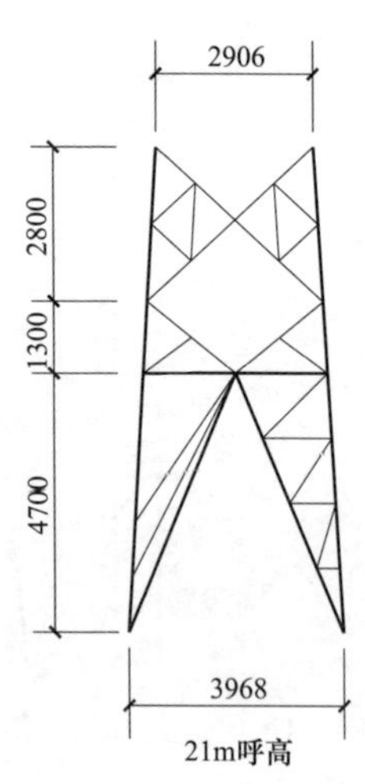

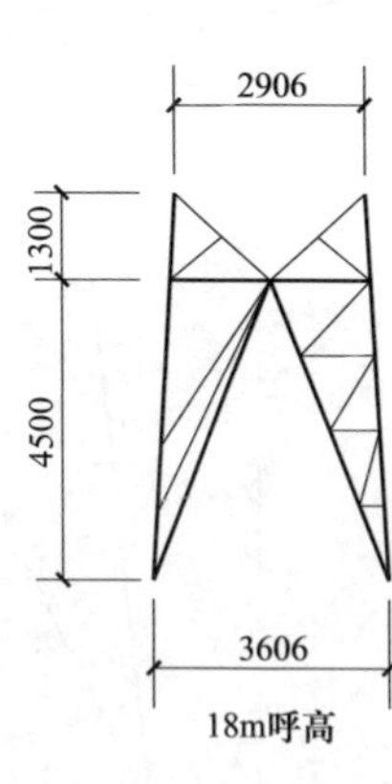

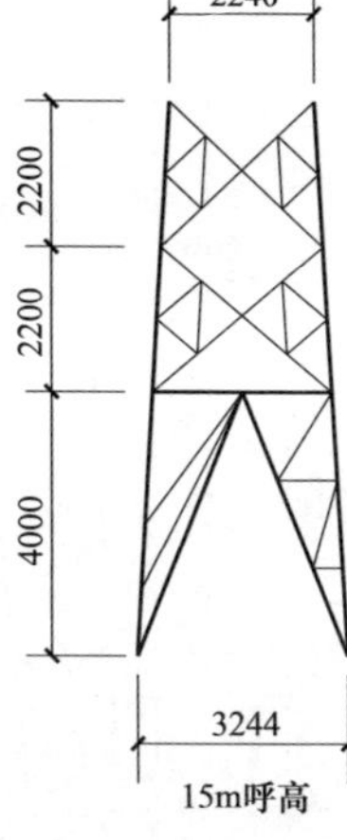

图 13-2-3 1B10-ZMC1 杆塔单线图

13.2.4 1B10-ZMC2 杆塔单线图

1B10-ZMC2 杆塔单线图见图 13-2-4。

呼高（m）	15	18	21	24	27	30
塔重（kg）	4095.6	4527.6	5004.0	5468.8	5976.9	6399.2

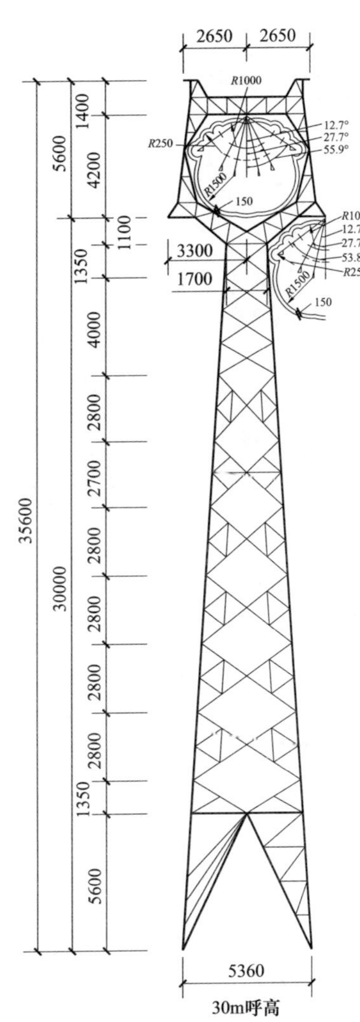

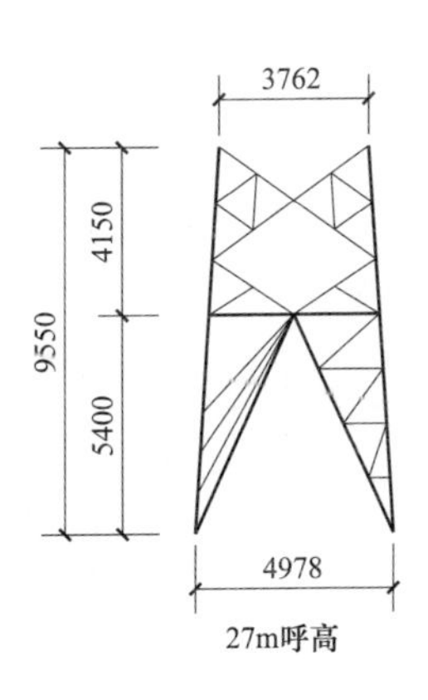

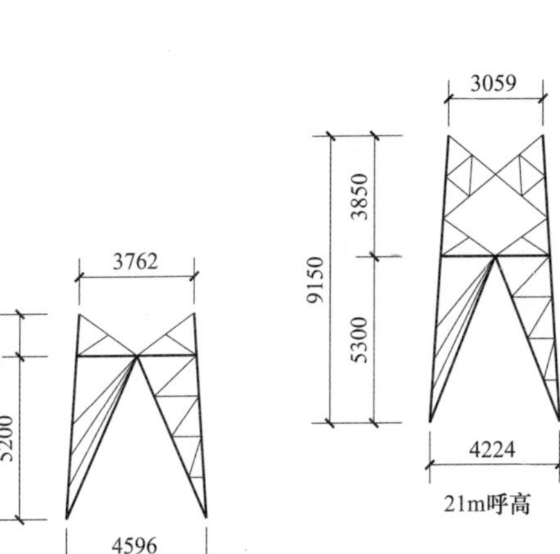

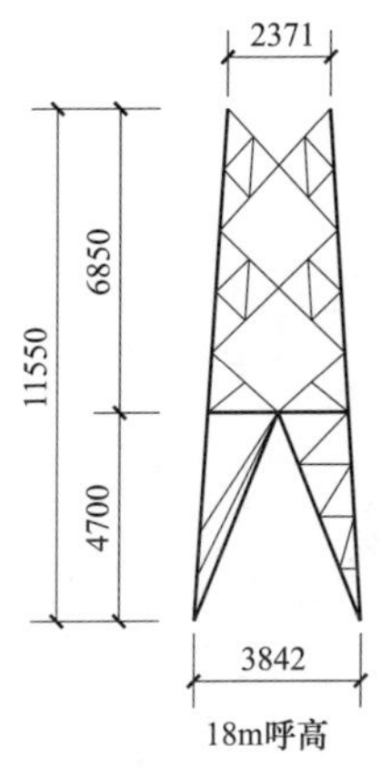

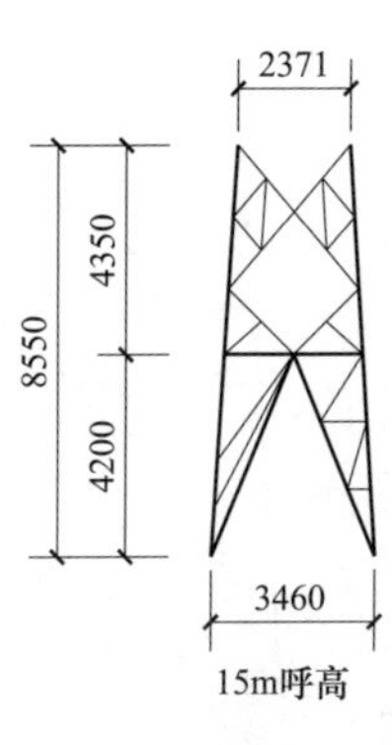

图 13-2-4 1B10-ZMC2 杆塔单线图

13.2.5 1B10-ZMC3 杆塔单线图

1B10-ZMC3 杆塔单线图见图 13-2-5。

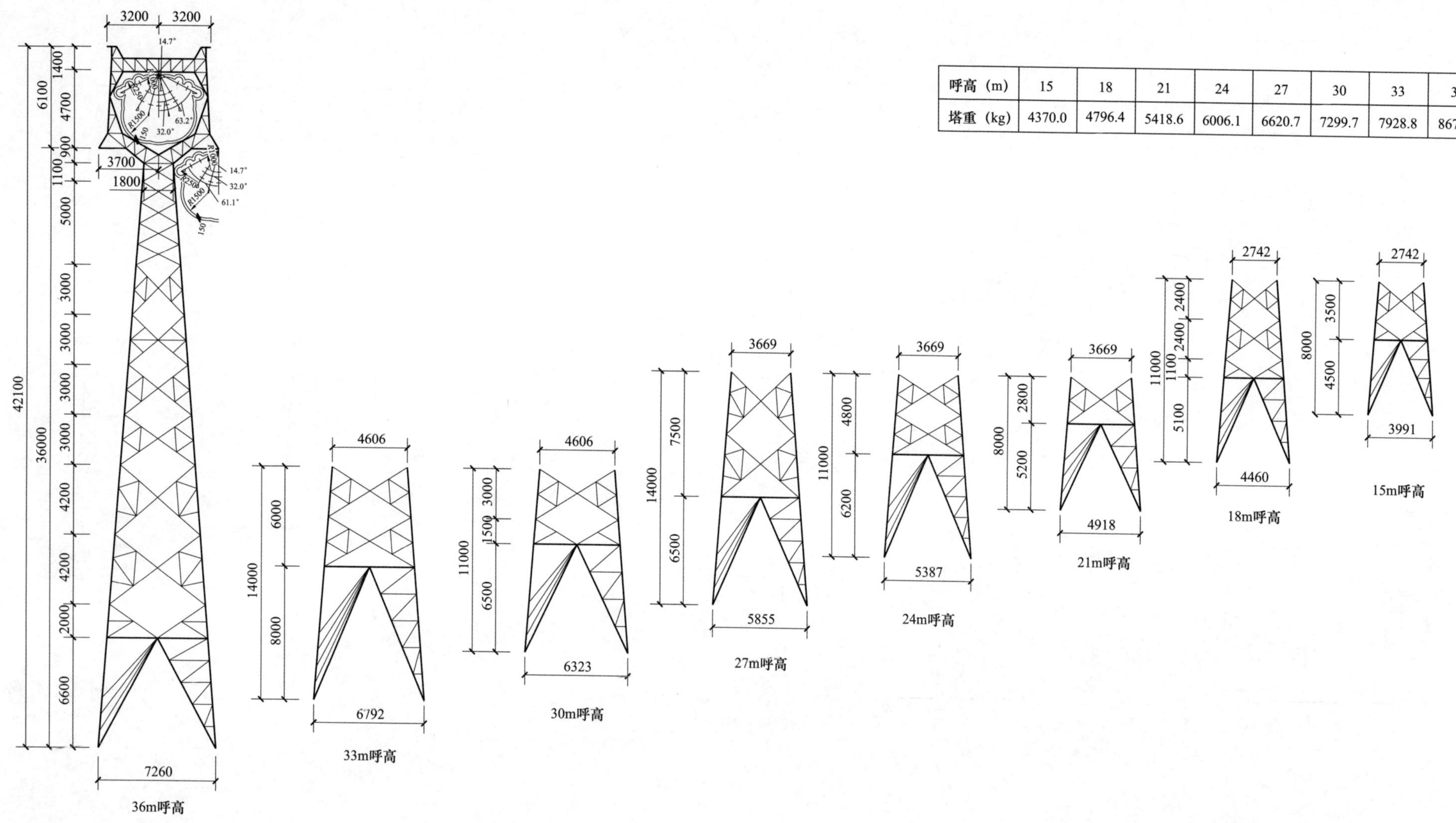

呼高（m）	15	18	21	24	27	30	33	36
塔重（kg）	4370.0	4796.4	5418.6	6006.1	6620.7	7299.7	7928.8	8672.4

图 13-2-5 1B10-ZMC3 杆塔单线图

13.2.6 1B10-ZMCK 杆塔单线图

1B10-ZMCK 杆塔单线图见图 13-2-6。

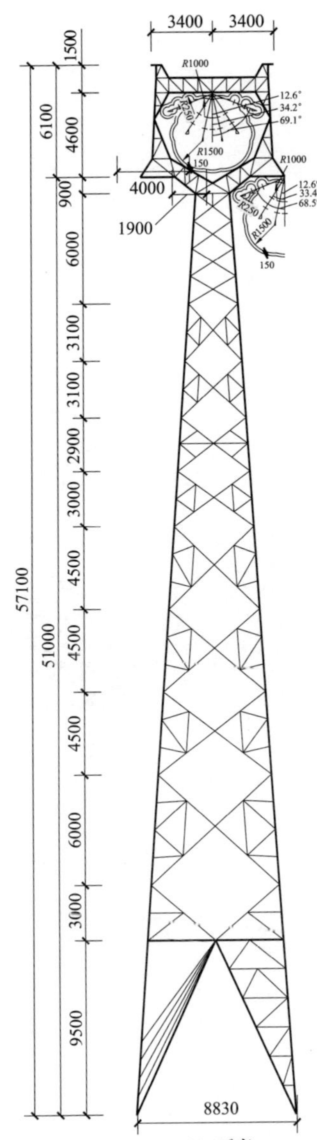

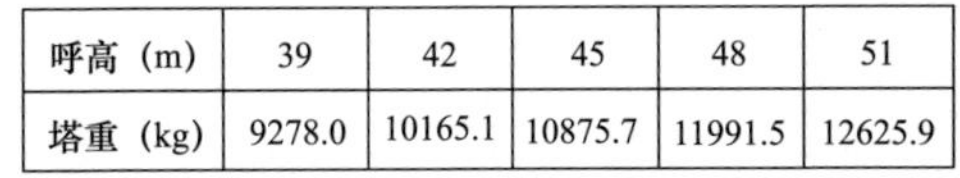

呼高（m）	39	42	45	48	51
塔重（kg）	9278.0	10165.1	10875.7	11991.5	12625.9

6260
6000
15500
9500
8413
48m呼高

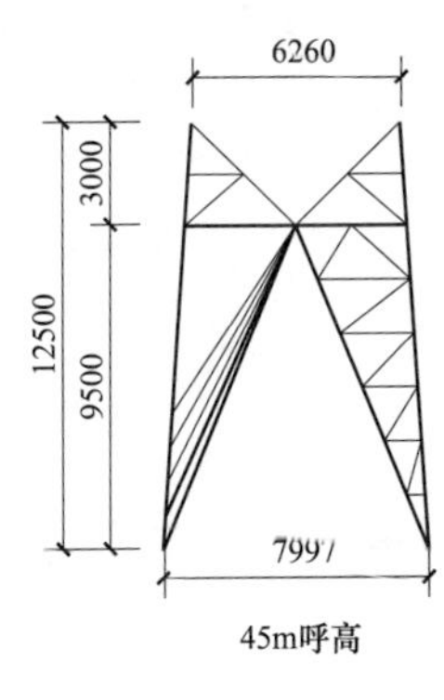

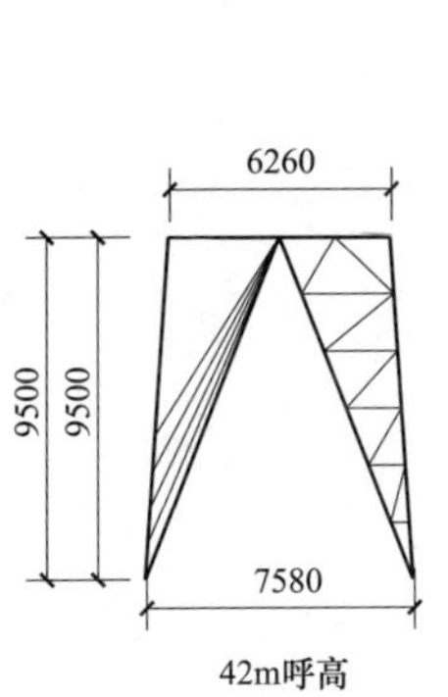

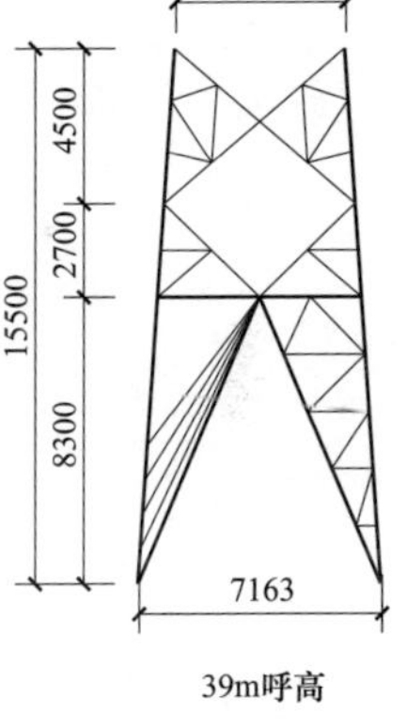

图 13-2-6 1B10-ZMCK 杆塔单线图

13.2.7 1B10-JC1 杆塔单线图

1B10-JC1 杆塔单线图见图 13-2-7。

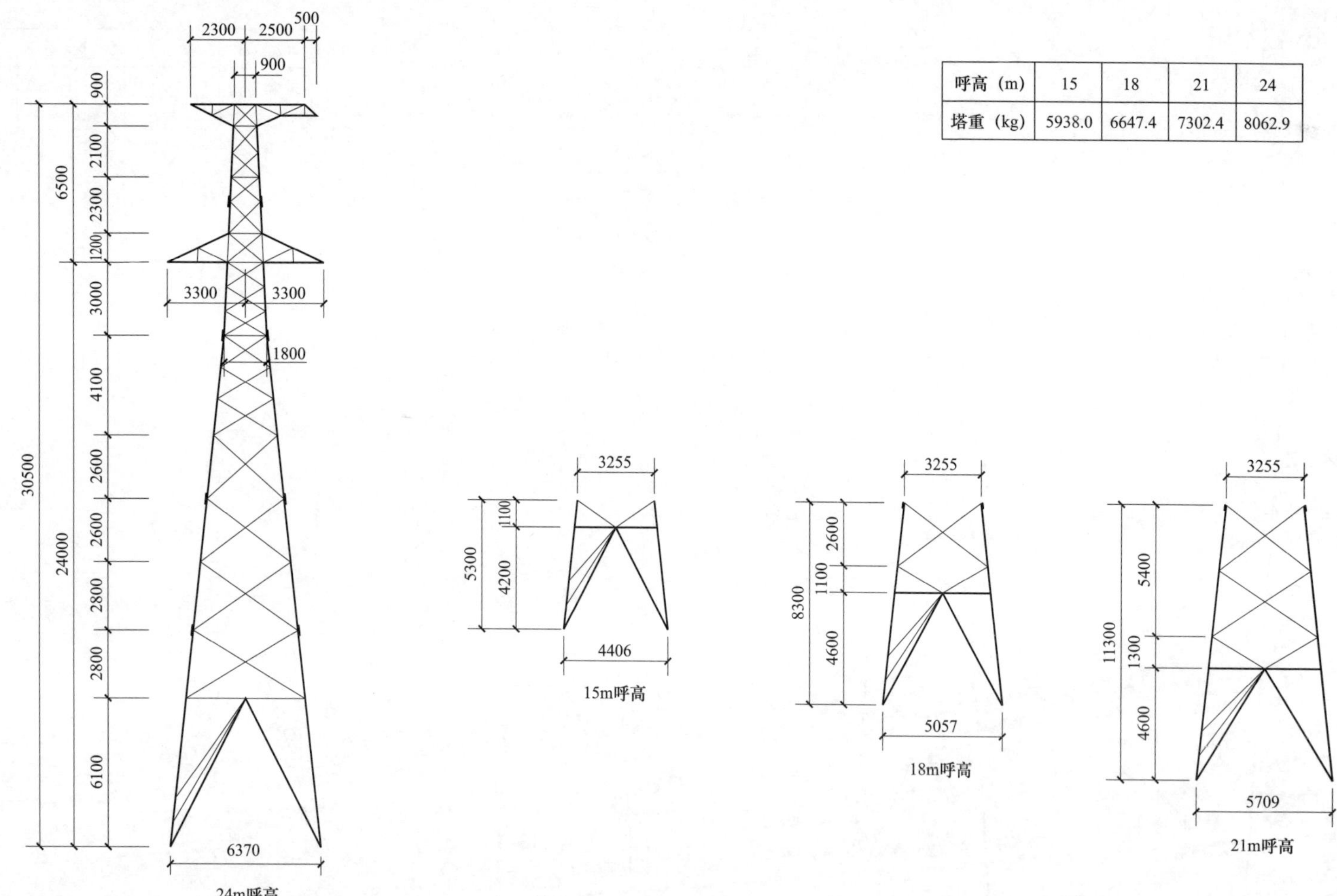

呼高（m）	15	18	21	24
塔重（kg）	5938.0	6647.4	7302.4	8062.9

图 13-2-7 1B10-JC1 杆塔单线图

13.2.8　1B10-JC2 杆塔单线图

1B10-JC2 杆塔单线图见图 13-2-8。

呼高（m）	15	18	21	24
塔重（kg）	6456.7	7177.6	8039.1	8703.7

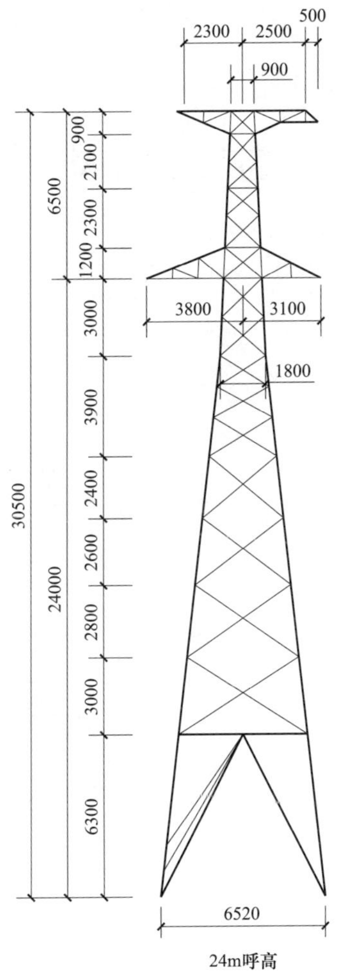

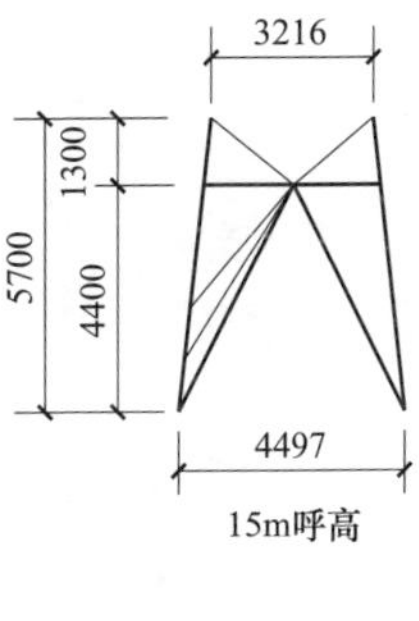

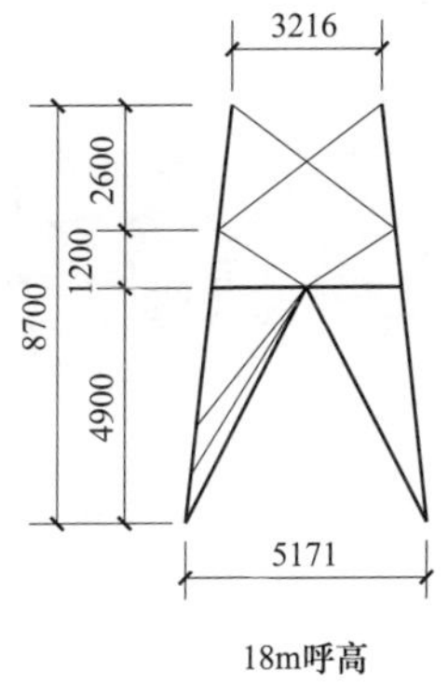

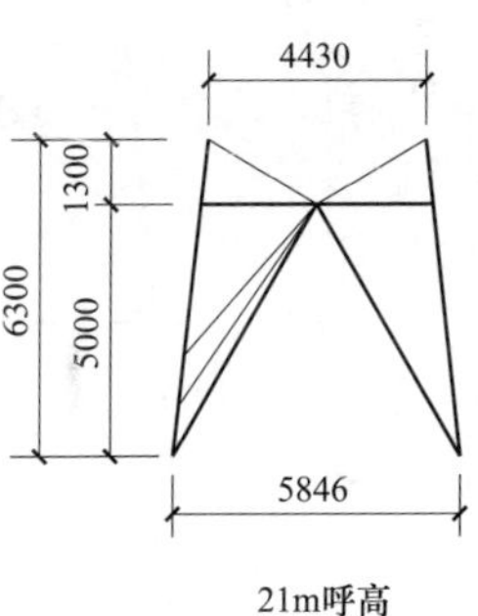

图 13-2-8　1B10-JC2 杆塔单线图

13.2.9 1B10-JC3 杆塔单线图

1B10-JC3 杆塔单线图见图 13-2-9。

呼高（m）	15	18	21	24
塔重（kg）	6930.3	7940.8	9059.3	10002.5

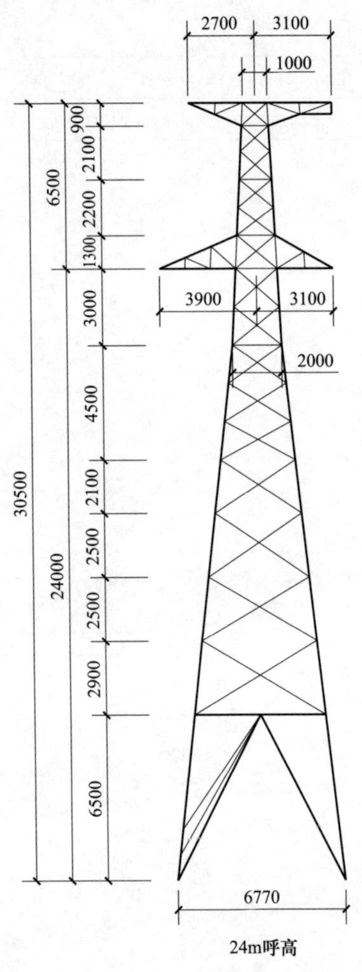

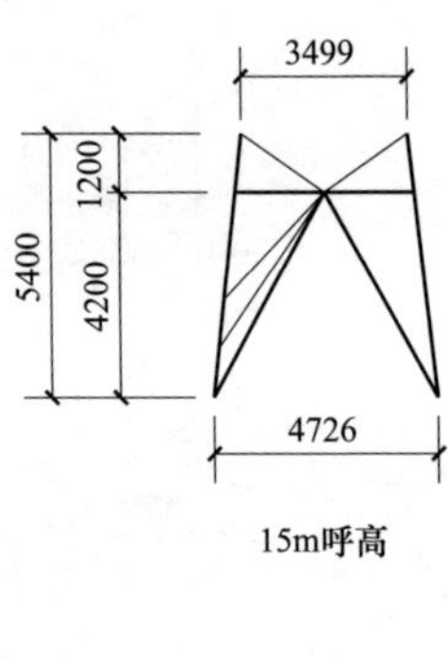

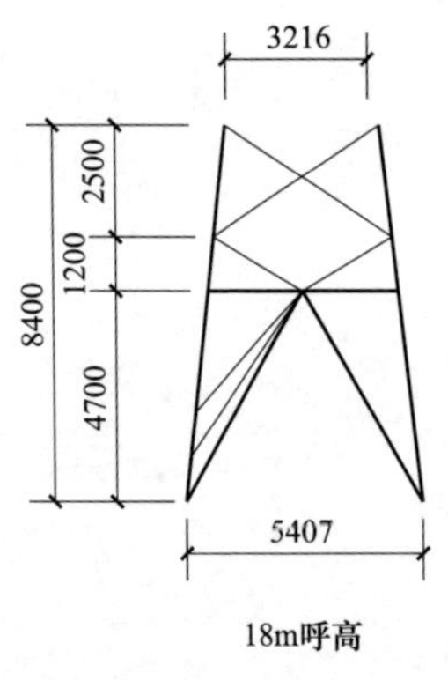

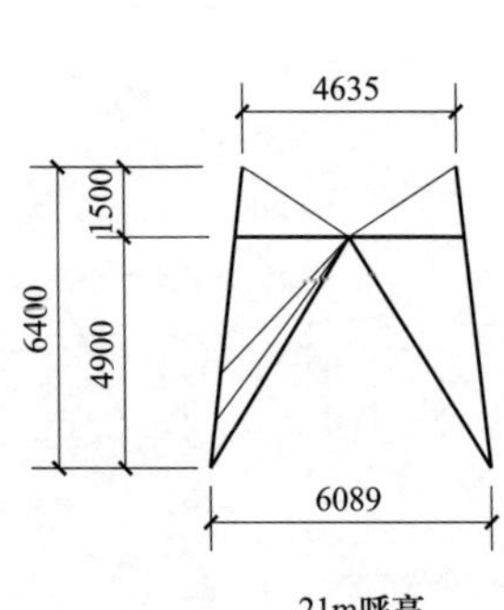

图 13-2-9 1B10-JC3 杆塔单线图

13.2.10　1B10-JC4 杆塔单线图

1B10-JC4 杆塔单线图见图 13-2-10。

呼高（m）	15	18	21	24
塔重（kg）	8074.7	9075.7	10344.3	11337.5

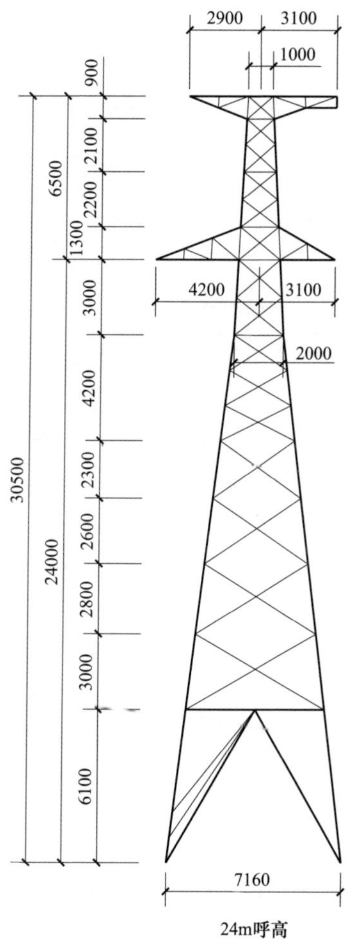

24m呼高

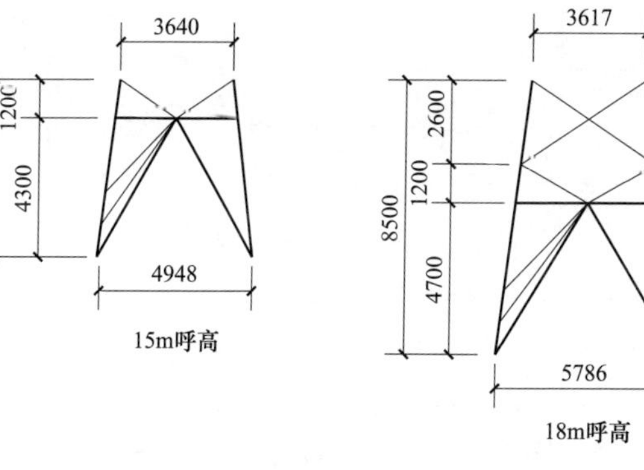

15m呼高　18m呼高

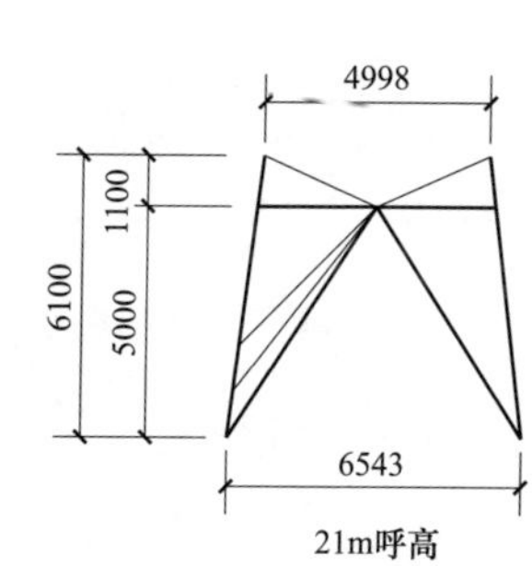

21m呼高

图 13-2-10　1B10-JC4 杆塔单线图

13.3　1B11 子模块

13.3.1　1B11 子模块说明

（1）该子模块电压等级 110kV，海拔 1000-2500m、设计风速 27m/s（离地 10m）、覆冰厚度 10mm，导线 2×JL/G1A-240/30 兼 1×JL/G1A-400/35 的单回路杆塔。地线采用 JLB20A-100。该子模块按山区设计，并规划 1 种的换位塔。悬垂串按 I 型布置。该子模块共计 9 种塔型。

（2）使用条件。1B11 子模块的气象条件、杆塔设计条件、杆塔塔重及基础作用力分别见表 13-3-1～表 13-3-3。

表 13-3-1　　1B11 子模块的气象条件

项目	气温（℃）	风速（m/s）	覆冰厚度（mm）
最高气温	40	0	0
最低气温	-40	0	0
覆冰	-5	10	10
基本风速	-5	27	0
安装情况	-15	10	0
年平均气温	5	0	0
雷电过电压	15	10	0
操作过电压	5	15	0
带电作业	15	10	0

表 13-3-2　　1B11 子模块的杆塔设计条件

塔型名称	呼高范围（m）	计算呼高（m）	水平档距（m）	垂直档距（m）	允许转角（°）
ZMC1	15～24	21	350	450	—
ZMC2	15～30	27	400	600	—
ZMC3	15～36	33	500	700	—
ZMCK	39～51	51	400	600	—
JC1	15～24	24	400	500	0～20
JC2	15～24	24	400	500	20～40

续表 13-3-2

塔型名称	呼高范围（m）	计算呼高（m）	水平档距（m）	垂直档距（m）	允许转角（°）
JC3	15～24	24	400	500	40～60
JC4	15～24	24	400	500	60～90 兼 0～90
HDJC	15～24	24	400	500	0～90

表 13-3-3　　1B11 子模块的杆塔塔重及基础作用力

塔型名称	塔重范围（kg）	基础作用力范围（kN）					
		T_{max}	T_x	T_y	N_{max}	N_x	N_y
ZMC1	4005.2～5185.2	146～183	16～22	14～22	200～238	18～25	19～26
ZMC2	4352.1～6673.2	155～225	19～30	16～26	212～283	21～34	20～30
ZMC3	4631.6～8594.9	254～196	24～31	18～25	236～304	28～35	21～31
ZMCK	9248.8～12760.7	299～362	33～42	31～40	367～451	38～48	38～45
JC1	6135.9～8227.7	505～566	56～59	70～72	604～673	73～77	75～78
JC2	6512.7～8874.9	623～659	80～84	79～83	707～753	93～96	84～87
JC3	7308.7～9857.0	818～855	105～111	106～109	902～956	125～133	98～107
JC4	8173.0～11138.7	1067～1129	141～148	139～149	1157～1230	171～176	130～140
HDJC	9867.4～13224.8	1314～1335	140～145	144～152	1400～1453	163～172	135～143

13.3.2　1B11 子模块杆塔一览图

1B11 子模块杆塔一览图见图 13-3-1、图 13-3-2。

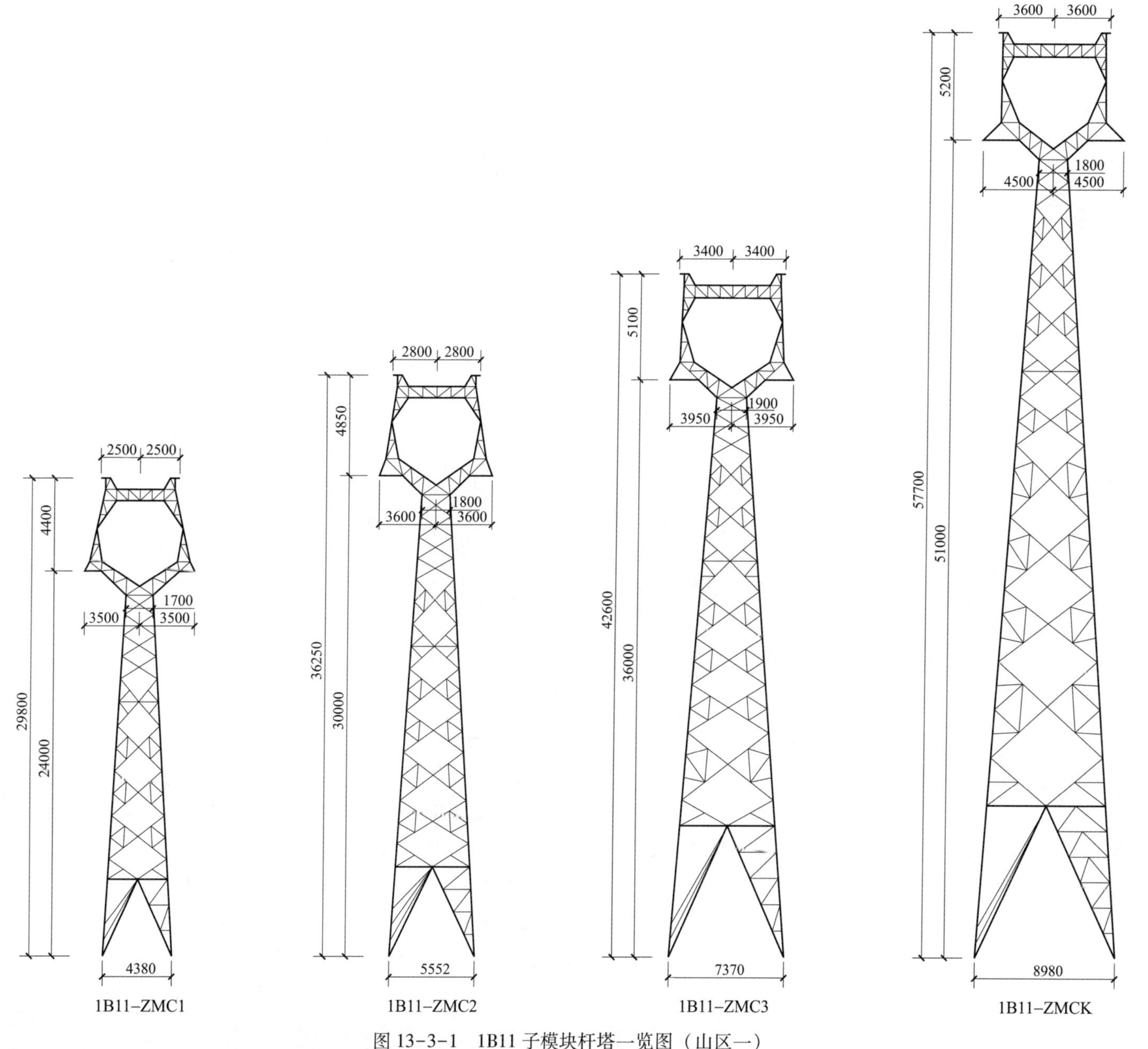

图 13-3-1　1B11 子模块杆塔一览图（山区一）

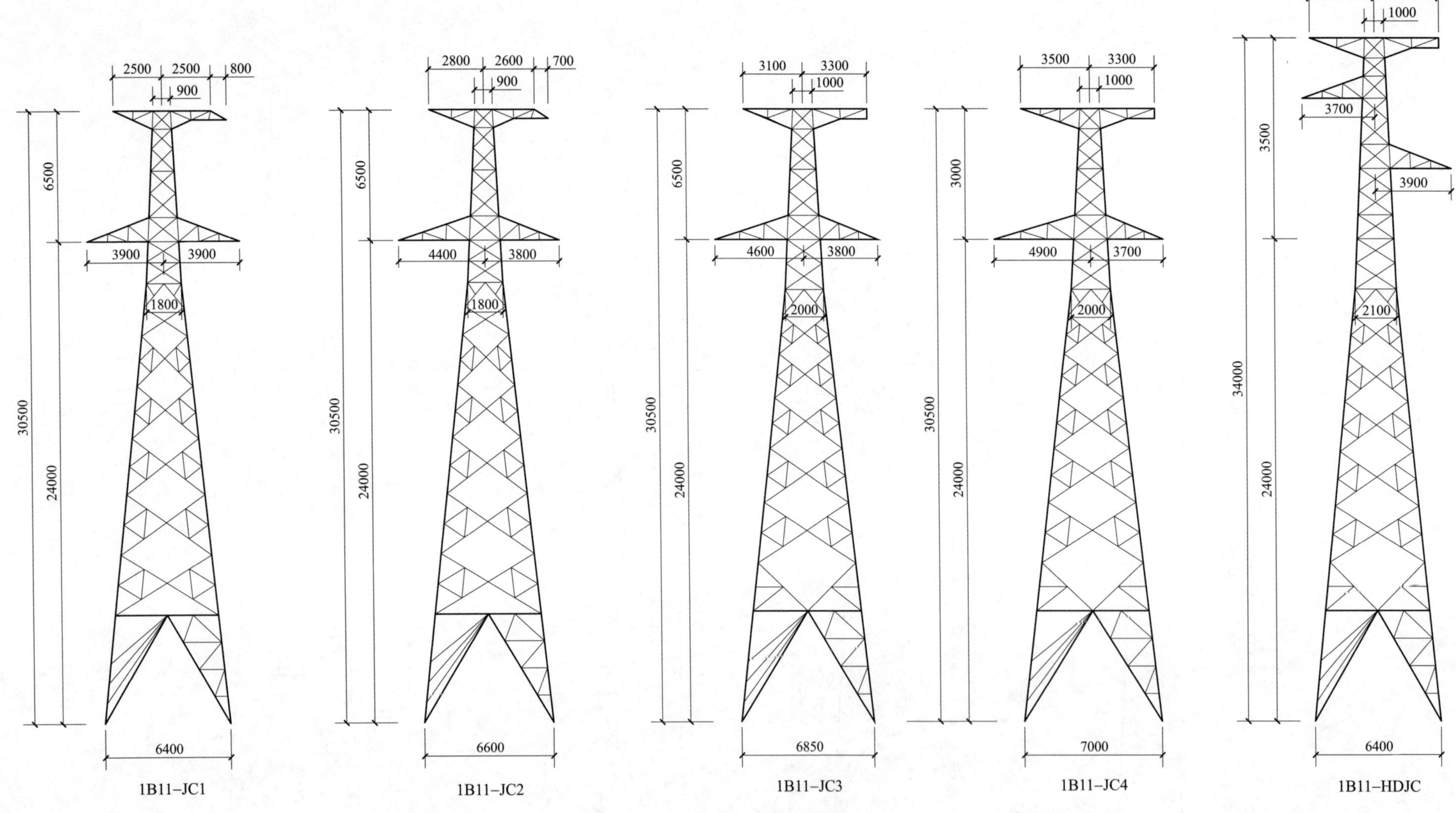

图 13-3-2　1B11 子模块杆塔一览图（山区二）

13.3.3 1B11-ZMC1 杆塔单线图

1B11-ZMC1 杆塔单线图见图 13-3-3。

呼高（m）	15	18	21	24
塔重（kg）	4005.2	4382.8	4762.1	5185.2

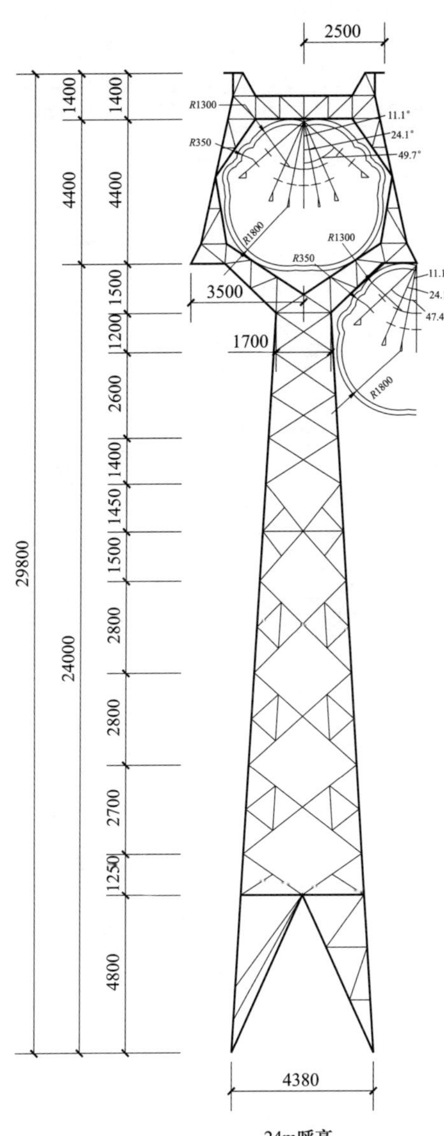

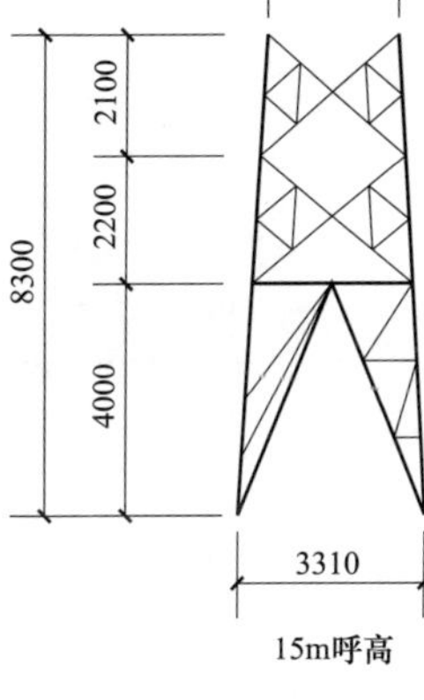

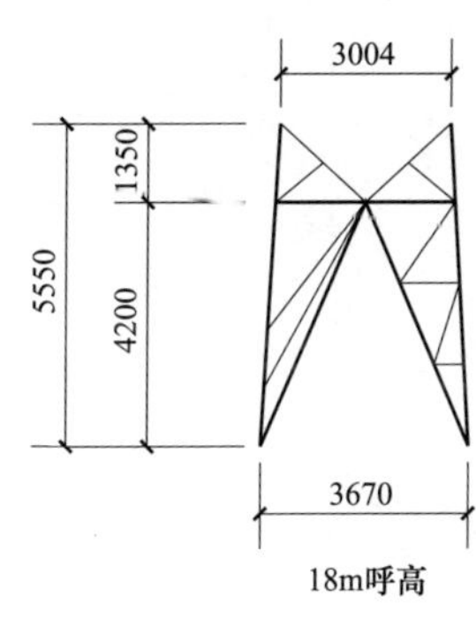

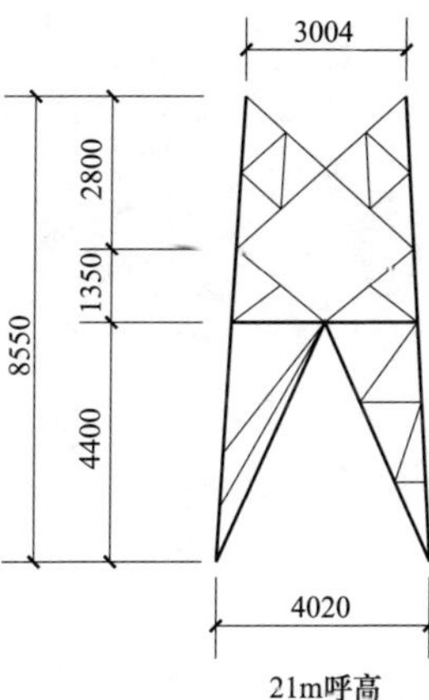

图 13-3-3 1B11-ZMC1 杆塔单线图

13.3.4 1B11-ZMC2 杆塔单线图

1B11-ZMC2 杆塔单线图见图 13-3-4。

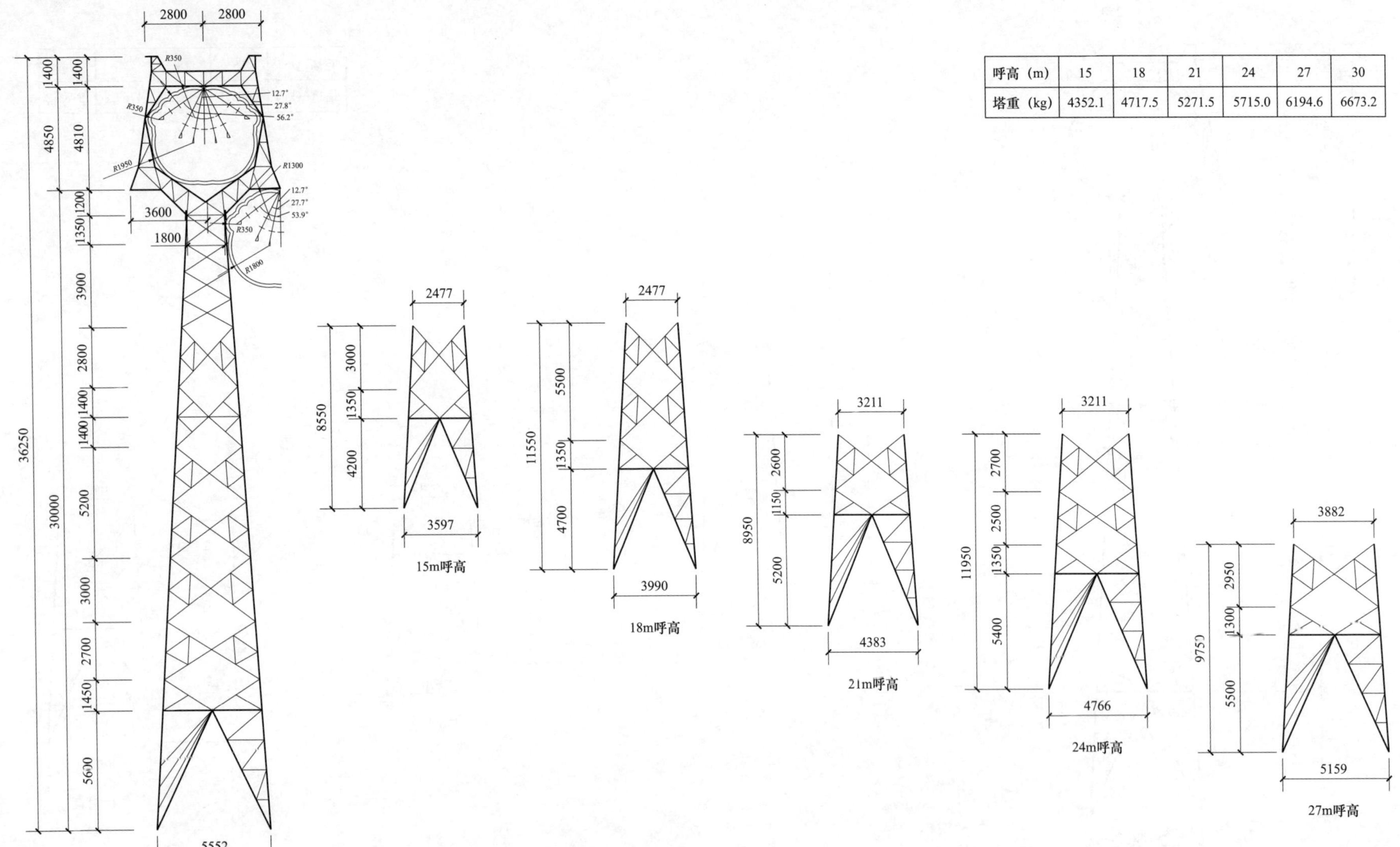

呼高（m）	15	18	21	24	27	30
塔重（kg）	4352.1	4717.5	5271.5	5715.0	6194.6	6673.2

图 13-3-4 1B11-ZMC2 杆塔单线图

13.3.5 1B11-ZMC3 杆塔单线图

1B11-ZMC3 杆塔单线图见图 13-3-5。

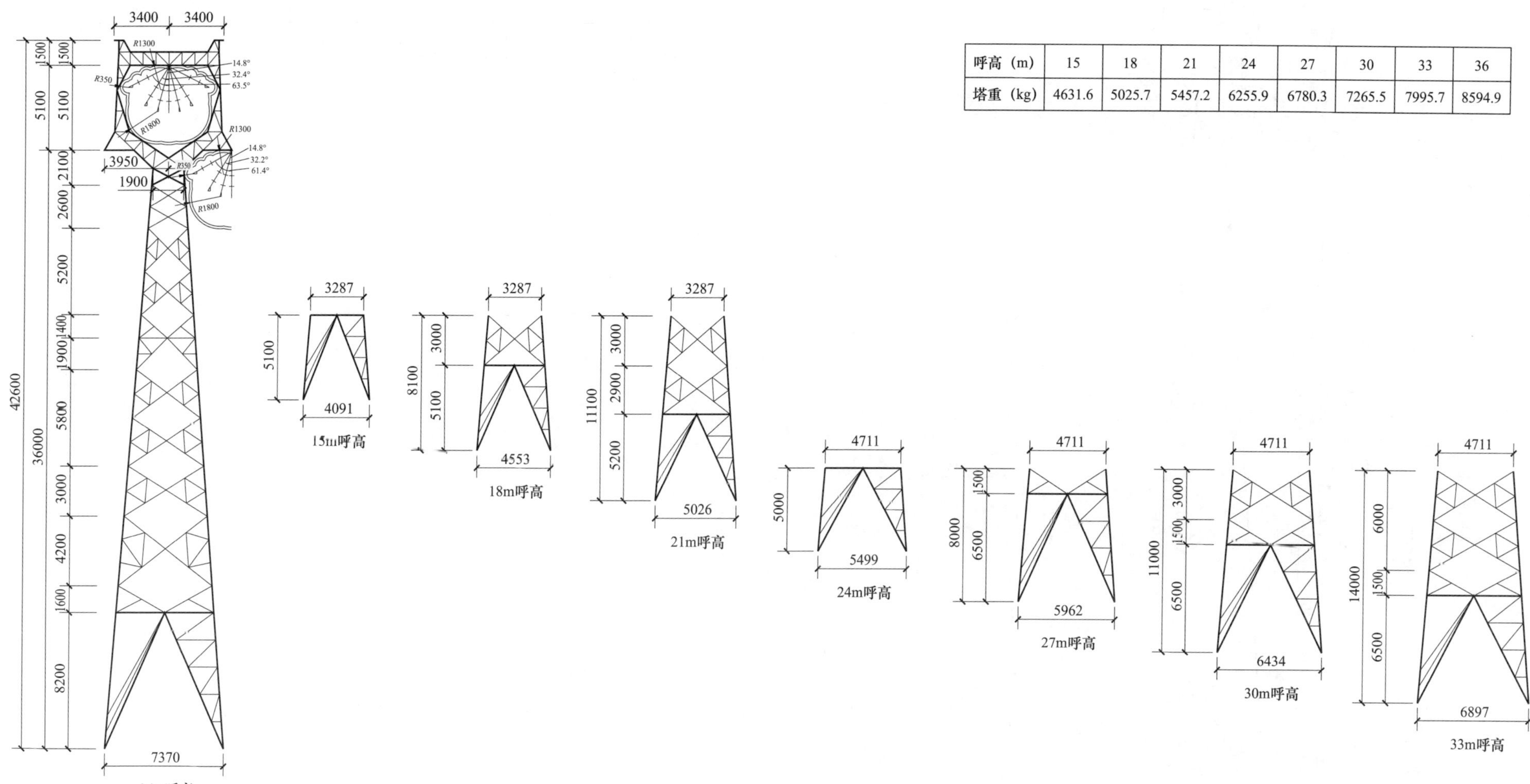

呼高（m）	15	18	21	24	27	30	33	36
塔重（kg）	4631.6	5025.7	5457.2	6255.9	6780.3	7265.5	7995.7	8594.9

图 13-3-5 1B11-ZMC3 杆塔单线图

13.3.6 1B11-ZMCK 杆塔单线图

1B11-ZMCK 杆塔单线图见图 13-3-6。

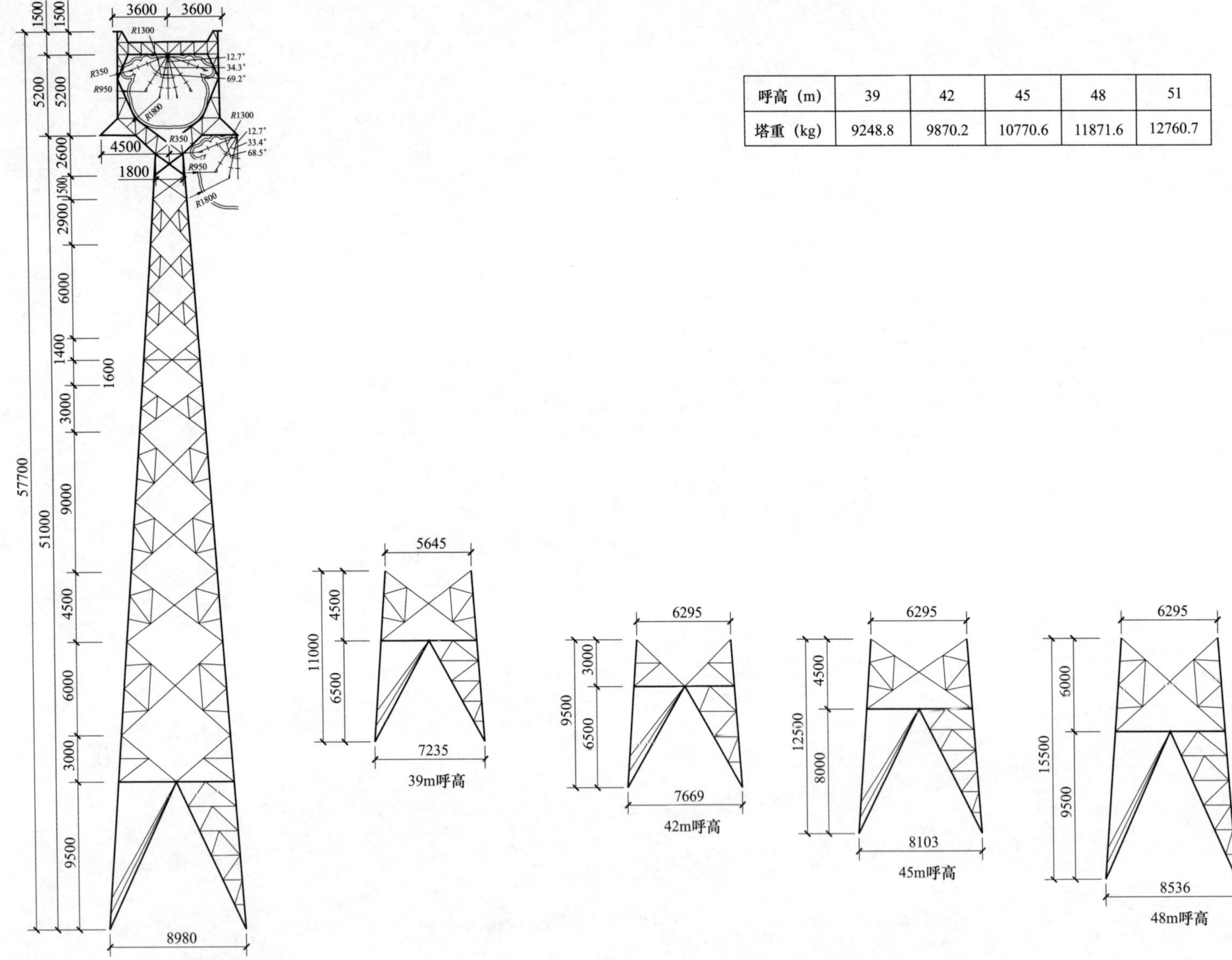

呼高（m）	39	42	45	48	51
塔重（kg）	9248.8	9870.2	10770.6	11871.6	12760.7

图 13-3-6 1B11-ZMCK 杆塔单线图

13.3.7 1B11-JC1 杆塔单线图

1B11-JC1 杆塔单线图见图 13-3-7。

呼高（m）	15	18	21	24
塔重（kg）	6135.9	6763.5	7549.4	8227.7

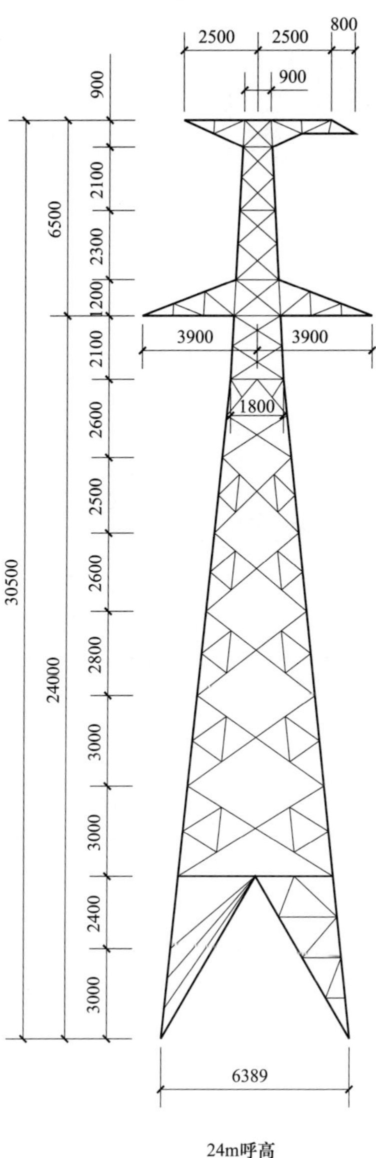

24m呼高

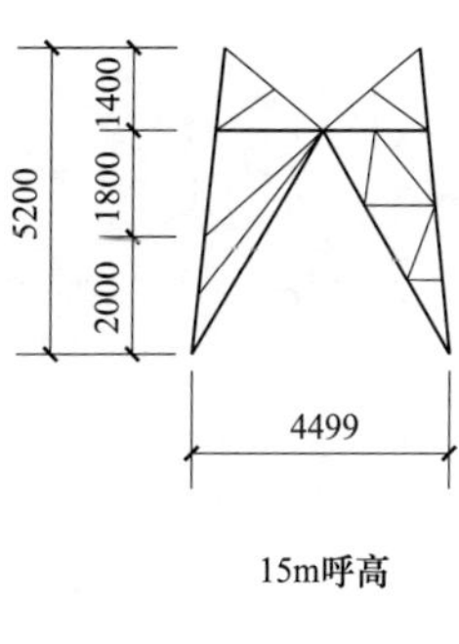

15m呼高

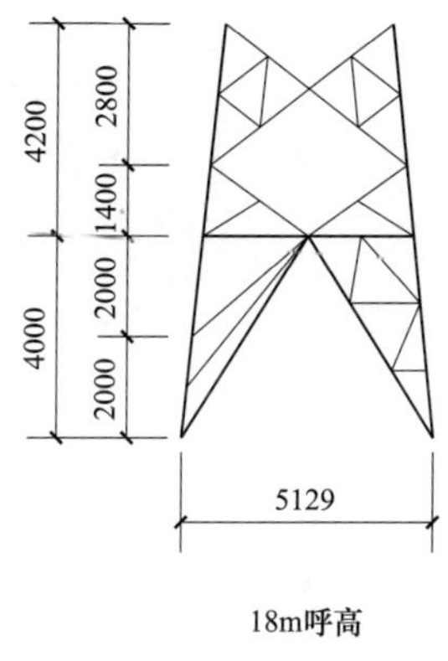

18m呼高

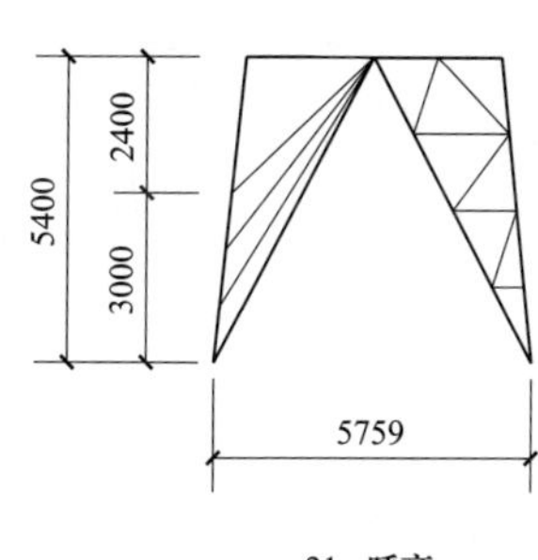

21m呼高

图 13-3-7 1B11-JC1 杆塔单线图

13.3.8 1B11-JC2 杆塔单线图

1B11-JC2 杆塔单线图见图 13-3-8。

呼高（m）	15	18	21	24
塔重（kg）	6512.7	7228.0	8084.0	8874.9

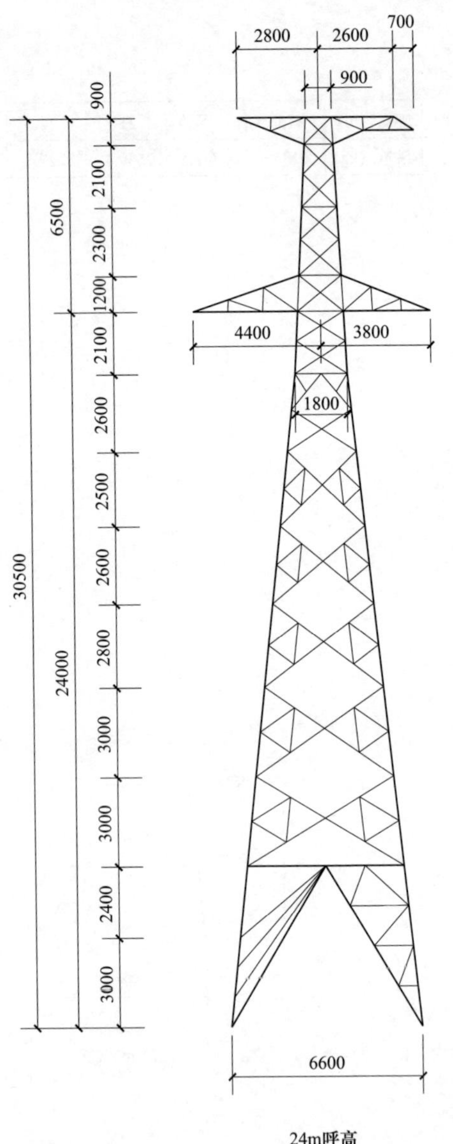

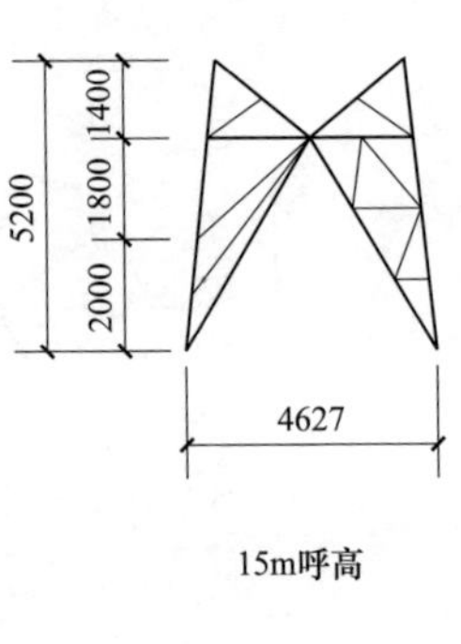

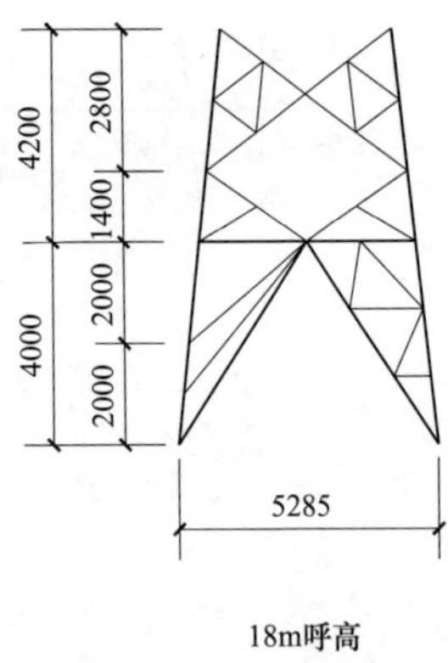

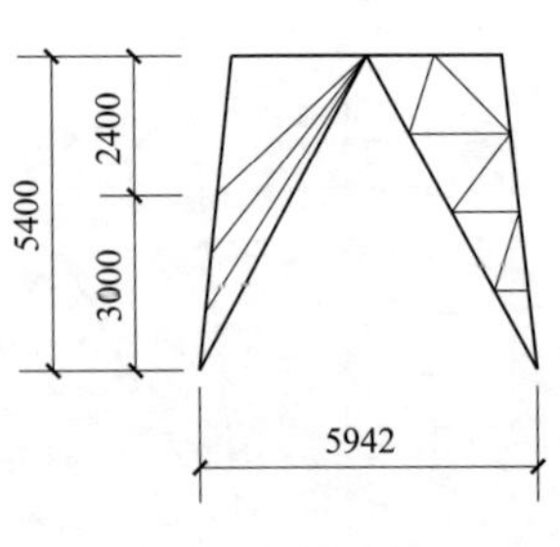

图 13-3-8 1B11-JC2 杆塔单线图

13.3.9 1B11-JC3 杆塔单线图

1B11-JC3 杆塔单线图见图 13-3-9。

呼高（m）	15	18	21	24
塔重（kg）	7308.7	8113.1	9000.9	9857.0

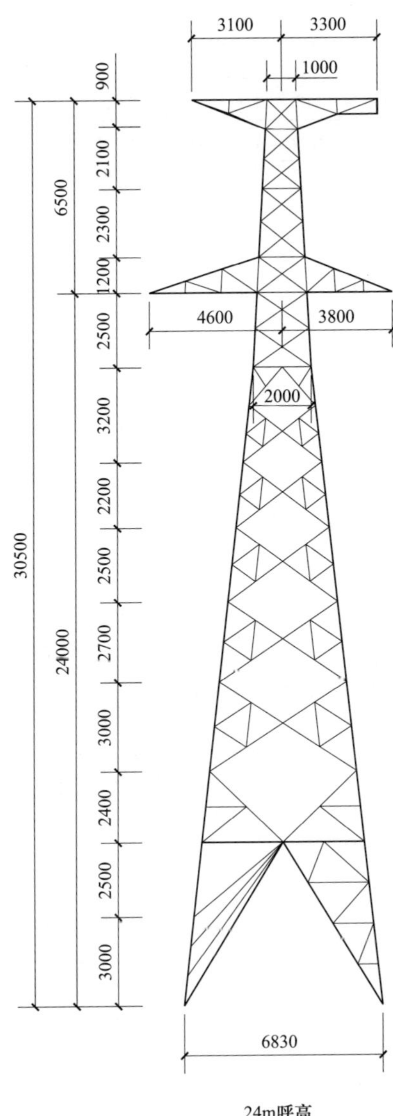

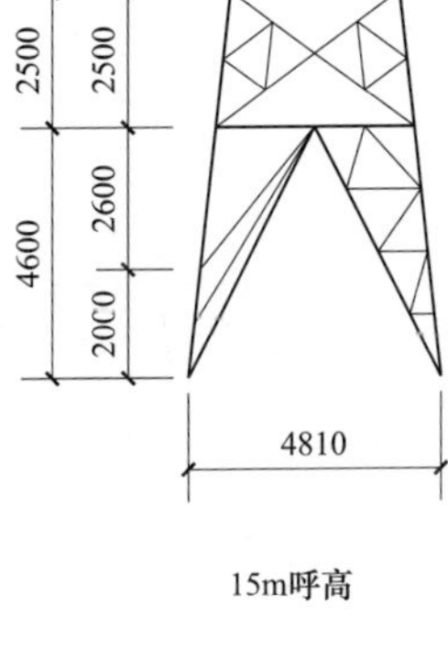

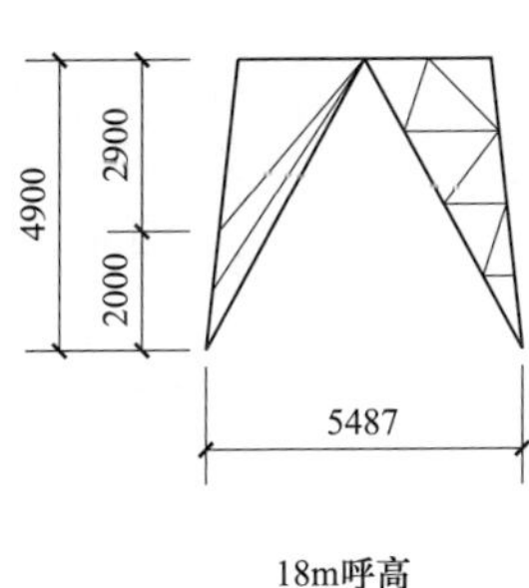

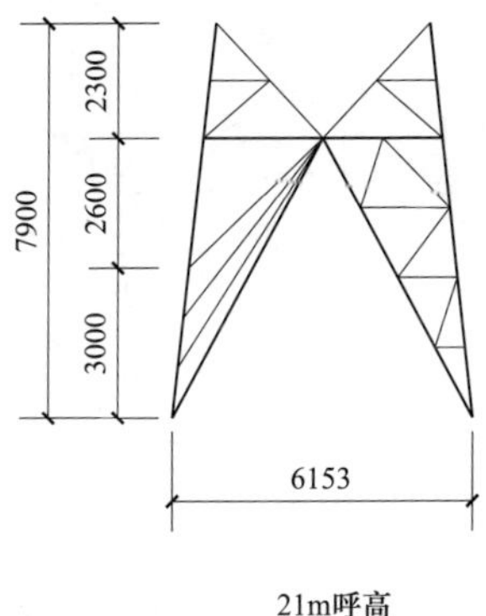

图 13-3-9 1B11-JC3 杆塔单线图

13.3.10 1B11-JC4 杆塔单线图

1B11-JC4 杆塔单线图见图 13-3-10。

呼高（m）	15	18	21	24
塔重（kg）	8173.0	9199.5	10139.0	11138.7

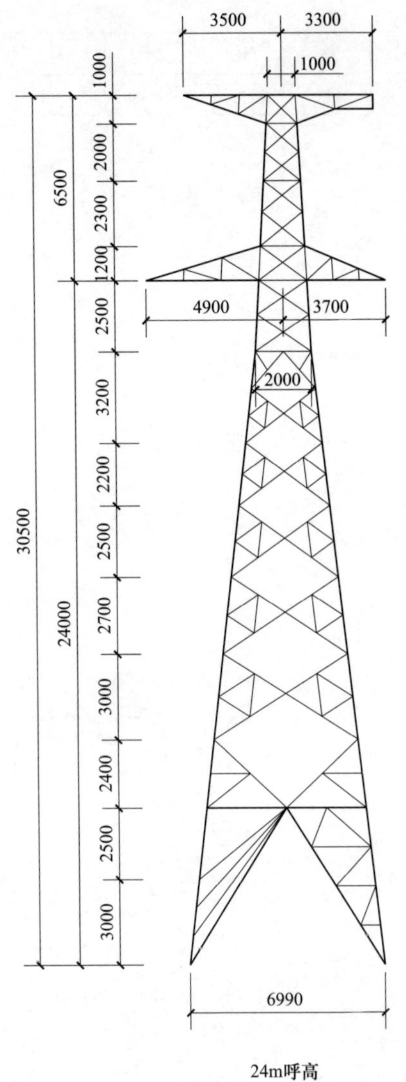

24m呼高

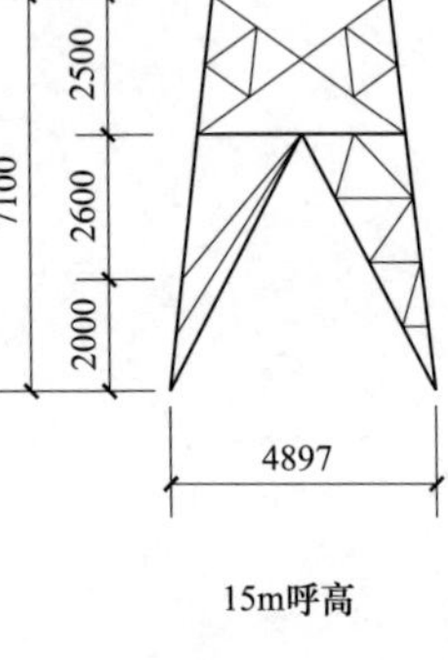

15m呼高

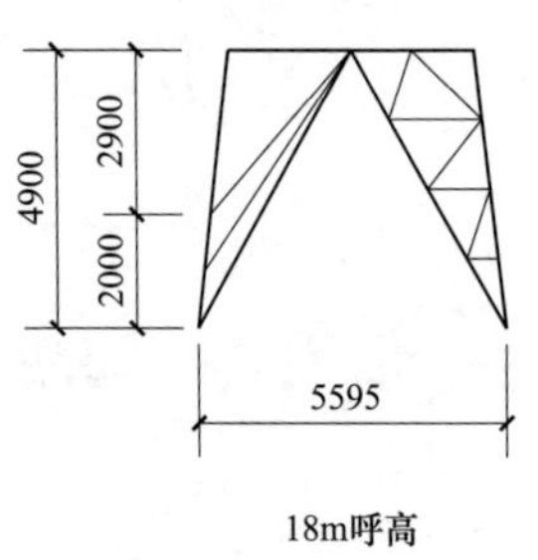

18m呼高

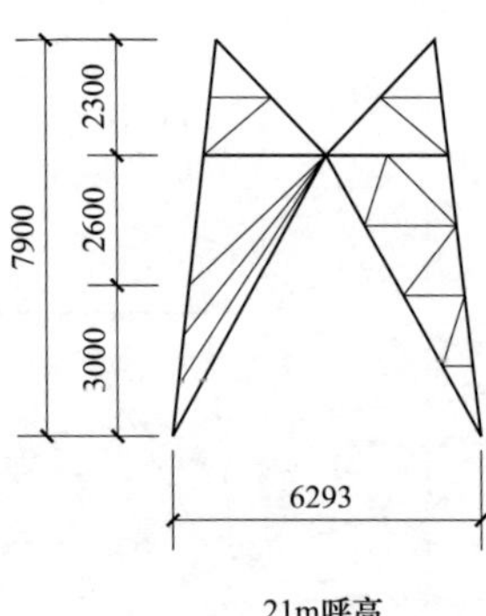

21m呼高

图 13-3-10 1B11-JC4 杆塔单线图

13.3.11　1B11-HDJC 杆塔单线图

1B11-HDJC 杆塔单线图见图 13-3-11。

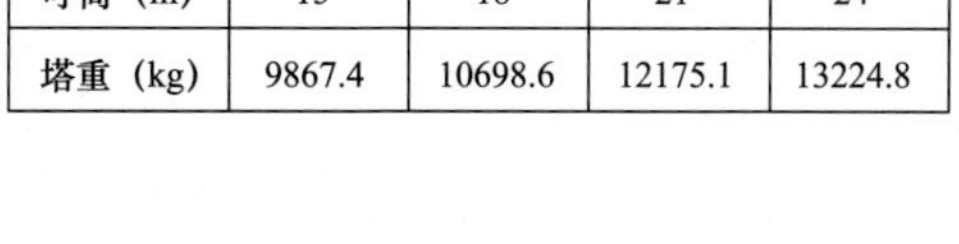

呼高（m）	15	18	21	24
塔重（kg）	9867.4	10698.6	12175.1	13224.8

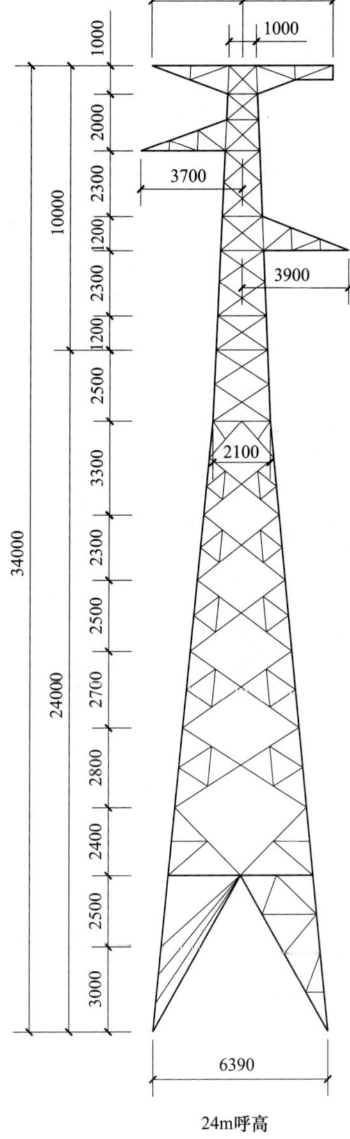

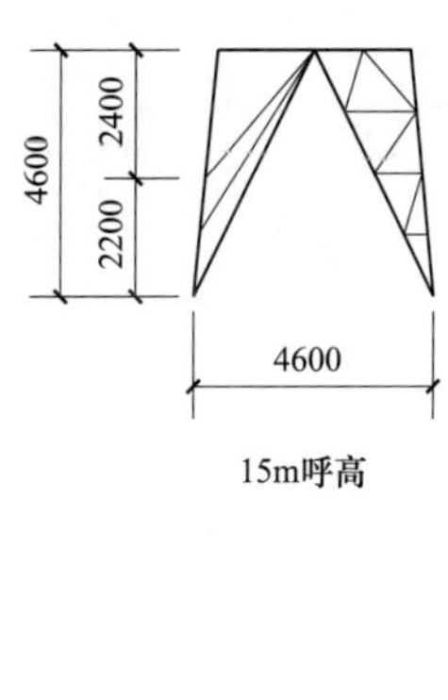

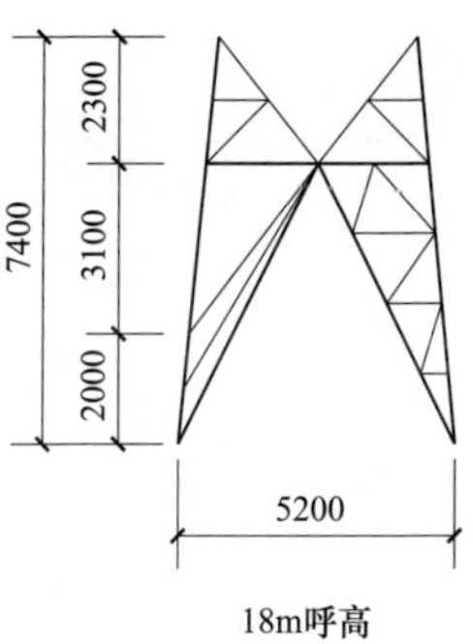

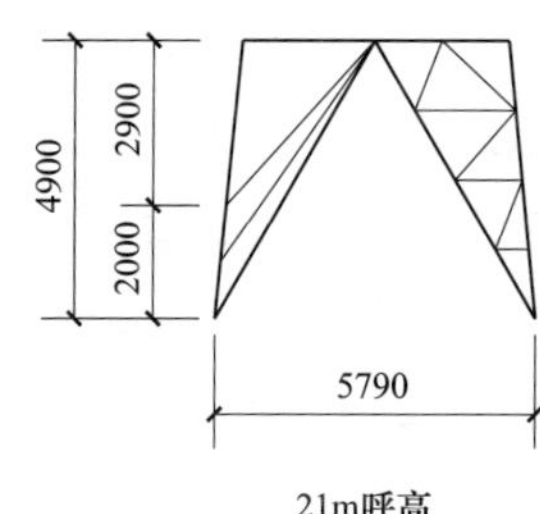

图 13-3-11　1B11-HDJC 杆塔单线图

附录A 编写人员名单

序号	模块编号	子模块编号	设计单位	审核人员	设计总工程师	校核人员	编写人员
1	3A	3A7	中国能源建设集团陕西省电力设计院有限公司	刘明放 孙菊海	谭 蓉	詹 源 温灵长	严丽君 陈 雷 强继峰 黄 颖
2		3A8	中国能源建设集团陕西省电力设计院有限公司	刘明放 孙菊海	谭 蓉	宁昭晔 乌小锋	吴 亮 贺育明 高欢欢 王 婧
3		3A9	中国电力工程顾问集团西北电力设计院有限公司	王虎长 朱永平	张小力	王学明 李小亭	杨 磊 代尚武 任光荣 杨 敏
4	2M	2M1	河北省电力勘测设计研究院	赵贞欣 李志强	吴晓锋	李兵兵 吕国钊	金 涛 张博雄 韩 斐 霍静文
5		2M2	河北省电力勘测设计研究院	李 旭 刘 哲	王 辉	张 楷 邱成明	郭青梅 董松昭 贾 剑 王立杰
6		2M3	中国能源建设集团山西省电力勘测设计院有限公司	朱晓东 蒙春玲	吴数伟	王瑞成 梁经龙	王 浩 杨恒利 张 斌 庞金龄
7		2M4	中国能源建设集团山西省电力勘测设计院有限公司	田 宇 郝静亮	王金龙	李志强 刘 杰	李治国 关志军 安建兵 闫芳芳
8	2N	2N1	江西省电力设计院	王登科 黄 强	张景涛	刘 建 程 巍	黄 凭 汪延寿 刘 阳 余笑薇
9		2N2	江西省电力设计院	乐海洪 孙学勇	胡淑兵	王 琼 汪 钦	邓凌君 卜虎正 李 新 彭 昆
10		2N3	中国能源建设集团浙江省电力设计院有限公司	叶 尹 沈建国	劳建明	张 彤 潘 峰	马 勇 梅宇佳 黄 聪 陈 成
11		2N4	中国能源建设集团浙江省电力设计院有限公司	叶 尹 沈建国	劳建明	张 彤 潘 峰	马 勇 郑剑伟 潘 羽 黄静文
12	1A	1A12	四川电力设计咨询有限责任公司	赵庆斌	佟继春	敬 捷 吴 昊	王 钢 陈子立 李 伟
			四川南充电力设计有限公司	冯 竹	雷李波	杜 斌	潘玉江 张 波
13		1A13	四川电力设计咨询有限责任公司	赵庆斌	龚宁涛	敬 捷 吴 昊	徐宏宇 陈 顺 于学玉
			四川南充电力设计有限公司	冯 竹	杨 坤	杜 斌	潘玉江 张 波
14		1A14	四川电力设计咨询有限责任公司	赵庆斌	何园丁	敬 捷 吴 昊	张洪桥 郭艳军 李 聪
			四川南充电力设计有限公司	冯 竹	田兴平	杜 斌	潘玉江 张 波
15	1B	1B9	中国能源建设集团天津电力设计院有限公司	徐 兵 程景春	赵 枫	李金超 马鹏威	王占辉 左 焦 郭志彬 李彦霖
16		1B10	中国能源建设集团天津电力设计院有限公司	徐 兵 程景春	赵 枫	王占辉 谢富治	左 焦 李金超 马鹏威 付 杰
17		1B11	中国能源建设集团天津电力设计院有限公司	徐 兵 程景春	赵 枫	左 焦 李彦霖	贾正雄 李金超 谢富治 王彦成